Grundlagen der Elektrotechnik 3

Netzwerke

Grundlagen der Elektrotechnik

Das dreibändige Lehrwerk zu den Grundlagen der Elektrotechnik bietet Studenten an Universitäten und Fachhochschulen gleichermaßen alles, was sie für die Einführungsvorlesungen wissen müssen. Der Lehrstoff ist von den Autoren langjährig erprobt und wird in moderner Form verständlich dargestellt. Alle Bände erscheinen in 2-farbiger hochwertiger Ausstattung mit hilfreichen Anhängen, zahlreichen Aufgaben und Beispielen aus der Ingenieurpraxis.

Manfred Albach
Grundlagen der Elektrotechnik 1
Erfahrungssätze, Bauelemente, Gleichstromschaltungen
ISBN 3-8273-7106-6

„Sehr gute didaktische Aufmachung, insbesondere auch der mathematische Anhang. Werde das Buch wärmstens empfehlen!"
(Prof. Dr.-Ing. Hans-Werner Dorschner, FH Karlsruhe)

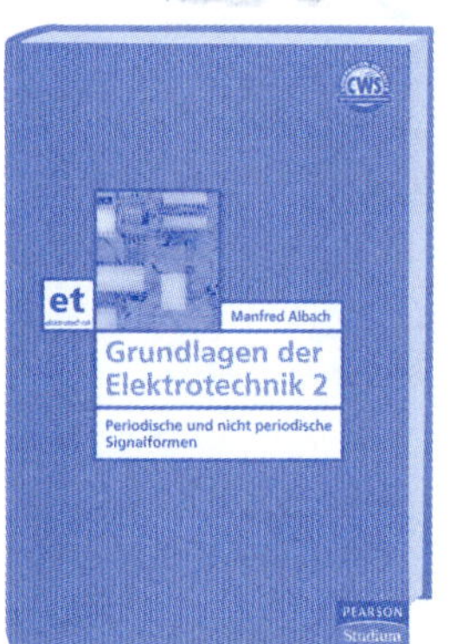

Manfred Albach
Grundlagen der Elektrotechnik 2
Periodische und nichtperiodische Signalformen
ISBN 3-8273-7108-2

„Das Buch ist ein Schmuckstück!"
(Prof. Dr.-Ing. Hans-Georg Bruchmüller, FH Ulm)

„Die durchgängige Zweifarbigkeit wird vielen Studierenden gefallen. Typographie in Text und Bildbeschriftung ist ausgezeichnet. Bebilderung reichlich und übersichtlich. Gesamtnote 1."
(Prof. Dr.-Ing. Helmut Haase, Universität Hannover)

Lorenz-Peter Schmidt, Gerd Schaller, Siegfried Martius
Grundlagen der Elektrotechnik 3
Netzwerke
ISBN 3-8273-7107-4

Lorenz-Peter Schmidt
Gerd Schaller
Siegfried Martius

Grundlagen der Elektrotechnik 3

Netzwerke

ein Imprint von Pearson Education
München • Boston • San Francisco • Harlow, England
Don Mills, Ontario • Sydney • Mexico City
Madrid • Amsterdam

Bibliografische Information Der Deutschen Bibliothek

Die Deutsche Bibliothek verzeichnet diese Publikation in der Deutschen Nationalbibliografie; detaillierte bibliografische Daten sind im Internet über <http://dnb.ddb.de> abrufbar.

10 9 8 7 6 5 4 3 2 1

09 08 07 06

ISBN 3-8273-7107-4
ISBN13 978-3-8273-7107-2

Lektorat: Marc-Boris Rode, mrode@pearson.de
Rainer Fuchs, rfuchs@pearson.de
Korrektorat: Barbara Decker, München
Einbandgestaltung: adesso 21, Thomas Arlt, München
Herstellung: Philipp Burkart, pburkart@pearson.de
Satz: LE-TeX Jelonek, Schmidt & Vöckler GbR, Leipzig
Druck und Verarbeitung: Kösel, Krugzell (www.KoeselBuch.de)

Printed in Germany

Inhaltsverzeichnis

Vorwort

Das dreibändige Lehrwerk Grundlagen der Elektrotechnik richtet sich an Studenten der Fachrichtungen Elektrotechnik, Informations- und Kommunikationstechnik sowie Mechatronik und Maschinenbau an Fachhochschulen und Universitäten. Es basiert auf den Erfahrungen aus mehrjährig durchgeführten Vorlesungen an der Universität Erlangen-Nürnberg.

Der vorliegende Band III ist den Grundlagen elektrischer Netzwerke gewidmet. Die Darstellungen konzentrieren sich weitgehend auf lineare, zeitunabhängige Netzwerke und zeitharmonische Signale. Im letzten Kapitel wird dann die Betrachtung ausgeweitet auf die Erregung von Netzwerken mit nichtsinusförmigen periodischen Signalen und auch auf nichtlineare Bauelemente als Verursacher von Oberwellen. Insgesamt wird konsequent die komplexe Darstellung von zeitharmonischen Signalen und Bauelementeigenschaften eingesetzt und eingeübt, da für alle vertieften Studien von Netzwerkeigenschaften der Umgang mit der komplexen Darstellungsform problemlos beherrscht werden sollte.

Inhaltlicher Aufbau

Nach einer einführenden Betrachtung über Quelle und Last als Netzwerkelemente und die Leistungsübertragung von der Quelle zur Last werden im zweiten Kapitel Methoden und Sätze der Netzwerktheorie vorgestellt, die der Vereinfachung von Netzwerkberechnungen dienen und wesentlich zum Verstehen der Wirkungsweise von einfachen Netzwerken beitragen. Im dritten Kapitel werden mit dem Maschenstromverfahren und dem Knotenpotenzialverfahren systematisierte Methoden zur vollständigen Analyse von Netzwerken mit höherer Komplexität behandelt, die sich prinzipiell auch für den Einsatz in Netzwerkanalyseprogrammen eignen. Das vierte Kapitel setzt sich grundlegend mit den Eigenschaften von Zweipolfunktionen zur Beschreibung von Zweipolen auseinander. Auf dieser Basis werden für den wichtigen Sonderfall verlustloser Zweipole Methoden aufgezeigt, um einen schnellen Überblick über das Frequenzverhalten von Reaktanzzweipolen zu gewinnen sowie aus vorgegebenen Zweipolfunktionen LC-Netzwerke zu synthetisieren. Im fünften Kapitel werden die wichtigsten Beschreibungsformen und Netzwerkanalysemethoden für allgemeine mehrpolige Netzwerke eingeführt und der wechselnde Umgang mit n-Pol- und m-Tor-Darstellungen übersichtlich dargestellt. Diese Thematik wird im sechsten Kapitel anhand der in der Praxis wichtigsten Schaltungsgruppe der Zweitore weiter vertieft und auf die verschiedenen Zusammenschaltungsformen von Zweitoren ausgeweitet. Neben den strom-/spannungsbezogenen Darstellungen wird auch das Konzept vor- und rücklaufender Wellen als Betriebsgrößen eingeführt, da es sich besonders gut zur Darstellung des Leistungstransports in einem Netzwerk eignet. Das Übertragungsverhalten von einfachen und verketteten Zweitoren wird am Beispiel gängiger Filterarten durchgesprochen und das Bode-Diagramm zur schnellen Übersichtsdarstellung eingeführt. Im siebten und letzten Kapitel wird die Betrachtung auf nichtsinusförmige periodische Erregungen von Netzwerken ausgedehnt und eine Beschreibung der Vorgänge mit Fourier-Reihen eingeführt. Als mögliche Ursache für nichtsinusförmige

Spannungen und Ströme in Netzwerken werden nichtlineare Zweipole mit ihren Kennlinienformen vorgestellt und auf die Berechnung des erzeugten Oberwellenspektrums eingegangen. Abschließend findet der interessierte Leser im Anhang eine reichhaltige Zusammenstellung von Definitionen und Regeln zur Matrizenrechnung, die in diesem Band intensiv eingesetzt wird.

Zusätzliche Materialien

Eine umfangreiche Sammlung von Übungsbeispielen ist zusammen mit einer Beschreibung des Lösungswegs auf der buchbegleitenden Companion Website (CWS) unter *www.pearson-studium.de* verfügbar.

Erlangen,
im Januar 2006

Lorenz-Peter Schmidt,
Gerd Schaller, Siegfried Martius

Formelzeichen und Symbole

Formelzeichen

Z	reelle Größe
$\underline{Z}$	komplexe Größe, $\underline{Z} = \lvert\underline{Z}\rvert \cdot \mathrm{e}^{j\varphi} = \mathrm{Re}\{\underline{Z}\} + j\,\mathrm{Im}\{\underline{Z}\}$
$\lvert\underline{Z}\rvert$	Betrag der komplexen Größe $\underline{Z}$
φ	Phase der komplexen Größe $\underline{Z}$
$\mathrm{Re}\{\underline{Z}\}$	Realteil der komplexen Größe $\underline{Z}$, $\mathrm{Re}\{\underline{Z}\} = \lvert\underline{Z}\rvert \cdot \cos(\varphi)$
$\mathrm{Im}\{\underline{Z}\}$	Imaginärteil der komplexen Größe $\underline{Z}$, $\mathrm{Im}\{\underline{Z}\} = \lvert\underline{Z}\rvert \cdot \sin(\varphi)$
$\underline{Z}^*$	zu $\underline{Z}$ konjugiert komplexe Größe, $\underline{Z}* = \lvert\underline{Z}\rvert \cdot \mathrm{e}^{-j\varphi} = \mathrm{Re}\{\underline{Z}\} - j\,\mathrm{Im}\{\underline{Z}\}$
$\boldsymbol{M}$	Matrix mit reellen Koeffizienten m_{ij}
$\underline{\boldsymbol{M}}$	Matrix mit komplexen Koeffizienten $\underline{m}_{ij}$
$\underline{\boldsymbol{M}}^*$	konjugiert komplexe Matrix
$\underline{\boldsymbol{M}}^T$	transponierte Matrix
$\underline{\boldsymbol{M}}^{-1}$	inverse Matrix
$\det \underline{\boldsymbol{M}}$	Determinante der Matrix $\underline{\boldsymbol{M}}$

Symbole

$a(\omega)$	[dB]	Dämpfung, Betriebsdämpfung
$\underline{a}$, $\underline{b}$	$[\sqrt{\mathrm{VA}}]$	Wellengrößen der zu- und wegfließenden Welle
$\underline{\boldsymbol{A}}$		Kettenmatrix
B	[S]	Blindleitwert/Suszeptanz, Imaginärteil der Admittanz
C	[F]	Kapazität eines Kondensators
$\underline{\boldsymbol{C}}$		Parallelreihenmatrix
E		Fehlerfunktion
$\boldsymbol{E}$	[–]	Einheitsmatrix
f	[Hz]	Frequenz
f_0	[Hz]	Resonanzfrequenz
G	[S]	ohmscher Leitwert/Konduktanz, Realteil der Admittanz
$\underline{H}(\underline{s})$		Übertragungsfunktion
$\underline{\boldsymbol{H}}$		Reihenparallelmatrix

$\underline{I}$	[A]	Strom
$\underline{I}_K$	[A]	Strom der k-ten Harmonischen
$\underline{\mathbf{I}}_K$	[A]	Matrix des Stromes mit k Harmonischen
$\underline{I}_B, \underline{I}_C, \underline{I}_E$	[A]	Basis-, Kollektor-, Emitterstrom bei Bipolartransistoren
$\underline{I}_{KS}$	[A]	Kurzschlussstrom
$\underline{I}_M, \underline{I}^M$	[A]	Maschenstrom
$\underline{I}_q$	[A]	Quellstrom
$\underline{I}^+, \underline{I}^-$	[A]	Strom der zu- und wegfließenden Welle
$i(t)$	[A]	zeitabhängiger Strom
K	[–]	Anzahl Knoten in einem Netzwerk
L	[H]	Induktivität einer Spule, Selbstinduktivität eines Übertragers
M	[H]	Gegeninduktivität eines Übertragers
n	[–]	Idealitätsfaktor einer Diode
$\underline{P}$	[VA]	Leistung
P_S	[VA]	Scheinleistung
P_W, P_p	[W]	Wirkleistung
P_B	[VA]	Blindleistung
P_V	[W]	Verlustleistung
P_{max}	[W]	maximale oder verfügbare Wirkleistung (einer Quelle)
P^+, P^-	[V]	Wirkleistung der zu- und wegfließenden Welle
Q_0	[–]	Güte, Eigengüte
R	[Ω]	ohmscher Widerstand/Resistanz, Realteil der Impedanz
$\underline{r}$	[–]	Reflexionsfaktor, Reflektanz
$\underline{S}$	[S]	Steilheit
$\underline{\mathbf{S}}$	[–]	Streumatrix
$\underline{S}_{\mu\nu}$	[–]	Koeffizienten der Streumatrix
$\underline{s}$	[s^{-1}]	komplexe Frequenz, eigentlich Kreisfrequenz
s	[–]	Konvergenzfaktor
$\underline{s}_Z$	[s^{-1}]	Nullstellen einer Impedanz- oder Admittanzfunktion
$\underline{s}_N$	[s^{-1}]	Polstellen einer Impedanz- oder Admittanzfunktion
t	[s]	Zeit
T_0	[s]	Periodendauer
$\underline{U}$	[V]	Spannung
$\underline{U}_{BE}, \underline{U}_{CE}$	[V]	Basis-Emitter-, Kollektor-Emitterspannung bei Bipolartransistoren

U_{eff}	[V]	Effektivwert der Spannung
$\hat{U}$	[V]	Scheitelwert der Spannung
$\underline{U}_K$	[V]	Knotenspannung; Spannung der k-ten Harmonischen
$\underline{\mathbf{U}}_K$	[V]	Matrix der Spannung mit k Harmonischen
$\underline{U}_{LL}$	[V]	Leerlaufspannung
$\underline{U}_q$	[V]	Quellspannung
U_T	[V]	Temperaturspannung
$\underline{U}^+$, $\underline{U}^-$	[V]	Spannung der zu- und wegfließenden Welle
$u(t)$	[V]	zeitabhängige Spannung
$ü$	[–]	Übersetzungsverhältnis eines idealen Übertragers
$\underline{V}_U$	[–]	Spannungsverstärkung
$\underline{V}_I$	[–]	Stromverstärkung
X	[Ω]	Blindwiderstand/Reaktanz; Imaginärteil der Impedanz
$\underline{Y}$	[S]	Admittanz, $\underline{Y} = \underline{G} + j\underline{B}$
$\underline{\mathbf{Y}}$	[S]	Admittanzmatrix
$\underline{Y}_i$	[S]	Innenadmittanz einer Quelle
Z	[–]	Anzahl Zweige in einem Netzwerk
$\underline{Z}$	[Ω]	Impedanz, $\underline{Z} = \underline{R} + j\underline{X}$
$\underline{\mathbf{Z}}$	[Ω]	Impedanzmatrix
$\underline{Z}_i$	[Ω]	Innenimpedanz einer Quelle
$\underline{Z}_m$	[Ω]	Transimpedanz
$\underline{\alpha}$	[–]	Leerlaufspannungsverstärkung
$\underline{\beta}$	[–]	Kurzschlussstromverstärkung
$\varphi, \varphi(\omega)$	[°]	Phasenwinkel; Phasendifferenz
$\underline{\varphi}_m$	[V]	Potenzial am Knoten m
σ	[s^{-1}]	Dämpfungsmaß
ω	[s^{-1}]	Kreisfrequenz
ω_0	[s^{-1}]	Kreisfrequenz bei Resonanz

Quelle und Last

1

ÜBERBLICK

Eine **Quelle** führt im allgemeinen Fall einem elektrischen Netzwerk Energie oder Signale zu und kann z. B. ein 230 V-Netz oder eine Batterie oder ein Funktionsgenerator sein. Wir wollen in diesem Kapitel im Fall einer Konstantquelle zunächst davon ausgehen, dass sie ein zeitharmonisches, unmoduliertes, einphasiges Signal abgibt. Bei der Ausweitung auf die nichtsinusförmige Erregung linearer Netzwerke in Kapitel 7 werden wir dieses Konzept dann erweitern.

Außerdem betrachten wir **gesteuerte** Quellen, die beispielsweise als idealisierte Ersatzschaltungen für Transistoren oder Operationsverstärker verwendet werden.

Unter einer elektrischen **Last** ist ein Netzwerkteil zu verstehen, dem Energie oder Signale zugeführt werden. Die Last kann eine Elektroheizung oder ein Antennenkabel oder ein Mikrosensor sein. Zunächst gehen wir davon aus, dass die Last linear und zeitunabhängig ist und gehen später auf nichtlineare Bauelemente und Netzwerke ein.

1.1 Spannungsquelle, Stromquelle

Die Schaltzeichen einer idealen Konstantspannungsquelle und einer idealen Konstantstromquelle sind in Abbildung 1.1 dargestellt. Die Spannung an den Anschlussklemmen der idealen Konstantspannungsquelle ist unabhängig von der Beschaltung immer gleich der konstanten Quellspannung $\underline{U}_q$. Dies ist nur dann widerspruchsfrei, wenn die Quelle nicht mit einem Kurzschluss beschaltet ist. Die ideale Konstantstromquelle liefert definitionsgemäß an ihren Anschlussklemmen unabhängig von der Beschaltung den Quellstrom $\underline{I}_q$, was jedoch nur sinnvoll sein kann, wenn die Anschlussimpedanz endlich ist, die Quelle also nicht mit einem Leerlauf abgeschlossen ist.

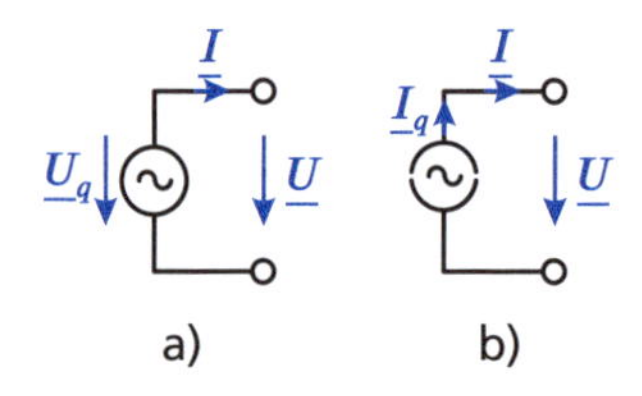

Abbildung 1.1: a) Ideale Konstantspannungsquelle und b) ideale Konstantstromquelle

Diese idealen Quellen werden häufig als Netzwerkelemente benötigt, geben jedoch nicht die physikalische Realität einer **realen** Spannungs- oder Stromquelle wieder.

Eine reale **Spannungsquelle** (Abbildung 1.2a) hat immer einen endlichen Innenwiderstand, der allerdings sehr kleine Werte annehmen kann (Beispiel: 230 V-Netz). Im allgemeinen Fall einer Wechselspannungsquelle gehen wir von einer **komplexen Innenimpedanz** $\underline{Z}_i$ aus, die reaktive Anteile enthalten kann.

Ein Maschenumlauf im Ersatzschaltbild der realen Spannungsquelle (Abbildung 1.2a) ergibt die Verknüpfung der Klemmenspannung und des Klemmenstromes mit den Ersatzschaltungsgrößen:

$$\underline{U} = \underline{U}_q - \underline{Z}_i \cdot \underline{I} \, . \tag{1.1}$$

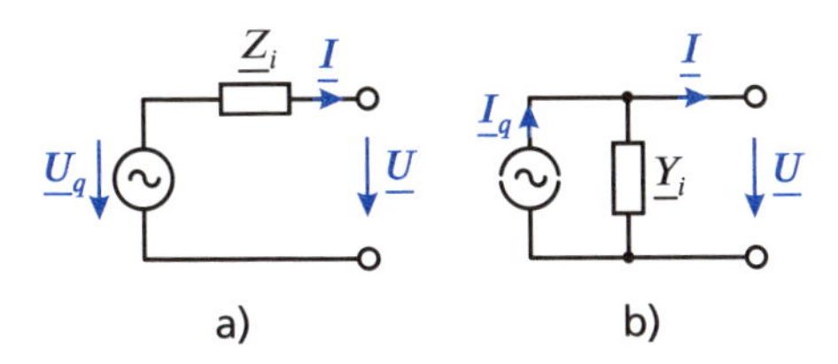

Abbildung 1.2: a) Reale Spannungsquelle und b) reale Stromquelle

Mit einer realen **Stromquelle** können z. B. die Eigenschaften eines Ladegeräts sehr gut beschrieben werden. Die Innenadmittanz $\underline{Y}_i$ ist dann reell und nimmt sehr kleine Werte an. Für die Ersatzschaltung in Abbildung 1.2b kann eine zu Gleichung (1.1) äquivalente Beziehung mit Hilfe der Kirchhoffschen Knotengleichung gefunden werden:

$$\underline{I} = \underline{I}_q - \underline{Y}_i \cdot \underline{U} \,. \tag{1.2}$$

Die Eigenschaften einer realen Quelle können völlig gleichwertig mit einer Spannungs- oder Stromquelle gemäß Abbildung 1.2 beschrieben werden, sofern die Innenimpedanz $\underline{Z}_i$ bzw. Innenadmittanz $\underline{Y}_i$ nicht den Wert null annehmen. Folglich lassen sich beide Ersatzschaltungen mit einer Äquivalenzbetrachtung ineinander überführen: Ein Kurzschluss am Ausgang beider Quellen ergibt den Kurzschlussstrom

$$\underline{U} = 0 \rightarrow \underline{I}_{KS} = \frac{\underline{U}_q}{\underline{Z}_i} = \underline{I}_q \,. \tag{1.3}$$

Bei Leerlauf an den Anschlussklemmen ergibt sich die Leerlaufspannung

$$\underline{I} = 0 \rightarrow \underline{U}_{LL} = \frac{\underline{I}_q}{\underline{Y}_i} = \underline{U}_q \,. \tag{1.4}$$

Damit kann der Quellstrom aus der Quellspannung ausgerechnet werden und umgekehrt. Die Innenimpedanzen beider Schaltungen können ermittelt werden, wenn in den Ersatzschaltungen in Abbildung 1.2 die ideale Spannungsquelle durch einen Kurzschluss und die ideale Stromquelle durch einen Leerlauf ersetzt wird. Es ergibt sich bei Äquivalenz der Quellen:

$$\underline{Z}_i = \frac{1}{\underline{Y}_i} \,. \tag{1.5}$$

Umwandlung einer Stromquelle nach Abbildung 1.2 in eine Spannungsquelle (und umgekehrt):

$$\underline{U}_q = \underline{I}_q \cdot \underline{Z}_i \,; \qquad \underline{Z}_i = \frac{1}{\underline{Y}_i} \,. \tag{1.6}$$

1.2 Beschaltung einer Quelle mit einer Last

Wird eine reale Spannungsquelle mit einer komplexen Lastimpedanz $\underline{Z}_a$ beschaltet, so ergibt sich die Schaltung in Abbildung 1.3a.

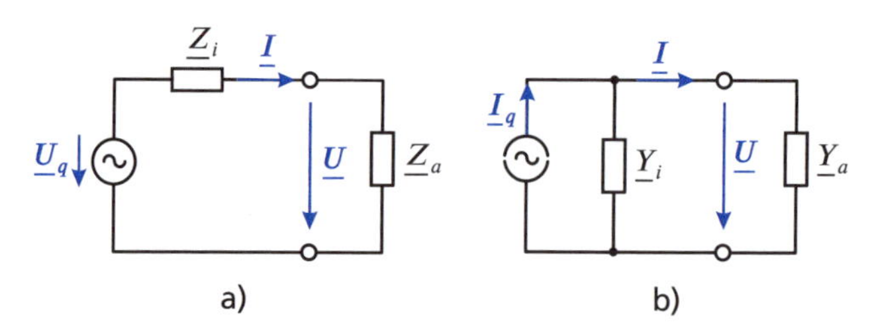

Abbildung 1.3: a) Spannungsquelle mit Lastimpedanz $\underline{Z}_a$ beschaltet und b) Stromquelle mit Lastadmittanz $\underline{Y}_a$ beschaltet

Mit einem Maschenumlauf und der Anwendung des Ohmschen Gesetzes erhalten wir die Gleichungen

$$\underline{U} = \underline{U}_q - \underline{Z}_i \cdot \underline{I}\,; \qquad \underline{U} = \underline{Z}_a \cdot \underline{I}\,, \tag{1.7}$$

aus denen wir durch Einsetzen je eine Gleichung für Strom und Spannung an den Klemmen der Quelle in Abhängigkeit von der Quellspannung und den Impedanzen erhalten:

$$\underline{I} = \frac{1}{\underline{Z}_i + \underline{Z}_a} \cdot \underline{U}_q\,; \qquad \underline{U} = \frac{\underline{Z}_a}{\underline{Z}_i + \underline{Z}_a} \cdot \underline{U}_q\,. \tag{1.8}$$

Aus der 2. Gleichung folgt, dass die Klemmenspannung $\underline{U}$ gegenüber der Quellspannung $\underline{U}_q$ um einen Winkel φ phasenverschoben ist, der sowohl von der Quelleninnenimpedanz $\underline{Z}_i$ als auch von der Lastimpedanz $\underline{Z}_a$ abhängig ist (s. Abbildung 1.4). Auch der Klemmenstrom $\underline{I}$ ist gegenüber $\underline{U}$ und $\underline{U}_q$ phasenverschoben.

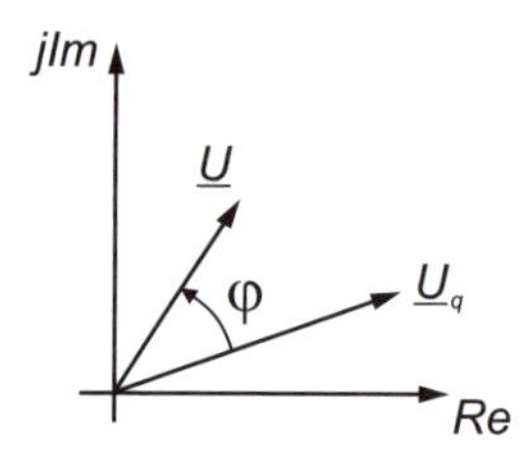

Abbildung 1.4: Phasenverschiebung der Klemmenspannung $\underline{U}$ gegenüber der Quellspannung $\underline{U}_q$

Für die mit einer Lastadmittanz $\underline{Y}_a$ beschaltete reale Stromquelle in Abbildung 1.3b erhalten wir völlig äquivalente Beziehungen für Klemmenspannung und Klemmenstrom, wenn wir die Kirchhoffsche Knotengleichung und das Ohmschen Gesetz anwenden:

$$\underline{I} = \underline{I}_q - \underline{Y}_i \cdot \underline{U}\,; \qquad \underline{I} = \underline{Y}_a \cdot \underline{U}\,, \tag{1.9}$$

$$\underline{U} = \frac{1}{\underline{Y}_i + \underline{Y}_a} \cdot \underline{I}_q\,; \qquad \underline{I} = \frac{\underline{Y}_a}{\underline{Y}_i + \underline{Y}_a} \cdot \underline{I}_q\,. \tag{1.10}$$

Die Fragestellung, welche Bedingungen die Quell- und Lastimpedanzen erfüllen müssen, damit die von der Quelle zur Last übertragene Wirkleistung maximal wird, ist bereits im Band 2 dieser Lehrbuchreihe (S. 89 ff) beantwortet worden. Das Ergebnis ist für die nachfolgenden Kapitel wichtig und soll deshalb an dieser Stelle kurz zusammengefasst werden. Die Übertragung der maximal möglichen Leistung wird auch als **Leistungsanpassung** bezeichnet.

Die Wirkleistung, die von der Quelle zur Last übertragen wird, erreicht ein Maximum, wenn die Bedingung

$$\underline{Z}_i = \underline{Z}_a^* \quad \text{bzw.} \quad \underline{Y}_i = \underline{Y}_a^* . \tag{1.11}$$

erfüllt ist. Bei Darstellung der Impedanzen bzw. Admittanzen mit Real- und Imaginärteil ergibt sich daraus

$$R_i + jX_i = R_a - jX_a \quad \text{bzw.} \quad G_i + jB_i = G_a - jB_a . \tag{1.12}$$

Die Realteile der Impedanzen bzw. Admittanzen müssen für die Übertragung maximaler Leistung also gleich sein, die Imaginärteile müssen sich gegenseitig kompensieren. Hat z. B. die Quelleninnenimpedanz eine induktive Komponente, ist also X_i eine Spule mit $X_i = \omega L$, dann ist für Leistungsanpassung mit $-X_a = \dfrac{1}{\omega C}$ ein Kondensator als Blindelement in der Lastimpedanz erforderlich, und es muss gelten

$$\omega_0 L = \frac{1}{\omega_0 C} \quad \text{oder} \quad \omega_0 = \frac{1}{\sqrt{LC}} . \tag{1.13}$$

Die Anpassungsbedingung wird also nur bei der Frequenz ω_0 erfüllt.

Bei Leistungsanpassung gibt die Quelle ihre „verfügbare“, d. h. die maximal mögliche Wirkleistung P_{max} ab:

$$P_{\text{max}} = \frac{1}{8}\frac{|\underline{U}_q|^2}{\text{Re}\{\underline{Z}_i\}} \quad \text{bzw.} \quad P_{\text{max}} = \frac{1}{8}\frac{|\underline{I}_q|^2}{\text{Re}\{\underline{Y}_i\}} . \tag{1.14}$$

1.3 Gesteuerte Quellen

In Netzwerken werden häufig gesteuerte Quellen als Ersatzschaltungselemente benötigt, um solche physikalischen Effekte beschreiben zu können, bei denen eine Betriebsgröße von einer anderen gesteuert wird. Die steuernden und die gesteuerten Betriebsgrößen können Spannungen oder Ströme sein. Die vier möglichen Konstellationen sind in Abbildung 1.5 zusammengefasst. Die gesteuerten Spannungs- und Stromquellen sind zunächst jeweils ideale Quellen, die vollkommen **rückwirkungsfrei** sind. Sie können bei Bedarf durch zusätzliche Netzwerkelemente an die jeweiligen Betriebsbedingungen angepasst werden.

■ Spannungsgesteuerte Spannungsquelle:

Gesteuert wird die Spannung $\underline{U}_g$ der idealen Spannungsquelle durch eine steuernde Spannung $\underline{U}_s$, die sich grundsätzlich irgendwo in dem betrachteten Netzwerk befin-

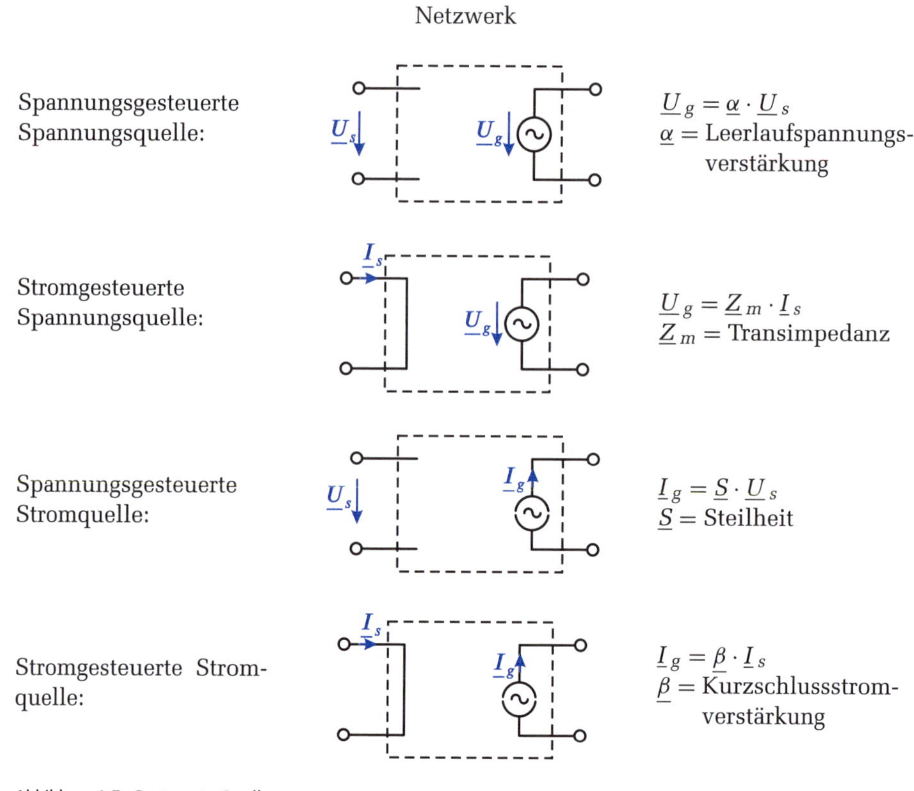

Abbildung 1.5: Gesteuerte Quellen

den kann. Als Proportionalitätsfaktor wird die dimensionslose Leerlaufspannungsverstärkung $\underline{\alpha}$ eingeführt, die im Allgemeinen komplex ist. Diese Form einer gesteuerten Quelle wird z. B. in der Ersatzschaltung für lineare Kleinsignalverstärker verwendet.

- Stromgesteuerte Spannungsquelle:

Hier wird die Spannung $\underline{U}_g$ der idealen Spannungsquelle durch einen Strom $\underline{I}_s$ gesteuert, der sich wiederum grundsätzlich irgendwo in dem betrachteten Netzwerk befinden kann. Als Proportionalitätsfaktor wird die komplexe Transimpedanz $\underline{Z}_m$ eingeführt, die die Dimension eines Widerstandes hat.

- Spannungsgesteuerte Stromquelle:

Die gesteuerte Größe ist in diesem Fall eine ideale Stromquelle mit dem Quellstrom $\underline{I}_g$, der durch eine Spannung $\underline{U}_s$ in dem betrachteten Netzwerk gesteuert wird. Als Proportionalitätsfaktor wird die komplexe Steilheit $\underline{S}$ mit der Dimension eines Leitwertes eingeführt. Die spannungsgesteuerte Stromquelle wird z. B. in Kleinsignal-Ersatzschaltungen für Transistoren verwendet (s. nachfolgendes Beispiel).

■ Stromgesteuerte Stromquelle:

Bei dieser Quelle wird der Strom $\underline{I}_g$ einer idealen Stromquelle durch einen anderen Strom $\underline{I}_s$ im Netzwerk gesteuert. Als Proportionalitätsfaktor wird die dimensionslose, komplexe Kurzschlussstromverstärkung $\underline{\beta}$ eingeführt.

■ Beispiel: Kleinsignal-Ersatzschaltbild eines Bipolar-Transistors

Als Beispiel für den Einsatz von gesteuerten Quellen in Netzwerken wollen wir uns ein einfaches Kleinsignal-Ersatzschaltbild von einem Bipolar-Transistor in Emitterschaltung anschauen (Abbildung 1.6). Voraussetzung für den Kleinsignalbetrieb ist die Einstellung eines festen Arbeitspunktes. Die dazu erforderlichen Bauelemente sind in der Abbildung nicht enthalten, da sie den Wechselstrombetrieb bei höheren Frequenzen in erster Näherung nicht beeinflussen. Außerdem sollen die Amplituden der Eingangs- und Ausgangsspannung im Wechselstrombetrieb so klein sein, dass die Transistoreigenschaften mit einer linearen Näherung beschrieben werden können. Die Basis-Emitterspannung $\underline{U}_{BE}$ am Transistoreingang steuert dann den Kollektor-Strom $\underline{I}_C$ am Transistorausgang mit der konstanten (komplexen) Steilheit $\underline{S}$ als Proportionalitätsfaktor. Hierfür kann die soeben eingeführte spannungsgesteuerte Stromquelle als Ersatzschaltbildelement eingesetzt werden. Zusätzlich sollen ohmsche Verluste (durch die endliche Leitfähigkeit der Halbleiterschichten) im Transistor durch die Widerstände R_{BE} und R_{CE} berücksichtigt werden.

Für den Eingangskreis ergibt sich die Gleichung:

$$\underline{U}_{BE} = R_{BE} \cdot \underline{I}_B \,. \tag{1.15}$$

Durch Aufstellung einer Knotengleichung am Knoten K und Erweiterung der Gleichung mit R_{CE} ergibt sich für den Ausgangskreis:

$$\underline{U}_{CE} = R_{CE} \cdot \underline{I}_C - R_{CE} \cdot \underline{S} \cdot \underline{U}_{BE} \,. \tag{1.16}$$

Die Gleichungen zeigen, dass der Transistor in dieser gewählten einfachen Kleinsignaldarstellung als rückwirkungsfreier Verstärker arbeitet. Die Ausgangsgrößen $\underline{U}_{CE}$, $\underline{I}_C$ sind von den Eingangsgrößen $\underline{U}_{BE}$, $\underline{I}_B$ abhängig, jedoch nicht umgekehrt. Maßgeblich für die Verstärkung ist die Steilheit $\underline{S}$.

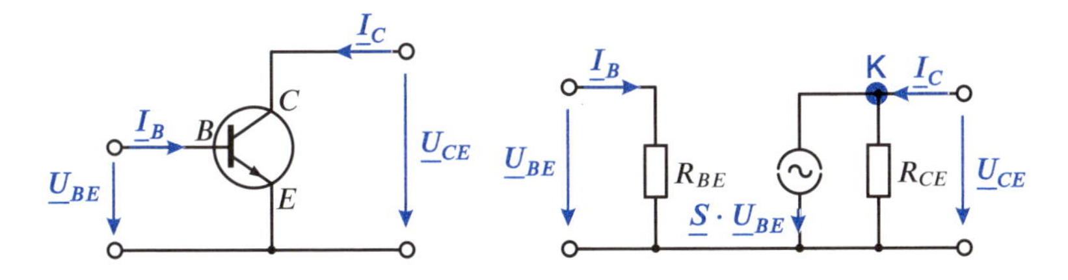

Abbildung 1.6: Bipolar-Transistor in Emitterschaltung und einfaches Kleinsignal-Ersatzschaltbild

1.4 Ersatzquellen, Ersatzlast

Häufig ist es bei der Netzwerkanalyse günstig, bestimmte Teile eines Netzwerks zu einem Ersatzzweipol zusammenzufassen, wenn einzelne Spannungen oder Ströme an Bauteilen aus dem Inneren dieses Netzwerkteils nicht von Interesse sind. Wir wollen dazu zunächst eine grundsätzliche Betrachtung über die Eigenschaften eines solchen Zweipols voranstellen:

▶ **Definition:** Ein Zweipol ist ein abgeschlossenes Netzwerk mit zwei zugänglichen Anschlussklemmen, das keine elektrische oder magnetische Kopplung nach außen hat und nicht von außen gesteuert wird. Als Netzwerkelemente werden Widerstände, Kondensatoren, einfache und gekoppelte Spulen sowie konstante und gesteuerte Quellen zugelassen. Alle Quellen sollen bei derselben Frequenz betrieben werden.

Bei einem **passiven Zweipol** sind Leerlaufspannung $\underline{U}_{LL}$ und Kurzschlussstrom $\underline{I}_{KS}$ an den äußeren Klemmen gleich null, wenn keine äußere Beschaltung anliegt.

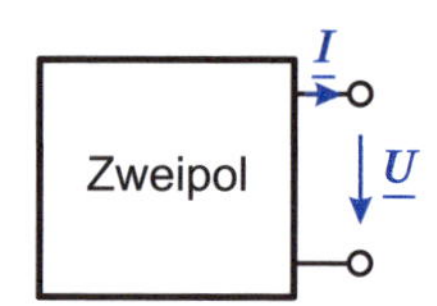

Abbildung 1.7: (Aktiver) Zweipol

Bei einem **aktiven Zweipol** sind Leerlaufspannung $\underline{U}_{LL}$ und/oder Kurzschlussstrom $\underline{I}_{KS}$ verschieden von null, wenn keine äußere Beschaltung anliegt. Die Zählpfeilrichtung des Stromes wird bei einem aktiven Zweipol in der Regel wie bei einem Generator gewählt, wie in Abbildung 1.7 dargestellt. Handelt es sich bei dem Zweipol zudem um ein lineares Netzwerk, bei dem alle Elemente aussteuerungsunabhängig sind, dann kann das Verhalten an den Anschlussklemmen beschrieben werden durch reale Spannungs- oder Stromquellen mit den Gleichungen

$$\underline{U} = \underline{U}_q - \underline{Z}_i \cdot \underline{I} \quad \text{oder} \quad \underline{I} = \underline{I}_q - \underline{Y}_i \cdot \underline{U} \,. \tag{1.17}$$

In Abbildung 1.8 sind ein (aktiver) Zweipol, der ein in sich geschlossenes Teilnetzwerk enthalten kann und die beiden Formen einer Ersatzquelle für den Zweipol dargestellt.

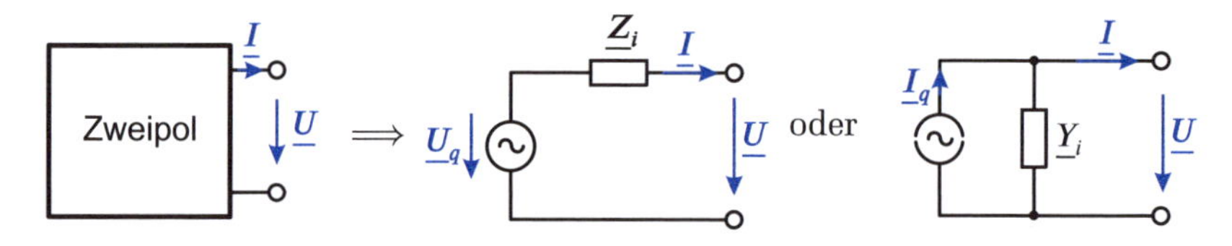

Abbildung 1.8: (Aktiver) Zweipol und äquivalente Ersatzspannungsquelle bzw. Ersatzstromquelle

Zur Bestimmung der Ersatzgrößen $\underline{U}_q$, $\underline{Z}_i$ bzw. $\underline{I}_q$, $\underline{Y}_i$ der Ersatzquellen gehen wir in gleicher Weise vor, wie wir das bereits in Kapitel 1.1 bei der Umrechnung einer realen Spannungsquelle in eine reale Stromquelle getan haben. Wir betrachten drei unterschiedliche (gedachte oder messtechnisch durchgeführte) Beschaltungen des Zweipols und beschalten die Ersatzquellen jeweils in gleicher Weise. An den Anschlussklemmen müssen sich dann bei den Ersatzquellen genau wie beim Zweipol die gleichen Ströme und Spannungen einstellen, wenn die Ersatzquellen tatsächlich äquivalent zum Zweipol sein sollen:

- Betriebsfall 1 – Leerlauf an den Anschlussklemmen:

$$\underline{I} = 0 \rightarrow \underline{U} = \underline{U}_{LL} = \underline{U}_q = \frac{\underline{I}_q}{\underline{Y}_i} . \tag{1.18}$$

- Betriebsfall 2 – Kurzschluss an den Anschlussklemmen:

$$\underline{U} = 0 \rightarrow \underline{I} = \underline{I}_{KS} = \underline{I}_q = \frac{\underline{U}_q}{\underline{Z}_i} . \tag{1.19}$$

- Betriebsfall 3 – Bestimmung der Impedanz an den Anschlussklemmen mit Hilfe einer externen Quelle. Dazu ist es erforderlich, dass eventuell *im* Netzwerk vorhandene Konstantspannungsquellen jeweils durch einen Kurzschluss und Konstantstromquellen durch einen Leerlauf ersetzt werden! Der Zweipol ist dann rein passiv. Die Messung (oder Berechnung) der Impedanz an den Anschlussklemmen ergibt:

$$\textit{Impedanzbestimmung} \rightarrow -\frac{\underline{U}}{\underline{I}} = \underline{Z}_i = \frac{1}{\underline{Y}_i} . \tag{1.20}$$

Grenzfälle treten auf, wenn die Innenimpedanz des Zweipols den Wert null oder unendlich annimmt. Im erstgenannten Fall ist dann nur eine Ersatzspannungsquelle, aber keine Ersatzstromquelle definierbar, im zweitgenannten Fall verhält es sich umgekehrt. Beim Betriebsfall 3 ist zu beachten, dass **gesteuerte** Quellen *nicht* durch Kurzschluss bzw. Leerlauf zu ersetzen sind, sondern nur die Konstantspannungs- und Konstantstromquellen!

- Beispiel:

Gegeben sei gemäß Abbildung 1.9 eine Schaltung mit sieben Impedanzen und zwei Konstantquellen, für die bezüglich der herausgezogenen Anschlussklemmen 1-1′ eine Ersatzspannungsquelle bzw. eine Ersatzstromquelle gefunden werden soll.

Durch Beschaltung mit einem Leerlauf an den Anschlussklemmen (Abbildung 1.10a) können wir mit Gleichung (1.18) direkt die Quellspannung der Ersatzspannungsquelle ermitteln. Die Beschaltung mit einem Kurzschluss (Abbildung 1.10b) ergibt mit Gleichung (1.19) den Quellstrom der Ersatzstromquelle. Zur Ermittlung der Innenimpedanz bzw. Innenadmittanz der Ersatzquellen ersetzen wir zunächst die Konstantspannungsquelle im Netzwerk durch einen Kurzschluss und die Konstantstromquelle durch einen Leerlauf (Abbildung 1.10c) und ermitteln dann mit Gleichung (1.20) für

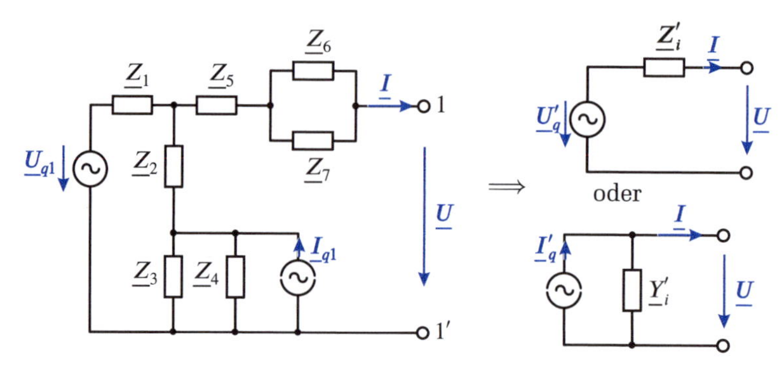

Abbildung 1.9: Beispielhaftes Netzwerk und Ersatzspannungsquelle bzw. Ersatzstromquelle

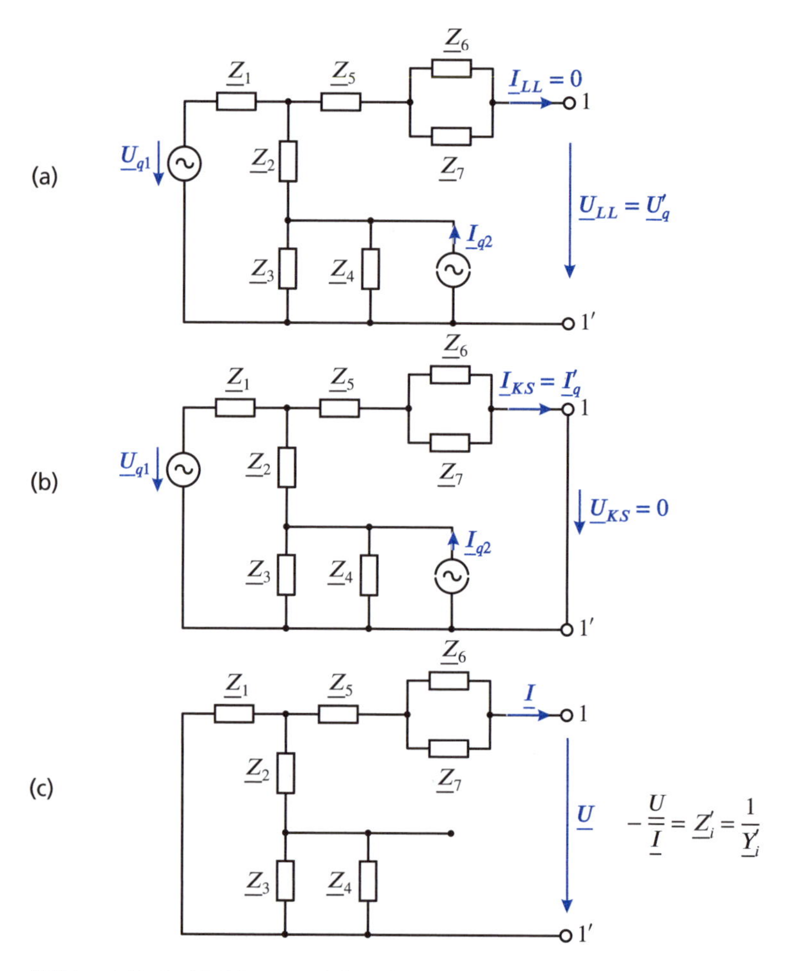

Abbildung 1.10: Betriebsfälle zur Ermittlung der Ersatzquellenelemente: (a) Leerlauf an den Anschlussklemmen, (b) Kurzschluss an den Anschlussklemmen, (c) Impedanz an den Anschlussklemmen des Netzwerkes ohne Konstantquellen

diese Schaltung die Eingangsimpedanz an den Klemmen 1-1′. Zur Analyse der drei Schaltungen in Abbildung 1.10 können wir die Kirchhoffschen Gesetze heranziehen und die gesuchten Größen $\underline{U}'_q$, $\underline{I}'_q$, $\underline{Z}'_i$ als Funktionen der Netzwerkquellen und -impedanzen ausrechnen. In den Folgekapiteln werden wir Verfahren kennenlernen, die eine Analyse solcher Schaltungen erheblich vereinfachen.

Literatur: [1], [11], [20], siehe Literaturverzeichnis.

Berechnung einfacher Schaltungen

2

ÜBERBLICK

Ein wesentliches Anwendungsgebiet der Elektrotechnik besteht darin, mittels ausgewählter Schaltungen bestehend aus z. B. Widerständen, Spulen, Kondensatoren, Transformatoren, Leitungen, Transistoren, Dioden sowie Spannungs- und Stromquellen bestimmte Wirkfunktionen zu erreichen. Das sind z. B. die Verteilung elektrischer Energie, die Übertragung von Information in Form von Nachrichten, Bildern und Daten, die Verstärkung, Zeit- und Frequenzanalyse von Signalen sowie deren gezielte Veränderung bezüglich Amplitude, Phase und Zeitverlauf.

Diese Schaltungen werden mit dem Begriff des elektrischen Netzwerkes beschrieben. Die Aufgabe des Ingenieurs besteht darin, das Netzwerk im Sinne der gewünschten Funktion optimal zu dimensionieren. Bevor das möglich ist, bedarf es der Analyse des Netzwerkes mit dem Zweck, die Strom- und Spannungsverteilung im Netzwerk zu berechnen und wesentliche Erkenntnisse bezüglich der Wirkung der einzelnen Bauelemente im Netzwerk zu gewinnen. Wenn aufbauend auf diesen Erkenntnissen ein Syntheseverfahren zum Aufbau und zur Dimensionierung zukünftiger Netzwerke theoretisch entwickelt werden kann, dann hat der Ingenieur seine Aufgabe erfüllt.

Im Prinzip können alle Netzwerke mit den von GUSTAV KIRCHHOFF (1824–1887) im Jahre 1845 gefundenen Regeln für die Bilanz (vorzeichenbehaftete Summe) der Ströme in einem Knoten und der Spannungen in einer Masche analysiert und berechnet werden. Diese Regeln sind anwendbar für lineare und nichtlineare Bauelemente, sie gelten im Zeit- und Frequenzbereich.

Die Analyse des Netzwerkes mit der Knoten- und Maschenregel führt im Allgemeinen bei beliebiger Zeitabhängigkeit auf Systeme von Differenzialgleichungen und im Fall harmonischer Zeitabhängigkeit auf lineare Gleichungssysteme. Die Lösung dieser Systeme kann oft nur numerisch angegeben werden.

Wir wollen uns in den folgenden Abschnitten auf einfache Schaltungen beschränken. Die hier vorgestellten grundlegenden Methoden und Sätze

- vereinfachen die Netzwerkberechnung,
- sind explizite Verfahren,
- verdeutlichen direkte Abhängigkeiten von Bauelementen und deren Toleranzen,
- tragen wesentlich zum Verstehen der Wirkungsweise des Netzwerkes bei.

2.1 Überlagerungssatz

Die Abbildung 2.1 zeigt ein kleines lineares Netzwerk mit einer Strom- und einer Spannungsquelle, deren Zeitabhängigkeit harmonisch (einschließlich $\omega = 0$) sein soll. Es gilt außerdem der eingeschwungene Zustand. Gegeben sind die Werte der Leerlaufspannung $\underline{U}_q$, des Kurzschlussstromes $\underline{I}_q$ und die aller Impedanzen $\underline{Z}_i$. Gesucht ist der Wert des Stromes $\underline{I}_3$ als Funktion aller gegebenen Werte.

Bevor wir die Aufgabe im klassischen Sinne mit der Knoten- und Maschenregel lösen, sollte als eine erste, kurze Überlegung die Frage nach der Art und Anzahl der Unbekannten beantwortet werden. In unserem Netzwerk gibt es drei unbekannte Werte der Ströme $\underline{I}_1$, $\underline{I}_2$ und $\underline{I}_3$. Folglich sind drei Gleichungen zur Berechnung der drei Unbekannten notwendig.

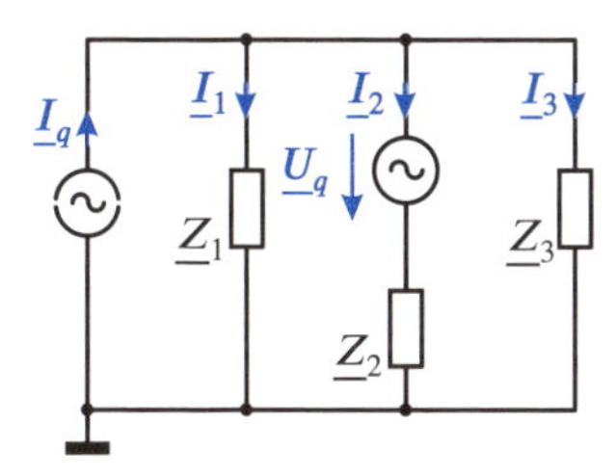

Abbildung 2.1: Netzwerk mit Spannungs- und Stromquelle

Wegen der Struktur des Netzwerkes in Abbildung 2.1 wählen wir eine Knoten- und zwei Maschengleichungen und schreiben diese in geordneter Form auf.

$$\begin{aligned} \underline{I}_1 + \quad \underline{I}_2 + \quad \underline{I}_3 &= \underline{I}_q \\ \underline{Z}_1\underline{I}_1 - \underline{Z}_2\underline{I}_2 + \quad 0 &= \underline{U}_q \\ \underline{Z}_1\underline{I}_1 + \quad 0 - \underline{Z}_3\underline{I}_3 &= 0 \end{aligned} \tag{2.1}$$

bzw. als Matrix-Gleichung geschrieben

$$\begin{pmatrix} 1 & 1 & 1 \\ \underline{Z}_1 & -\underline{Z}_2 & 0 \\ \underline{Z}_1 & 0 & -\underline{Z}_3 \end{pmatrix} \begin{pmatrix} \underline{I}_1 \\ \underline{I}_2 \\ \underline{I}_3 \end{pmatrix} = \begin{pmatrix} \underline{I}_q \\ \underline{U}_q \\ 0 \end{pmatrix} \tag{2.2}$$

Die Lösung dieses linearen Gleichungssystems (z. B. CRAMER'sche Regel) lautet

$$\underline{I}_3 = \frac{\underline{Z}_1}{\underline{Z}_1\underline{Z}_2 + \underline{Z}_3(\underline{Z}_1 + \underline{Z}_2)}\underline{U}_q + \frac{\underline{Z}_1\underline{Z}_2}{\underline{Z}_1\underline{Z}_2 + \underline{Z}_3(\underline{Z}_1 + \underline{Z}_2)}\underline{I}_q\,. \tag{2.3}$$

▶ **Erkenntnis:**

- Der Wert des Stromes $\underline{I}_3$ ist eine lineare, additive Funktion der beiden Quellen $\underline{U}_q$, $\underline{I}_q$! Ihre einzelnen Beiträge zum Wert des Stromes $\underline{I}_3$ werden durch Faktoren bestimmt, die von der Anordnung der einzelnen Quelle im Netzwerk (Topologie) abhängen.
- Das gilt ganz allgemein auch für eine beliebige Anzahl von unabhängigen (ungesteuerten) Spannungs- und Stromquellen, da diese immer in getrennter, linearer Form in der Spaltenmatrix auf der rechten Seite von Gleichung (2.2) auftreten.

Folgerung

Wegen der Unabhängigkeit der Quellen müsste sich der Strom $\underline{I}_3$ als Summe der Teilwirkungen der Quellen $\underline{U}_q$ und $\underline{I}_q$ darstellen lassen, wenn jeweils die andere(n) Quelle(n) nicht vorhanden ist (sind).

Deshalb versuchen wir eine entsprechende Berechnung.

■ Wirkung von $\underline{U}_q$:

$\underline{I}_q = 0$, der Innenwiderstand der idealen Stromquelle $\to \infty$, folglich wird aus der Schaltung nach Abbildung 2.1 die Schaltung nach Abbildung 2.2, die wir durch eine Ersatzspannungsquelle $\underline{U}_{qe}$ mit der Innenimpedanz $\underline{Z}_{qe}$ und der Lastimpedanz $\underline{Z}_3$ darstellen.

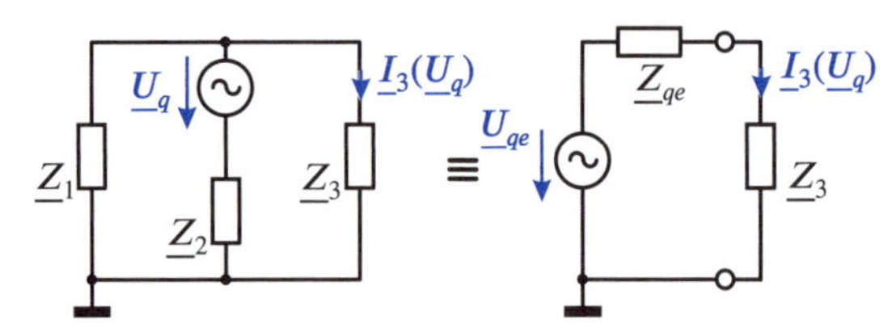

Abbildung 2.2: Netzwerk nach Abbildung 2.1, Wirkung nur von $\underline{U}_q$

Die Ersatzgrößen sind:

$$\underline{U}_{qe} = \underline{U}_q \frac{\underline{Z}_1}{\underline{Z}_1 + \underline{Z}_2} \qquad \text{Spannungsteiler}$$

$$\underline{Z}_{qe} = \frac{1}{\frac{1}{\underline{Z}_1} + \frac{1}{\underline{Z}_2}} = \frac{\underline{Z}_1 \underline{Z}_2}{\underline{Z}_1 + \underline{Z}_2} \qquad \text{Parallel-Schaltung}$$

und damit

$$\underline{I}_3(\underline{U}_q) = \frac{\underline{U}_{qe}}{\underline{Z}_{qe} + \underline{Z}_3}$$

oder

$$\underline{I}_3(\underline{U}_q) = \frac{\underline{U}_q \frac{\underline{Z}_1}{\underline{Z}_1 + \underline{Z}_2}}{\frac{\underline{Z}_1 \underline{Z}_2}{\underline{Z}_1 + \underline{Z}_2} + \underline{Z}_3} = \frac{\underline{Z}_1}{\underline{Z}_1 \underline{Z}_2 + \underline{Z}_3(\underline{Z}_1 + \underline{Z}_2)} \underline{U}_q . \tag{2.4}$$

Das ist der erste Term in Gleichung (2.3).

■ Wirkung von $\underline{I}_q$:

$\underline{U}_q = 0$, der Innenwiderstand der idealen Spannungsquelle ist null, folglich wird aus der Abbildung 2.1 die Schaltung nach Abbildung 2.3, die wir wieder mit einer Ersatzspannungsquelle $\underline{U}_{qe}$ und der Innenimpedanz $\underline{Z}_{qe}$ beschreiben.

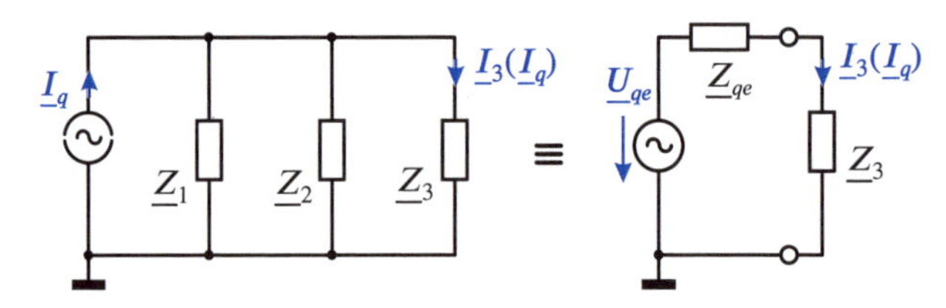

Abbildung 2.3: Netzwerk nach Abbildung 2.1, Wirkung nur von $\underline{I}_q$

In Analogie ergeben sich:

$$\underline{U}_{qe} = \underline{I}_q \frac{\underline{Z}_1 \underline{Z}_2}{\underline{Z}_1 + \underline{Z}_2} \qquad \text{Umwandlung Strom- in Spannungsquelle}$$

$$\underline{Z}_{qe} = \frac{1}{\frac{1}{\underline{Z}_1} + \frac{1}{\underline{Z}_2}} = \frac{\underline{Z}_1 \underline{Z}_2}{\underline{Z}_1 + \underline{Z}_2} \qquad \text{Parallel-Schaltung}$$

und daraus mit

$$\underline{I}_3(\underline{U}_q) = \frac{\underline{U}_{qe}}{\underline{Z}_{qe} + \underline{Z}_3}$$

$$\underline{I}_3(\underline{I}_q) = \frac{\underline{I}_q \frac{\underline{Z}_1 \underline{Z}_2}{\underline{Z}_1 + \underline{Z}_2}}{\frac{\underline{Z}_1 \underline{Z}_2}{\underline{Z}_1 + \underline{Z}_2} + \underline{Z}_3} = \frac{\underline{Z}_1 \underline{Z}_2}{\underline{Z}_1 \underline{Z}_2 + \underline{Z}_3(\underline{Z}_1 + \underline{Z}_2)} \underline{I}_q \, . \tag{2.5}$$

Das ist der zweite Term in Gleichung (2.3).

Gäbe es in dem Netzwerk nach Abbildung 2.1 noch mehr Quellen, dann würde folgender Zusammenhang gelten

$$\underline{I}_3 = \underline{I}_3(\underline{U}_q) + I_3(\underline{I}_q) + \cdots = \sum_i \underline{I}_3(U_{qi}) + \sum_i \underline{I}_3(I_{qi}) \tag{2.6}$$

Wir fassen unsere Erkenntnisse zusammen:

Bei einem linearen Netzwerk ist die von den unabhängigen Quellen $\underline{U}_{qi}$, $\underline{I}_{qi}$ abhängige Wirkung $\underline{U}$, $\underline{I}$ in einem Zweig (hier $\underline{I}_3$) die Überlagerung (Superposition) sämtlicher Teilwirkungen, die sich ergeben, wenn jeweils nur eine der Quellen vorhanden ist und alle übrigen null sind.

Das ist der Überlagerungssatz oder das Superpositionsprinzip der linearen Elektrotechnik von HERMANN VON HELMHOLTZ (1821–1894), der schon 1853 diese Zusammenhänge erkannt hat.

Wir wollen noch bemerken, dass dieser Satz sowohl im Zeit- als auch im Frequenzbereich sowie für Quellen mit beliebiger Zeitfunktion aber endlichen Amplituden gilt (z. B. auch Rauschquellen). Im Netzwerk nach Abbildung 2.1 könnten z. B. die Quellen $\underline{U}_q$ und $\underline{I}_q$ auch unterschiedlicher Frequenz sein.

Die Abbildung 2.4a stellt ein Netzwerk mit einer gesteuerten Stromquelle dar. Für dieses Netzwerk soll der Strom $\underline{I}_q$ als Funktion von $\underline{U}_q$, β, R und $\underline{Z}$ berechnet werden. Wir versuchen das mit Hilfe des Überlagerungssatzes. Zuerst *ersetzen* wir gemäß Abbildung 2.4b die gesteuerte Stromquelle $\beta \underline{I}_1$ durch die unabhängige Stromquelle $\underline{I}_2$ und merken uns den Zusammenhang $\underline{I}_2 = \beta \underline{I}_1$. Jetzt erfolgt nach den Abbildungen 2.4c und 2.4d die Berechnung der Wirkungen der beiden Quellen $\underline{U}_q$ und $\underline{I}_2$. Da der Strom $\underline{I}_1$ für die Steuerung von $\underline{I}_2$ zuständig ist, müssen auch bei ihm die Teilwirkungen berücksichtigt werden.

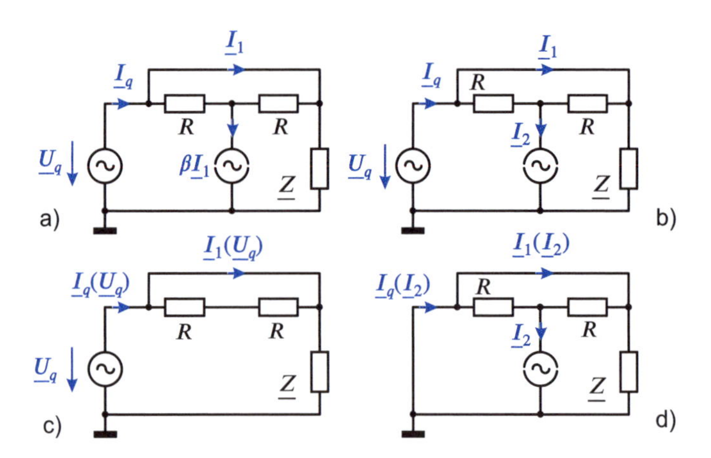

Abbildung 2.4: Netzwerk mit gesteuerter Stromquelle

Wir erhalten nach Abbildung 2.4c:

$$\underline{I}_q(\underline{U}_q) = \frac{\underline{U}_q}{\underline{Z}} \quad \text{und} \quad \underline{I}_1(\underline{U}_q) = \frac{\underline{U}_q}{\underline{Z}} \tag{2.7}$$

und nach Abbildung 2.4d:

$$\underline{I}_q(\underline{I}_2) = \underline{I}_2 \quad \text{und} \quad \underline{I}_1(\underline{I}_2) = \frac{\underline{I}_2}{2} \tag{2.8}$$

Die Teilwirkungen werden überlagert. Gleichzeitig machen wir den Ersatz von $\beta\underline{I}_1$ durch $\underline{I}_2$ wieder *rückgängig*.

$$\begin{aligned} \underline{I}_q &= \underline{I}_q(\underline{U}_q) + \underline{I}_q(\underline{I}_2) = \frac{\underline{U}_q}{\underline{Z}} + \underline{I}_2 = \frac{\underline{U}_q}{\underline{Z}} + \beta\underline{I}_1 \\ \underline{I}_1 &= \underline{I}_1(\underline{U}_q) + \underline{I}_1(\underline{I}_2) = \frac{\underline{U}_q}{\underline{Z}} + \frac{\underline{I}_2}{2} = \frac{\underline{U}_q}{\underline{Z}} + \frac{\beta\underline{I}_1}{2} \end{aligned} \tag{2.9}$$

Mittels des zweiten Teils der Gleichung (2.9) finden wir die Darstellung

$$\underline{I}_1 = \frac{\underline{U}_q}{\underline{Z}} \frac{2}{2-\beta}, \tag{2.10}$$

die wir in den ersten Teil der Gleichung (2.9) einsetzen und damit das gesuchte Ergebnis erhalten

$$\underline{I}_q = \frac{\underline{U}_q}{\underline{Z}} \frac{2+\beta}{2-\beta} \tag{2.11}$$

Der Leser möge sich selbst von der Richtigkeit des Ergebnisses überzeugen, indem er dieses mit Knoten- und Maschengleichungen berechnet. Die Methode des *Ersatzes und der Rücknahme* von gesteuerten Quellen erlaubt so auch die Berechnung von Netzwerken mit gesteuerten Quellen durch die Überlagerung von Teilwirkungen.

Mit Hilfe der Superposition sind viele überschaubare Netzwerke leicht zu analysieren, da bei der Betrachtung nur einer Quelle im Netzwerk sich deren Wirkung ohne das Aufstellen linearer Gleichungssysteme numerisch oder allgemein als Funktion der Bauelemente des Netzwerkes berechnen lässt. Außerdem erkennen wir sofort, welche Quelle den größten bzw. den kleinsten Beitrag zum Gesamtwert in dem gesuchten Zweig liefert, damit also wichtig ist oder vernachlässigt werden kann.

Literatur: [5], [10], [11], [20]

2.2 Ähnlichkeitssatz

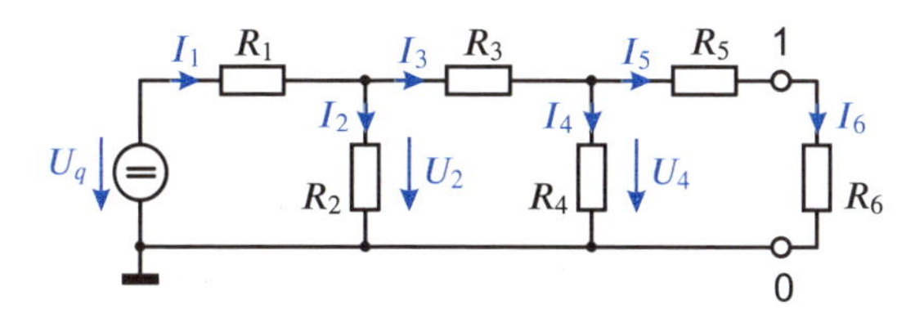

Abbildung 2.5: Netzwerk mit Gleichpsannungsquelle
$U_q = 100\,\text{V}$, $R_1 = R_3 = R_5 = 10\,\Omega$, $R_2 = R_4 = R_6 = 20\,\Omega$

Die Abbildung 2.5 zeigt ein Netzwerk mit der Gleichspannungsquelle U_q und den Widerständen R_1 bis R_6, die in Form einer Abzweigschaltung angeordnet sind. Wir wollen den Wert des Stromes I_6, der durch den Widerstand R_6 fließt, berechnen, ohne dass wir die Knoten- und Maschenregel direkt verwenden. In Analogie zu den Methoden beim Überlagerungssatz könnten wir an den Klemmen 1 – 0 eine Ersatzspannungsquelle berechnen und damit dann den Wert des Stromes I_6. Wegen des beim Überlagerungssatz gefundenen **linearen** Zusammenhangs zwischen Ursache (hier U_q) und Wirkung (hier I_6) müssen beide Größen zueinander proportional sein. Das heißt, verdoppeln wir den Wert der Spannung, muss sich zwangsläufig auch der Wert des Stromes verdoppeln. Wir können mit der Bezeichnung in Abbildung 2.5 schreiben

$$I_6 = K_6 U_q \,; \quad K_6 = \text{für } I_6 \text{ geltende Netzwerkkonstante (Topologie)} \tag{2.12}$$

Folglich können wir die Rechnung von hinten beginnen, indem wir für den Wert von I_6 vorläufig einen Startwert I_{6S} annehmen. Mit diesem Startwert berechnen wir rückwärts den dazugehörenden Wert der Spannung U_{qS}. Es gilt dann

$$\frac{I_6}{U_q} = \frac{I_{6S}}{U_{qS}} \quad \text{und daraus} \quad I_6 = U_q \frac{I_{6S}}{U_{qS}} \,. \tag{2.13}$$

Das ist der *Ähnlichkeitssatz* (Dreisatz). Diesen Satz wollen wir auf das Beispiel in Abbildung 2.5 anwenden.

Wir beginnen mit der Wahl $I_{6S} = 1$ A. Daraus folgt

$$I_5 = 1\text{ A} \rightarrow U_4 = I_5(R_5 + R_6) = 30\text{ V} \rightarrow I_4 = \frac{U_4}{R_4} = 1,5\text{ A}$$

$$I_3 = I_4 + I_5 = 2,5\text{ A} \rightarrow U_2 = I_3 R_3 + U_4 = 55\text{ V}$$

$$I_2 = \frac{U_2}{R_2} = 2,75\ \text{A} \rightarrow I_1 = I_2 + I_3 = 5,25\ \text{A}$$

$$U_{qS} = I_1 R_1 + U_2 = 107,5\ \text{V} \text{ und daraus}$$

$$I_6 = I_{6S}\,\frac{U_q}{U_{qS}} = 0,93\ \text{A}\,.$$

Sind mehrere Quellen vorhanden, wird für jede die Wirkung mit dem Ähnlichkeitssatz berechnet. Danach werden alle Teilwirkungen überlagert.

Literatur: [10], [11], [20]

2.3 Quellenversatz, -teilung und -substitution

Ungesteuerte und gesteuerte Spannungs- und Stromquellen sind die Motoren in einem elektrischen Netzwerk. Ihre Eigenschaften bezüglich der Netzwerkberechnung sollen deshalb hier gesondert betrachtet werden.

Die Anwendung der Maschen- und Knotenregel von GUSTAV KIRCHHOFF führt zum *Versetzungssatz idealer Spannungsquellen* und dem *Teilungssatz idealer Stromquellen*. Die Abbildung 2.6a zeigt das Netzwerk mit der Spannungsquelle $\underline{U}_q$ sowie den Maschen M_1 und M_2. Für die Masche M_1 ist die Reihenfolge von R_q und U_q unerheblich. In einem Zweig dürfen wir die Reihenfolge der Bauelemente und Quellen beliebig vertauschen, ohne einen Fehler zu begehen.

Verschieben wir die ideale Spannungsquelle $\underline{U}_q$ über einen Knoten nach Abbildung 2.6b, dann muss wegen der zwei folgenden Zweige in jedem davon eine Spannungsquelle mit dem Wert von $\underline{U}_q$ eingebaut werden. Nur damit ist die Maschenregel für die beiden Maschen M_1 und M_2 zu erfüllen. Mit der gewählten Richtung ist in

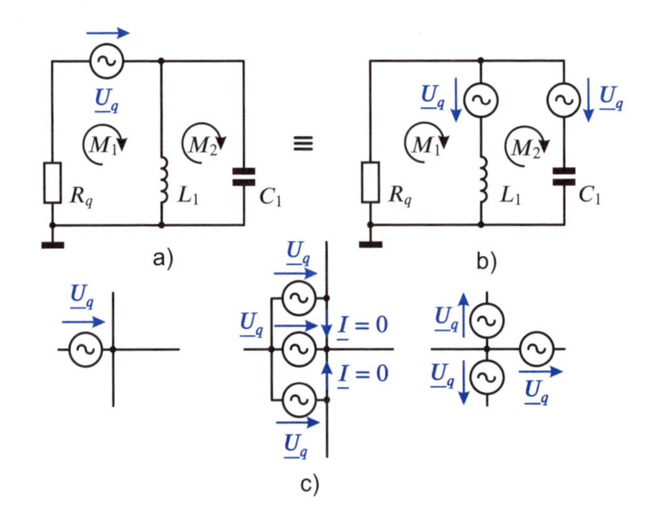

Abbildung 2.6: Netzwerk mit der Spannungsquelle $\underline{U}_q$ und deren Versetzung über einen Knoten

der Masche M_2 die Summe der Spannungsquellen null, wie es auch im Bild 2.6a der Fall ist.

Entsprechend Abbildung 2.6c stellen wir die eine Spannungsquelle $\underline{U}_q$ durch drei (Anzahl der abgehenden Zweige) gleiche Spannungsquellen dar, die einander parallel geschaltet sind. Deshalb fließt zwischen den Anschlüssen kein Ausgleichsstrom. Folglich können wir diese Verbindungen entfernen, und es entsteht das rechte Netzwerk in Abbildung 2.6c. Wir merken uns:

> Jede ideale Spannungsquelle $\underline{U}_q$ kann in beliebig viele parallel geschaltete, gleich große, gleich gerichtete Spannungsquellen $\underline{U}_q$ aufgeteilt werden. Deshalb fließen keine Ausgleichsströme. Wird die ideale Spannungsquelle $\underline{U}_q$ über einen Knoten versetzt, muss entsprechend der Anzahl der abgehenden Zweige in jedem dieser Zweige die ideale Spannungsquelle $\underline{U}_q$ in gleicher Richtung eingebaut werden. Dadurch bleibt das Gesamtverhalten des Netzwerkes erhalten.

In der Abbildung 2.7a wird ein Netzwerk mit der idealen Stromquelle $\underline{I}_q$ dargestellt.

In Analogie zur Parallelschaltung idealer Spannungsquellen gilt hier die Serienschaltung idealer gleich großer und gleich gerichteter Stromquellen. Die vorzeichenbehaftete Summe aller Ströme an einem Knoten ist null. Wenn an einem beliebigen Knoten ein abfließender Strom $\underline{I}_{kab}$ gleich dem zufließenden $\underline{I}_{kzu}$ ist, ändert sich nichts am Gesamtzustand des Netzwerkes.

In der Abbildung 2.7b teilen wir die Stromquelle $\underline{I}_q$ auf und verlagern den mittleren Knoten, dessen Strombilanz null ist, in einen frei wählbaren anderen. Die Abbildung 2.7c stellt das Ergebnis dar. Die Struktur des Netzwerkes hat sich bezüglich der Stromquellen deutlich verändert, trotzdem fließen durch die Bauelemente R_1, L_1 und C_1 die gleichen Ströme wie im Netzwerk nach Abbildung 2.7a. Der Vorgang der Teilung einer Stromquelle $\underline{I}_q$ wird nochmals in Abbildung 2.7d dargestellt. Folglich gilt:

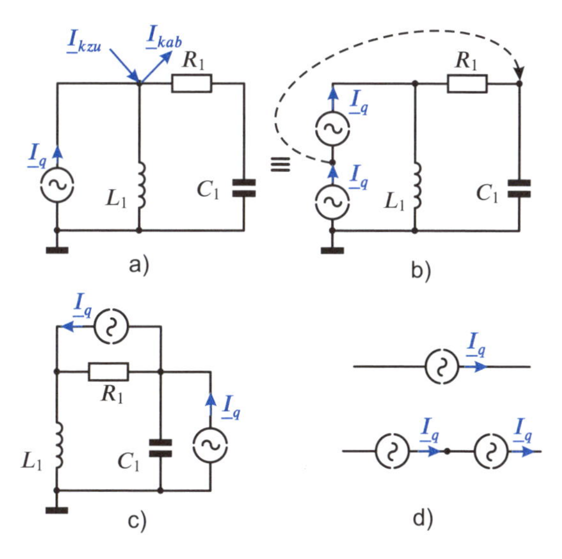

Abbildung 2.7: Netzwerk mit der Stromquelle $\underline{I}_q$, deren Teilung und Verlagerung des mittleren Knotens

Jede ideale Stromquelle $\underline{I}_q$ kann in beliebig viele serien geschaltete, gleich große, gleich gerichtete Stromquellen $\underline{I}_q$ aufgeteilt werden. In den Verbindungsknoten ist die Strombilanz null. Diese Knoten können deshalb beliebig in andere Knoten des Netzwerkes verlagert werden. Das Gesamtverhalten des Netzwerkes wird dadurch nicht verändert.

Die Abbildungen 2.8a–d zeigen äquivalente Quellensubstitutionen. Dabei entsprechen die Abbildungen 2.8a und 2.8b direkt der oben vorgestellten Parallelschaltung idealer Spannungs- und der Reihenschaltung idealer Stromquellen. Durch Änderung des in Abbildungen 2.9 dargestellten einfachen Beispiels möge der Leser selbst die Gültigkeit dieser Zuordnung überprüfen.

Von besonderer Bedeutung sind die Quellensubstitutionen in den Abbildungen 2.8c und 2.8d. Diese Zuordnung folgt direkt aus den Beziehungen $\underline{U} = \underline{Z}\,\underline{I}$ bzw. $\underline{I} = \underline{Y}\,\underline{U}$. Auch dafür werden mit den Abbildungen 2.9a und 2.9b zwei einfache Zahlenbeispiele

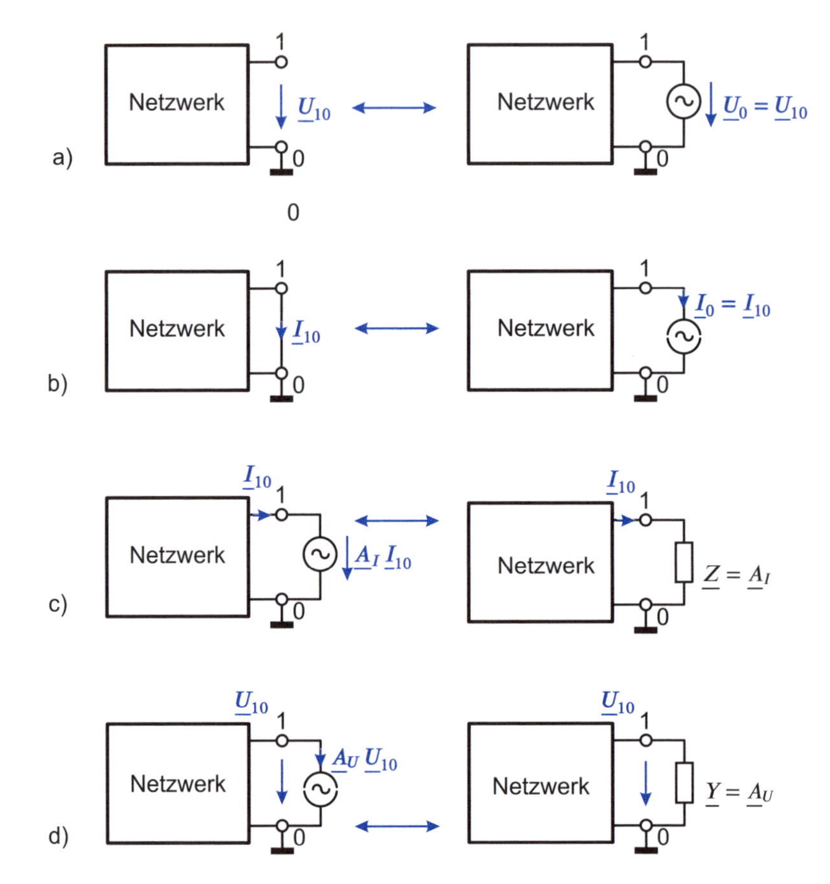

Abbildung 2.8: Quellensubstitution
a) Leerlaufspannung – ungesteuerte ideale Spannungsquelle
b) Kurzschlussstrom – ungesteuerte ideale Stromquelle
c) stromgesteuerte Spannungsquelle – Impedanz
d) spannungsgesteuerte Stromquelle – Admittanz

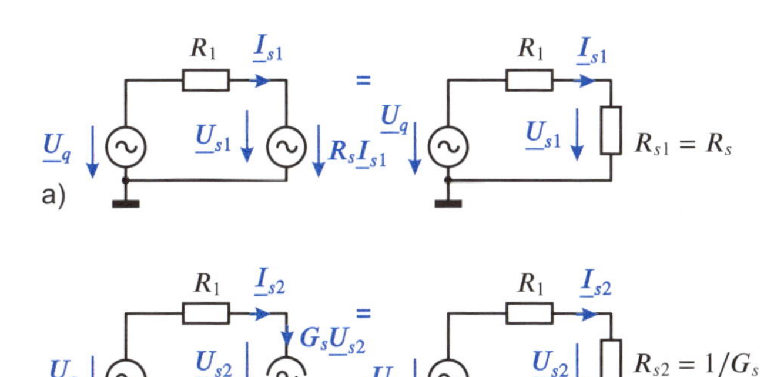

Abbildung 2.9: Quellensubstitution, $\underline{I}_{s1} = \underline{I}_{s2} = 1\,\text{A}$
a) $\underline{U}_q = 10\,\text{V}$, $R_1 = 5\,\Omega$, $R_s = 5\,\Omega$
b) $\underline{U}_q = 10\,\text{V}$, $R_1 = 5\,\Omega$, $G_s = 0{,}2\,\text{S}$

angegeben, die wir sehr leicht nachrechnen können. Kennzeichen dieser Substitutionen ist, dass die steuernde Größe Strom ($\underline{I}_s$) bzw. Spannung ($\underline{U}_s$) direkt durch die gesteuerte Quelle fließt bzw. an ihr anliegen muss. Erfolgt die Steuerung mittelbar über mehrere Knoten oder Maschen, ist diese Quellensubstitution nicht möglich.

Fließt der steuernde Strom $\underline{I}_s$ direkt durch eine stromgesteuerte Spannungsquelle $\underline{A}_I \underline{I}_s$, kann diese durch die Impedanz $\underline{Z} = \underline{A}_I$ ersetzt werden. Diese Zuordnung ist umkehrbar. In Analogie gilt für die spannungsgesteuerte Stromquelle $\underline{A}_U \underline{U}_s$ die Äquivalenz mit der Admittanz $\underline{Y} = \underline{A}_U$, wenn die steuernde Spannung $\underline{U}_s$ an der Stromquelle direkt anliegt.

Literatur: [5], [10], [11], [20], [21]

2.4 Der Satz von J. M. MILLER

Im Jahre 1919 experimentierte J.M. MILLER mit Elektronenröhren. Er stellte fest, dass der Wert der Eingangskapazität bei einem gegebenen Röhrenaufbau von der Größe der Spannungsverstärkung abhängt. Erst 1968 wurde dieser Effekt mathematisch exakt durch E. CHERRY und D. HOOPER beschrieben. Sie verwendeten dabei die klassische Schaltungsanalyse mittels Knoten- und Maschensatz.

Wir wollen diese Aufgabe mit Hilfe der in den vorangegangenen Kapiteln vorgestellten Zusammenhänge lösen. Das Netzwerk in der Abbildung 2.10a ist das Modell einer Elektronenröhre oder eines Verstärkers. Die Paralleladmittanz vom Ausgang zum Eingang entspricht der in jedem Aufbau vorhandenen Kapazität. Das Ziel unserer Bemühungen ist es, die Wirkung von $\underline{Y}_p$ auf die Eingangs- und Ausgangsadmittanz der Gesamtschaltung zu berechnen.

Wie in Abbildung 2.10b gezeigt, ersetzen wir die Admittanz $\underline{Y}_p$ durch die spannungsgesteuerte Stromquelle $\underline{Y}_p(\underline{U}_1 - \underline{U}_2)$ gemäß Abbildung 2.8d. Diese Stromquelle teilen wir in zwei gleich große auf und verlagern den Verbindungsknoten an den Knoten mit dem Potenzial null (Abbildung 2.10c). Es entsteht die Schaltung nach Abbildung 2.10d, bei der sich am Ein- und Ausgang jeweils eine spannungsgesteuerte

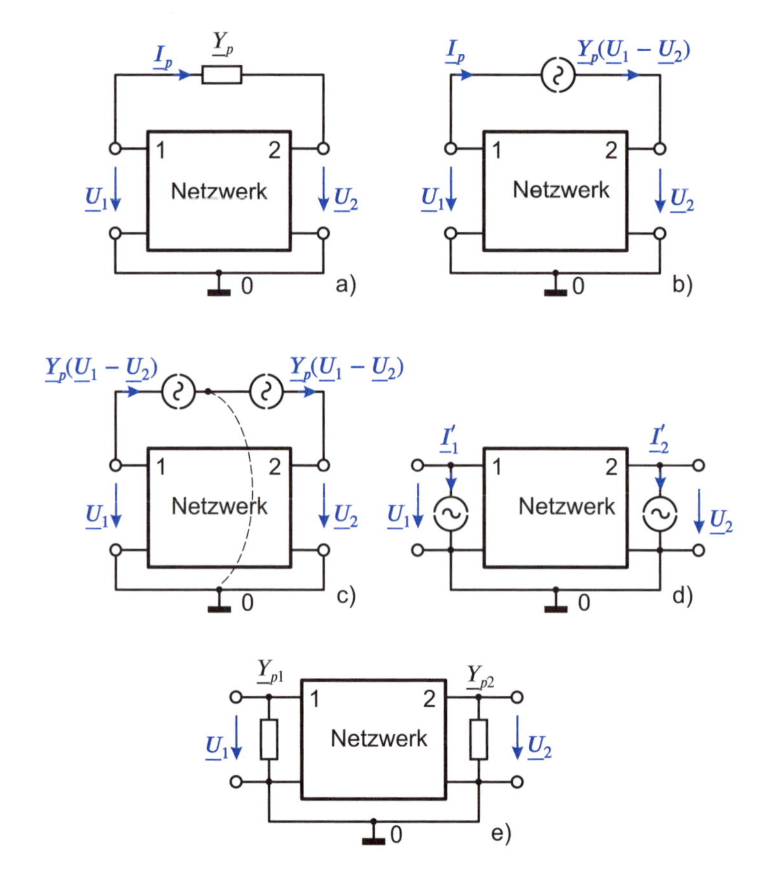

Abbildung 2.10: Ersatz der Paralleladmittanz $\underline{Y}_p$ durch die Admittanzen $\underline{Y}_{p1}$ und $\underline{Y}_{p2}$, MILLER-Theorem

Stromquelle befindet, und bei der es *keine* Verbindung vom Ausgang auf den Eingang gibt. Für die spätere äquivalente Darstellung der Stromquelle $\underline{I}'_2$ muss deren Stromrichtung mit der Richtung der Spannung $\underline{U}_2$ übereinstimmen. Diese Forderung wird mit der Wahl des Vorzeichens erfüllt.

Wir können schreiben:

$$\begin{aligned}
\underline{I}'_1 &= \underline{Y}_p(\underline{U}_1 - \underline{U}_2) & \text{und} \quad \underline{I}'_2 &= -\underline{Y}_p(\underline{U}_1 - \underline{U}_2)\\
&= \underline{Y}_p\left(1 - \frac{\underline{U}_2}{\underline{U}_1}\right)\underline{U}_1 & &= \underline{Y}_p\left(1 - \frac{\underline{U}_1}{\underline{U}_2}\right)\underline{U}_2\\
&= \underline{Y}_p(1 - \underline{V}_U)\underline{U}_1 & &= \underline{Y}_p\left(1 - \frac{1}{\underline{V}_U}\right)\underline{U}_2 \,.
\end{aligned} \tag{2.14}$$

Das Verhältnis

$$\underline{V}_U = \frac{\underline{U}_2}{\underline{U}_1} \tag{2.15}$$

ist die komplexe Spannungsverstärkung der Anordnung. Zum Abschluss wandeln wir die gesteuerten Quellen in die Admittanzen $\underline{Y}_{p1}$ und $\underline{Y}_{p2}$ nach Abbildung 2.10e um.

$$\underline{Y}_{p1} = \frac{\underline{I}'_1}{\underline{U}_1} = \underline{Y}_p(1 - \underline{V}_U) \quad \text{und} \quad \underline{Y}_{p2} = \frac{\underline{I}'_2}{\underline{U}_2} = \underline{Y}_p\left(1 - \frac{1}{\underline{V}_U}\right) . \tag{2.16}$$

Zur Interpretation des Ergebnisses gelten die praxisnahen Annahmen:

$\underline{V}_U \approx -100$, d. h. Ausgangs- und Eingangsspannung sind gegenphasig,

$\underline{Y}_p = j\omega C_p$.

Mit Gleichung (2.15) ergibt sich am Eingang des Netzwerkes eine Parallelkapazität, deren Wert ca. einhundertmal größer ist als der zwischen Aus- und Eingang. Bei der Dimensionierung des Frequenzganges von Verstärkern hat dieser Effekt eine fundamentale Bedeutung. Am Ausgang des Netzwerkes bzw. Verstärkers wirkt die Parallelkapazität für $|\underline{V}_U| > 1$ fast nur mit dem Nennwert. In der Praxis werden die Parallelkapazität auch als Rückwirkungskapazität und die Schaltung als Parallelgegen- bzw. Parallelmitkopplung (abhängig von der Phase von $\underline{V}_U$) bezeichnet.

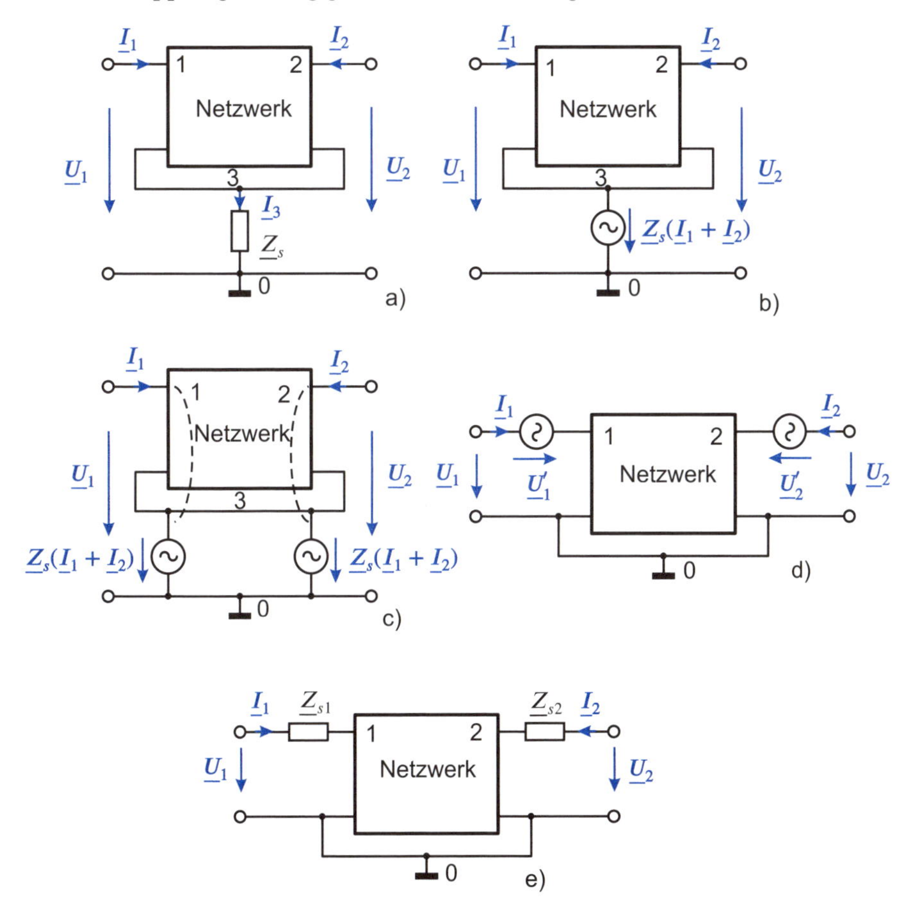

Abbildung 2.11: Ersatz der Serienimpedanz $\underline{Z}_s$ durch die Impedanzen $\underline{Z}_{s1}$ und $\underline{Z}_{s2}$, *duales MILLER-Theorem*

Die Schaltung in Abbildung 2.11 ist zur gerade analysierten dual. An Stelle der Parallelschaltung einer Admittanz $\underline{Y}_p$ gibt es hier die Serienschaltung der Impedanz $\underline{Z}_s$. Auch für diese so genannte Seriengegen- oder Serienmitkopplung wollen wir den Einfluss der Impedanz $\underline{Z}_s$ auf den Ein- und Ausgang der Gesamtschaltung berechnen. In Analogie zu oben ersetzen wir in Abbildung 2.11b die Impedanz $\underline{Z}_s$ durch die stromgesteuerte Spannungsquelle $\underline{Z}_s(\underline{I}_1 + \underline{I}_2)$, da $\underline{I}_s$ wegen der Knotenregel die Summe der Ströme $\underline{I}_1$ und $\underline{I}_2$ ist. Diese Spannungsquelle teilen wir in Abbildung 2.11c in zwei gleich große, parallel geschaltete auf, und wir verschieben nach Abbildung 2.11d die beiden Quellen über das Netzwerk in den Eingangs- und Ausgangskreis der Schaltung. Dabei bleiben die Richtungen der Quellen erhalten.

Es gelten die bekannten Beziehungen:

$$\begin{aligned} \underline{U}'_1 &= \underline{Z}_s(\underline{I}_1 + \underline{I}_2) \quad \text{und} \quad & \underline{U}'_2 &= \underline{Z}_s(\underline{I}_1 + \underline{I}_2) \\ &= \underline{Z}_s\left(1 + \frac{\underline{I}_2}{\underline{I}_1}\right)\underline{I}_1 & &= \underline{Z}_s\left(1 + \frac{\underline{I}_1}{\underline{I}_2}\right)\underline{I}_2 \\ &= \underline{Z}_s(1 + \underline{V}_I)\underline{I}_1 & &= \underline{Z}_s\left(1 + \frac{1}{\underline{V}_I}\right)\underline{I}_2 \,. \end{aligned} \tag{2.17}$$

Dabei ist der Quotient

$$\underline{V}_I = \frac{\underline{I}_2}{\underline{I}_1} \tag{2.18}$$

die komplexe Stromverstärkung der Anordnung. Den Abschluss der Schaltungsanalyse bildet die Umwandlung der gesteuerten Spannungsquellen $\underline{U}'_1$ und $\underline{U}'_2$ in die Impedanzen $\underline{Z}_{s1}$ und $\underline{Z}_{s2}$.

$$\underline{Z}_{s1} = \frac{\underline{U}'_1}{\underline{I}_1} = \underline{Z}_s(1 + \underline{V}_I) \quad \text{und} \quad \underline{Z}_{s2} = \frac{\underline{U}'_2}{\underline{I}_2} = \underline{Z}_s\left(1 + \frac{1}{\underline{V}_I}\right) \,. \tag{2.19}$$

Während die Parallelgegenkopplung die Eingangsimpedanz der Gesamtanordnung verringert, wird bei der Seriengegenkopplung dieser Wert um etwa $|\underline{Z}_s\underline{V}_I|$ vergrößert. Eine Induktivität in der gemeinsamen Masseleitung von Ein- und Ausgang erscheint um den Faktor der Stromverstärkung vergrößert im Eingangskreis. Die Ausgangsimpedanz wird auch bei der Seriengegenkopplung für $|\underline{V}_I| > 1$ näherungsweise nur um den Wert der Serienimpedanz $\underline{Z}_s$ erhöht.

Mit den Beispielen der Paralleladmittanz und Serienimpedanz konnten wir zeigen, dass Quellenversatz, -teilung und -substitution leistungsfähige Methoden zur Schaltungsberechnung sind und wesentlich zum Verständnis der Schaltung beitragen.

Literatur: [10], [11], [20], [21]

2.5 Äquivalente Schaltungen

Bei vielen praktischen Anwendungen ist die Antwort auf die Frage von Bedeutung, ob es für das gewünschte Frequenz- oder Zeitverhalten der Impedanz oder Admittanz bzw. der Spannung und des Stromes an den Klemmen der Schaltung nur eine oder mehrere Schaltungsstrukturen gibt? In diesem Zusammenhang sprechen wir von äquivalenten Schaltungen und definieren:

Verschieden aufgebaute Schaltungen sind zueinander äquivalent, wenn an ihren Klemmen das Verhalten von Spannung und Strom als Funktion der Zeit oder die Frequenzabhängigkeit der Impedanz oder Admittanz einander gleich sind.

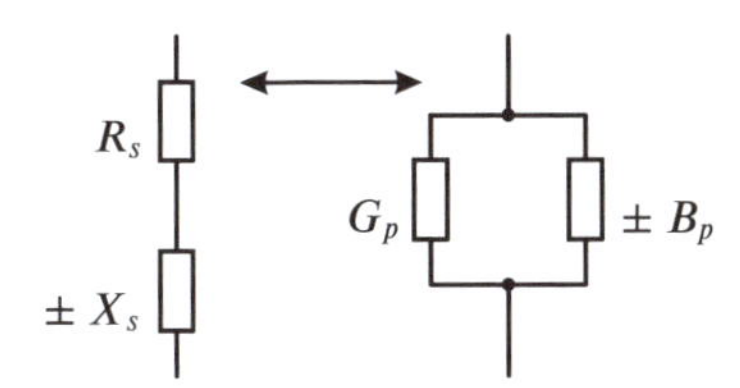

Abbildung 2.12: Umrechnung Serien- in Parallelschaltung

Die Abbildung 2.12 zeigt die Impedanz $\underline{Z}_s = R \pm jX_s$ und die Admittanz $\underline{Y}_s = G_p \pm jB_p$. Wenn an den Klemmen beide Schaltungen das gleiche Impedanz- bzw. Admittanzverhalten haben sollen, müssen folgende Gleichungen erfüllt werden:

$$R_s + jX_s = \frac{1}{G_p \pm jB_p} = \frac{G_p \mp jB_p}{G_p^2 + B_p^2} = \frac{G_p}{G_p^2 + B_p^2} \mp j\frac{B_p}{G_p^2 + B_p^2}\,, \tag{2.20}$$

$$G_p + jB_p = \frac{1}{R_s \pm jX_s} = \frac{R_s \mp jX_s}{R_s^2 + X_s^2} = \frac{R_s}{R_s^2 + X_s^2} \mp j\frac{X_s}{R_s^2 + X_s^2}\,. \tag{2.21}$$

Die Bauelemente für X_s und B_p sind Spulen und Kondensatoren. Dabei ist die entsprechende Frequenzabhängigkeit bei X_s und B_p zu beachten. Wir sehen an diesen Gleichungen, dass wir zwar die Schaltungen ineinander eineindeutig umrechnen können, die Gleichheit der Impedanzen oder Admittanzen aber nur für *eine Frequenz* gegeben ist. Der triviale, rein resistive Fall mit $X_s = B_p = 0$ sei ausgeschlossen. In Sinne der von uns definierten Äquivalenz sind diese beiden Schaltungen nicht äquivalent.

Das ist sofort einzusehen, wenn wir als Beispiel die Reihenschaltung von Widerstand R und Kondensator C betrachten. Mit Gleichung (2.21) folgt für die Parallelschaltung auch die Kombination aus Widerstand und Kondensator, allerdings mit anderen Werten als bei der Reihenschaltung. Die Reihenschaltung sperrt den Gleichstrom, während die Parallelschaltung einen endlichen Gleichstrom zulässt. Für hohe Frequenzen hat die Reihenschaltung den reellen Widerstand R, bei der Parallelschaltung gibt es einen Kurzschluss.

In Abbildung 2.13 sind zwei Schaltungen dargestellt, die zueinander äquivalent sind, wenn die dort angegebenen Bedingungen eingehalten werden. $\underline{Z}_1$, $\underline{Z}_2$ sind beliebige Impedanzen (rein reell oder imaginär ist erlaubt) und n_1 ist eine positive reelle Zahl. Für die Impedanz $\underline{Z}_{12}$ der Schaltung nach Abbildung 2.13a gilt

$$Z_{12} = \frac{n_1 \underline{Z}_1^2 + \underline{Z}_1 \underline{Z}_2}{(n_1 + 1)\underline{Z}_1 + \underline{Z}_2}\,. \tag{2.22}$$

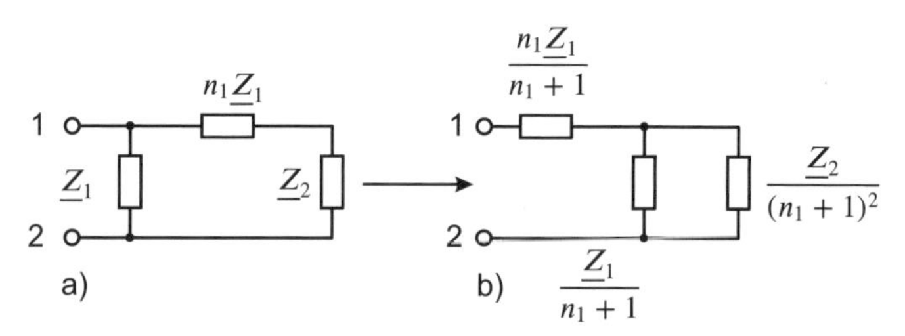

Abbildung 2.13: Äquivalente Schaltungen 1

Der Grad des Zählers bezüglich $\underline{Z}_1$ ist um Eins größer als der Grad des Nenners, folglich können wir mit einer Polynomdivision eine Serienimpedanz abspalten.

$$(n_1\underline{Z}_1^2 + \underline{Z}_1\underline{Z}_2)/((n_1+1)\underline{Z}_1 + \underline{Z}_2) = \frac{n_1}{n_1+1}\underline{Z}_1 + \frac{1}{\frac{n_1+1}{\underline{Z}_1} + \frac{(n_1+1)^2}{\underline{Z}_2}}. \tag{2.23}$$

Der zweite Summand in Gleichung (2.23) ist die in Abbildung 2.13b dargestellte Parallelschaltung.

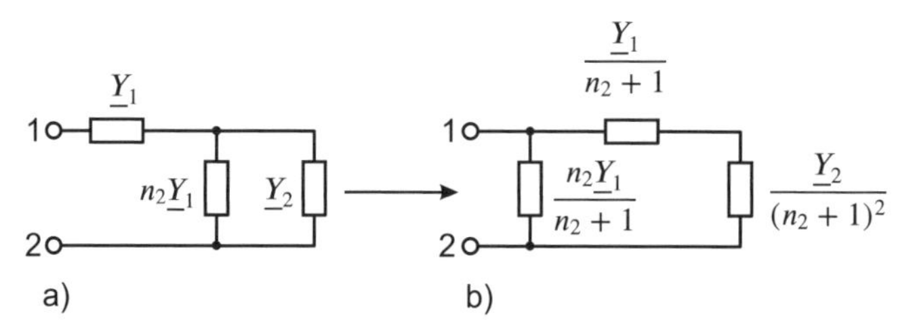

Abbildung 2.14: Äquivalente Schaltungen 2

Die Umkehrung der Schaltungzuordnung zeigt die Abbildung 2.14. Für die Berechnung verwenden wir die Admittanzdarstellung. Dadurch ergibt sich in Analogie zu Gleichung (2.22) für die Admittanz $\underline{Y}_{12}$ ein Quotient von Polynomen in $\underline{Y}_1$, bei dem der Grad des Zählers auch um Eins größer ist als der des Nenners. Die Polynomdivision erlaubt uns die Abspaltung einer Paralleladmittanz. Der Rest ist die Reihenschaltung zweier Admittanzen. Der interessierte Leser möge diesen Weg selbst nachvollziehen.

Beide Darstellungen sind ineinander überführbar, wenn wir z. B. in Abbildung 2.13b die Abkürzungen

$$\underline{Y}'_1 = \frac{(n_1+1)}{n_1\underline{Z}_1} \quad \text{und} \quad \underline{Y}'_2 = \frac{(n_1+1)^2}{\underline{Z}_2}$$

verwenden und damit mittels der Abbildung 2.14a die Werte in Abbildung 2.14b ausrechnen. Wir erhalten dann die Ausgangsschaltung nach Abbildung 2.13a.

Als Erkenntnis wollen wir noch festhalten, dass uns eine der Schaltung angepasste Darstellung mit der Impedanz oder der Admittanz Rechenvorteile bringt, da wir uns nur einen Lösungsalgorithmus merken müssen.

In Abbildung 2.15 sind zwei äquivalente Schaltungen gemäß der Vorschrift in Abbildung 2.13 mit $n_1 = 5$ dargestellt. Die Werte der Bauelemente sind willkürlich gewählt.

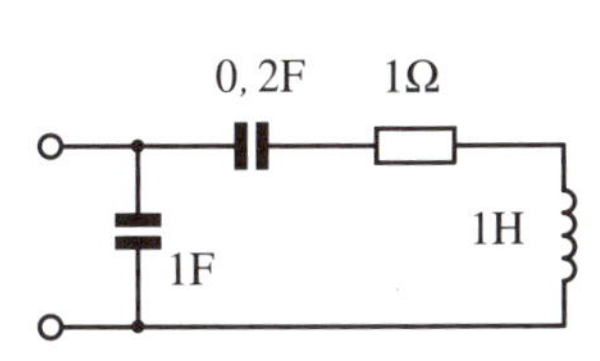

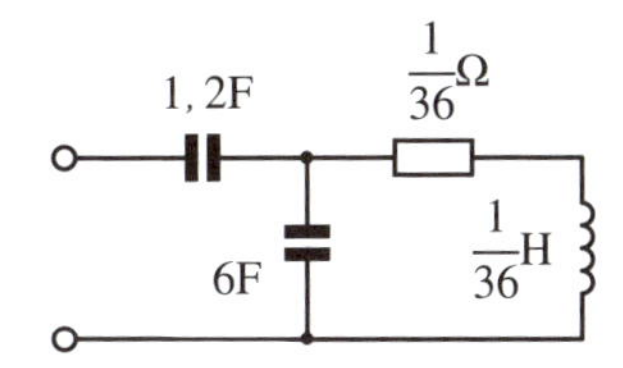

Abbildung 2.15: Zwei äquivalente Schaltungen, $n_1 = 5$

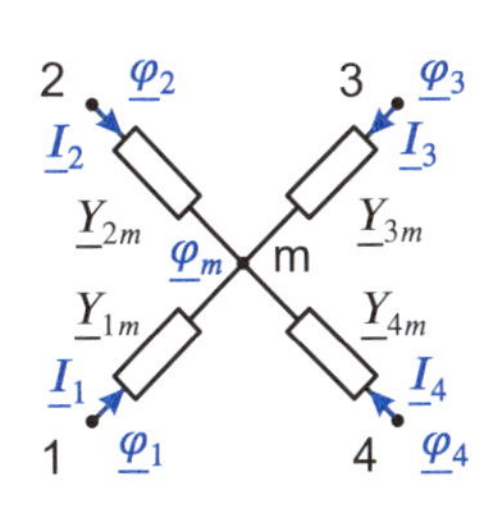

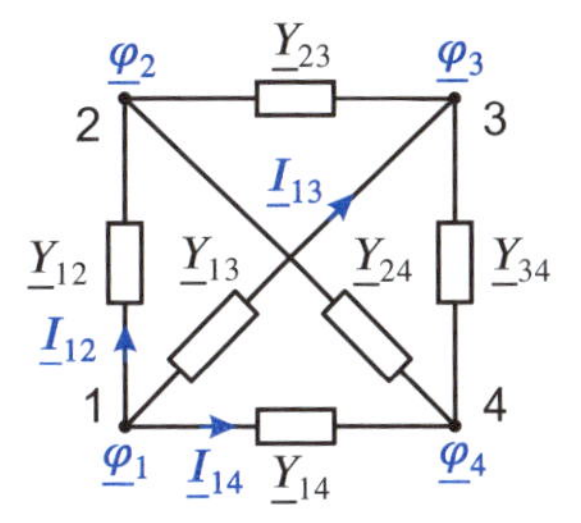

Abbildung 2.16: Stern- und Polygon-Schaltung

Die Abbildung 2.16 zeigt nebeneinander die Stern- und die Polygon-Schaltung von Admittanzen. Wir wollen im Folgenden untersuchen, ob beide Darstellungen im Sinne äquivalenter Schaltungen ineinander überführbar sind.

$\underline{\varphi}_i$ ist das komplexe Potenzial im Stern- oder Eckpunkt i bezogen auf einen fiktiven Nullpunkt. Beim Stern ist

$$\underline{I}_i = (\underline{\varphi}_i - \underline{\varphi}_m)\underline{Y}_{im} \quad \text{und} \quad \sum_{i=1}^{4} \underline{I}_i = 0\,, \tag{2.24}$$

bzw.

$$(\underline{\varphi}_1 - \underline{\varphi}_m)\underline{Y}_{1m} + (\underline{\varphi}_2 - \underline{\varphi}_m)\underline{Y}_{2m} + (\underline{\varphi}_3 - \underline{\varphi}_m)\underline{Y}_{3m} + (\underline{\varphi}_4 - \underline{\varphi}_m)\underline{Y}_{4m} = 0 \tag{2.25}$$

oder

$$\underline{\varphi}_m = \frac{\underline{\varphi}_1\underline{Y}_{1m} + \cdots + \underline{\varphi}_4\underline{Y}_{4m}}{\sum\limits_{i=1}^{4} \underline{Y}_{im}}\,. \tag{2.26}$$

Wir erhalten für die Sternströme

$$\underline{I}_i = \underline{\varphi}_i\underline{Y}_{im} - \frac{\underline{\varphi}_1\underline{Y}_{1m} + \cdots + \underline{\varphi}_4\underline{Y}_{4m}}{\sum\limits_{i=1}^{4} \underline{Y}_{im}}\underline{Y}_{im},$$

$$\underline{I}_i = \frac{(\underline{\varphi}_i - \underline{\varphi}_1)\underline{Y}_{im}\underline{Y}_{1m} + \ldots + (\underline{\varphi}_i - \underline{\varphi}_4)\underline{Y}_{im}\underline{Y}_{4m}}{\sum\limits_{i=1}^{4} \underline{Y}_{im}}\,, \tag{2.27}$$

z. B. ist $\underline{I}_3$

$$\underline{I}_3 = \frac{(\underline{\varphi}_3 - \underline{\varphi}_1)\underline{Y}_{3m}\underline{Y}_{1m} + (\underline{\varphi}_3 - \underline{\varphi}_2)\underline{Y}_{3m}\underline{Y}_{2m} + (\underline{\varphi}_3 - \underline{\varphi}_4)\underline{Y}_{3m}\underline{Y}_{4m}}{\sum_{i=1}^{4} \underline{Y}_{im}} .$$

▶ **Erkenntnis:** $\underline{I}_i$ können wir als Summe von $(n-1)$ Teilströmen, jeweils vom i-ten zu einem anderen Strahl, darstellen, n ist die Anzahl der Strahlen bzw. Ecken, hier 4.

Für den Teilstrom vom Ende des i-ten zum j-ten Strahl gilt

$$\underline{I}_{ij} = (\underline{\varphi}_i - \underline{\varphi}_j)\, \frac{\underline{Y}_{im}\underline{Y}_{jm}}{\sum_{i=1}^{4} \underline{Y}_{im}} . \tag{2.28}$$

Beim n-Polygon (Eck) sind diese Ströme

$$\underline{I}_{ij} = (\underline{\varphi}_i - \underline{\varphi}_j)\, \underline{Y}_{ij} . \tag{2.29}$$

Damit beide Schaltungen äquivalent sind, müssen die Gleichungungen (2.28) und (2.29) einander entsprechen, und wir können schreiben $(1 \le i \le n,\ i+1 \le j \le n)$

$$\underline{Y}_{ij} = \frac{\underline{Y}_{im}\underline{Y}_{jm}}{\sum_{i=1}^{n} \underline{Y}_{im}} \tag{2.30}$$

oder

$$\underline{Z}_{ij} = \underline{Z}_{im}\underline{Z}_{jm} \sum_{i=1}^{n} \frac{1}{\underline{Z}_{im}} . \tag{2.31}$$

Das heißt, die äquivalente Umwandlung eines ***n**-Sterns in ein **n**-Polygon (Eck) ist immer möglich.*

Für die Umkehrung müssen wir Folgendes beachten. Im Polygon gibt es n Eckpunkte und $(n-1)$ Zweige von jedem Eckpunkt. Jeder Zweig verbindet aber zwei Eckpunkte. Deshalb haben wir nur

$$z = (n-1)\frac{n}{2}$$

Zweige und damit $n(n-1)/2$ Gleichungen für die n-Unbekannten des n-Sterns.

Damit die Zuordnung eindeutig ist, muss gelten

$$z = n = (n-1)\frac{n}{2} \quad \rightarrow \quad n = 3 , \tag{2.32}$$

das bedeutet, *nur Dreieck und Dreistern sind eineindeutig vor- und rückwärts ineinander überführbar.* In den Abbildungen 2.17 und 2.18 werden die jeweiligen Umrechnungszuordnungen angegeben.

Untersuchen wir diese Zusammenhänge bezüglich der Äquivalenz von Stern- und Dreieckschaltung, dann gilt die *Äquivalenz*, wenn die Schaltungen *aufgebaut werden* aus:

- nur Widerständen,
- nur Spulen,
- nur Kondensatoren.

Für beliebige Impedanzen oder Admittanzen können wir die Gleichheit lediglich bei einer Frequenz realisieren. In den Abbildungen 2.17 und 2.18 gebrauchen wir wieder die der Schaltung angepasste Darstellung mit dem Ergebnis der Gleichheit der Algorithmen.

Die praktische Bedeutung äquivalenter Schaltungen liegt darin, dass die jeweils verschiedenen Schaltungstopologien auch zu unterschiedlichen Werten der Bauelemente führen. Damit haben wir die Möglichkeit, unsere Schaltung bei gleicher Funktion so auszuwählen, dass wir sie mit verfügbaren Bauelementewerten realisieren können. Auch die Empfindlichkeit der Schaltungseigenschaften als Funktion der Toleranzen der Bauelemente oder in Abhängigkeit von der Temperatur bei der einen oder anderen Topologie spielt in diesem Zusammenhang eine wichtige Rolle in der Praxis.

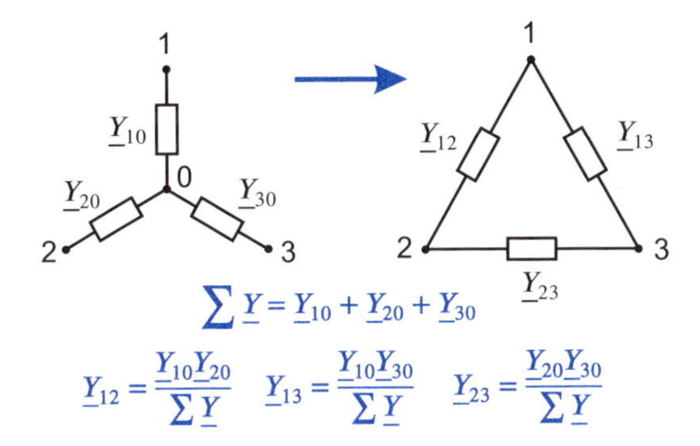

Abbildung 2.17: Stern-Dreieck-Umwandlung

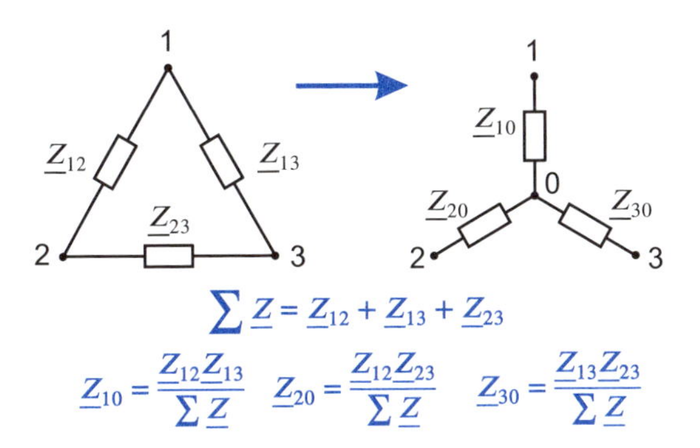

Abbildung 2.18: Dreieck-Stern-Umwandlung

Für eine große Gruppe von Impedanz- bzw. Admittanznetzwerken können wir mittels der Stern-Dreieck- oder Dreieck-Stern-Umwandlung die Impedanz- bzw. Admittanz zwischen zwei Anschlüssen der Schaltung direkt über die Kombination von Serien- und Parallelschaltung ausrechnen. Die Lösung eines linearen Gleichungssystems für die Ströme oder Spannungen in der Schaltung entfällt.

Literatur: [11], [13], [20]

2.6 Duale Schaltungen

Die Abbildungen 2.19a und b stellen jeweils eine Spannungs- bzw. Stromteilerschaltung dar. Wir wollen beide Schaltungen an Hand der Maschen- und Knotenregel analysieren bzw. die Strom-Spannungsbeziehungen an den Bauelementen aufschreiben.

a)		b)	
Maschenregel:	$\underline{U}_q = \underline{U}_1 + \underline{U}_2$	Knotenregel:	$\underline{I}_q = \underline{I}_1 + \underline{I}_2$
Knotenregel:	$\underline{I}_q = \underline{I}_1 = \underline{I}_2$	Maschenregel:	$\underline{U}_q = \underline{U}_1 = \underline{U}_2$
$\underline{U} - \underline{I}$-Gleichungen:	$\underline{U}_1 = \underline{Z}_1 \underline{I}_1$ $\underline{U}_2 = \underline{Z}_2 \underline{I}_2$	$\underline{I} - \underline{U}$-Gleichungen:	$\underline{I}_1 = \underline{Y}_1 \underline{U}_1$ $\underline{I}_2 = \underline{Y}_2 \underline{U}_2$

Insbesondere gilt für die Spannung $\underline{U}_2$ und den Strom $\underline{I}_2$

$$\underline{U}_2 = \underline{U}_q \frac{\underline{Z}_2}{\underline{Z}_1 + \underline{Z}_2} \tag{2.33}$$

$$\underline{I}_2 = \underline{I}_q \frac{\underline{Y}_2}{\underline{Y}_1 + \underline{Y}_2} \, . \tag{2.34}$$

Wir erkennen, dass durch die geeignete Beschreibung der Schaltungen zur Berechnung des Wertes einer Spannung oder eines Stromes bei beiden Schaltungen jeweils nur ein Zusammenhang notwendig ist.

Mit der Wahl der Dualitätskonstanten

$$\frac{\underline{U}_q}{\underline{I}_q} = 1\Omega \quad \text{und} \quad \frac{\underline{Z}_i}{\underline{Y}_i} = 1\Omega^2 \tag{2.35}$$

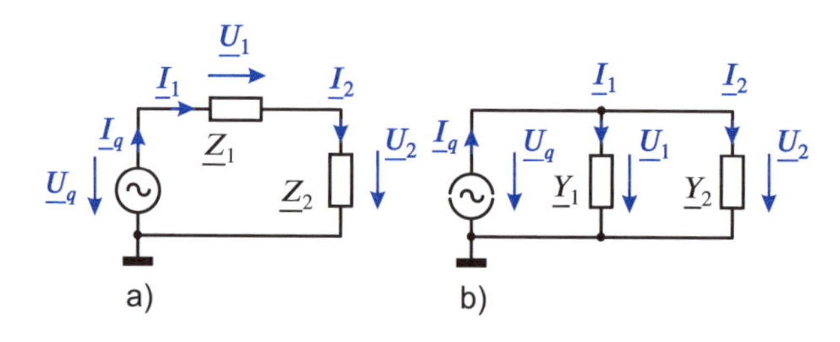

Abbildung 2.19: Spannungs- und Stromteiler-Schaltung

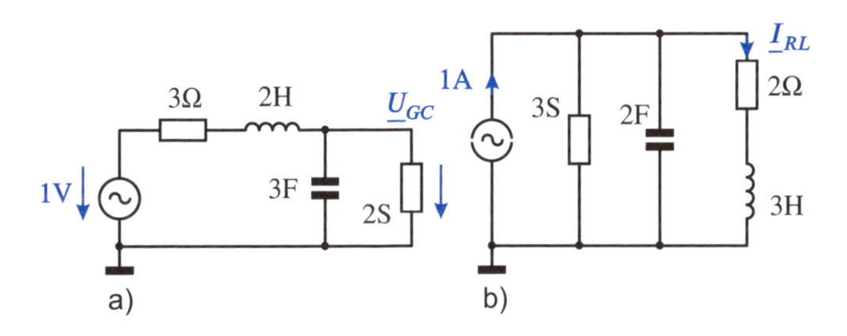

Abbildung 2.20: Zwei duale Schaltungen

gelingt es, sogar die zahlenmäßige Gleichheit z. B. für $\underline{U}_2$ und $\underline{I}_2$ herzustellen. Am Beispiel der Schaltungen in Abbildung 2.20a und b wollen wir das überprüfen.

Die Schaltung nach Abbildung 2.20 b entsteht, indem wir

- die Spannungsquelle mit 1 V Amplitude durch die Stromquelle mit 1 A Amplitude ersetzen,
- mit den Abkürzungen Serienschaltung –*SS* und Parallelschaltung – *PS* aus der *SS* RL die *PS* GC und aus der *PS* GC die *SS* RL bilden,
- und wir beim Leitwert den Ohm-Wert des Widerstandes in Siemens angeben bzw. umgedreht sowie bei den Spulen und Kondensatoren die entsprechenden Einheiten umtauschen.

Damit erhalten wir für die gesuchten Größen $\underline{U}_{GC}$ und $\underline{I}_{RL}$

$$\underline{U}_{GC} = 1\text{V}\frac{\dfrac{1}{2\text{S} + j\omega 3\text{F}}}{3\Omega + j\omega 2\text{H} + \dfrac{1}{2\text{S} + j\omega 3\text{F}}}$$

$$\underline{I}_{RL} = 1\text{A}\frac{\dfrac{1}{2\Omega + j\omega 3\text{H}}}{3\text{S} + j\omega 2\text{F} + \dfrac{1}{2\Omega + j\omega 3\text{H}}}\,.$$

und folglich gilt:

> Zwei Schaltungen sind zueinander dual, wenn sie den in Tabelle 2.1 aufgelisteten Zuordnungen entsprechen. Dann sind die Größen Spannung und Strom austauschbar.

Bei größeren Netzwerken lassen sich duale Schaltungen nur dann bilden, wenn im Netzwerk keine Überkreuzungen, z. B. Polygon Abbildung 2.16, existieren.

Die praktische Bedeutung dualer Schaltungen besteht im tieferen Verständnis der Funktion einer Schaltung, der Gleichartigkeit des Lösungsalgorithmus, und manchmal ist die Lösung des dualen Problems einfacher als die des Originals.

Literatur: [5], [11]

Wir können für die Quellen, Bauelemente und Topologie dualer Schaltungen die Zuordnung nach Tabelle 2.1 aufstellen:

Tabelle 2.1

Zuordnungen dualer Schaltungen

Schaltung 1		Schaltung 2	
Spannungsquelle	$\underline{U}_q = n$ V	Stromquelle	$\underline{I}_q = n$ A
Stromquelle	$\underline{I}_q = n$ A	Spannungsquelle	$\underline{U}_q = n$ V
Widerstand	$R = n$ Ω	Leitwert	$G = n$ Siemens
Leitwert	$G = n$ Siemens	Widerstand	$R = n$ Ω
Kapazität	$C = n$ Farad	Induktivität	$L = n$ Henry
Induktivität	$L = n$ Henry	Kapazität	$C = n$ Farad
Serienschaltung		Parallelschaltung	
Parallelschaltung		Serienschaltung	
Kurzschluss		Leerlauf	
Leerlauf		Kurzschluss	

2.7 Das Theorem von B. D. H. TELLEGEN

Für die einfache Schaltung nach Abbildung 2.21 wollen wir die Leistungen von den Quellen und in den Zweigen berechnen. Dazu ist die Kenntnis der Zweigspannungen $\underline{U}_i$ und Zweigströme $\underline{I}_i$ $(1 \leq i \leq 4)$ notwendig. Vom Ansatz her haben Zweigspannung und -strom die gleiche Richtung. In der Schaltung gibt es die Knoten a und b mit den zugehörigen Knotenspannungen $\underline{U}_a$, $\underline{U}_b$ sowie die Maschen 1 und 2 mit den Maschenströmen $\underline{I}_{M1}$, $\underline{I}_{M2}$.

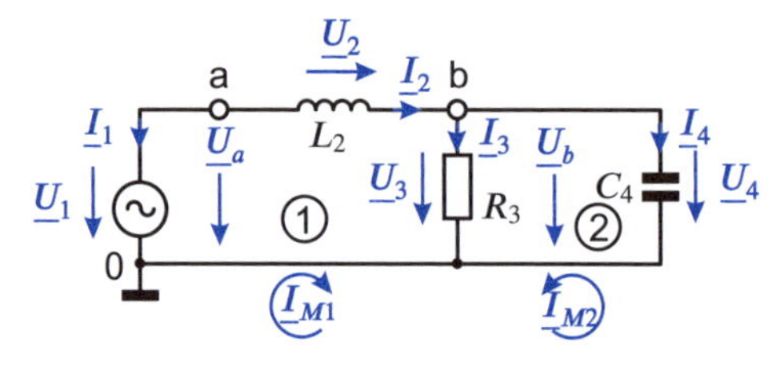

Abbildung 2.21: Spannungsquelle mit Netzwerk
$\underline{U}_1 = 10$ V, $L_2 = 0,5$ mH, $R_3 = 3$ Ω, $C_4 = 0,05$ mF, $f_0 = 1$ kHz

Mit den gegebenen Werten der Quelle und Bauelemente erhalten wir nach elementarer Rechnung bei der Frequenz $f_0 = 1$ kHz für die Zweigspannungen und -ströme

$$\underline{\boldsymbol{U}} = \begin{pmatrix} \underline{U}_1 \\ \underline{U}_2 \\ \underline{U}_3 \\ \underline{U}_4 \end{pmatrix} = \begin{pmatrix} 10,0\text{V}e^{j0°} \\ 13,74\text{V}e^{j44,02°} \\ 9,55\text{V}e^{-j89,29°} \\ 9,55\text{V}e^{-j89,29°} \end{pmatrix} ; \qquad \underline{\boldsymbol{I}} = \begin{pmatrix} \underline{I}_1 \\ \underline{I}_2 \\ \underline{I}_3 \\ \underline{I}_4 \end{pmatrix} = \begin{pmatrix} 4,37\text{A}e^{j134,02°} \\ 4,37\text{A}e^{-j45,98°} \\ 3,18\text{A}e^{-j89,29°} \\ 3,0\text{A}e^{j0,71°} \end{pmatrix} .$$

Bedingt durch die vorgegebene Richtung von $\underline{I}_1$ liegt dessen Phasenwinkel im 2. Quadranten, da dieser Strom eigentlich in die Schaltung hinein- und nicht herausfließt. Bei L_2 und C_4 sind die Phasendifferenzen zwischen den Zweigspannungen und -strömen entsprechend der Regel $+90°$ bzw. $-90°$ und bei R_3 herrscht Gleichphasigkeit.

Für die Summe der Zweigleistungen gilt

$$\underline{P}_{Su} = \frac{1}{2}\sum_i \underline{U}_i \underline{I}_i^* = \frac{1}{2}(\underline{U}_1\underline{I}_1^* + \underline{U}_2\underline{I}_2^* + \underline{U}_3\underline{I}_3^* + \underline{U}_4\underline{I}_4^*) = \frac{1}{2}\,\underline{\boldsymbol{U}}^T \cdot \underline{\boldsymbol{I}}^*$$

und mit den Zahlenwerten

$$\underline{P}_{Su} = \frac{1}{2}\,\underline{\boldsymbol{U}}^T \cdot \underline{\boldsymbol{I}}^* = 0 .$$

Noch deutlicher wird diese Aussage, wenn wir uns den zeitlichen Verlauf der einzelnen Leistungen ansehen, der in der Abbildung 2.22 dargestellt ist.

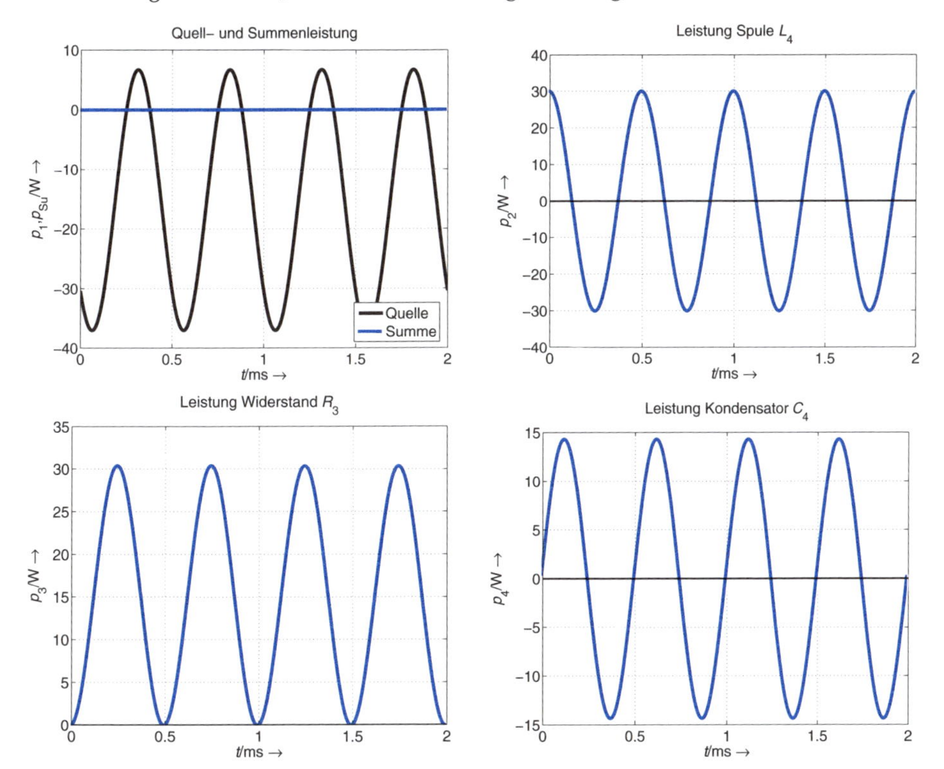

Abbildung 2.22: Zeitverlauf der Leistungen bei $f_0 = 1$ kHz an den Bauelementen der Schaltung nach Abbildung 2.21

Während die Berechnung der Leistung im Frequenzbereich einer zeitlichen Mittellung entspricht, wird jetzt die Augenblicksleistung entsprechend

$$p_i(t) = u_i(t) \cdot i_i(t)$$

und somit auch die von der Summenleistung

$$p_{Su}(t) = \sum_i u_i(t) \cdot i_i(t)$$

für den eingeschwungenen stationären Zustand angezeigt. Die Summenleistung ist also nicht nur im zeitlichen Mittel, sondern zu jedem Zeitpunkt null. Während bei den Reaktanzen die Augenblicksleistung symmetrisch zur Nulllinie schwankt und der Mittelwert null ist (keine Verlustleistung; Energiespeicherung), hat der Widerstand den positiven Wert, der der Verlustleistung entspricht, und die Quelle muss den gleich großen negativen Wert haben, da sie diese Leistung liefert.

Die Berechnung der Summe der Zweigleistungen in einem elektrischen Netzwerk, das alle Quellen mit einschließt, bedeutet die Bildung einer Leistungbilanz mit dem Ergebnis, dass die Quellen die in Wärme umgewandelte gesamte Verlustleistung nicht nur im zeitlichen Mittel, sondern zu jedem Zeitpunkt aufbringen müssen. Können wir diesen Sachverhalt auch allgemein begründen?

Dazu stellen wir stellvertretend für alle Netzwerke am Beispiel von Abbildung 2.21 die von GUSTAV KIRCHHOFF (1824–1887) begründete Maschenregel für die Maschen 1 und 2

$$\begin{pmatrix} -1 & 1 & 1 & 0 \\ 0 & 0 & 1 & -1 \end{pmatrix} \cdot \begin{pmatrix} \underline{U}_1 \\ \underline{U}_2 \\ \underline{U}_3 \\ \underline{U}_4 \end{pmatrix} = \begin{pmatrix} 0 \\ 0 \end{pmatrix} \quad \text{oder} \quad \boldsymbol{M} \cdot \underline{\boldsymbol{U}} = \boldsymbol{0} \tag{2.36}$$

und die Knotenregel in den Knoten a und b

$$\begin{pmatrix} 1 & 1 & 0 & 0 \\ 0 & -1 & 1 & 1 \end{pmatrix} \cdot \begin{pmatrix} \underline{I}_1 \\ \underline{I}_2 \\ \underline{I}_3 \\ \underline{I}_4 \end{pmatrix} = \begin{pmatrix} 0 \\ 0 \end{pmatrix} \quad \text{oder} \quad \boldsymbol{K} \cdot \underline{\boldsymbol{I}} = \boldsymbol{0} \tag{2.37}$$

auf. Die Zweigströme $\underline{I}_i$ können wir als Funktion der Maschenströme $\underline{I}_{M1}, \underline{I}_{M2}$ darstellen:

$$\begin{pmatrix} \underline{I}_1 \\ \underline{I}_2 \\ \underline{I}_3 \\ \underline{I}_4 \end{pmatrix} = \begin{pmatrix} -1 & 0 \\ 1 & 0 \\ 1 & 1 \\ 0 & -1 \end{pmatrix} \cdot \begin{pmatrix} \underline{I}_{M1} \\ \underline{I}_{M2} \end{pmatrix} \quad \text{oder} \quad \underline{\boldsymbol{I}} = \boldsymbol{M}^T \cdot \underline{\boldsymbol{I}}_M \, . \tag{2.38}$$

und die Zweigspannungen $\underline{U}_i$ als Funktion der Knotenspannungen $\underline{U}_a, \underline{U}_b$:

$$\begin{pmatrix} \underline{U}_1 \\ \underline{U}_2 \\ \underline{U}_3 \\ \underline{U}_4 \end{pmatrix} = \begin{pmatrix} 1 & 0 \\ 1 & -1 \\ 0 & 1 \\ 0 & 1 \end{pmatrix} \cdot \begin{pmatrix} \underline{U}_a \\ \underline{U}_b \end{pmatrix} \quad \text{oder} \quad \underline{\boldsymbol{U}} = \boldsymbol{K}^T \cdot \underline{\boldsymbol{U}}_K \tag{2.39}$$

Die Anwendung der Matrixalgebra mit der reellen Maschenmatrix $\boldsymbol{M}$ und der reellen Knotenmatrix $\boldsymbol{K}$ erlaubt eine übersichtliche Darstellung der Analyse und zeigt die wechselseitige Verknüpfung zwischen den einzelnen Größen.

Berechnen wir mit diesen Zusammenhängen die Summe der Zweigleistungen im Netzwerk, können wir mittels Matrix-Algebra schreiben

$$\underline{\boldsymbol{U}}^T \cdot \underline{\boldsymbol{I}}^* = (\boldsymbol{K}^T \cdot \underline{\boldsymbol{U}}_K)^T \cdot \underline{\boldsymbol{I}}^* = \underline{\boldsymbol{U}}_K^T \cdot \underbrace{\boldsymbol{K} \cdot \underline{\boldsymbol{I}}^*}_{0} = 0 \tag{2.40}$$

und

$$\underline{\boldsymbol{U}}^T \cdot \underline{\boldsymbol{I}}^* = \underline{\boldsymbol{U}}^T \cdot \boldsymbol{M}^T \cdot \underline{\boldsymbol{I}}_M^* = (\underbrace{\boldsymbol{M} \cdot \underline{\boldsymbol{U}}}_{0})^T \cdot \underline{\boldsymbol{I}}_M^* = 0\,. \tag{2.41}$$

Gemäß den Gleichungen (2.40) und (2.41) ist sowohl die Knotenregel als auch die Maschenregel für die Null bei der Leistungsbilanz verantwortlich. Es spielt also keine Rolle, ob wir bei $\underline{I}$ mit dem konjugiert komplexen Wert rechnen oder nicht, bzw. im Zeitbereich. Wir können deshalb formulieren:

In einem Netzwerk mit Quellen und Bauelementen ist die Summe aller Zweigleistungen im eingeschwungenen stationären Zustand zu jedem Zeitpunkt als auch im zeitlichen Mittel null. Es gelten die Beziehungen:

$$\boldsymbol{u}^T(t) \cdot \boldsymbol{i}(t) = \boldsymbol{i}^T(t) \cdot \boldsymbol{u}(t) = 0$$

$$\underline{\boldsymbol{U}}^T \cdot \underline{\boldsymbol{I}} = \underline{\boldsymbol{I}}^T \cdot \underline{\boldsymbol{U}} = 0$$

$$\underline{\boldsymbol{U}}^T \cdot \underline{\boldsymbol{I}}^* = (\underline{\boldsymbol{I}}^*)^T \cdot \underline{\boldsymbol{U}} = 0$$

Das ist das Theorem von BERNARD D. H. TELLEGEN (1900–1990). Wegen der direkten Abhängigkeit von der Knoten- und Maschenregel gilt dieses Theorem für alle Netzwerktypen wie linear, nichtlinear, passiv, aktiv, zeitlich konstant und variabel.

Die Besetzung der Maschenmatrix $\boldsymbol{M}$ als auch der Knotenmatrix $\boldsymbol{K}$ ist eine direkte Funktion der Topologie der Schaltung. Für z. B. zwei Schaltungen A und B mit gleicher Topologie und damit den gemeinsamen Matrizen $\boldsymbol{M}$ und $\boldsymbol{K}$ muss folglich gleichermaßen gelten:

$$\underline{\boldsymbol{U}}_A^T \cdot \underline{\boldsymbol{I}}_B = \underline{\boldsymbol{U}}_B^T \cdot \underline{\boldsymbol{I}}_A = 0\,. \tag{2.42}$$

In diesem Fall sind die Produkte $\underline{U}_{Ai}\underline{I}_{Bi}$ keine Zweigleistung der Netzwerke selbst, da die Größen aus unterschiedlichen Schaltungen kommen.

Literatur: [18]

2.8 Das Reziprozitäts-Theorem

Mit dem Theorem von TELLEGEN wollen wir für das in Abbildung 2.23 dargestellte quellenfreie, lineare *RLC*-Netzwerk die Leistungsbilanz aufstellen.

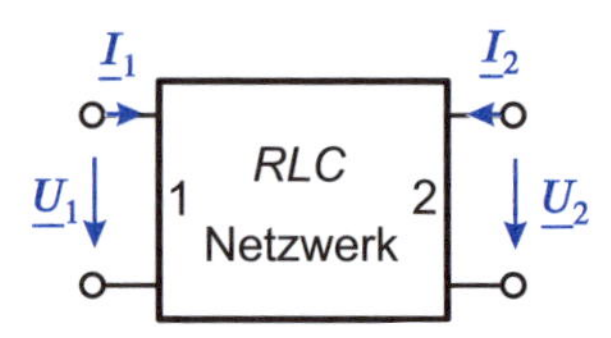

Abbildung 2.23: Quellenfreies *RLC*-Netzwerk

Es muss gelten

$$\underbrace{\underline{U}_1\underline{I}_1 + \underline{U}_2\underline{I}_2}_{\text{Klemmen}} = \underbrace{\underline{\boldsymbol{U}}_i^T \cdot \underline{\boldsymbol{I}}_i}_{\text{Netzwerk}} . \tag{2.43}$$

Die Verknüpfung der Zweigspannungen $\underline{U}_i$ mit den Zweigströmen $\underline{I}_i$ im Netzwerk erfolgt über die Matrix der Zweigimpedanzen $\underline{\mathbf{Z}}$. Die Matrix $\underline{\mathbf{Z}}$ ist eine quadratische Diagonalmatrix, die bei z. B. drei Bauelementen folgende Zuordnung realisiert

$$\begin{pmatrix} \underline{U}_{i1} \\ \underline{U}_{i2} \\ \underline{U}_{i3} \end{pmatrix} = \begin{pmatrix} \underline{Z}_1 & 0 & 0 \\ 0 & \underline{Z}_2 & 0 \\ 0 & 0 & \underline{Z}_3 \end{pmatrix} \cdot \begin{pmatrix} \underline{I}_{i1} \\ \underline{I}_{i2} \\ \underline{I}_{i3} \end{pmatrix} .$$

An dieser Stelle wollen wir festhalten, dass wegen der Eigenschaften der Impedanz-Matrix $\underline{\mathbf{Z}}$ gilt: $\underline{\mathbf{Z}}^T = \underline{\mathbf{Z}}$.

Wir unterscheiden jetzt die beiden Anregungen oder Betriebszustände der Anordnung mit den Klemmengrößen

a): $\underline{U}_{1a}, \underline{I}_{1a}, \underline{U}_{2a}, \underline{I}_{2a}$

und

b): $\underline{U}_{1b}, \underline{I}_{1b}, \underline{U}_{2b}, \underline{I}_{2b}$.

Gemäß Gleichung (2.43) verknüpfen wir die Ströme der Anregung a) mit den Spannungen von b)

$$\underline{U}_{1b}\underline{I}_{1a} + \underline{U}_{2b}\underline{I}_{2a} = \underline{\boldsymbol{U}}_{ib}^T \cdot \underline{\boldsymbol{I}}_{ia} \tag{2.44}$$

und entsprechend die Ströme von b) mit den Spannungen von a)

$$\underline{U}_{1a}\underline{I}_{1b} + \underline{U}_{2a}\underline{I}_{2b} = \underline{\boldsymbol{U}}_{ia}^T \cdot \underline{\boldsymbol{I}}_{ib} . \tag{2.45}$$

Für die rechten Seiten der Gleichungen (2.44) und (2.45) finden wir folgende Darstellungen

$$\underline{\boldsymbol{U}}_{ib}^T \cdot \underline{\boldsymbol{I}}_{ia} = (\underline{\mathbf{Z}} \cdot \underline{\boldsymbol{I}}_{ib})^T \cdot \underline{\boldsymbol{I}}_{ia} = \underline{\boldsymbol{I}}_{ib}^T \cdot \underline{\mathbf{Z}}^T \cdot \underline{\boldsymbol{I}}_{ia} = \underline{\boldsymbol{I}}_{ib}^T \cdot \underline{\mathbf{Z}} \cdot \underline{\boldsymbol{I}}_{ia}$$

und

$$\underline{\boldsymbol{U}}_{ia}^{T} \cdot \underline{\boldsymbol{I}}_{ib} = (\boldsymbol{Z} \cdot \underline{\boldsymbol{I}}_{ia})^{T} \cdot \underline{\boldsymbol{I}}_{ib} = \underline{\boldsymbol{I}}_{ia}^{T} \cdot \boldsymbol{Z}^{T} \cdot \underline{\boldsymbol{I}}_{ib} = (\underline{\boldsymbol{I}}_{ib}^{T} \cdot (\underline{\boldsymbol{I}}_{ia}^{T} \cdot \boldsymbol{Z}^{T})^{T})^{T} = (\underline{\boldsymbol{I}}_{ib}^{T} \cdot \boldsymbol{Z} \cdot \underline{\boldsymbol{I}}_{ia})^{T}$$

Die Berechnung der Größen $\underline{\boldsymbol{I}}_{ib}^{T} \cdot \boldsymbol{Z} \cdot \underline{\boldsymbol{I}}_{ia}$ und $(\underline{\boldsymbol{I}}_{ib}^{T} \cdot \boldsymbol{Z} \cdot \underline{\boldsymbol{I}}_{ia})^{T}$ führt auf 1x1-Matrizen bzw. Skalare, so dass die Gleichungen (2.44) und (2.45) identisch sind und folglich bei einem quellenfreien, *linearen* *RLC*-Netzwerk gilt:

$$\underline{U}_{1b}\underline{I}_{1a} + \underline{U}_{2b}\underline{I}_{2a} = \underline{U}_{1a}\underline{I}_{1b} + \underline{U}_{2a}\underline{I}_{2b} \tag{2.46}$$

Das ist die allgemeine Form des Umkehrsatzes, der gleichfalls als Repziprozitäts-Theorem bezeichnet wird.

TELLEGEN hat auch dieses Theorem als Erster in dieser Form gefunden. Netzwerke, bei denen die Gleichung (2.46) für beliebige Betriebszustände gilt, nennt man reziprok. Weitergehende Untersuchungen zeigen, dass neben reinen *RLC*-Netzwerken auch solche mit Übertragern, Leitungen und Übertragungsstrecken einschließlich der Antennen sowie beliebige Kombinationen aus diesen Elementen reziproke Netzwerke bilden.

Als Demonstrationsbeispiel betrachten wir die Anordnung in Abbildung 2.24. Die Schaltung und die Anregungen werden bewusst einfach gewählt. Es gelten die beiden Anregungen

a): $\underline{U}_{1a}$, $\underline{I}_{1a} = 1$ A, $\underline{U}_{2a}$, $\underline{I}_{2a}$

und

b): $\underline{U}_{1b}$, $\underline{I}_{1b}$, $\underline{U}_{2b} = 1$ V, $\underline{I}_{2b}$.

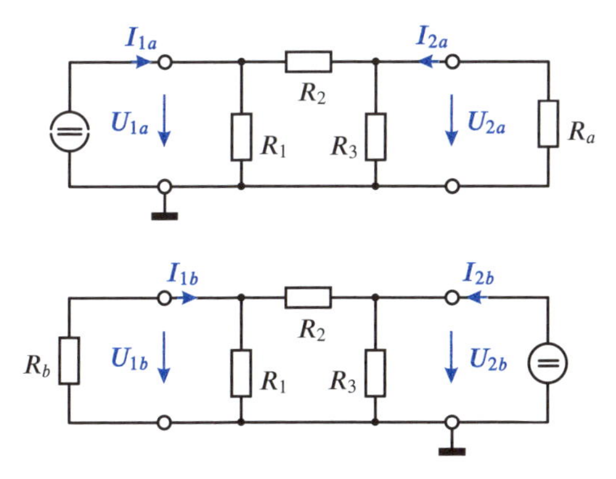

Abbildung 2.24: Widerstands-Netzwerk mit Gleich-Strom/Spannungs-Anregung und Widerstands-Abschluss $R_1 = 2\,\Omega$, $R_2 = 4\,\Omega$, $R_3 = 6\,\Omega$, $R_a = 3\,\Omega$, $R_b = 4\,\Omega$, $I_{1a} = 1$ A, $U_{2b} = 1$ V

Die Werte der Spannungen und Ströme in den Schaltungen können wir leicht berechnen, wenn wir die Gleichungen für die Strom- bzw. Spannungsteilung entsprechend Gleichung (2.33) und (2.34) mehrmals anwenden. Die Ergebnisse setzen wir in Gleichung (2.46) ein, und wir schreiben damit diese Beziehung als Matrixgleichung

$$\begin{pmatrix}\underline{U}_{1b} & \underline{U}_{2b}\end{pmatrix} \cdot \begin{pmatrix}\underline{I}_{1a} \\ \underline{I}_{2a}\end{pmatrix} = \begin{pmatrix}\underline{U}_{1a} & \underline{U}_{2a}\end{pmatrix} \cdot \begin{pmatrix}\underline{I}_{1b} \\ \underline{I}_{2b}\end{pmatrix} \quad \text{oder} \quad \underline{\boldsymbol{U}}_b^T \cdot \underline{\boldsymbol{I}}_a = \underline{\boldsymbol{U}}_a^T \cdot \underline{\boldsymbol{I}}_b$$

bzw. mit den Zahlenwerten

$$\begin{pmatrix}0,25\text{V} & 1\text{V}\end{pmatrix} \cdot \begin{pmatrix}1\text{A} \\ -\frac{1}{6}\text{A}\end{pmatrix} = \begin{pmatrix}1,5\text{V} & 0,5\text{V}\end{pmatrix} \cdot \begin{pmatrix}-0,06250\text{A} \\ 0,35417\text{A}\end{pmatrix}$$

oder

$$0,0833\text{VA} = 0,0833\text{VA}\,.$$

Die oben abgebildete Schaltung, bestehend aus R_1, R_2, R_3, erfüllt somit die Bedingungen der Reziprozität. Interessant sind beim reziproken Netzwerk die Anregungen $\underline{I}_{1a} = \underline{I}_{2b}$ bei $R_a = R_b \to \infty$ (Leerlaufspannungen) und $\underline{U}_{1a} = \underline{U}_{2b}$ bei $R_a = R_b = 0$ (Kurzschlussströme). Die dafür geltenden Bedingungen sind

$$\begin{pmatrix}\underline{U}_{1b} & \underline{U}_{2b}\end{pmatrix} \cdot \begin{pmatrix}\underline{I}_{1a} \\ 0\end{pmatrix} = \begin{pmatrix}\underline{U}_{1a} & \underline{U}_{2a}\end{pmatrix} \cdot \begin{pmatrix}0 \\ \underline{I}_{2b}\end{pmatrix}$$

und

$$\begin{pmatrix}0 & \underline{U}_{2b}\end{pmatrix} \cdot \begin{pmatrix}\underline{I}_{1a} \\ \underline{I}_{2a}\end{pmatrix} = \begin{pmatrix}\underline{U}_{1a} & 0\end{pmatrix} \cdot \begin{pmatrix}\underline{I}_{1b} \\ \underline{I}_{2b}\end{pmatrix}.$$

Daraus folgt, dass für die wechselseitige Stromanregung $\underline{U}_{1b} = \underline{U}_{2a}$ ist, d. h. Gleichheit der Leerlaufspannungen und für die wechselseitige Spannungsanregung $\underline{I}_{2a} = \underline{I}_{1b}$ ist, d. h. Gleichheit der Kurzschlussströme.

Reziprozitäts- und TELLEGEN-Theorem, insbesondere in der Form nach Gleichung (2.42), sind leistungsfähige Hilfsmittel zur Berechnung von Netzwerken und elektromagnetischen Feldproblemen, da beide Theoreme auf dem wichtigen physikalischen Prinzip der Energieerhaltung aufbauen.

Literatur: [18]

Analyse von Netzwerken

3

ÜBERBLICK

3.1 Einführung

Die Analyse von kleinen Netzwerken mit wenigen Knoten und Zweigen lässt sich meist mit wenig Aufwand unter Einsatz der Kirchhoffschen Regeln durchführen. In diesem Kapitel wollen wir uns Netzwerken mit größerer Komplexität zuwenden und Netzwerkanalyseverfahren einführen, die den Berechnungsaufwand überschaubar halten und durch Systematisierung potenziell auch in Netzwerkanalyseprogrammen eingesetzt werden können. Auch hier wollen wir uns auf lineare Netzwerke beschränken und die komplexe Zeigerdarstellung für die Betriebsgrößen verwenden.

Als Beispiel dient die (noch recht überschaubare) Schaltung in Abbildung 3.1 mit $K = 5$ Knoten und $Z = 9$ Zweigen.

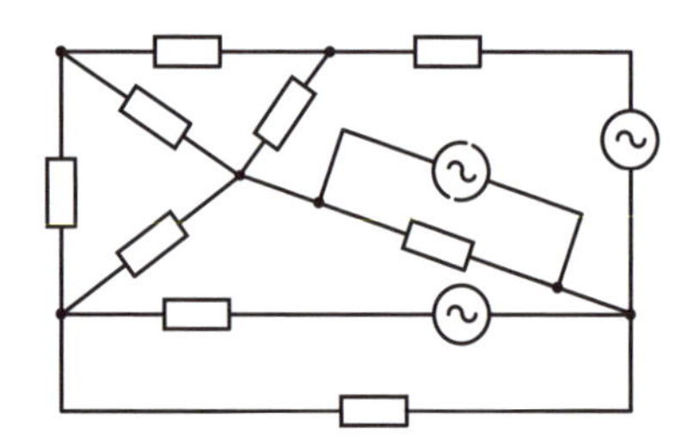

Abbildung 3.1: Netzwerk mit $K = 5$ Knoten und $Z = 9$ Zweigen

Da Übertrager und gesteuerte Quellen zunächst noch ausgeklammert bleiben sollen, besteht jeder Zweig n zwischen zwei Knoten A und B aus einer Impedanz $\underline{Z}_n$ bzw. Admittanz $\underline{Y}_n$ sowie einer Konstantspannungsquelle $\underline{U}_{qn}$ bzw. einer Konstantstromquelle $\underline{I}_{qn}$, wie in Abbildung 3.2 dargestellt.

Die Spannung $\underline{U}_n$ längs des Zweiges n, der die Knoten A und B verbindet, wird als Zweigspannung bezeichnet, der Strom $\underline{I}_n$, der in den Zweig hinein- und wieder herausfließt, wird als Zweigstrom bezeichnet.

> Konvention: Wir vereinbaren, dass Zweigspannung und Zweigstrom in einem Zweig immer dieselbe Richtung haben, wie aus Abbildung 3.2 ersichtlich.

Es können Zweige vorkommen, bei denen die Quellspannung bzw. der Quellstrom zu null verschwindet, sodass nur die Zweigimpedanz bzw. -admittanz übrig bleibt.

Bei einer vollständigen Analyse der Schaltung nach Abbildung 3.1 werden Z Zweigspannungen und Z Zweigströme gesucht, es gibt also formal $2 \cdot Z$ Unbekannte. Durch

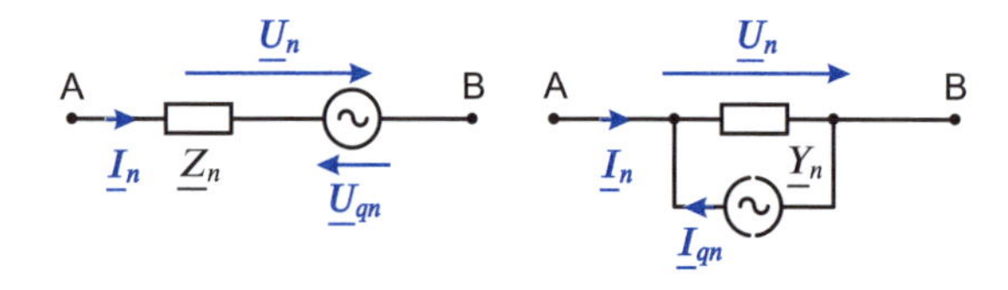

Abbildung 3.2: Zweig n zwischen den Knoten A und B mit Konstantspannungsquelle bzw. Konstanststromquelle

Anwendung der Strom/Spannungsbeziehungen für jeden Zweig (Gleichung (3.1)) können wir die Anzahl der Unbekannten auf Z reduzieren.

$$\underline{U}_n = \underline{Z}_n \cdot \underline{I}_n - \underline{U}_{qn} \quad \text{bzw.} \quad \underline{I}_n = \underline{Y}_n \cdot \underline{U}_n - \underline{I}_{qn} \qquad (3.1)$$

Bei „konventioneller" Vorgehensweise können wir zur Schaltungsanalyse die *Kirchhoffschen Gesetze* wie folgt anwenden:

- Knotengleichungen: Es existieren $K - 1$ linear unabhängige Knotengleichungen; der K-te Knoten kann durch einen „Superknoten" der anderen Knoten dargestellt werden und würde daher lediglich eine linear abhängige Gleichung ergeben.
- Maschengleichungen: Es sind noch $Z - (K - 1)$ unabhängige Maschengleichungen erforderlich, um auf die Gesamtzahl von Z Gleichungen für unsere Z Unbekannten zu kommen. Bei der Aufstellung der linear unabhängigen Maschengleichungen ist darauf zu achten, dass jede neue Masche *mindestens* einen vorher noch nicht erfassten Zweig enthält und dass jeder Zweig wenigstens einmal durchlaufen wird.

In unserem Beispiel sind also vier Knotengleichungen und fünf Maschengleichungen erforderlich, die zusammen ein *Gleichungssystem von neun Gleichungen mit neun Unbekannten* ergeben.

Obwohl dieses Netzwerk noch eine recht geringe Komplexität hat, ist also bei konventioneller Vorgehensweise schon ein recht umfangreiches Gleichungssystem zu lösen, um die zunächst unbekannten Zweigspannungen und Zweigströme zu berechnen.

Im weiteren Verlauf dieses Kapitels werden zwei Verfahren beschrieben, bei denen die Anzahl der Variablen im zu lösenden Gleichungssystem deutlich geringer ist und außerdem die Aufstellung der Gleichungen stark formalisiert werden kann, sodass eine rechnergestützte Netzwerkanalyse ermöglicht wird.

3.2 Maschenstromverfahren

Beispielhaft wird für die Erläuterung des Maschenstromverfahrens das Netzwerk in Abbildung 3.3 herangezogen. Bei den im Netzwerk vorkommenden Elementen beschränken wir uns zunächst auf R-, L-, C-Elemente sowie unabhängige Spannungsquellen. Gesucht sind wieder alle Zweigströme und Zweigspannungen im Netzwerk.

Bei konventioneller Lösung mit direkter Aufstellung von Kirchhoffschen Gleichungen für die sechs Zweigspannungen und sechs Zweigströme benötigen wir $K - 1 = 3$ Knotengleichungen und $Z - (K - 1) = 3$ Maschengleichungen und erhalten damit sechs Gleichungen mit sechs Unbekannten, mit denen wir zum Beispiel die Zweigspannungen ausrechnen können. Die Zweigströme ergeben sich daraus mit Hilfe der Strom/Spannungsbeziehungen für jeden Zweig (Gleichung (3.1)).

3.2.1 Maschenströme

Mit dem Ziel, die Anzahl der Variablen und damit die Größe des zu lösenden Gleichungssystems zu reduzieren, führen wir im Netzwerk so genannte Maschenströme

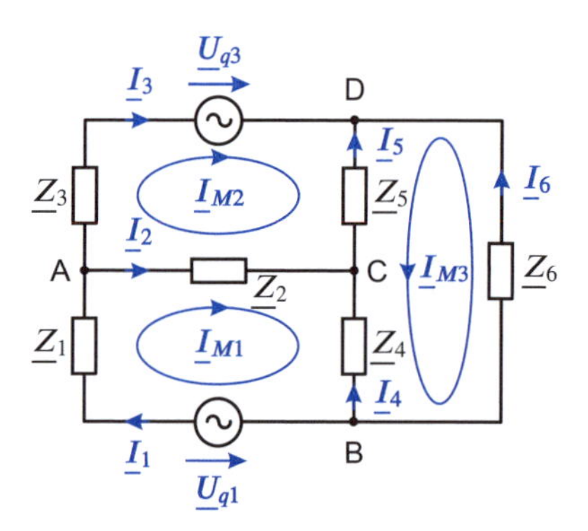

Abbildung 3.3: Netzwerk mit Maschenströmen $\underline{I}_{M1}, \underline{I}_{M2}, \underline{I}_{M3}$

ein, die in sich geschlossene Strompfade darstellen. In unserem Beispiel in Abbildung 3.3 sind das die bereits eingezeichneten Maschenströme $\underline{I}_{M1}, \underline{I}_{M2}, \underline{I}_{M3}$. Durch diese Maschenströme sind die Kirchhoffschen Knotengleichungen von vornherein erfüllt, da jeder Maschenstrom in einen betrachteten Knoten hinein- und wieder herausfließt. In jedem Zweig überlagern sich die eingeführten Maschenströme (vorzeichenrichtig) zum gesamten Zweigstrom.

Damit kann eine Verknüpfung der folgenden Form zwischen den sechs Zweigströmen und den drei Maschenströmen hergestellt werden:

$$
\begin{aligned}
\underline{I}_1 &= \underline{I}_{M1} \\
\underline{I}_2 &= \underline{I}_{M1} - \underline{I}_{M2} \\
\underline{I}_3 &= \underline{I}_{M2} \\
\underline{I}_4 &= -\underline{I}_{M1} - \underline{I}_{M3} \\
\underline{I}_5 &= -\underline{I}_{M2} - \underline{I}_{M3} \\
\underline{I}_6 &= \underline{I}_{M3} \,.
\end{aligned}
\tag{3.2}
$$

Diese sechs Gleichungen können auch etwas kompakter in Matrixschreibweise dargestellt werden. Dazu führen wir den Spaltenvektor $\underline{\boldsymbol{I}}$ der Zweigströme sowie den Spaltenvektor $\underline{\boldsymbol{I}}_M$ der Maschenströme ein, die gemäß Gleichung (3.2) durch die so genannte Inzidenzmatrix $\boldsymbol{A}$ miteinander verknüpft sind:

$$
\underline{\boldsymbol{I}} = \begin{pmatrix} 1 & 0 & 0 \\ 1 & -1 & 0 \\ 0 & 1 & 0 \\ -1 & 0 & -1 \\ 0 & -1 & -1 \\ 0 & 0 & 1 \end{pmatrix} \cdot \underline{\boldsymbol{I}}_M \quad \text{oder} \quad \underline{\boldsymbol{I}} = \boldsymbol{A} \cdot \underline{\boldsymbol{I}}_M
\tag{3.3}
$$

Die Elemente a_{ij} der Inzidenzmatrix haben offensichtlich den Wert 0 oder +1 oder −1, und zwar abhängig davon, ob der betreffende Zweig i nicht oder gleichsinnig oder gegensinnig zum Zweigstrom vom Maschenstrom j durchflossen wird.

Im nächsten Schritt werden jetzt mit Hilfe der Zweigspannungen Maschenumläufe entlang der einzelnen Maschenströme (in Maschenstromrichtung) durchgeführt. Daraus ergeben sich die Gleichungen

$$\begin{aligned} \underline{U}_1 + \underline{U}_2 - \underline{U}_4 &= 0 \\ -\underline{U}_2 + \underline{U}_3 - \underline{U}_5 &= 0 \\ -\underline{U}_4 - \underline{U}_5 + \underline{U}_6 &= 0\,. \end{aligned} \tag{3.4}$$

Die Matrixdarstellung dieser Gleichungen zeigt, dass die Zweigspannungen über die Transponierte der Inzidenzmatrix miteinander verknüpft sind:

$$\begin{pmatrix} 1 & 1 & 0 & -1 & 0 & 0 \\ 0 & -1 & 1 & 0 & -1 & 0 \\ 0 & 0 & 0 & -1 & -1 & 1 \end{pmatrix} \cdot \begin{pmatrix} \underline{U}_1 \\ \vdots \\ \underline{U}_6 \end{pmatrix} = \boldsymbol{0} \quad \text{oder} \quad \boldsymbol{A}^T \cdot \underline{\boldsymbol{U}} = \boldsymbol{0}\,. \tag{3.5}$$

Dieselben Maschengleichungen sollen nun jedoch nicht mit den Zweigspannungen, sondern mit Hilfe der Maschenströme aufgestellt werden, um von vornherein die Anzahl der Variablen zu reduzieren. Bei der Durchführung der Maschenumläufe müssen wir natürlich für die Spannungsabfälle an den einzelnen Impedanzen immer alle Maschenströme (vorzeichenrichtig) berücksichtigen, die diese Impedanz durchfließen. Schreiben wir die in den Umläufen vorkommenden Konstantspannungen auf die rechte Gleichungsseite, so ergeben sich die folgenden drei Gleichungen:

$$\begin{aligned} \underline{Z}_1 \cdot \underline{I}_{M1} + \underline{Z}_2 \cdot (\underline{I}_{M1} - \underline{I}_{M2}) + \underline{Z}_4 \cdot (\underline{I}_{M1} + \underline{I}_{M3}) &= \underline{U}_{q1} \\ \underline{Z}_2 \cdot (\underline{I}_{M2} - \underline{I}_{M1}) + \underline{Z}_3 \cdot \underline{I}_{M2} + \underline{Z}_5 \cdot (\underline{I}_{M2} + \underline{I}_{M3}) &= -\underline{U}_{q3}\,. \\ \underline{Z}_4 \cdot (\underline{I}_{M3} + \underline{I}_{M1}) + \underline{Z}_5 \cdot (\underline{I}_{M3} + \underline{I}_{M2}) + \underline{Z}_6 \cdot \underline{I}_{M3} &= 0 \end{aligned} \tag{3.6}$$

Die Terme auf den linken Gleichungsseiten können wir noch nach den Maschenströmen sortieren und erhalten drei Gleichungen mit den drei Maschenströmen als Unbekannten:

$$\begin{aligned} (\underline{Z}_1 + \underline{Z}_2 + \underline{Z}_4) \cdot \underline{I}_{M1} - \quad \underline{Z}_2 \cdot \underline{I}_{M2} + \quad \underline{Z}_4 \cdot \underline{I}_{M3} &= \underline{U}_{q1} \\ -\underline{Z}_2 \cdot \underline{I}_{M1} + (\underline{Z}_2 + \underline{Z}_3 + \underline{Z}_5) \cdot \underline{I}_{M2} + \quad \underline{Z}_5 \cdot \underline{I}_{M3} &= -\underline{U}_{q3} \\ \underline{Z}_4 \cdot \underline{I}_{M1} + \quad \underline{Z}_5 \cdot \underline{I}_{M2} + (\underline{Z}_4 + \underline{Z}_5 + \underline{Z}_6) \cdot \underline{I}_{M3} &= 0\,. \end{aligned} \tag{3.7}$$

In Matrixdarstellung erhalten wir schließlich die folgende Gleichung:

$$\begin{pmatrix} \underline{Z}_1 + \underline{Z}_2 + \underline{Z}_4 & -\underline{Z}_2 & \underline{Z}_4 \\ -\underline{Z}_2 & \underline{Z}_2 + \underline{Z}_3 + \underline{Z}_5 & \underline{Z}_5 \\ \underline{Z}_4 & \underline{Z}_5 & \underline{Z}_4 + \underline{Z}_5 + \underline{Z}_6 \end{pmatrix} \cdot \begin{pmatrix} \underline{I}_{M1} \\ \underline{I}_{M2} \\ \underline{I}_{M3} \end{pmatrix} = \begin{pmatrix} \underline{U}_{q1} \\ -\underline{U}_{q3} \\ 0 \end{pmatrix}. \tag{3.8}$$

Das Gleichungssystem (3.7) bzw. die Matrixgleichung (3.8) kann mit gängigen Methoden der linearen Algebra nach den Maschenströmen aufgelöst werden. Sind die Maschenströme ermittelt, dann können daraus mit Hilfe von Gleichung (3.3) alle Zweigströme und mit den Strom/Spannungsbeziehungen in Gleichung (3.1) die einzelnen Zweigspannungen berechnet werden. Damit ist das Netzwerk in Abbildung 3.3

vollständig analysiert. Durch Einführung der Maschenströme haben wir erreicht, dass lediglich ein Gleichungssystem von drei Gleichungen mit drei Unbekannten aufzustellen bzw. zu lösen ist.

Wenden wir uns nun den offensichtlichen Gesetzmäßigkeiten zu, nach denen die Matrixgleichung (3.8) aufgebaut ist. Dazu vergegenwärtigen wir uns, dass die drei Gleichungen und damit die drei Zeilen der Impedanzmatrix in Gleichungen (3.8) aus den drei Maschenumläufen entlang der drei Maschenströme entstanden sind:

- In den Hauptdiagonalelementen $\underline{Z}_{ii}$ der Matrix stehen die Summen aller Netzwerkimpedanzen, die bei den betreffenden Maschenumläufen berührt werden.
- Die Impedanzmatrix ist symmetrisch zur Hauptdiagonalen, solange keine gesteuerten Quellen im Netzwerk vorhanden sind.
- Die Elemente $\underline{Z}_{ij}$ außerhalb der Hauptdiagonalen werden durch die Summe derjenigen Netzwerkelemente gebildet, die von den Maschenströmen $\underline{I}_{Mi}$ und $\underline{I}_{Mj}$ gemeinsam durchflossen werden.
- Der Spaltenvektor auf der rechten Seite der Matrixgleichung enthält (vorzeichenrichtig) die Spannungen der Konstantspannungsquellen, die von dem betreffenden Maschenumlauf erfasst werden.
- Falls im Netzwerk nur einzelne Ströme oder Spannungen gesucht werden, ist es zweckmäßig, die Maschenströme so zu wählen, dass Zweige mit gesuchten Größen nur einmal von Maschenströmen durchflossen werden.

Vorgehensweise beim Maschenstromverfahren:

- Geeignete Maschen und Maschenströme wählen
- Beziehungen zwischen Maschen- und Zweigströmen aufstellen
- Kirchhoffsche Maschenregel auf alle Maschen anwenden mit Maschenströmen als Variablen
- Lineares Gleichungssystem lösen
- Zweigströme mit Hilfe der Inzidenzmatrix berechnen
- Zweigspannungen über Strom/Spannungsbeziehungen für die einzelnen Zweige ermitteln

3.2.2 Maschenauswahl im Netzwerk

Bei komplexeren Netzwerken wird es zunehmend schwieriger, die lineare Unabhängigkeit und Vollständigkeit der Maschengleichungen sicherzustellen. Auch für die Automatisierung des Verfahrens ist es erforderlich, ein einfaches und betriebssicheres Verfahren einsetzen zu können, mit dem die Festlegung von linear unabhängigen Maschenströmen erfolgen kann.

Zu diesem Zweck bedienen wir uns der so genannten Graphendarstellung für ein Netzwerk, die folgende Eigenschaften hat:

Graphendarstellung:

- Die Knotenstruktur des Netzwerks bleibt erhalten
- Zweige werden durch Verbindungslinien zwischen Knoten ersetzt
- Spannungsquellen werden zu null gesetzt, im Graphen also durch Kurzschlüsse ersetzt
- Stromquellen werden ebenfalls zu null gesetzt, im Graphen also durch Leerläufe ersetzt

Als Beispiel wandeln wir unter Anwendung dieser Regeln das Netzwerk in Abbildung 3.1 in einen Graphen um:

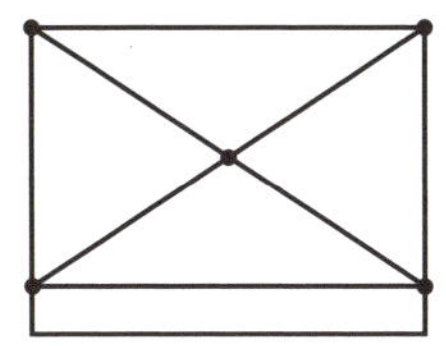

Abbildung 3.4: Graph (oder „Streckenkomplex") des Netzwerks aus Abbildung 3.1

Das Netzwerk und also auch der Graph besteht (nach wie vor) aus $K = 5$ Knoten und $Z = 9$ Zweigen.

Im nächsten Schritt wandeln wir den Graphen in einen **„vollständigen Baum"** um, indem wir gerade so viele Zweige entfernen, dass im ganzen Netzwerk keine Maschen mehr vorkommen. Dabei müssen jedoch alle Knoten miteinander verbunden bleiben. Wir erhalten dann, wie leicht nachvollzogen werden kann, einen Baum mit genau $K - 1$ Baumzweigen. Herausgenommen worden sind also $Z - (K - 1)$ „unabhängige" Zweige, die nicht zum Baum gehören. Es zeigt sich, dass mehrere, voneinander verschiedene Bäume gefunden werden können, die alle genannten Voraussetzungen erfüllen. In Abbildung 3.5 sind zwei (aus einer Vielzahl von möglichen Bäumen) für das betrachtete Netzwerk dargestellt.

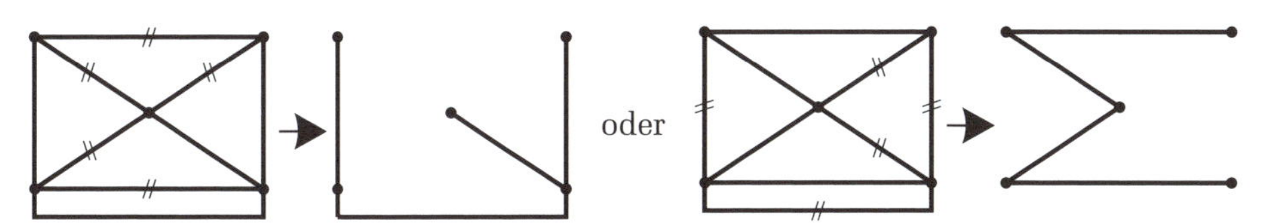

Abbildung 3.5: Zwei „vollständige Bäume" für das betrachtete Netzwerk

In beiden Fällen ergeben sich also $K - 1 = 4$ Baumzweige und $Z - (K - 1) = 5$ unabhängige Zweige. Wir stellen fest, dass jeder Knoten des Netzwerks über Baumzweige erreichbar ist.

Mit jedem unabhängigen Zweig des Netzwerks kann genau eine Masche gebildet werden, die neben diesem unabhängigen Zweig nur Baumzweige enthält. Damit können genau $Z - (K - 1)$ Maschenströme festgelegt werden, die mit Sicherheit linear unabhängig sind und das Netzwerk vollständig beschreiben.

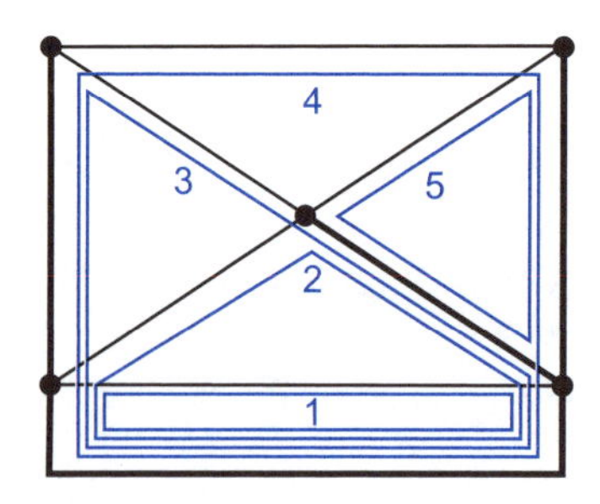

Abbildung 3.6: Darstellung des betrachteten Netzwerks mit Baumzweigen (dicke Linien) und unabhängigen Zweigen (dünne Linien). Eingezeichnet sind auch die $Z - (K - 1) = 5$ Maschenumläufe, die jeweils nur einen unabhängigen Zweig enthalten und durch die voneinander unabhängigen Maschenströme festgelegt werden.

Als Beispiel ist für den ersten der beiden Bäume aus Abbildung 3.5 genau die erforderliche Maschenzahl $Z - (K - 1) = 5$ in Abbildung 3.6 eingezeichnet.

Mit diesem Verfahren kann also in einfacher Weise sichergestellt werden, dass auch in sehr komplexen Netzwerken genau die erforderliche Anzahl linear unabhängiger Maschen festgelegt werden. Das Maschenstromverfahren kann dann in der beschriebenen Weise eingesetzt werden.

3.2.3 Quellen und Übertrager im Netzwerk

Bisher waren wir vereinfachend davon ausgegangen, dass unser Netzwerk nur R-, L-, C-Elemente sowie Konstantspannungsquellen, jedoch keine Konstantstromquellen, keine gesteuerten Quellen und keine Übertrager enthält. Im Folgenden wollen wir diese Beschränkung aufheben und uns allgemein mit Quellen und Übertragern im Netzwerk befassen.

■ Konstantspannungsquellen:

Es ist zweckmäßig, den Baum für ein Netzwerk so zu gestalten, dass die Spannungsquellen in unabhängigen Zweigen liegen. Dann kommt jede Quelle nur in einer Masche vor und ist im aufzustellenden Gleichungssystem nur in einer Gleichung vorhanden.

■ Konstantstromquellen:

1. Konstantstromquellen werden vor der Netzwerkanalyse in Konstantspannungsquellen umgewandelt (vgl. Kapitel 1.1).
2. Bei $Y_i = 0$ ist eine direkte Umwandlung der Stromquelle in eine Spannungsquelle nicht möglich. Dieses Problem kann jedoch durch eine vorangestellte Quellenteilung und Quellenversetzung behoben werden.

■ Gesteuerte Quellen:

1. Alle gesteuerten Quellen werden zunächst in maschenstromgesteuerte Spannungsquellen umgewandelt.
2. Bei Aufstellung des Gleichungssystems werden sie zunächst wie Konstantspannungsquellen behandelt und werden zu Elementen des Spannungsvektors auf der rechten Seite der Matrixgleichung (Vergleiche: Gleichung (3.7) bzw. (3.8)).

3. In einem nachfolgenden Rechenschritt wird die Abhängigkeit der gesteuerten Quellen von den Maschenströmen eingesetzt und auf der linken Gleichungsseite bei den Maschenstromkoeffizienten berücksichtigt.

- Übertrager:

1. Ist ein Übertrager im Netzwerk enthalten, so werden zunächst die Maschen in gewohnter Weise festgelegt. Dabei wird jede Übertragerseite wie ein Zweig des Netzwerks behandelt.
2. Liegt eine Übertragerwicklung im Maschenumlauf, so ist bei Aufstellung der Maschengleichungen zusätzlich zu dem Strom durch diese Wicklung der Maschenstrom durch die gekoppelte Wicklung zu berücksichtigen (über die Gegeninduktivität M).

3.2.4 Matrixdarstellung

In Kapitel 3.2.1 haben wir die wesentlichen Rechenschritte des Maschenstromverfahrens sowohl mit Einzelgleichungen als auch in Matrixdarstellung vollzogen. Unter Verwendung der Gleichungen (3.3) und (3.5) und bei Zusammenfassung aller Verknüpfungen von Zweigspannungen und Zweigströmen zu einer Matrixgleichung können wir das inhomogene Gleichungssystem zur Berechnung der Maschenströme alternativ zur Rechnung in Kapitel 3.2.1 auch sehr einfach in Matrixschreibweise in allgemein gültiger Form ermitteln:

- Verknüpfung von Zweigströmen und Maschenströmen:

$$\underline{\boldsymbol{I}} = \boldsymbol{A} \cdot \underline{\boldsymbol{I}}_M \quad \text{mit Inzidenzmatrix } \boldsymbol{A}\ [Z \times Z - (K-1)] \tag{3.9}$$

- Aufstellung der Kirchhoffschen Maschengleichungen:

$$\boldsymbol{A}^T \cdot \underline{\boldsymbol{U}} = \boldsymbol{0} \qquad [Z - (K-1) \text{ Gleichungen}] \tag{3.10}$$

- Verknüpfung von Zweigspannungen und Zweigströmen:

$$\underline{\boldsymbol{U}} = \underline{\boldsymbol{Z}} \cdot \underline{\boldsymbol{I}} - \underline{\boldsymbol{U}}_q \qquad [\underline{\boldsymbol{Z}} \text{ ist Diagonalmatrix der Zweigimpedanzen}] \tag{3.11}$$

- Einsetzen von Gleichung (3.9) in (3.11) und Einsetzen der entstandenen Gleichung in Gleichung (3.10) ergibt das Gleichungssystem für die Maschenströme:

$$\boldsymbol{A}^T \cdot \underline{\boldsymbol{Z}} \cdot \boldsymbol{A} \cdot \underline{\boldsymbol{I}}_M = \underline{\boldsymbol{A}}^T \cdot \underline{\boldsymbol{U}}_q \qquad [Z - (K-1) \text{ Gleichungen}] \tag{3.12}$$

- Die Matrix $\underline{\boldsymbol{A}}^T \cdot \underline{\boldsymbol{Z}} \cdot \underline{\boldsymbol{A}} = \underline{\boldsymbol{Z}}_M$ wird als Maschenimpedanzmatrix bezeichnet.

Das Gleichungssystem kann also (nach Vorbereitung des Netzwerks gemäß Kapitel 3.2.2 und 3.2.3 und unter konsequenter Beachtung aller Vorzeichen!) direkt aus den einfach zu erstellenden Teilmatrizen entsprechend Gleichung (3.12) aufgestellt werden, was für eine automatisierte Schaltungsanalyse sehr nützlich ist.

Literatur: [5], [11], [20]

3.3 Knotenpotenzialverfahren

Das Knotenpotenzialverfahren kann als duales Verfahren zur Maschenstromanalyse angesehen werden. Seine Anwendung hat Vorteile bei Netzwerken mit vielen Zweigen und wenigen Knoten sowie in Fällen, wo zahlreiche Stromquellen im Netzwerk enthalten sind. Außerdem hat das Knotenpotenzialverfahren Vorteile beim Einsatz in Schaltungssimulationsprogrammen.

Als beispielhaftes Netzwerk wird die Schaltung in Abbildung 3.7 herangezogen, die durch Umwandlung der Spannungsquellen in Stromquellen aus Abbildung 3.3 hervorgegangen ist.

Bei den weiteren Betrachtungen wollen wir uns zunächst auf Netzwerke mit R-, L-, C-Elementen sowie Konstantstromquellen beschränken.

3.3.1 Knotenpotenziale und Knotenspannungen

Wir ordnen zunächst jedem Knoten im Netzwerk ein Potenzial zu, gehen also bei unserer beispielhaften Schaltung in Abbildung 3.7 von den Potenzialen $\underline{\varphi}_A$, $\underline{\varphi}_B$, $\underline{\varphi}_C$, $\underline{\varphi}_D$ an den $K = 4$ Knoten aus, die mit den Buchstaben A, B, C, D gekennzeichnet sind.

Im nächsten Schritt wählen wir einen der Knoten als Bezugs- oder Referenzknoten aus und definieren für die übrigen $K - 1$ Knoten so genannte **Knotenspannungen** als Potenzialdifferenzen zwischen den betreffenden Knoten und dem Referenzknoten. Im vorliegenden Fall erklären wir den Knoten D zum Referenzknoten und erhalten die drei Knotenspannungen:

$$\underline{U}_{K1} = \underline{\varphi}_A - \underline{\varphi}_D\,; \quad \underline{U}_{K2} = \underline{\varphi}_B - \underline{\varphi}_D\,; \quad \underline{U}_{K3} = \underline{\varphi}_C - \underline{\varphi}_D \tag{3.13}$$

Aus Abbildung 3.7 ist leicht ersichtlich, dass jede Zweigspannung durch eine oder (über einen Maschenumlauf) durch mehrere Knotenspannungen ausgedrückt werden kann. Diese Verknüpfung von Zweigspannungen und Knotenspannungen wird durch das nachfolgende Gleichungssystem wiedergegeben. Zu beachten ist dabei, dass

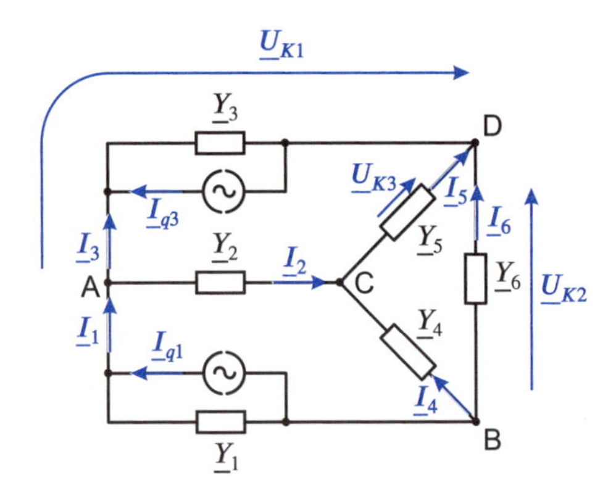

Abbildung 3.7: Netzwerkbeispiel mit Referenzknoten D und Knotenspannungen $\underline{U}_{K1}$, $\underline{U}_{K2}$, $\underline{U}_{K3}$

gemäß Abbildung 3.2 Zweigspannungen und Zweigströme in einem Zweig immer dieselbe Richtung haben.

$$\begin{aligned}
\underline{U}_1 &= -\underline{U}_{K1} + \underline{U}_{K2} \\
\underline{U}_2 &= \underline{U}_{K1} \qquad\qquad - \underline{U}_{K3} \\
\underline{U}_3 &= \underline{U}_{K1} \\
\underline{U}_4 &= \qquad\quad \underline{U}_{K2} - \underline{U}_{K3} \\
\underline{U}_5 &= \qquad\qquad\qquad \underline{U}_{K3} \\
\underline{U}_6 &= \qquad\quad \underline{U}_{K2}
\end{aligned} \tag{3.14}$$

Wir können das Gleichungssystem wieder in Matrixschreibweise darstellen und erhalten die Inzidenzmatrix $\boldsymbol{B}$ als Verknüpfung zwischen dem Spaltenvektor $\underline{\boldsymbol{U}}$ der Zweigspannungen und dem Spaltenvektor $\underline{\boldsymbol{U}}_K$ der Knotenspannungen:

$$\underline{\boldsymbol{U}} = \begin{pmatrix} -1 & 1 & 0 \\ 1 & 0 & -1 \\ 1 & 0 & 0 \\ 0 & 1 & -1 \\ 0 & 0 & 1 \\ 0 & 1 & 0 \end{pmatrix} \cdot \underline{\boldsymbol{U}}_K \quad \text{oder} \quad \underline{\boldsymbol{U}} = \boldsymbol{B} \cdot \underline{\boldsymbol{U}}_K \,. \tag{3.15}$$

Auch hier treten in der Inzidenzmatrix für die Matrixelemente b_{ij} nur die Werte 0, +1, −1 auf, und zwar abhängig davon, ob bei den einzelnen Maschenumläufen die betreffende Knotenspannung verwendet wird und ob Richtungen von Maschenumlauf und jeweiliger Knotenspannung gleich- oder gegensinnig sind.

So, wie beim Maschenstromverfahren durch Einführung der Maschenströme die Kirchhoffschen Knotengleichungen von vornherein erfüllt sind, sind beim Knotenpotenzialverfahren durch Einführung der Knotenspannungen die Kirchhoffschen Maschengleichungen von vornherein erfüllt. Mit den $K - 1$ Knotenspannungen haben wir wieder einen kompakten Satz von Unbekannten eingeführt, für die wir durch Aufstellung der $K - 1$ voneinander linear unabhängigen Kirchhoffschen Knotengleichungen eine Lösung finden können.

Zunächst stellen wir die $K - 1 = 3$ Knotengleichungen für die Knoten A, B, C unseres Beispielnetzwerkes mit Hilfe der Zweigströme auf, wobei abfließende Ströme ein positives Vorzeichen erhalten:

$$\begin{aligned}
-\underline{I}_1 + \underline{I}_2 + \underline{I}_3 &= 0 \\
\underline{I}_1 + \underline{I}_4 + \underline{I}_6 &= 0 \\
-\underline{I}_2 - \underline{I}_4 + \underline{I}_5 &= 0
\end{aligned} \quad \text{oder} \quad \begin{pmatrix} -1 & 1 & 1 & 0 & 0 & 0 \\ 1 & 0 & 0 & 1 & 0 & 1 \\ 0 & -1 & 0 & -1 & 1 & 0 \end{pmatrix} \cdot \underline{\boldsymbol{I}} = \boldsymbol{0} \,. \tag{3.16}$$

Die Matrixdarstellung dieser Gleichungen zeigt, dass die Zweigströme über die Transponierte der Inzidenzmatrix $\boldsymbol{B}$ miteinander verknüpft sind:

$$\boldsymbol{B}^T \cdot \underline{\boldsymbol{I}} = \boldsymbol{0} \tag{3.17}$$

Dieselben Knotengleichungen können wir als Funktion der Zweigspannungen aufstellen, indem wir die Verknüpfungen zwischen den Zweigströmen und den Zweigspannungen nach Gleichung (3.1) verwenden. (Es ergibt sich zum Beispiel $\underline{I}_1 = \underline{Y}_1 \cdot \underline{U}_1 + \underline{I}_{q1}$ usw.) Damit lauten die Knotengleichungen:

$$\begin{aligned} -\underline{Y}_1 \cdot \underline{U}_1 + \underline{Y}_2 \cdot \underline{U}_2 + \underline{Y}_3 \cdot \underline{U}_3 &= \underline{I}_{q1} + \underline{I}_{q3} \\ \underline{Y}_1 \cdot \underline{U}_1 + \underline{Y}_4 \cdot \underline{U}_4 + \underline{Y}_6 \cdot \underline{U}_6 &= -\underline{I}_{q1} \\ -\underline{Y}_2 \cdot \underline{U}_2 + \underline{Y}_4 \cdot \underline{U}_4 + \underline{Y}_5 \cdot \underline{U}_5 &= 0\,. \end{aligned} \tag{3.18}$$

Werden nun noch mit Hilfe der Gleichungen (3.14) die Zweigspannungen im Gleichungssystem (3.18) durch Knotenspannungen ersetzt, so ergibt sich das gesuchte inhomogene Gleichungssystem zur Berechnung der zunächst unbekannten Knotenspannungen (in Matrixschreibweise):

$$\begin{pmatrix} \underline{Y}_1 + \underline{Y}_2 + \underline{Y}_3 & -\underline{Y}_1 & -\underline{Y}_2 \\ -\underline{Y}_1 & \underline{Y}_1 + \underline{Y}_4 + \underline{Y}_6 & -\underline{Y}_4 \\ -\underline{Y}_2 & -\underline{Y}_4 & \underline{Y}_2 + \underline{Y}_4 + \underline{Y}_5 \end{pmatrix} \begin{pmatrix} \underline{U}_{K1} \\ \underline{U}_{K2} \\ \underline{U}_{K3} \end{pmatrix} = \begin{pmatrix} \underline{I}_{q1} + \underline{I}_{q3} \\ -\underline{I}_{q1} \\ 0 \end{pmatrix}. \tag{3.19}$$

Dieses inhomogene Gleichungssystem kann mit Methoden der linearen Algebra nach den Knotenspannungen aufgelöst werden. Sind die Knotenspannungen bekannnt, so können wir mit den Gleichungen (3.14) daraus alle Zweigspannungen und mit Gleichung (3.1) alle Zweigströme im Netzwerk ausrechnen.

Durch Einführung der Knotenspannungen haben wir erreicht, dass lediglich ein Gleichungssystem von drei Gleichungen mit drei Unbekannten aufzustellen bzw. zu lösen ist.

Der etwas umständliche Weg zur Aufstellung des Gleichungssystems, den wir hier zum Zweck der anschaulichen Herleitung gewählt haben, kann abgekürzt werden, wenn wir uns die Bildungsgesetzmäßigkeiten der Matrixgleichung vor Augen geführt haben. Dabei ist zu beachten, dass jede Zeile des Gleichungssystems bzw. der Matrixgleichung einem Knoten des Netzwerks zugeordnet ist.

- In den Hauptdiagonalelementen $\underline{Y}_{ii}$ der Admittanzmatrix stehen die Summen aller Netzwerkadmittanzen, die an den betreffenden Knoten angeschlossen sind.
- Die Admittanzmatrix ist symmetrisch zur Hauptdiagonalen, solange keine gesteuerten Quellen im Netzwerk vorhanden sind.
- Die Elemente $\underline{Y}_{ij}$ außerhalb der Hauptdiagonalen werden durch die negativen Summen derjenigen Admittanzen gebildet, die auf dem Pfad zwischen dem Knoten i und dem Knoten j liegen.
- Der Spaltenvektor auf der rechten Seite der Matrixgleichung enthält (vorzeichenrichtig) die Summe der Quellströme aller an den jeweiligen Knoten angeschlossenen Zweige. Dem Knoten zufließende Ströme gehen mit positivem Vorzeichen ein.

Grundsätzliche Vorgehensweise beim Knotenpotenzialverfahren:

- Referenzknoten und $K-1$ Knotenspannungen festlegen
- Beziehungen zwischen Knoten- und Zweigspannungen aufstellen
- Kirchhoffsche Knotenregel auf $K-1$ Knoten anwenden mit Knotenspannungen als Variablen
- Lineares Gleichungssystem lösen
- Zweigspannungen über Inzidenzmatrix aus den Knotenspannungen berechnen
- Zweigströme ermitteln (über Strom-/Spannungsbeziehungen für die einzelnen Zweige)

3.3.2 Festlegung der Knotenspannungen

Für die Anwendung des Knotenpotenzialverfahrens ist im Prinzip der Referenzknoten frei wählbar. Meist wird ein zentraler Knoten gewählt, der möglichst viele direkte Verbindungen zu anderen Netzwerkknoten hat. Das ist in vielen Netzwerken der Masseknoten.

Die Vollständigkeit und lineare Unabhängigkeit des Gleichungssystems kann sehr einfach sichergestellt werden. Im Netzwerk mit K Knoten wird ein Referenzknoten ausgewählt, und es sind $K-1$ Knotenspannungen notwendig und hinreichend zur vollständigen Netzwerkbeschreibung.

Da der vollständige Baum eines Netzwerks genau $K-1$ Baumzweige enthält, ist es ein sicheres Verfahren, die Spannungen an den $K-1$ Baumzweigen als Knotenspannungen auszuwählen. Jede Knotenspannung erstreckt sich dann über genau einen Baumzweig. Der Baum wird dabei nach Möglichkeit so erstellt, dass die Baumzweige von einem zentralen Referenzknoten aus direkt zu den übrigen Knoten verlaufen.

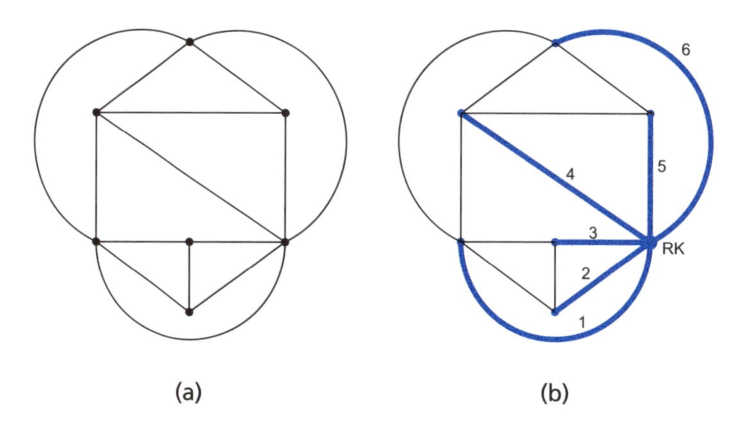

Abbildung 3.8: (a) Graph eines Netzwerks mit 7 Knoten und 14 Zweigen, (b) Baum für dieses Netzwerk mit zentralem Referenzknoten

In Abbildung 3.8 ist ein Netzwerkbeispiel mit $K = 7$ Knoten und $Z = 14$ Zweigen skizziert und ein Baum in der beschriebenen Weise eingezeichnet.

Übrigens: Für das Maschenstromverfahren wären bei diesem Netzwerk $Z - (K - 1) = 8$ Maschenströme erforderlich, beim Knotenpotenzialverfahren reichen $K - 1 = 6$ Knotenspannungen!

Jede Zweigspannung an einem unabhängigen Zweig kann mit einem eindeutigen Maschenumlauf ausschließlich über Baumzweige (Knotenspannungen) ermittelt werden.

Für jeden Baumzweig (und die zugehörige Knotenspannung) kann also in eindeutiger Weise ein Schnitt durch das Netzwerk gelegt werden, bei dem nur dieser eine Baumzweig geschnitten wird. Dieser Schnitt definiert einen Knoten oder Superknoten und die zugehörige Kirchhoffsche Knotengleichung.

Wie erwähnt, ist es beim Knotenpotenzialverfahren in der Regel vorteilhaft, einen sternförmigen Baum mit einem zentralen Referenzknoten zu wählen, der in der Regel identisch mit dem Masseknoten ist.

Es gibt jedoch auch Fälle, bei denen kein Knoten gefunden werden kann, von dem aus alle anderen Knoten direkt erreicht werden können. In Abbildung 3.9 ist ein solcher Fall beispielhaft skizziert. In diesen Fällen gehen wir weiterhin so vor, dass Knotenspannungen entlang von Baumzweigen gewählt werden, auch wenn sie nicht alle vom Referenzknoten ausgehen, wie das im Beispiel für den Baumzweig 5 der Fall ist. (Diese Verallgemeinerung des Knotenpotenzialverfahrens wird in der Literatur auch als Schnittmengenanalyse bezeichnet.) Da der Baumzweig 4 kein offenes Ende hat, wird in diesem Fall ein Superknoten definiert, der wiederum nur den zugehörigen Baumzweig und sonst nur unabhängige Zweige schneidet. Für diesen Superknoten kann nun die zum Baumzweig 4 und zur zugeordneten Knotenspannung gehörige Kirchhoffsche Knotengleichung aufgestellt werden.

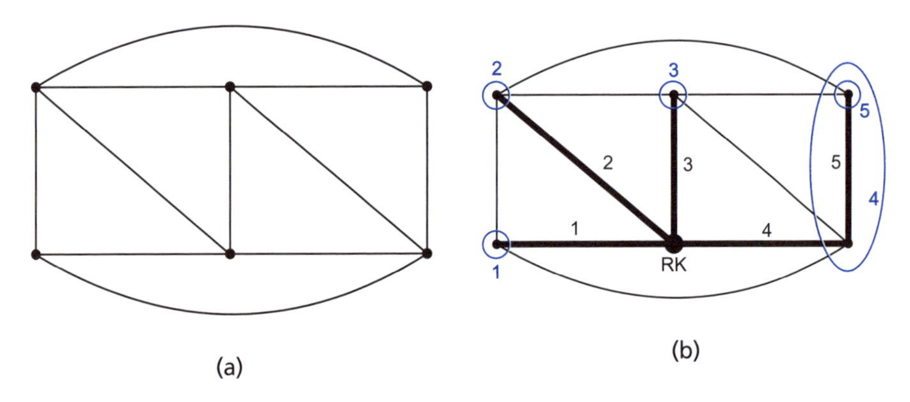

Abbildung 3.9: (a) Graph eines Netzwerks mit 6 Knoten und 11 Zweigen, (b) Baum für dieses Netzwerk mit Referenzknoten, der kein zentraler Knoten ist

3.3.3 Quellen und Übertrager im Netzwerk

Auch hier wollen wir die Beschränkung auf Netzwerke mit R-, L-, C-Elementen sowie Konstantstromquellen aufheben und unsere Betrachtung auf Schaltungen mit gesteuerten und konstanten Quellen sowie Übertragern ausdehnen.

■ Konstantstromquellen:

Es ist zweckmäßig, beim Knotenpotenzialverfahren den Baum für ein Netzwerk so zu wählen, dass die Konstantstromquellen ausschließlich in Baumzweigen liegen. Dann kommt jede Quelle nur in der zu diesem Baumzweig gehörenden Knotengleichung vor.

■ Konstantspannungsquellen:

1. Konstantspannungsquellen werden vor der Netzwerkanalyse in Konstantstromquellen umgewandelt (vgl. Kap. 1.1).
2. Bei $\underline{Z}_i = 0$ ist eine direkte Umwandlung der Spannungsquelle in eine Stromquelle nicht möglich. Dieses Problem kann jedoch durch Quellenteilung und Quellenversetzung behoben werden.

■ Gesteuerte Quellen:

1. Alle gesteuerten Quellen werden zunächst in knotenspannungsgesteuerte Stromquellen umgewandelt.
2. Bei Aufstellung des Gleichungssystems werden sie zunächst wie Konstantstromquellen behandelt und werden zu Elementen des Stromvektors auf der rechten Seite der Matrixgleichung (Vergleiche: Gleichung (3.19)).
3. In einem nachfolgenden Rechenschritt wird die Abhängigkeit der gesteuerten Quellen von den Knotenspannungen eingesetzt und auf der linken Gleichungsseite in der Admittanzmatrix berücksichtigt.

■ Übertrager:

1. Für Übertrager im Netzwerk kann eine Ersatzschaltung mit zwei spannungsgesteuerten Stromquellen verwendet werden (s. Abbildung 3.10). Die Admittanzen im Ersatzschaltbild können leicht aus den üblichen Übertragergleichungen in Impedanzform durch Invertierung des Gleichungssystems gewonnen werden.

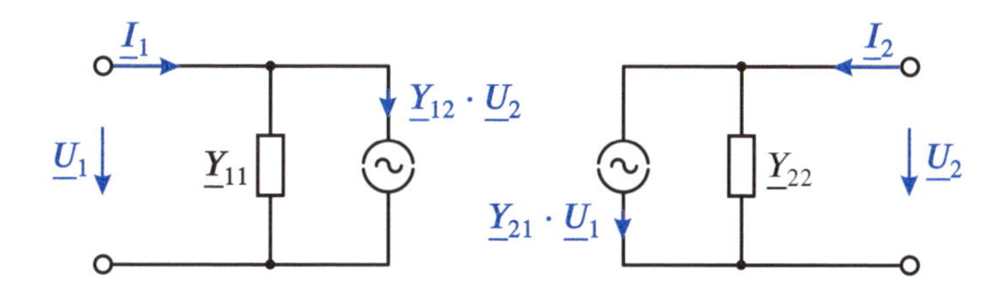

Abbildung 3.10: Übertrager-Ersatzschaltung mit spannungsgesteuerten Stromquellen

3.3.4 Matrixdarstellung

Auch beim Knotenpotenzialverfahren können wir bei Verwendung der Matrixdarstellung in sehr einfacher und übersichtlicher Form zu dem Gleichungssystem kommen, das eine Berechnung der gewählten Knotenspannungen und damit eine vollständige Analyse des Netzwerks ermöglicht:

- Verknüpfung von Zweigspannungen und Knotenspannungen:

$$\underline{\boldsymbol{U}} = \boldsymbol{B} \cdot \underline{\boldsymbol{U}}_K \qquad \text{mit Inzidenzmatrix } \boldsymbol{B}\,[K-1 \times Z] \tag{3.20}$$

- Aufstellung der Kirchhoffschen Knotengleichungen:

$$\boldsymbol{B}^T \cdot \underline{\boldsymbol{I}} = \boldsymbol{0} \qquad [K-1 \text{ Gleichungen}] \tag{3.21}$$

- Verknüpfung von Zweigströmen und -spannungen:

$$\underline{\boldsymbol{I}} = \underline{\boldsymbol{Y}} \cdot \underline{\boldsymbol{U}} - \underline{\boldsymbol{I}}_q \qquad [\underline{\boldsymbol{Y}} \text{ ist Diagonalmatrix der Zweigadmittanzen}] \tag{3.22}$$

- Einsetzen von Gleichung (3.20) in (3.22) und Einsetzen der entstandenen Gleichung in Gleichung (3.21) ergibt das Gleichungssystem für die Knotenspannungen:

$$\boldsymbol{B}^T \cdot \underline{\boldsymbol{Y}} \cdot \boldsymbol{B} \cdot \underline{\boldsymbol{U}}_K = \boldsymbol{B}^T \cdot \underline{\boldsymbol{I}}_q \qquad [K-1 \text{ Gleichungen}] \tag{3.23}$$

- Die Matrix $\boldsymbol{B}^T \cdot \underline{\boldsymbol{Y}} \cdot \boldsymbol{B} = \underline{\boldsymbol{Y}}_K$ wird als Knotenadmittanzmatrix bezeichnet.

Das Gleichungssystem kann wiederum nach geeigneter Vorbereitung des Netzwerks gemäß Kap. 3.3.2 und 3.3.3 und unter konsequenter Beachtung aller Vorzeichen direkt aus den einfach zu erstellenden Teilmatrizen entsprechend Gleichung (3.23) aufgestellt werden. Damit liegen gute Voraussetzungen für eine automatisierte Schaltungsanalyse vor.

Literatur: [5], [11], [20]

Zweipole

4

ÜBERBLICK

Zweipole oder Eintore sind Zusammenschaltungen verschiedener Bauelemente (Widerstände R, Spulen L, Kondensatoren C, Übertrager $ü$) mit dem Ziel, an den zwei Anschlüssen bzw. am Tor bestimmte gewünschte Abhängigkeiten der Impedanz oder Admittanz von der Frequenz zu erreichen.

Neben der Analyse dieser Schaltungen mit den bisher behandelten Verfahren ist die Beantwortung der Frage von besonderer praktischer Bedeutung, welche Struktur mit welchen Werten der Bauelemente muss eine Zweipolschaltung haben, damit das gewünschte Frequenzverhalten erreicht wird.

Abbildung 4.1 zeigt eine weitere Anwendung der Zweipole.

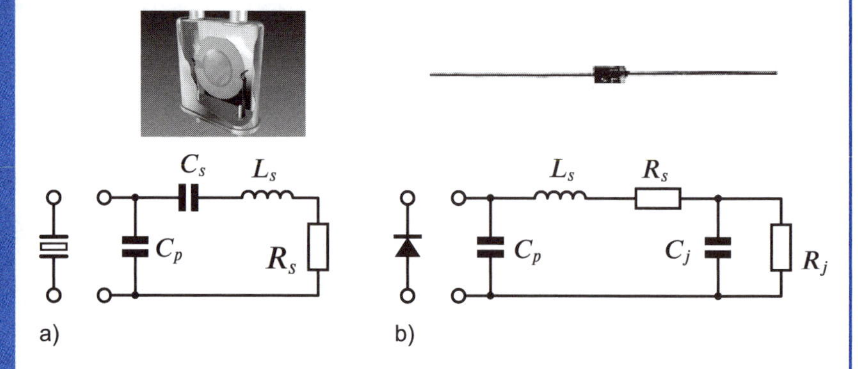

Abbildung 4.1: a) Schwingquarz und b) Halbleiterdiode sowie deren Ersatzschaltungen

Die dargestellten Zweipol-Ersatzschaltungen charakterisieren praxisgenau den Frequenzverlauf der Eingangsimpedanz oder -admittanz im Kleinsignalbetrieb. Im Kleinsignalbetrieb sind die Amplituden der Spannung und des Stromes so klein, dass an nichtlinearen Strom-Spannungungkennlinien nur eine tangentiale Aussteuerung erfolgt. Solche Nachbildungen bzw. Ersatzschaltbilder sind hilfreich zur Charakterisierung und Unterscheidung z. B. von Schwingquarzen sowie Dioden und dienen dazu, größere Schaltungen mit solchen Bauelementen leichter zu analysieren als auch zu dimensionieren (Synthese).

4.1 Komplexe Frequenz

Die Abbildung 4.2 zeigt einen Reihenschwingkreis, bestehend aus dem Kondensator C_0, der Spule L_0 und dem Widerstand R_0. Zwischen den Klemmen 1-0 stellt diese Schaltung einen Zweipol dar. Bei der Analyse dieser Schaltung wollen wir zeigen, dass mit Einführung einer komplexen Frequenz die entstehende gedämpfte Schwingung sinnvoll beschrieben werden kann.

Zum Zeitpunkt $t \leq 0$ hat der Kondensator die Spannung $u_C(t \leq 0) = 10$ V. Der Schalter S wird nun geschlossen. Es erfolgt ein Ausgleichsvorgang. Die im Kondensator C_0 gespeicherte elektrische Energie W_e wird im Widerstand R_0 in Verlustleistung P_V umgewandelt und in der Zeit $t \to \infty$ vollständig verbraucht. Am Ende des Ausgleichsvorganges sind die Spannungen an allen Bauelementen und der Strom $i(t)$ gleich null. Wir wollen den zeitlichen Verlauf des Ausgleichsvorganges und damit den des Stromes $i(t)$ berechnen.

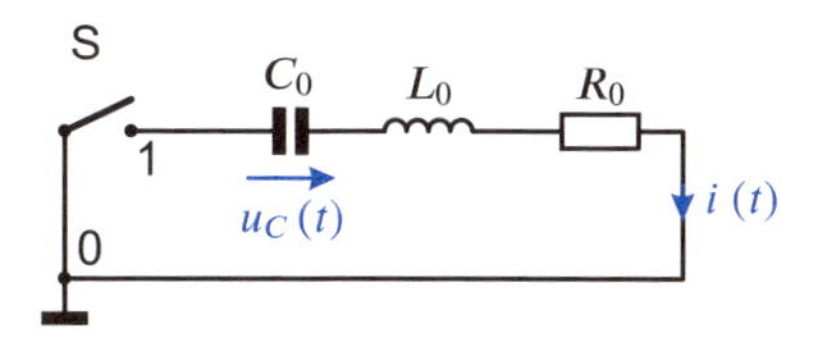

Abbildung 4.2: Reihenschwingkreis mit Schalter S, Spannung am Kondensator vor dem Schließen des Schalters $u_C(t \leq 0) = U_{C0} = 10\,\text{V}$

Diese Berechnung soll gleich an einem exemplarischen Beispiel mit bestimmten Vorgaben erfolgen: Frequenz $f_0 = \dfrac{\omega_0}{2\pi} = 1\,\text{Hz}$, $Q_0 = 10$, $R_0 = 1\,\Omega$ mit den Zuordnungen

$$\omega_0 = \frac{1}{\sqrt{L_0 C_0}}\,, \quad Q_0 = \frac{\omega_0 L_0}{R_0}\,, \quad L_0 = \frac{Q_0 R_0}{\omega_0}\,, \quad C_0 = \frac{1}{\omega_0^2 L_0}\,.$$

Q_0 wird als Güte des Schwingkreises bezeichnet. Die Resonanzfrequenz f_0 und die Güte Q_0 sind wesentliche Kennwerte eines jeden Schwingkreises. Mit der Vorgabe des Wertes von R_0 sind damit die Werte von L_0 und C_0 eindeutig festgelegt.

Der Reihenschwingkreis mit geschlossenem Schalter **S** stellt eine geschlossene Masche dar, in der die Summe der Spannungen an den Bauelementen null sein muss.

$$\frac{1}{C_0}\int i(t)dt + L_0\frac{di(t)}{dt} + R_0 i(t) = 0 \tag{4.1}$$

Die Gleichung wird nach der Zeit abgeleitet und umsortiert. Wir erhalten

$$\frac{d^2 i(t)}{dt^2} + \frac{R_0}{L_0}\frac{di(t)}{dt} + \frac{1}{L_0 C_0} = 0\,. \tag{4.2}$$

Diese lineare, homogene Differenzialgleichung zweiter Ordnung mit konstanten Koeffizienten lösen wir mit dem Ansatz

$$i(t) = A\mathrm{e}^{\lambda t}\,. \tag{4.3}$$

Aus der Differenzialgleichung wird die algebraische Gleichung

$$\lambda^2 + \frac{R_0}{L_0}\lambda + \frac{1}{L_0 C_0} = 0 \tag{4.4}$$

mit den Lösungen

$$\lambda_{1,2} = -\frac{R_0}{2L_0} \pm \sqrt{\frac{R_0^2}{4L_0^2} - \frac{1}{L_0 C_0}}\,. \tag{4.5}$$

Im Sinne der späteren Diskussion der Lösung klammern wir den Faktor $-1/L_0 C_0$ unter dem Wurzelzeichen aus

$$\underline{\lambda}_{1,2} = \frac{1}{\sqrt{L_0 C_0}}\left(-\frac{R_0\sqrt{L_0 C_0}}{2L_0} \pm j\sqrt{1 - \frac{R_0^2 L_0 C_0}{4L_0^2}}\right) \tag{4.6}$$

oder mit den oben getroffenen Vereinbarungen

$$\underline{\lambda}_{1,2} = \omega_0 \left(-\frac{1}{2Q_0} \pm j \sqrt{1 - \frac{1}{4Q_0^2}} \right) . \tag{4.7}$$

Wir erhalten zwei Lösungen für λ. Die allgemeine Lösung der Differenzialgleichung (4.2) ist damit entsprechend Gleichung (4.3)

$$i(t) = A_1 e^{\underline{\lambda}_1 t} + A_2 e^{\underline{\lambda}_2 t} . \tag{4.8}$$

▶ **Erkenntnis:**

- $\underline{\lambda}_{1,2}$ entspricht einer Kreisfrequenz ω mit der Einheit s^{-1},
- $\underline{\lambda}_{1,2}$ ist im Allgemeinen komplex,
- als Funktion der Zeit nimmt die Amplitude des Stromes exponentiell ab, und $\omega \neq \omega_0$,
- der Wert der Güte Q_0 bestimmt entscheidend den Real- und Imaginärteil von $\lambda_{1,2}$.

Folgerung

Wir definieren die komplexe Frequenz

$$\underline{s} = \sigma + j\omega \quad \text{Einheit } s^{-1} \tag{4.9}$$

mit

$$\sigma \quad \text{Bezeichnung: Dämpfungsmaß, hier} \quad \sigma = -\frac{\omega_0}{2Q_0} \tag{4.10}$$

$$\omega \quad \text{Bezeichnung: Kreisfrequenz, hier} \quad \omega = \pm\, \omega_0 \sqrt{1 - \frac{1}{4Q_0^2}} \tag{4.11}$$

Damit können wir für Gleichung (4.8) schreiben

$$i(t) = \frac{1}{2} \left(\underline{A}_1 e^{\underline{s}\,t} + \underline{A}_2 e^{\underline{s}^* t} \right) . \tag{4.12}$$

Wegen der komplexen Argumente der Exponentialfunktion müssen wir auch für die vorerst noch unbekannten Amplitudenfaktoren komplexe Werte zulassen. Wir wählen einen Faktor von 1/2 vor der Klammer, dessen Zweckmäßigkeit sich später zeigen wird. Bei der Berechnung der Amplitudenfaktoren wird dieser Faktor berücksichtigt.

Zum Zeitpunkt $t = 0$ sollen $u_C(0) = U_{C0}$ und $i(0) = 0$ sein. Mit diesen Anfangsbedingungen haben wir zwei Bestimmungsgleichungen für die beiden Unbekannten $\underline{A}_1$ und $\underline{A}_2$. Es gilt

$$i(0) = \frac{1}{2} \left(\underline{A}_1 + \underline{A}_2 \right) = 0 \rightarrow \underline{A}_2 = -\underline{A}_1 . \tag{4.13}$$

oder

$$i(t) = \frac{\underline{A}_1}{2} \left(e^{\underline{s}\,t} - e^{\underline{s}^* t} \right) . \tag{4.14}$$

Die Spannung am Kondensator ist

$$u_C(t) = \frac{1}{C_0} \int i(t)dt = \frac{\underline{A}_1}{2C_0} \left(\frac{1}{\underline{s}} \, e^{\underline{s}\,t} - \frac{1}{s^*} \, e^{\underline{s}^*t} \right) \tag{4.15}$$

und für den Zeitpunkt $t = 0$

$$u_C(0) = \frac{\underline{A}_1}{2C_0} \left(\frac{1}{\underline{s}} - \frac{1}{\underline{s}^*} \right) = U_{C0} = \frac{\underline{A}_1}{2C_0} \, \frac{\underline{s}^* - \underline{s}}{|\underline{s}|^2} \, . \tag{4.16}$$

oder

$$\underline{A}_1 = jU_{C0} \, \omega_0 C_0 \, \frac{\omega_0}{\omega} \, . \tag{4.17}$$

Die Konstante $\underline{A}_1$ ist hier rein imaginär, und wir können für die Gleichungen (4.12) und (4.15) auch setzen

$$i(t) = \frac{1}{2} \left(\underline{A}_1 e^{\underline{s}\,t} + \underline{A}_1^* e^{\underline{s}^*t} \right) , \tag{4.18}$$

$$u_C(t) = \frac{1}{2C_0} \left(\frac{\underline{A}_1}{\underline{s}} \, e^{\underline{s}\,t} + \frac{\underline{A}_1^*}{\underline{s}^*} \, e^{\underline{s}^*t} \right) . \tag{4.19}$$

Diese Zusammenhänge entsprechen direkt unserer Vereinbarung bezüglich der Darstellung einer reellen Zeitfunktion mittels der komplexen Schreibweise. Der im Ansatz gewählte Faktor 1/2 ist damit begründet.

In der Abbildung 4.3 werden diese Zeitfunktionen dargestellt. Die Zeitachse ragt aus der komplexen Ebene heraus und zeigt nach vorn. Wir erkennen, wie sich durch die Überlagerung eines links- und rechtsdrehenden Zeigers die eigentlichen Zeitfunktionen des Stromes $i(t)$ und der Spannung $u_C(t)$ bilden. Diese liegen in der Ebene, die von der Realteil- und der Zeitachse aufgespannt werden.

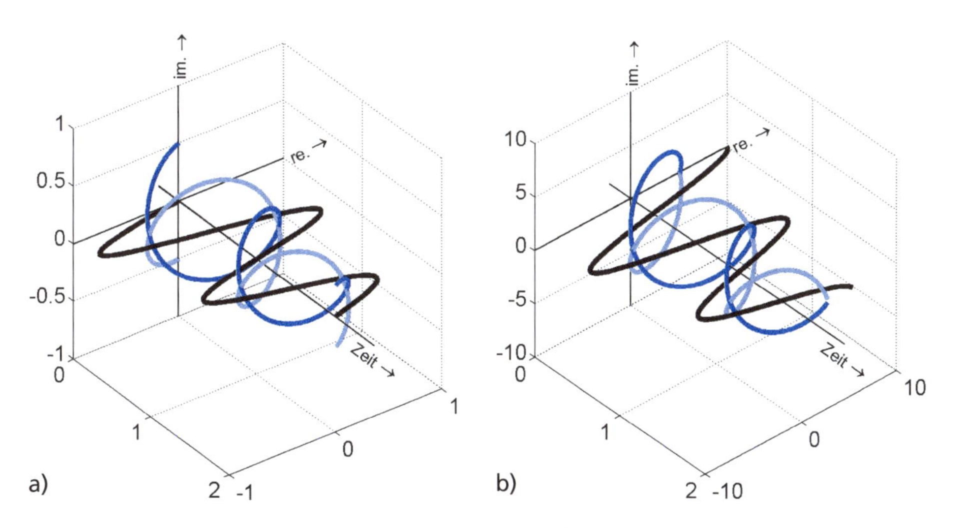

Abbildung 4.3: Zeitverlauf Gleichung (4.18), (4.19)(blau linksdrehend): $f_0 = 1$ Hz, $Q_0 = 10$
a) Drehzeiger und reelle Funktion(schwarz) von $i(t)$,
b) Drehzeiger und reelle Funktion(schwarz) von $u_C(t)$

Da wir in Gleichung (4.11) bezüglich der Wahl des Wertes der Güte Q_0 keine Einschränkung vorgeben, kann ω imaginär und damit $\underline{s}$ rein reell werden. Das ist möglich, wenn $Q_0 < 1/2$ ist. Der Begriff konjugiert komplex verliert in diesem Fall seinen Sinn.

Für die numerische Auswertung der Gleichung (4.18) ist deshalb folgende Darstellung zweifelsfrei

$$i(t) = \frac{A_1}{2} \left(\mathrm{e}^{(\sigma + j\omega)t} - \mathrm{e}^{(\sigma - j\omega)t} \right) . \tag{4.20}$$

Gleiches gilt für die Spannung am Kondensator

$$u_C(t) = \frac{A_1}{2C_0} \left(\frac{\mathrm{e}^{(\sigma + j\omega)t}}{\sigma + j\omega} - \frac{\mathrm{e}^{(\sigma - j\omega)t}}{\sigma - j\omega} \right) . \tag{4.21}$$

Schreiben wir die Gleichung (4.20) und 4.21 aus, erhalten wir die reellen Zeitfunktionen des Stromes und der Spannung

$$i(t) = -U_{C0}\, \omega_0 C_0\, \omega_0 t\, \mathrm{e}^{\sigma t} \frac{\sin(\omega t)}{\omega t} = -\frac{U_{C0}}{Q_0 R_0} \mathrm{e}^{\sigma t}\, \omega_0 t \,\mathrm{sinc}\left(\frac{\omega t}{\pi} \right) . \tag{4.22}$$

$$u_C(t) = U_{C0}\, \mathrm{e}^{\sigma t} \left(\cos(\omega t) - \sigma t \,\mathrm{sinc}\left(\frac{\omega t}{\pi} \right) \right) \tag{4.23}$$

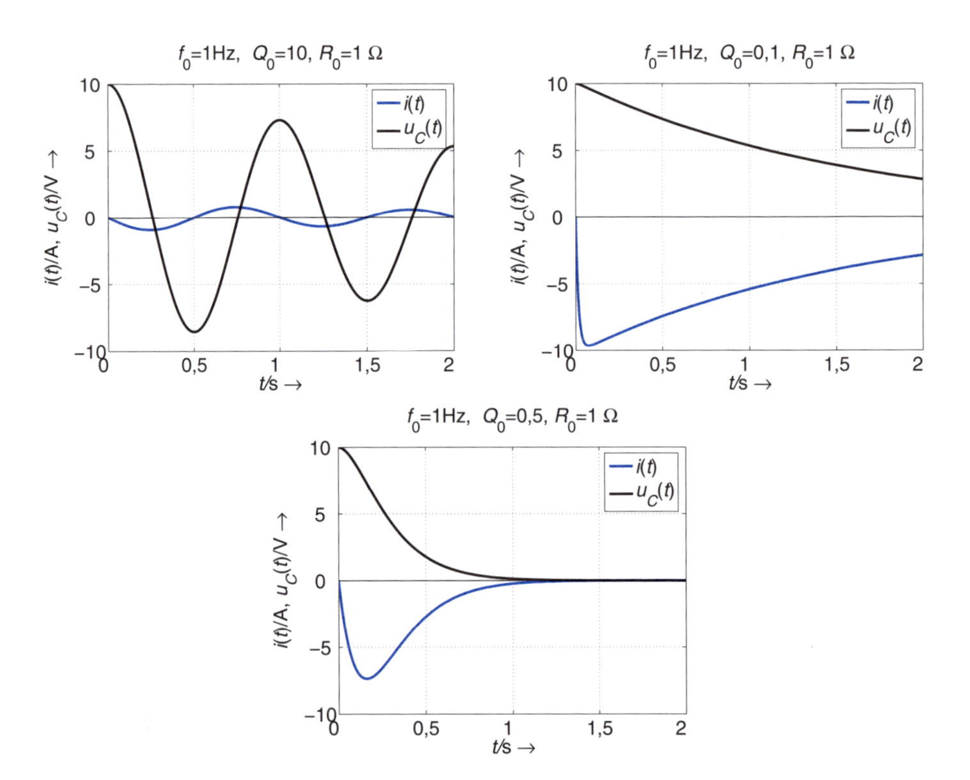

Abbildung 4.4: Zeitverlauf von $i(t)$ und $u_C(t)$ mit Q_0 als Parameter

Die Funktion $\mathrm{sinc}(x) = \sin(\pi x)/(\pi x)$ heißt Spaltfunktion. Da $\mathrm{sinc}(0) = 1$ ist, wird mit dieser Darstellung die scheinbare Singularität in der Gleichung (4.22) bei $\omega t \to 0$ aufgehoben.

Für die drei wesentlichen Werte der Güte $Q_0 = 10; 0,5; 0,1$ zeigt die Abbildung 4.4 den zeitlichen Verlauf des Stromes $i(t)$ und der Spannung $u_C(t)$. Bei $Q_0 = 10$ erhalten wir eine gedämpfte periodische Schwingung, die komplexe Frequenz $\underline{s}$ hat sowohl einen Imaginärteil (bestimmt die Frequenz) als auch einen Realteil (bestimmt Amplitudenab- oder auch -zunahme einer gedämpften oder angefachten Schwingung).

Ist $Q_0 = 0,1$, dann wird der Ausdruck unter der Wurzel negativ, der Wert der Wurzel rein imaginär, und damit wird $\underline{s}$ rein reell. Die Periodizität geht vollkommen verloren. Der Grenzfall $Q_0 \to 0$ führt mit den unter Abbildung 4.2 angegebenen Berechnungsvorschriften zur Anordnung mit $L_0 \to 0$ und $C_0 \to \infty$. Das ist im Grenzfall eine RC-Schaltung mit einer Zeitkonstante $\tau = RC_0 \to \infty$ und bei der Spannung $U_{C0} = 10$ V mit einer gespeicherten Energie $W_e \to \infty$. Damit nehmen die Amplituden der Spannung $u_C(t)$ und des Stromes $i(t)$ nur ganz langsam mit der Zeit ab.

Für $Q_0 = 0,5$ wird $\underline{s}$ auch rein reell, aber unter der Bedingung, dass der Wert der Wurzel gleich null ist. Auch hier entfällt der periodische Teil. Der Realteil von $\underline{s}$ hat seinen maximalen Betrag, und wegen des negativen Vorzeichens nehmen die Amplituden des Stromes $i(t)$ und der Spannung $u_C(t)$ sehr schnell mit der Zeit ab. Dieser Zustand wird als *aperiodischer Grenzfall* bezeichnet. Es soll hier erwähnt werden, dass bei vielen technischen Anwendungen mit Resonanzverhalten (elektrisch und mechanisch), nach Störungen des Ruhezustandes der aperiodische Grenzfall angestrebt wird (z. B. Galvanometer, Regelkreise, Stoßdämpfer beim Auto, Brücken, ...).

Wir sehen, dass mit der Definition der komplexen Frequenz $\underline{s} = \sigma + j\omega$ die Erregung (Testung) von Netzwerken in der Form

- sprungförmig (ein-, ausschalten)
- exponentiell ($e^{\pm\sigma t}$, σt reell)
- harmonisch ($e^{\pm j\omega t}$, $j\omega t$ imaginär)
- exponentiell und harmonisch ($e^{\underline{s}t}$, $\underline{s}t$ komplex)

vereinigt wird.

Die allgemeine Darstellung der Zeitfunktion z. B. der Spannung ist damit

$$u(t) = \hat{U}e^{\sigma t}\cos(\omega t + \varphi) = \frac{1}{2}\left(\underline{U}\,e^{(\sigma+j\omega)t} + \underline{U}^*e^{(\sigma-j\omega)t}\right) \tag{4.24}$$

oder

$$u(t) = \frac{1}{2}\left(\underline{U}\,e^{\underline{s}t} + \underline{U}^*e^{\underline{s}^*t}\right) = \mathrm{Re}\left\{\underline{U} \cdot e^{\underline{s}t}\right\} \tag{4.25}$$

mit $\underline{U} = \hat{U}e^{j\varphi}$ als komplexe Amplitude der Spannung.

In der Tabelle 4.1 sind die Zuordnungen der komplexen Frequenz, der rein harmonischen Erregung und des Betriebes bei Gleichstrom für die idealen Bauelemente Widerstand, Spule und Kondensator zusammengefasst.

Tabelle 4.1

Impedanz- und Admittanzdarstellung von Widerstand, Spule und Kondensator

Bauelement	allgemeine Form	Wechselstrom stationär	Gleichstrom stationär	
Widerstand	$\underline{Z}(\underline{s}) = R$ $\underline{Y}(\underline{s}) = 1/R = G$	$\underline{Z}(j\omega) = R$ $\underline{Y}(j\omega) = 1/R = G$	$\underline{Z}(0) = R$ $\underline{Y}(0) = 1/R = G$	
Spule	$\underline{Z}(\underline{s}) = \underline{s}L$ $\underline{Y}(\underline{s}) = 1/(\underline{s}L)$	$\underline{Z}(j\omega) = j\omega L$ $\underline{Y}(j\omega) = 1/(j\omega L)$	$\underline{Z}(0) = 0$ $\underline{Y}(0) \to \infty$	Kurzschluss
Kondensator	$\underline{Z}(\underline{s}) = 1/(\underline{s}C)$ $\underline{Y}(\underline{s}) = \underline{s}C$	$\underline{Z}(j\omega) = 1/(j\omega C)$ $\underline{Y}(j\omega) = j\omega C$	$\underline{Z}(0) \to \infty$ $\underline{Y}(0) = 0$	Leerlauf

Mittels dieser Übersicht wollen wir die Impedanz als Funktion der komplexen Frequenz $\underline{s}$ für die Schaltung nach Abbildung 4.2 zwischen den Klemmen 1-0 darstellen:

$$\underline{Z}_{10}(\underline{s}) = R + \underline{s}L_0 + \frac{1}{\underline{s}C_0} = \frac{\underline{s}RC_0 + \underline{s}^2 L_0 C_0 + 1}{\underline{s}C_0} \tag{4.26}$$

oder

$$\underline{Z}_{10}(\underline{s}) = L_0 \frac{\underline{s}^2 + \frac{R}{L_0}\underline{s} + \frac{1}{L_0 C_0}}{\underline{s}} . \tag{4.27}$$

Der Zähler der Impedanz entspricht der Gleichung (4.4). Ist $\underline{s} = \underline{\lambda}_1, \underline{\lambda}_2$ hat die Impedanz $\underline{Z}_{10}(\underline{\lambda}_1, \underline{\lambda}_2)$ den Wert null.

Für $\underline{s} \to 0$ (Gleichstrom) und $\underline{s} \to \infty$ (sehr große Frequenzen) strebt $\underline{Z}_{10}(\underline{s}) \to \infty$. Der Fall $\underline{Z}_{10}(\underline{s}) = 0$ wird als *Nullstelle* und die Zuordnung $\underline{Z}_{10}(\underline{s}) \to \infty$ wird als *Polstelle* einer Impedanzfunktion bezeichnet. Gleiches gilt für die Admittanzfunktion. Die Verteilung der Pol- und Nullstellen in der Ebene der komplexen Frequenz $\underline{s}$ charakterisiert die Eigenschaften einer Schaltung. Die Untersuchung dieser Zusammenhänge wird die Aufgabe der nächsten Abschnitte sein.

Literatur: [1], [2]

4.2 Eigenschaften der Zweipolfunktion

In der Abbildung 4.5 symbolisiert der Kasten ein beliebiges lineares Netzwerk bestehend aus Widerständen, Spulen, Kondensatoren und idealen Übertragern. Unter dem Begriff Spulen wollen wir hier auch Gegeninduktivitäten einbeziehen, da deren Reaktanz in gleicher Weise im eingeschwungenen Zustand mit $\underline{s}M$ aufgeschrieben werden kann, wie das bei der Spule mit der Induktivität L der Fall ist. Es ist bekannt, dass wir jeden realen Übertrager mit einem Ersatzschaltbild bestehend aus Gegeninduktivitäten M, Induktivitäten L, idealem Übertrager $ü$ sowie Widerständen R (Verluste) und notfalls Kapazitäten C (Wicklungskapazität) darstellen können.

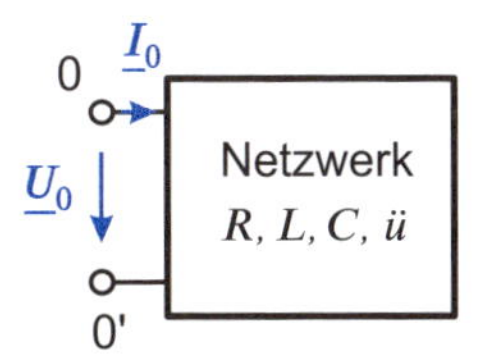

Abbildung 4.5: Lineares Netzwerk bestehend aus Widerständen (R), Spulen (L), Kondensatoren (C) und idealen Übertragern ($ü$)

Wir interessieren uns für den Leistungsumsatz im Netzwerk und seine Wirkung auf die Eingangsimpedanz $\underline{Z}_0 = \underline{U}_0/\underline{I}_0$ bzw. -admittanz $\underline{Y}_0 = \underline{I}_0/\underline{U}_0$. Da der ideale Übertrager eine Besonderheit darstellt, wollen wir zuerst bei ihm eine Leistungsbilanz aufstellen.

Mit

$$\underline{U}_2(\underline{s}) = ü\underline{U}_1\underline{s}$$
$$\underline{I}_2(\underline{s}) = -\frac{1}{ü}\underline{I}_1(\underline{s})$$

gilt für die Leistungsbilanz auf der linken und rechten Seite

$$\underline{U}_1(\underline{s}) \cdot \underline{I}_1^*(\underline{s}) + \underline{U}_2(\underline{s}) \cdot \underline{I}_2^*(\underline{s}) = \underline{U}_1(\underline{s}) \cdot \underline{I}_1^*(\underline{s}) + ü \cdot \left(-\frac{1}{ü}\right) \underline{U}_1(\underline{s}) \cdot \underline{I}_1^*(\underline{s}) = 0\,. \quad (4.28)$$

Wir sehen, dass beim idealen Übertrager die Summe der Zweigleistungen gleich null ist. Der ideale Übertrager hat keinen Anteil am Wirkleistungsumsatz im Netzwerk und speichert gleichfalls keine Energie. Aus diesem Grund wird er bei der Bilanz nicht berücksichtigt.

Nach dem Satz von TELLEGEN (Leistungserhaltung) muss für das Netzwerk Abbildung 4.5 gelten

$$\underline{U}_0\underline{I}_0^* = \underline{\boldsymbol{U}}^T\underline{\boldsymbol{I}}^* \quad (4.29)$$

mit den Matrizen der Zweigspannungen $\underline{\boldsymbol{U}}$ und der Zweigströme $\underline{\boldsymbol{I}}$. Zweigspannungen und -ströme werden mittels der Zweigimpdanzmatrix $\underline{\boldsymbol{Z}}$ bzw. Zweigadmittanzmatrix $\underline{\boldsymbol{Y}}$ verknüpft.

$$\underline{\boldsymbol{U}} = \underline{\boldsymbol{Z}}\underline{\boldsymbol{I}} \quad \text{und} \quad \underline{\boldsymbol{I}} = \underline{\boldsymbol{Y}}\underline{\boldsymbol{U}} \quad (4.30)$$

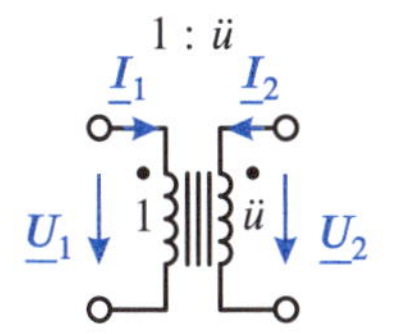

Abbildung 4.6: Idealer Übertrager

$\underline{\boldsymbol{Z}}$ und $\underline{\boldsymbol{Y}}$ sind Diagonalmatrizen. Da die idealen Übertrager entfallen, stehen auf der Hauptdiagonale dieser Matrizen nur die entsprechenden Impedanzen und Admittanzen der Widerstände, Spulen (Gegeninduktivitäten) und Kondensatoren.

Wir können schreiben (die Transponierte einer Diagonalmatrix ist die Matrix selbst):

$$\underline{U}_0\underline{I}_0^* = \underline{\boldsymbol{I}}^T\underline{\boldsymbol{Z}}\underline{\boldsymbol{I}}^* \quad \text{und} \quad \underline{U}_0\underline{I}_0^* = \underline{\boldsymbol{U}}^T\underline{\boldsymbol{Y}}^*\underline{\boldsymbol{U}}^* \,. \tag{4.31}$$

Diese Beziehungen normieren wir auf $|\underline{I}_0|^2 = \underline{I}_0\underline{I}_0^*$ sowie $|\underline{U}_0|^2 = \underline{U}_0\underline{U}_0^*$ und erhalten

$$\underline{Z}_0(\underline{s}) = \frac{\underline{U}_0}{\underline{I}_0} = \frac{1}{|\underline{I}_0|^2}\underline{\boldsymbol{I}}^T\underline{\boldsymbol{Z}}\underline{\boldsymbol{I}}^* \quad \text{bzw.} \quad \underline{Y}_0(\underline{s}) = \frac{\underline{I}_0}{\underline{U}_0} = \frac{1}{|\underline{U}_0|^2}(\underline{\boldsymbol{U}}^*)^T\underline{\boldsymbol{Y}}\underline{\boldsymbol{U}} \,. \tag{4.32}$$

Für die weitere Rechnung ist es sinnvoll, die Diagonalmatrizen $\underline{\boldsymbol{Z}}$ und $\underline{\boldsymbol{Y}}$ geeignet zu sortieren und durch Untermatrizen darzustellen, wie das im Folgenden für ein Netzwerk mit der Anzahl von n Widerständen, m Spulen (Gegeninduktivitäten) sowie p Kondensatoren gezeigt wird:

$$\underline{\boldsymbol{Z}} = \begin{pmatrix} R_1 & 0 & & & & & & 0 \\ & \ddots & & & & & & \\ 0 & R_n & & & & & & \\ & & \underline{s}L_1 & 0 & & & & \\ & & & \ddots & & & & \\ & & 0 & \underline{s}L_m & & & & \\ & & & & \frac{1}{\underline{s}C_1} & & & 0 \\ & & & & & \ddots & & \\ 0 & & & & 0 & & & \frac{1}{\underline{s}C_p} \end{pmatrix} = \begin{pmatrix} \boldsymbol{R} & \boldsymbol{0} & \boldsymbol{0} \\ \boldsymbol{0} & \underline{s}\boldsymbol{L} & \boldsymbol{0} \\ \boldsymbol{0} & \boldsymbol{0} & \frac{1}{\underline{s}}\boldsymbol{C}^{-1} \end{pmatrix} \tag{4.33}$$

$$\underline{\boldsymbol{Y}} = \begin{pmatrix} G_1 & 0 & & & & & & 0 \\ & \ddots & & & & & & \\ 0 & G_n & & & & & & \\ & & \frac{1}{\underline{s}L_1} & 0 & & & & \\ & & & \ddots & & & & \\ & & 0 & \frac{1}{\underline{s}L_m} & & & & \\ & & & & \underline{s}C_1 & & & 0 \\ & & & & & \ddots & & \\ 0 & & & & 0 & & & \underline{s}C_p \end{pmatrix} = \begin{pmatrix} \boldsymbol{G} & \boldsymbol{0} & \boldsymbol{0} \\ \boldsymbol{0} & \frac{1}{\underline{s}}\boldsymbol{L}^{-1} & \boldsymbol{0} \\ \boldsymbol{0} & \boldsymbol{0} & \underline{s}\boldsymbol{C} \end{pmatrix} . \tag{4.34}$$

Entsprechendes erfolgt mit den Zweigströmen und -spannungen

$$\boldsymbol{I} = \begin{pmatrix} \boldsymbol{I}_R \\ \boldsymbol{I}_L \\ \boldsymbol{I}_C \end{pmatrix} \quad \text{und} \quad \boldsymbol{U} = \begin{pmatrix} \boldsymbol{U}_G \\ \boldsymbol{U}_L \\ \boldsymbol{U}_C \end{pmatrix}. \tag{4.35}$$

Daraus folgt

$$\underline{Z}_0(\underline{s}) = \frac{1}{|\underline{I}_0|^2} \left(\underline{\boldsymbol{I}}_R^T \ \underline{\boldsymbol{I}}_L^T \ \underline{\boldsymbol{I}}_C^T \right) \cdot \begin{pmatrix} \boldsymbol{R} & 0 & 0 \\ 0 & \underline{s}\boldsymbol{L} & 0 \\ 0 & 0 & \frac{1}{\underline{s}}\boldsymbol{C}^{-1} \end{pmatrix} \cdot \begin{pmatrix} \underline{\boldsymbol{I}}_R^* \\ \underline{\boldsymbol{I}}_L^* \\ \underline{\boldsymbol{I}}_C^* \end{pmatrix} \tag{4.36}$$

und

$$\underline{Y}_0(\underline{s}) = \frac{1}{|\underline{U}_0|^2} \left((\underline{\boldsymbol{U}}_G^*)^T \ (\underline{\boldsymbol{U}}_L^*)^T \ (\underline{\boldsymbol{U}}_C^*)^T \right) \cdot \begin{pmatrix} \boldsymbol{G} & 0 & 0 \\ 0 & \frac{1}{\underline{s}}\boldsymbol{L}^{-1} & 0 \\ 0 & 0 & \underline{s}\boldsymbol{C} \end{pmatrix} \cdot \begin{pmatrix} \underline{\boldsymbol{U}}_G \\ \underline{\boldsymbol{U}}_L \\ \underline{\boldsymbol{U}}_C \end{pmatrix}. \tag{4.37}$$

Die Matrizenprodukte werden jetzt zusammengefasst

$$\underline{Z}_0(\underline{s}) = \frac{1}{|\underline{I}_0|^2} (\underline{\boldsymbol{I}}_R^T \boldsymbol{R} \underline{\boldsymbol{I}}_R^* + \underline{s}\underline{\boldsymbol{I}}_L^T \boldsymbol{L} \underline{\boldsymbol{I}}_L^* + \frac{1}{\underline{s}} \underline{\boldsymbol{I}}_C^T \boldsymbol{C}^{-1} \underline{\boldsymbol{I}}_C^*) \tag{4.38}$$

$$\underline{Y}_0(\underline{s}) = \frac{1}{|\underline{U}_0|^2} ((\underline{\boldsymbol{U}}_G^*)^T \boldsymbol{G} \underline{\boldsymbol{U}}_G + \frac{1}{\underline{s}} (\underline{\boldsymbol{U}}_L^*)^T \boldsymbol{L}^{-1} \underline{\boldsymbol{U}}_L + \underline{s} (\underline{\boldsymbol{U}}_C^*)^T \boldsymbol{C} \underline{\boldsymbol{U}}_C) \tag{4.39}$$

und mit den Strom/Spannungs-Beziehungen an den Kondensatoren und Spulen

$$\underline{\boldsymbol{I}}_C = \underline{s}\boldsymbol{C}\boldsymbol{U}_C \quad \text{bzw.} \quad \underline{\boldsymbol{U}}_L = \underline{s}\boldsymbol{L}\underline{\boldsymbol{I}}_L \tag{4.40}$$

erhalten wir die für die Interpretation des Ergebnisses wichtigen Zusammenhänge

$$\underline{Z}_0(\underline{s}) = \frac{1}{|\underline{I}_0|^2} (\underline{\boldsymbol{I}}_R^T \boldsymbol{R} \underline{\boldsymbol{I}}_R^* + \underline{s}\underline{\boldsymbol{I}}_L^T \boldsymbol{L} \underline{\boldsymbol{I}}_L^* + \underline{s}^* \underline{\boldsymbol{U}}_C^T \boldsymbol{C} \underline{\boldsymbol{U}}_C^*). \tag{4.41}$$

$$\underline{Y}_0(\underline{s}) = \frac{1}{|\underline{U}_0|^2} ((\underline{\boldsymbol{U}}_G^*)^T \boldsymbol{G} \underline{\boldsymbol{U}}_G + \underline{s}^* (\underline{\boldsymbol{I}}_L^*)^T \boldsymbol{L} \underline{\boldsymbol{I}}_L + \underline{s} (\underline{\boldsymbol{U}}_C^*)^T \boldsymbol{C} \underline{\boldsymbol{U}}_C). \tag{4.42}$$

Mit der Erinnerung an die Beziehungen für die Verlustleistung bei ohmschen Widerständen und die gespeicherten Energien bei Spulen und Kondensatoren stellen wir fest:

- $\underline{\boldsymbol{I}}_R^T \boldsymbol{R} \underline{\boldsymbol{I}}_R^*$ und $(\underline{\boldsymbol{U}}_G^*)^T \boldsymbol{G} \underline{\boldsymbol{U}}_G$ ist der Ausdruck für die im *gesamten Netzwerk* umgesetzte *ohmsche Verlustleistung*. Entsprechend unseren Rechnungen mit den Spitzenwerten von Strom und Spannung können wir dafür schreiben $2P_V$. Das ist ein positiv reeller Wert!
- $\underline{\boldsymbol{I}}_L^T \boldsymbol{L} \underline{\boldsymbol{I}}_L^*$ und $(\underline{\boldsymbol{I}}_L^*)^T \boldsymbol{L} \underline{\boldsymbol{I}}_L$ ist der Ausdruck für die im *gesamten Netzwerk* gespeicherte *magnetische Energie*. In Anlehnung an unsere Definitionen schreiben wir dafür $4\overline{w}_m$ mit $\overline{w}_m$ als Abkürzung für den Wert der mittleren gespeicherten magnetischen Energie. Auch dieser Wert ist positiv reell!

- $\underline{U}_C^T \boldsymbol{C} \underline{U}_C^*$ und $(\underline{U}_C^*)^T \boldsymbol{C} \underline{U}_C$ ist der Ausdruck für die im *gesamten Netzwerk* gespeicherte *elektrische Energie*. In Anlehnung an unsere Definitionen schreiben wir dafür $4\overline{w}_e$ mit $\overline{w}_e$ als Abkürzung für den Wert der mittleren gespeicherten elektrischen Energie. Auch dieser Wert ist positiv reell!

Wir fassen unsere Erkenntnis in den Gleichungen (4.43) und (4.44) zusammen:

Eingangsimpedanz

$$\underline{Z}_0(\underline{s}) = R(\underline{s}) + jX(\underline{s}) = \frac{1}{|\underline{I}_0|^2}\left(2P_V + 4\sigma(\overline{w}_m + \overline{w}_e) + j4\omega(\overline{w}_m - \overline{w}_e)\right) \qquad (4.43)$$

Eingangsadmittanz

$$\underline{Y}_0(\underline{s}) = G(\underline{s}) + jB(\underline{s}) = \frac{1}{|\underline{U}_0|^2}\left(2P_V + 4\sigma(\overline{w}_m + \overline{w}_e) - j4\omega(\overline{w}_m - \overline{w}_e)\right) \qquad (4.44)$$

Mit diesen Gleichungen haben wir den gesuchten Zusammenhang der Eingangsgrößen $\underline{Z}_0$ bzw. $\underline{Y}_0$ als Funktion vom Leistungsumsatz im Netzwerk unabhängig von der Topologie, d. h. der individuellen Anordnung der Bauelemente, gefunden. Wir wollen diese Gleichungen als den Fundamentalsatz der Zweipoltheorie bezeichnen. Die Verlustleistung P_V und die Energien $\overline{w}_m$, $\overline{w}_e$ sind nicht an das einzelne Bauelement gebunden, sondern charakterisieren ganz allgemeine Zustände des elektromagnetischen Feldes. Deshalb sind diese Gleichungen auch für Feldzustände in linearen Medien einschließlich der Strahlungsfelder gültig und werden in der Literatur als POYNTING-Theorem bezeichnet. Die abgestrahlte Wirkleistung einer Antenne erscheint als zusätzlicher reeller Summand.

- Diskussion:

1. Die Impedanz $\underline{Z}_0$ bzw. Admittanz $\underline{Y}_0$ ist jeweils nur definiert, wenn die Normierungsgröße $|\underline{I}_0|^2$ bzw. $|\underline{U}_0|^2$ ungleich null ist.
2. Es gilt immer $\underline{Y}_0 = 1/\underline{Z}_0$ (der Leser möge nachrechnen), d. h. bei $|\underline{Z}_0| \to \infty$ wird $|\underline{Y}_0| = 0$. Das gilt auch für den umgekehrten Fall, d. h. die Polstelle der einen Eingangsgröße ist gleichzeitig die Nullstelle der anderen.
3. Für den Fall $\overline{w}_m = \overline{w}_e$, d. h. die mittleren Werte der gespeicherten Energien im magnetischen und elektrischen Feld sind einander gleich, werden die Eingangsgrößen rein reell. Wir bezeichnen diesen Betriebszustand als Resonanz mit der dazu gehörenden Resonanzfrequenz f_0.
4. In Abhängigkeit vom Vorzeichen der Differenz $\overline{w}_m - \overline{w}_e$ verhält sich das Netzwerk induktiv oder kapazitiv.
5. $\underline{Z}_0(\underline{s})$ und $\underline{Y}_0(\underline{s})$ haben in Abhängigkeit von der komplexen Frequenz $\underline{s}$ bei $P_V > 0$ (Normalfall bei realen Netzwerken) nur dann eine Null- bzw. Polstelle, wenn $\sigma < 0$ ist. Alle Null- und Polstellen liegen deshalb in der linken Hälfte der komplexen Frequenzebene $\underline{s}$.
6. Für $\mathrm{Re}\{\underline{s}\} > 0$, d. h. $\sigma > 0$ sind $\mathrm{Re}\{\underline{Z}_0(\underline{s})\} > 0$ bzw. $\mathrm{Re}\{\underline{Y}_0(\underline{s})\} > 0$ und für $\mathrm{Im}\{\underline{s}\} = 0$, d. h. $\omega = 0$ sind $\underline{Z}_0(\underline{s})$ und $\underline{Y}_0(\underline{s})$ rein reell. Wegen dieser Eigenschaft sind $\underline{Z}_0(\underline{s})$ und $\underline{Y}_0(\underline{s})$ positiv reelle Funktionen.

Für den einfachen Zweipol in Abbildung 4.7 wollen wir die Eingangsgrößen $\underline{Z}_0(\underline{s})$ und $\underline{Y}_0(\underline{s})$ in bekannter Weise mit den Regeln der Serien- und Parallelschaltung sowie nach den Gleichungen (4.43) und (4.44) berechnen.

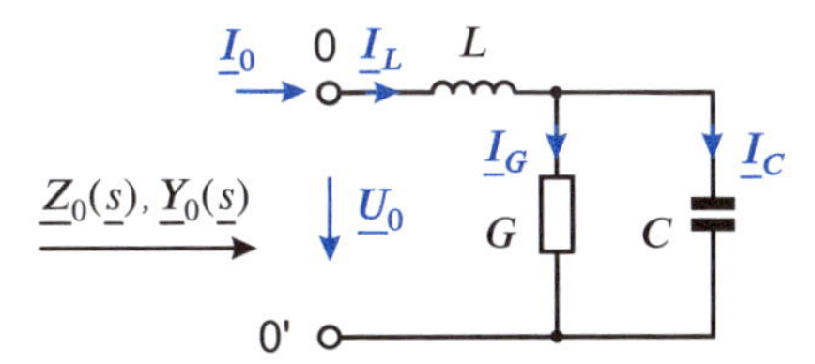

Abbildung 4.7: Einfacher Zweipol

Im ersten Fall erhalten wir

$$\underline{Z}_0(\underline{s}) = \underline{s}L + \frac{1}{G+\underline{s}C} = \frac{\underline{s}L(G+\underline{s}C)+1}{G+\underline{s}C} \tag{4.45}$$

und

$$\underline{Y}_0(\underline{s}) = \frac{1}{\underline{s}L + \dfrac{1}{G+\underline{s}C}} = \frac{G+\underline{s}C}{\underline{s}L(G+\underline{s}C)+1}\,. \tag{4.46}$$

In Analogie zu Gleichung (4.43) muss gelten

$$\underline{Z}_0(\underline{s}) = \frac{1}{|\underline{I}_0|^2}\left(\frac{|\underline{I}_G|^2}{G} + \underline{s}L|\underline{I}_L|^2 + \underline{s}^*C|\underline{U}_C|^2\right)\,. \tag{4.47}$$

Es sind

$$\underline{I}_G = \underline{I}_0\frac{G}{G+\underline{s}G} \quad \underline{I}_L = \underline{I}_0 \quad \underline{U}_C = \underline{I}_0\frac{1}{G+\underline{s}C}\,. \tag{4.48}$$

Daraus folgt

$$\underline{Z}_0(\underline{s}) = \frac{G}{|G+\underline{s}C|^2} + \underline{s}L + \frac{\underline{s}^*C}{|G+\underline{s}C|^2} = \frac{\underline{s}L(G+\underline{s}C)+1}{G+\underline{s}C}\,. \tag{4.49}$$

Für die Admittanz $\underline{Y}_0(\underline{s})$ können wir schreiben

$$\underline{Y}_0(\underline{s}) = \frac{1}{|\underline{U}_0|^2}\left(G|\underline{U}_0|^2 + \underline{s}^*L|\underline{I}_L|^2 + \underline{s}C|\underline{U}_C|^2\right) \tag{4.50}$$

und

$$\underline{U}_G = \underline{U}_0\frac{1}{\underline{s}L(G+\underline{s}G)+1} \quad \underline{I}_L = \underline{U}_0\frac{G+\underline{s}C}{\underline{s}L(G+\underline{s}G)+1} \quad \underline{U}_C = \underline{U}_G\,. \tag{4.51}$$

Damit gilt

$$\underline{Y}_0(\underline{s}) = \frac{G+\underline{s}C}{|\underline{s}L(G+\underline{s}G)+1|^2} + \underline{s}^*L\frac{|G+\underline{s}C|^2}{|\underline{s}L(G+\underline{s}G)+1|^2} = \frac{G+\underline{s}C}{\underline{s}L(G+\underline{s}C)+1}\,. \tag{4.52}$$

Beide Berechnungen führen zum gleichen Ergebnis.

Wir betrachten die Gleichungen (4.45), (4.46) bzw. (4.49), (4.52) und stellen fest, dass die Eingangsgrößen $\underline{Z}_0(\underline{s})$ und $\underline{Y}_0(\underline{s})$ Quotienten von Polynomen in $\underline{s}$ sind und eine gebrochen rationale Funktion ergeben. Der Grad der Polynome ist um so größer, je mehr Bauelemente die Schaltung hat. Die Definition der komplexen Frequenz $\underline{s}$ und die Zusammenhänge mit den Energiespeichern Spule und Kondensator gemäß Tabelle 4.1, 1. Spalte, ergeben für diese Polynome immer positive, reelle Koeffizienten, deren Wert eine Funktion der Bauelementewerte und der Anordnung der Bauelemente im Netzwerk ist. Nach dem Fundamentalsatz der Algebra zerfällt ein Polynom n-ten Grades in ein Produkt von n Linearfaktoren.

Wir können deshalb für die Impedanz $\underline{Z}_0(\underline{s})$ (für die Admittanz $\underline{Y}_0(\underline{s})$ gilt Entsprechendes) die Darstellung

$$\underline{Z}_0(\underline{s}) = H\frac{(\underline{s}-\underline{s}_{Z1})(\underline{s}-\underline{s}_{Z2})\cdots(\underline{s}-\underline{s}_{Zn})}{(\underline{s}-\underline{s}_{N1})(\underline{s}-\underline{s}_{N2})\cdots(\underline{s}-\underline{s}_{Nm})} = H\frac{\prod_{i=1}^{n}(\underline{s}-\underline{s}_{Zi})}{\prod_{j=1}^{m}(\underline{s}-\underline{s}_{Nj})} \tag{4.53}$$

angeben. Dabei bedeuten:

- $\underline{s}_{Zi}$ die Wurzeln des Zählerpolynoms, gleich bedeutend mit den Nullstellen von $\underline{Z}_0(\underline{s})$,
- $\underline{s}_{Nj}$ die Wurzeln des Nennerpolynoms, gleich bedeutend mit den Polstellen von $\underline{Z}_0(\underline{s})$,
- H eine positive, reelle Konstante mit der Einheit Ω, Ωs oder Ω/s; diese Konstante ist ohne Wirkung auf die Lage und Anordnung der Nullstellen und Pole, der Wert von H bestimmt die Steilheit des Impedanzverlaufes zwischen den Nullstellen und Polen sowie den absoluten Wert der Impedanzfunktion.
- Es kann gezeigt werden, dass $|n - m| \leq 1$ gilt.
- Komplexe Nullstellen und Pole treten jeweils paarweise konjugiert komplex auf.

Als Beispiel wollen wir den einfachen Zweipol nach Abbildung 4.7 bzw. 4.8 auf seine Pol- und Nullstellen genauer untersuchen.

Die Gleichungen (4.45), (4.49) werden zuerst bezüglich der Potenzen von $\underline{s}$ geordnet

$$\underline{Z}_0(\underline{s}) = L\frac{\underline{s}^2 + \frac{G}{C}\underline{s} + \frac{1}{LC}}{\underline{s} + \frac{G}{C}} = L\frac{(\underline{s}-\underline{s}_{Z1})(\underline{s}-\underline{s}_{Z2})}{\underline{s}-\underline{s}_{N1}}\,. \tag{4.54}$$

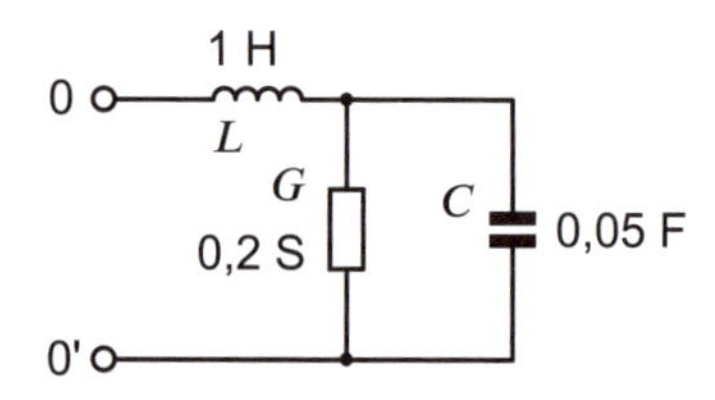

Abbildung 4.8: Einfacher Zweipol mit Werten für die Bauelemente

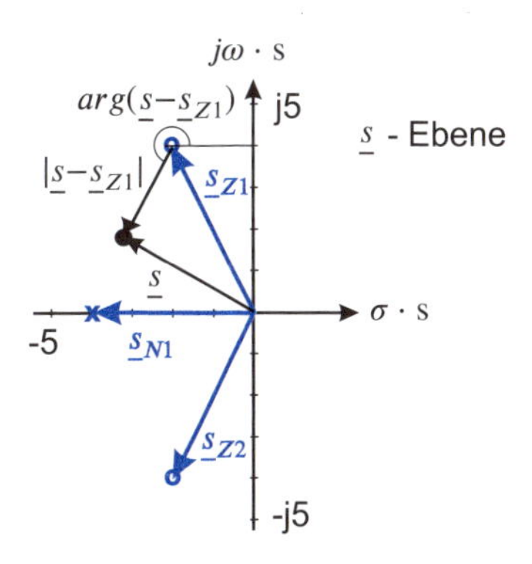

Abbildung 4.9: Pol-Nullstellenbild (PN-Plan) des Zweipoles nach Abbildung 4.8, Pole x, Nullstellen o, Pol im Unendlichen nicht dargestellt

Aus dieser Darstellung lesen wir ab

$$\underline{s}_{Z1,2} = -\frac{G}{2C} \pm \sqrt{\frac{G^2}{4C^2} - \frac{1}{LC}} \quad \text{bzw.} \quad \underline{s}_{Z1,2} = (-2 \pm j4)\frac{1}{\text{s}}\,, \tag{4.55}$$

$$\underline{s}_{N1} = -\frac{G}{C} \quad \text{bzw.} \quad \underline{s}_{N1} = -4\,\frac{1}{\text{s}}\,. \tag{4.56}$$

Der Grad des Zählers ist zwei, der des Nenners eins, die Graddifferenz ist eins und für $\underline{s} \to \infty$ folgt $\underline{Z}_0(\underline{s}) \to \infty$, d. h. im Unendlichen hat die Impedanz einen Pol. Die Nullstellen des Zählers sind zueinander paarweise konjugiert komplex und der Konstante H entspricht hier die Induktivität L mit der Einheit Ω s.

Die Abbildung 4.9 zeigt die Lage der Pole und Nullstellen des Zweipols einschließlich der Zuordnung zur laufenden Frequenz $\underline{s}$. Das Pol-Nullstellenbild ist der Fingerabdruck der Zweipoleigenschaften in der komplexen Frequenzebene $\underline{s}$. Die Anzahl der Pole und Nullstellen steigt mit dem Grad der Polynome. Die Frage nach den Eigenschaften der Zweipolfunktion als Funktion von der komplexen Frequenz $\underline{s}$ mit dem physikalischen Prinzip der Energieerhaltung (Gleichungen (4.43), (4.44)) zu beantworten, erklärt einsichtig die mathematischen Eigenschaften der Polynome.

Literatur: [4], [7], [16], [19], [22]

4.3 Verlustlose Zweipole

Von besonderem Interesse für technische Anwendungen sind Netzwerke ohne Verluste. Diese Netzwerke enthalten nur

- Spulen L,
- Kondensatoren C,
- Übertrager $\ddot{u}$.

In der Praxis kann der Fall $R = G = 0$ nicht erreicht aber angenähert werden. Wir sprechen dann besser von verlustarmen Netzwerken. Es hat sich erwiesen, dass die Ergebnisse der Berechnungen für den verlustlosen Fall praxisgenau mit den Messungen an den verlustarmen Netzwerken übereinstimmen. Passive Filter, Anpassschaltungen und Phasenschieber werden zum großen Teil als verlustarme Netzwerke aufgebaut. Aus diesem Grund wollen wir den Eigenschaften der verlustlosen Netzwerke unsere Aufmerksamkeit schenken.

Für $R = G = 0$ folgt aus den Gleichungen (4.38), (4.39), (4.43), (4.44)

$$\underline{Z}_0(\underline{s}) = \frac{1}{|\underline{I}_0|^2}\left(\underline{s}\boldsymbol{\underline{I}}_L^T\boldsymbol{L}\boldsymbol{\underline{I}}_L^* + \frac{1}{\underline{s}}\boldsymbol{\underline{I}}_C^T\boldsymbol{C}^{-1}\boldsymbol{\underline{I}}_C^*\right) \tag{4.57}$$

$$\underline{Y}_0(\underline{s}) = \frac{1}{|\underline{U}_0|^2}\left(\frac{1}{\underline{s}}(\boldsymbol{\underline{U}}_L^*)^T\boldsymbol{L}^{-1}\boldsymbol{\underline{U}}_L + \underline{s}(\boldsymbol{\underline{U}}_C^*)^T\boldsymbol{C}\boldsymbol{\underline{U}}_C\right) \tag{4.58}$$

$$\underline{Z}_0(\underline{s}) = R(\underline{s}) + jX(\underline{s}) = \frac{1}{|\underline{I}_0|^2}\left(4\sigma(\overline{w}_m + \overline{w}_e) + j4\omega(\overline{w}_m - \overline{w}_e)\right) \tag{4.59}$$

$$\underline{Y}_0(\underline{s}) = G(\underline{s}) + jB(\underline{s}) = \frac{1}{|\underline{U}_0|^2}\left(4\sigma(\overline{w}_m + \overline{w}_e) - j4\omega(\overline{w}_m - \overline{w}_e)\right) \tag{4.60}$$

Diese Funktionen haben nur dann Nullstellen bzw. Pole für $\omega \neq 0$, wenn das Dämpfungsmaß $\sigma = 0$ und damit die komplexe Frequenz $\underline{s} = j\omega$ rein imaginär ist. Dann sind die Eingangsgrößen $\underline{Z}_0(\underline{s}) = jX_0(\omega)$ und $\underline{Y}_0(\underline{s}) = jB_0(\omega)$ auch rein imaginär. Alle Nullstellen und Pole der Eingangsgrößen liegen somit auf der imaginären Achse der komplexen Frequenzebene $\underline{s}$.

Von besonderer Bedeutung ist die Änderung von $X_0(\omega)$ und $B_0(\omega)$ in Abhängigkeit von ω. Beipielhaft zeigen wir die Rechnung für die Reaktanz $X_0(\omega)$. Aus Gleichung (4.57) erhalten wir

$$X_0(\omega) = \frac{1}{|\underline{I}_0|^2}\left(\omega\boldsymbol{\underline{I}}_L^T\boldsymbol{L}\boldsymbol{\underline{I}}_L^* - \frac{1}{\omega}\boldsymbol{\underline{I}}_C^T\boldsymbol{C}^{-1}\boldsymbol{\underline{I}}_C^*\right) \tag{4.61}$$

und

$$\frac{\partial(X_0(\omega))}{\partial\omega} = \frac{1}{|\underline{I}_0|^2}\left(\boldsymbol{\underline{I}}_L^T\boldsymbol{L}\boldsymbol{\underline{I}}_L^* + \frac{1}{\omega^2}\boldsymbol{\underline{I}}_C^T\boldsymbol{C}^{-1}\boldsymbol{\underline{I}}_C^*\right). \tag{4.62}$$

Wir benutzen die Identität

$$\boldsymbol{\underline{I}}_C^T\boldsymbol{C}^{-1}\boldsymbol{\underline{I}}_C^* = \underline{s}\,\boldsymbol{U}_C^T\boldsymbol{C}\boldsymbol{C}^{-1}\underline{s}^*\boldsymbol{C}\boldsymbol{\underline{U}}_C^* = |\underline{s}|^2\boldsymbol{\underline{U}}_C^T\boldsymbol{C}\boldsymbol{\underline{U}}^* = \omega^2\boldsymbol{\underline{U}}_C^T\boldsymbol{C}\boldsymbol{\underline{U}}^*, \tag{4.63}$$

und die entsprechenden Äquivalenzen (s. a. Gleichung (4.41)), so dass sich auch in analoger Weise für $\partial(B_0(\omega))/\partial\omega$ folgende Zusammenhänge ergeben

$$\frac{\partial(X_0(\omega))}{\partial\omega} = \frac{4}{|\underline{I}_0|^2}(\overline{w}_m + \overline{w}_e) \tag{4.64}$$

$$\frac{\partial(B_0(\omega))}{\partial\omega} = \frac{4}{|\underline{U}_0|^2}(\overline{w}_m + \overline{w}_e). \tag{4.65}$$

Diese zwei Gleichungen sind das von R. M. FOSTER 1924 erstmalig veröffentliche Reaktanztheorem.

■ Diskussion:

1. Der Anstieg der Reaktanz- und Suszeptanzkurve ist immer positiv,
2. der Wert der gesamten, im Netzwerk gespeicherten Energie bestimmt die Steigung dieser Kurven,
3. es lässt sich zeigen, dass Nullstellen und Pole einfach sind,
4. folglich wechseln Nullstellen und Pole einander ab,
5. bei $\omega = 0$ bzw. $\omega \to \infty$ ist entweder nur eine Nullstelle oder ein Pol
6. und wegen Gleichung (4.57), (4.58) sind $\underline{Z}_0(\underline{s})$ und $\underline{Y}_0(\underline{s})$ sowie $X_0(\omega)$ und $B_0(\omega)$ ungerade Funktionen von $\underline{s}$ bzw. ω, d.h. es gilt $\underline{Z}_0(\underline{s}) = -\underline{Z}_0(-\underline{s})$, $X_0(\omega) = -X_0(-\omega)$ und entsprechend für $\underline{Y}_0(\underline{s})$ und $B_0(\omega)$.

In Übereinstimmung mit der Funktionentheorie können wir eine Pol-Nullstellen-Funktion der komplexen Variablen $\underline{s} = j\omega$ für verlustlose Zweipole auch durch die Summe der Polstellen in folgender Weise darstellen:

$$\left.\begin{matrix}\underline{Z}_0(\underline{s})\\ \underline{Y}_0(\underline{s})\end{matrix}\right\} = \frac{A_0}{\underline{s}} + \sum_{i=1}^{n} \frac{2A_i\underline{s}}{\underline{s}^2 + \omega_i^2} + A_\infty \underline{s}\,. \tag{4.66}$$

Für ein Polpaar gilt

$$\frac{A_i}{\underline{s} - j\omega_i} + \frac{A_i}{\underline{s} + j\omega_i} = \frac{2A_i\underline{s}}{\underline{s}^2 + \omega_i^2}$$

Die Koeffizienten A_i von $(\underline{s} - \underline{s}_i)^{-1}$ sind bei verlustlosen Zweipolen positiv reell und werden, da sie die Polfaktoren darstellen, Residuen genannt. Im Zusammenhang mit der Gleichung (4.66) wird auch von der Abspaltung der Pole bei $\omega = 0$ (A_0) und $\omega \to \infty$ (A_∞) gesprochen. In Gleichung (4.66) entspricht für die Impedanz $\underline{Z}_0(\underline{s})$ die Summe der Residuen der Serienschaltung von Parallelschwingkreisen mit der Resonanzfrequenz ω_i und im Fall der Admittanz $\underline{Y}_0(\underline{s})$ ist das die Parallelschaltung von Serienschwingkreisen.

Am Beispiel des kleinen verlustlosen Netzwerkes in Abbildung 4.10 wollen wir die oben gewonnenen Erkenntnisse demonstrieren.

Die Reihen- und Parallelschaltung der Bauelemente ergibt

$$\underline{Z}_0(\underline{s}) = \frac{C_0 + C_1}{C_0 C_1} \; \frac{\underline{s}^2 + \dfrac{1}{L_1(C_0 + C_1)}}{\underline{s}\left(\underline{s}^2 + \dfrac{1}{L_1 C_1}\right)} \tag{4.67}$$

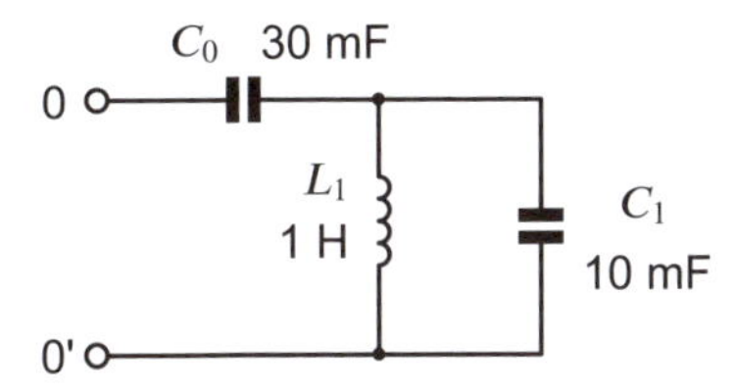

Abbildung 4.10: Verlustloses Netzwerk

als Polynomdarstellung. Mit dem abgespalteten Pol bei $\underline{s} = 0$ folgt

$$\underline{Z}_0(\underline{s}) = \frac{1/C_0}{\underline{s}} + \frac{(1/C_1)\underline{s}}{\underline{s}^2 + \frac{1}{L_1 C_1}} . \tag{4.68}$$

Wir lesen ab: $A_0 = 1/C_0$, $2A_1 = 1/C_1$ und $A_\infty = 0$. Unter Verwendung der Abkürzungen $\omega_s^2 = 1/(L_1(C_0 + C_1))$, $\omega_p^2 = 1/(L_1 C_1)$ und $\underline{s} = j\omega$ erhalten wir für die Reaktanz X_0

$$X_0(\omega) = -\frac{C_0 + C_1}{C_0 C_1} \frac{(-\omega^2 + \omega_s^2)}{\omega(-\omega^2 + \omega_p^2)} \tag{4.69}$$

$$X_0(\omega) = -\frac{1/C_0}{\omega} + \frac{(1/C_1)\omega}{-\omega^2 + \omega_p^2} = X_1(\omega) + X_2(\omega) \tag{4.70}$$

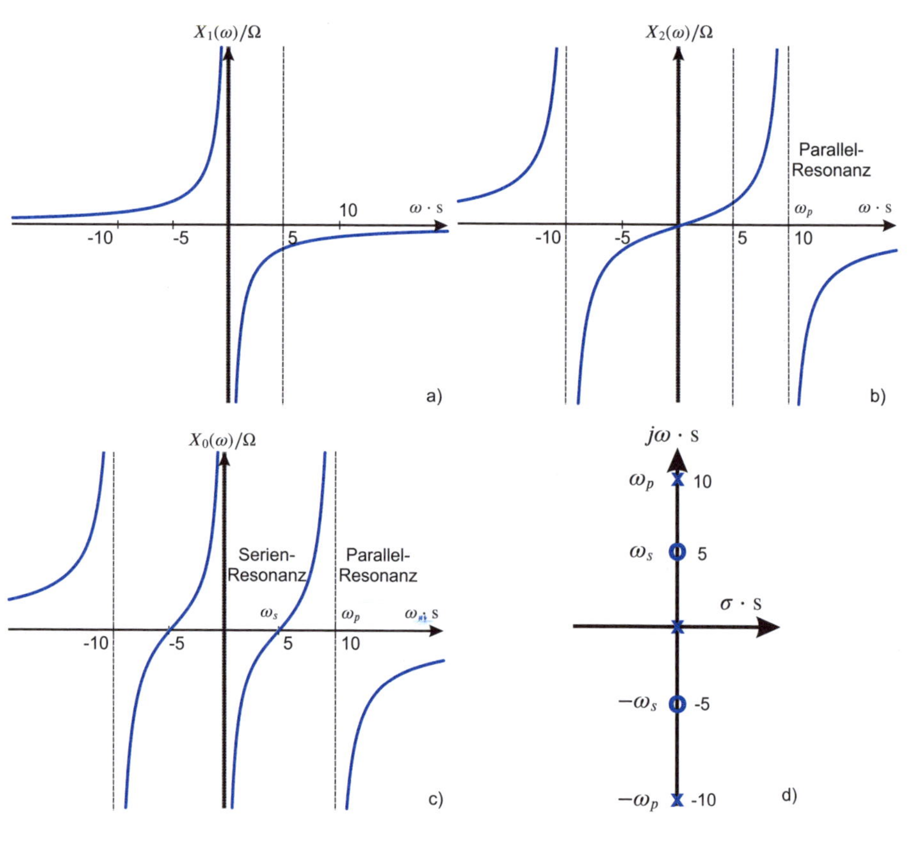

Abbildung 4.11: Kenngrößen des verlustlosen Netzwerkes Abb. 4.10
a) Reaktanzverlauf $X_1(\omega)$, b) Reaktanzverlauf $X_2(\omega)$,
c) Reaktanzverlauf $X_0(\omega)$, d) PN-Plan Nullstelle im Unendlichen nicht dargestellt,
$\omega_s \mathrel{\hat{=}}$ Serienresonanz, $\omega_p \mathrel{\hat{=}}$ Parallelresonanz

■ Diskussion:

1. Zuerst wollen wir das Frequenzverhalten des verlustlosen Netzwerkes Abbildung 4.10 physikalisch interpretieren. Serienkondensator C_0 und Parallelkondensator C_1 sorgen dafür, dass die Schaltung Gleichstrom sperrt (Pol für $\omega = 0$) und für hohe Frequenzen einen Kurzschluss bildet (Nullstelle für $\omega \to \infty$).
2. Jede Reihenschaltung eines Parallelschwingkreises bedeutet, dass bei dessen Resonanz (hier $\omega = \omega_p$) die Gesamtreaktanz $X_0(\omega)$ einen Pol haben muss.
3. Für tiefe Frequenzen bestimmt der große Wert der Reaktanz des Serienkondensators C_0 den Gesamtwert von $X_0(\omega)$. Folglich ist auch $X_0(\omega)$ sehr groß und hat wegen des kapazitiven Charakters der Schaltung ein negatives Vorzeichen.
4. Für die weitere Diskussion benutzen wir unsere Kenntnis, dass die Reaktanz des Parallelschwingkreises unterhalb der Resonanzfrequenz ein positives Vorzeichen hat, sich der Parallelschwingkreis wie eine frequenzabhängige Ersatzspule mit dem Wertebereich $0 \leq L_{ers} \leq \infty$ (∞ bei $\omega = \omega_p$) verhält.
5. Folglich muss die Serienschaltung vom Kondensator C_0 mit der Ersatzspule L_{ers} im Frequenzbereich $0 \leq \omega \leq \omega_p$ eine Serienresonanzstelle ω_s haben, bei der die Summe der beiden Reaktanzen null ist. In Abbildung 4.11c bei $\omega = \omega_s = 5\ \text{s}^{-1}$.
6. Dieses Verhalten steht im Einklang mit der Mathematik, die fordert, dass nach dem Pol für $\omega = 0$ eine Nullstelle, hier bei $\omega = \omega_s$, folgen muss. Gleichzeitig wird dadurch der positive Anstieg der Reaktanzkurve gemäß des FOSTERSCHEN Reaktanztheorems erzwungen.
7. Die Darstellung mit dem abgespalteten Pol bei $\omega = 0$ in Gleichung (4.70), die Zerlegung in die beiden Summanden $X_1(\omega)$ (Serienkondensator C_0), $X_2(\omega)$ (Parallelschwingkreis L_1, C_1) und die Abbildungen 4.11a und 4.11b und deren Überlagerung in Abbildung 4.11c zeigen deutlich dieses Verhalten.
8. Damit ergibt sich der PN-Plan der Schaltung in Abbildung 4.11d.
9. Wir stellen insgesamt fest: Pole und Nullstellen wechseln einander ab, liegen auf der imaginären Achse, sind einfach und paarweise konjugiert komplex, die Reaktanzfunktion $X_0(\omega)$ hat den Gradunterschied Eins der Polynome von Nenner und Zähler, die Steigung der Funktion ist positiv und die Reaktanzfunktion $X_0(\omega)$ als auch ihre Teilfunktionen $X_1(\omega)$, $X_2(\omega)$ sind eine ungerade Funktion von ω.
10. Die Konstante H (Gleichung (4.69)) ist der Kehrwert einer Kapazität. Der Grad des Nenners ist um Eins größer als der des Zählers. Der Quotient H/ω hat damit die Einheit Ohm.

Literatur: [4], [7], [16], [19]

4.4 Normierte Zweipolfunktion und Netzwerkvarianten

Wir haben kennen gelernt, wie für ein vorhandenes Netzwerk die Zweipolfunktion aufgestellt und bezüglich der Pole und Nullstellen analysiert werden kann. In der Praxis muss häufig das umgekehrte Problem gelöst werden. Der PN-Plan ist vorgegeben. Es wird jetzt im Sinne einer Schaltungssynthese das dazugehörende Netzwerk mit seiner Topologie und den Werten der Bauelemente gesucht. Am Beispiel der verlustlosen Zweitore wollen wir die dafür notwendigen Verfahren vorstellen.

Die Rechnungen mit physikalischen Größen und deren Einheiten können wir erleichtern, wenn wir die Größen normieren. Die normierte Größe ist dann einheitenlos. Auch für den Entwurf von Rechnerprogrammen sind normierte Größen von Vorteil. Mit der Normierung entfällt allerdings die Möglichkeit, an Hand der Einheiten die Richtigkeit einer Gleichung zu überprüfen.

Wir treffen folgende Zuordnung (Index n bedeutet normiert):

$$\underline{s}_n = \frac{\underline{s}}{\omega_0}; \quad \underline{Z}_{0n} = \frac{\underline{Z}_0}{R_0}; \quad \underline{Y}_{0n} = \frac{\underline{Y}_0}{G_0} = \underline{Y}_0 R_0; \quad L_n = \frac{\omega_0 L}{R_0}; \quad C_n = \omega_0 C R_0 \tag{4.71}$$

ω_0 ist die Normierungsfrequenz und R_0 der Normierungswiderstand. Beide Größen sind frei wählbar. Die Wirkung der Normierung zeigt sich bei der Anwendung in Gleichung (4.67)

$$\underline{Z}_{0n}(\underline{s}_n) = \frac{C_{0n} + C_{1n}}{C_{0n}C_{1n}} \frac{\underline{s}_n^2 + \dfrac{1}{L_{1n}(C_{0n} + C_{1n})}}{\underline{s}_n\left(\underline{s}_n^2 + \dfrac{1}{L_{1n}C_{1n}}\right)} = H_n \frac{\underline{s}_n^2 + \dfrac{1}{L_{1n}(C_{0n} + C_{1n})}}{\underline{s}_n\left(\underline{s}_n^2 + \dfrac{1}{L_{1n}C_{1n}}\right)}. \tag{4.72}$$

Die normierte Konstante H_n bringen wir auf die linke Seite und beachten, dass im Zähler und Nenner die normierten Frequenzen der Nullstellen und Pole stehen. Damit ergibt sich die für die weiteren Rechnungen wichtige normierte Impedanzfunktion verlustloser Zweipole in Analogie zu Gleichung (4.53)

$$\begin{aligned}\frac{\underline{Z}_{0n}(\underline{s}_n)}{H_n} &= \underline{s}_n^{\pm 1} \frac{(\underline{s}_n^2 + \omega_{Z1n}^2)(\underline{s}_n^2 + \omega_{Z2n}^2)\cdots(\underline{s}_n^2 + \omega_{Znn}^2)}{(\underline{s}_n^2 + \omega_{N1n}^2)(\underline{s}_n^2 + \omega_{N2m}^2)\cdots(\underline{s}_n^2 + \omega_{Nmn}^2)} \\ &= \underline{s}_n^{\pm 1} \frac{\prod\limits_{i=1}^{n}(\underline{s}_n^2 + \omega_{Zin}^2)}{\prod\limits_{j=1}^{m}(\underline{s}_n^2 + \omega_{Njn}^2)}.\end{aligned} \tag{4.73}$$

Dabei gilt: $\underline{s}_n = j\omega_n$, $\underline{s}_n^{+1}$ für Nullstelle bei $\omega_n = 0$ und $\underline{s}_n^{-1}$ für Polstelle bei $\omega_n = 0$. Paarweise konjugiert komplexe Nullstellen im Zähler und Nenner werden zusammengefasst. Der Faktor $\underline{s}_n^{\pm 1}$ vor dem Bruch stellt sicher, dass $\underline{Z}_{0nn}(\underline{s}_n)$ eine ungerade Funktion von $\underline{s}_n$ ist.

Für die Werte des Netzwerkbeispiels in Abbildung 4.10 erhalten wir mit der Normierungsfrequenz $\omega_0 = 1\ \mathrm{s}^{-1}$ und dem Normierungswiderstand $R_0 = 1\ \Omega$ für die normierte Impedanzfunktion

$$\frac{\underline{Z}_{0n}(\underline{s}_n)}{H_n} = \frac{(\underline{s}_n^2 + 25)}{\underline{s}_n(\underline{s}_n^2 + 100)} = \frac{1}{\underline{Y}_{0n}(\underline{s}_n)H_n}; \quad \text{und} \quad H_n = \frac{4}{3}\,10^2 \tag{4.74}$$

die gleich dem Kehrwert der normierten Admittanzfunktion sein muss. Alle Größen dieser Gleichung und im PN-Plan Abbildung 4.12 sind ohne Einheit.

Mit der normierten Funktion wollen wir aus dem PN-Plan die dafür gültige Schaltungsstruktur ableiten und vier Möglichkeiten vorstellen.

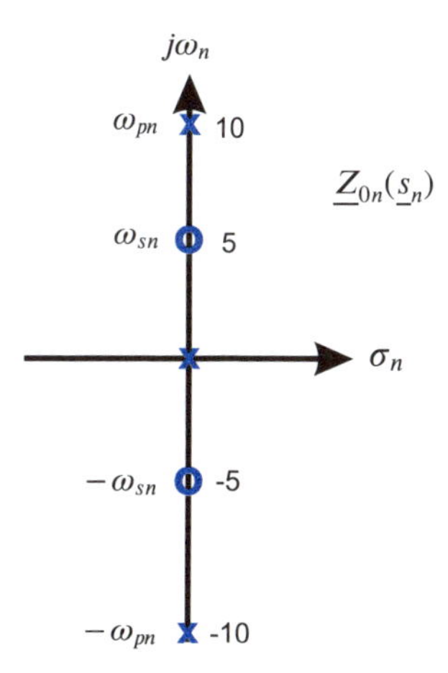

Abbildung 4.12: Normierter PN-Plan von $\underline{Z}_{0n}(\underline{s}_n)$ des verlustlosen Netzwerkes nach Abbildung 4.10

1. Partialbruch-Form

Bedingung: bei der Zweipolfunktion muss der Grad des Zählerpolynoms kleiner als der des Nennerpolynom sein.

Wir verwenden als Beispiel Gleichung (4.74) und stellen diese als Partialbruch dar

$$\frac{\underline{Z}_{0n}(\underline{s}_n)}{H_n} = \frac{(\underline{s}_n^2 + 25)}{\underline{s}_n(\underline{s}_n^2 + 100)} = \frac{a_1}{\underline{s}_n} + \frac{a_2 \underline{s}_n}{\underline{s}_n^2 + 100} \,. \tag{4.75}$$

Die Werte der Koeffizienten a_1, a_2 gewinnen wir mittels Koeffizientenvergleich. Es gilt

$$\begin{aligned} a_1 \underline{s}_n^2 + 100 a_1 + a_2 \underline{s}_n^2 &= \underline{s}_n^2 + 25 \\ a_1 + a_2 &= 1 \\ 100 a_1 &= 25 \\ a_1 &= 1/4 \\ a_2 &= 3/4 \,. \end{aligned}$$

Um die Struktur der Schaltung aus der Impedanzfunktion ablesen zu können, wird Gleichung (4.75) in folgender Weise unter Verwendung der Werte von a_1 und a_2 geschrieben

$$\frac{\underline{Z}_{0n}(\underline{s}_n)}{H_n} = \frac{1}{\underline{s}_n 4} + \frac{1}{\underline{s}_n \frac{4}{3} + \frac{1}{\underline{s}_n \frac{3}{400}}} \tag{4.76}$$

oder

$$\underline{Z}_{0n}(\underline{s}_n) = \frac{1}{\underline{s}_n \frac{4}{H_n}} + \frac{1}{\underline{s}_n \frac{4}{3H_n} + \frac{1}{\underline{s}_n H_n \frac{3}{400}}} \tag{4.77}$$

bzw. entnormiert mit $\omega_0 = 1\ \mathrm{s}^{-1}$ und $R_0 = 1\ \Omega$

$$\underline{Z}_0(\underline{s}) = \frac{1}{\underline{s}\,0,03\mathrm{F}} + \frac{1}{\underline{s}\,0,01\mathrm{F} + \dfrac{1}{\underline{s}\,1\mathrm{H}}} \,. \tag{4.78}$$

Das Netzwerk zu dieser Impedanzfunktion ist das in der Abbildung 4.10 dargestellte. FOSTER hat zuerst diese Schaltungssynthese veröffentlich. Deshalb nennt man diese Schaltung auch FOSTER-Schaltung 1. Art.

Für eine weitere Netzwerkvariante betrachten wir die Admittanzfunktion gemäß Gleichung (4.74)

$$\underline{Y}_{0n}(\underline{s}_n)H_n = \frac{\underline{s}_n(\underline{s}_n^2 + 100)}{(\underline{s}_n^2 + 25)} \,. \tag{4.79}$$

Da der Grad des Zählers um Eins größer als der des Nenners ist, müssen wir mittels Polynomdivision den Grad erniedrigen:

$$\underline{Y}_{0n}(\underline{s}_n)H_n = \underline{s}_n + \frac{75\underline{s}_n}{(\underline{s}_n^2 + 25)} = \underline{s}_n + \frac{1}{\underline{s}_n\dfrac{1}{75} + \dfrac{1}{\underline{s}_n 3}} \,. \tag{4.80}$$

Der verbleibende Rest der Division ist ein Partialbruch, der nur geeignet dargestellt werden muss, um die Schaltungsstruktur erkennen zu können. Die Division durch H_n und gleichzeitige Entnormierung führt zu

$$\underline{Y}_{0n}(\underline{s}_n) = \underline{s}_n\frac{1}{H_n} + \frac{1}{\underline{s}_n\dfrac{H_n}{75} + \dfrac{1}{\underline{s}_n\dfrac{3}{H_n}}} \,. \tag{4.81}$$

oder

$$\underline{Y}_0(\underline{s}) = \underline{s}\frac{3}{4}10^{-2}\mathrm{F} + \frac{1}{\underline{s}\dfrac{16}{9}\mathrm{H} + \dfrac{1}{\underline{s}\dfrac{9}{4}10^{-2}\mathrm{F}}} \,. \tag{4.82}$$

Damit ist die FOSTER-Schaltung 2. Art gefunden. Die Netzwerke in den Abbildungen 4.10, 4.13 haben bezüglich $\underline{Z}_0(\underline{s})$ und $\underline{Y}_0(\underline{s})$ die gleiche Frequenzabhängigkeit. Damit sind die Schaltungen im Sinne von Kap. 2.5 äquivalent.

War beim Netzwerk Abbildung 4.10 zur Kapazität ein Parallelschwingkreis in Reihe geschaltet, so ist bei der Admittanzform der Kapazität ein Serienschwingkreis parallel geschaltet. Die Resonanzfrequenz dieses Schwingkreises ist jetzt allein für die Nullstelle der Impedanz von $\underline{Z}_0(\underline{s})$ zuständig. Der Pol wir dagegen durch das Zusammenspiel von Kondensator und Reihenschwingkreis, der oberhalb seiner Resonanz betrieben wird (induktives Verhalten), erzeugt. Für den PN-Plan der Admittanz wechseln die Pole und Nullstellen der Impedanz ihren Charakter. Wir entnehmen der Residuendarstellung, dass jeder Pol bei endlichen Werten der Frequenz $\underline{s}$ durch zwei verschiedene Bauelemente (Energiespeicher) repräsentiert wird bzw. gebildet werden muss (Variable A_i, ω_i). Bei $\underline{s} = 0$ und $\underline{s} \to \infty$ ist es jeweils ein Bauelement.

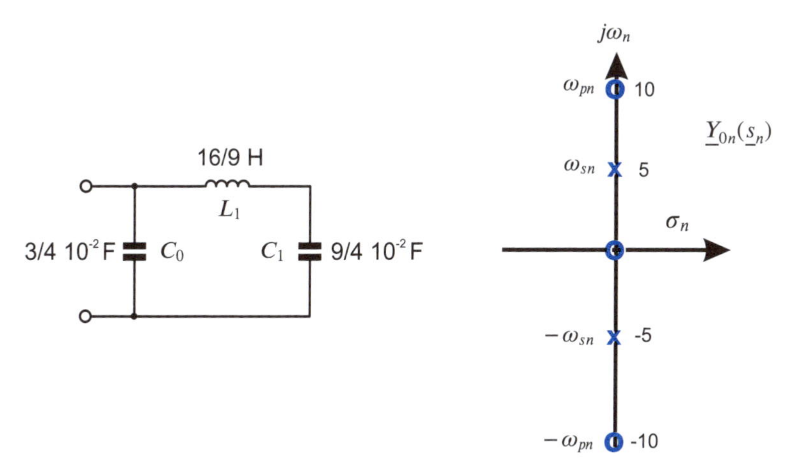

Abbildung 4.13: Admittanz-Partialbruch-Variante des verlustlosen Netzwerkes nach Abbildung 4.10 mit zugehörigem $\underline{Y}_{0n}(\underline{s}_n)$-PN-Plan

Die Partialbruch-Darstellungen der Impedanz- und Admittanzfunktion liefern uns zwei äquivalente Netzwerke mit verschiedener Topologie und jeweils anderen Werten der Bauelemente. Bei drei Bauelementen sind nur die Topologien der Abbildungen 4.10, 4.13 möglich.

Wir betrachten jetzt die normierte Impedanzfunktion

$$\underline{Z}_{0n}(\underline{s}_n) = \frac{(\underline{s}_n^2 + 1)(s_n^2 + 16)}{\underline{s}_n(\underline{s}_n^2 + 9)} \tag{4.83}$$

mit $H_n = 1$. Zuerst spalten wir mittels Polynomdivision den Pol für $\underline{s}_n \to \infty$ ab. Den verbleibenden Bruch stellen wir in der Partialform dar.

$$\underline{Z}_{0n}(\underline{s}_n) = \underline{s}_n 1 + \frac{1}{\underline{s}_n \frac{9}{16}} + \frac{1}{\underline{s}_n \frac{9}{56} + \frac{1}{\underline{s}_n \frac{56}{81}}} \tag{4.84}$$

Das Ergebnis wird so aufgeschrieben, dass wir die Struktur der Schaltung und die Werte der Bauelemente direkt ablesen können, wie das in der Abbildung 4.14a zu sehen ist.

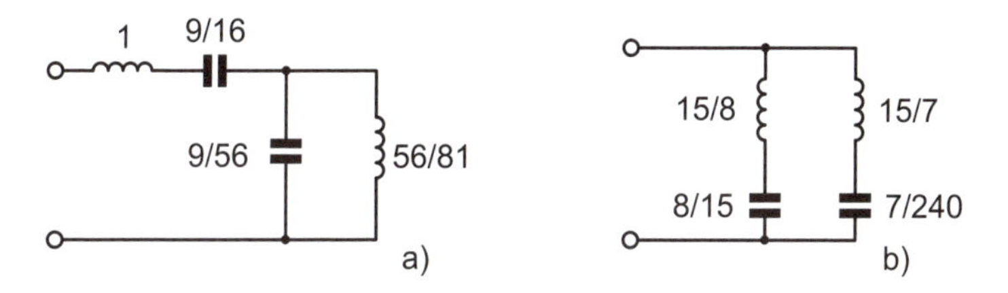

Abbildung 4.14: Verlustloses Netzwerk mit Werten für die normierten Bauelemente a) Partialbruch-Schaltung $\underline{Z}_{0n}$ b) Partialbruch-Schaltung $\underline{Y}_{0n}$

Die Darstellung der Gleichung (4.83) als Admittanzfunktion ergibt

$$\underline{Y}_{0n}(\underline{s}_n) = \frac{\underline{s}_n(\underline{s}_n^2 + 9)}{(\underline{s}_n^2 + 1)(\underline{s}_n^2 + 16)} \,. \tag{4.85}$$

Der Grad des Nenners ist größer als der des Zählers. Wir können sofort die Partialbruchentwicklung angeben

$$\underline{Y}_{0n}(\underline{s}_n) = \frac{1}{\underline{s}_n\frac{15}{8} + \frac{1}{\underline{s}_n\frac{8}{15}}} + \frac{1}{\underline{s}_n\frac{15}{7} + \frac{1}{\underline{s}_n\frac{7}{240}}} \,. \tag{4.86}$$

Wie die Abbildung 4.14b zeigt, entsteht die Parallelschaltung zweier Serienschwingkreise. Der Leser möge sich selbst erklären, wie bei beiden Schaltungen physikalisch die Nullstellen und Pole zustande kommen.

Wir konnten mit den Beispielen zeigen, dass mittels der Partialbruchzerlegung für einen gegebenen PN-Plan bzw. Impedanz-/Admittanzfunktion zwei in der Topologie und in den Werten für die Bauelemente verschiedene äquivalente Schaltungen abgeleitet werden können.

2. Kettenbruch-Form

Bedingung: bei der Zweipolfunktion muss der Grad des Zählerpolynoms größer als der des Nennerpolynom sein.

Die Bedingung ist für die Beispielfunktion Gleichung (4.83) erfüllt. Wir multiplizieren Zähler und Nenner aus und ordnen die Polynome nach fallenden Potenzen

$$\underline{Z}_{0n}(\underline{s}_n) = \frac{\underline{s}_n^4 + 17\underline{s}_n^2 + 16}{\underline{s}_n^3 + 9\underline{s}_n} \,. \tag{4.87}$$

Zähler- und Nennerpolynom werden jetzt in folgender Weise dividiert:

$$\begin{array}{llll}
(\underline{s}_n^4 + 17\underline{s}_n^2 + 16) & \div & (\underline{s}_n^3 + 9\underline{s}_n) & = \underline{s}_n \\
\underline{s}_n^4 + \;\; 9\underline{s}_n^2 & & & \\ \hline
\quad 8\underline{s}_n^2 + 16 & & & \\
(\underline{s}_n^3 + 9\underline{s}_n) & \div & (8\underline{s}_n^2 + 16) & = \underline{s}_n\frac{1}{8} \\
\underline{s}_n^3 + 2\underline{s}_n & & & \\ \hline
\quad 7\underline{s}_n & & & \\
(8\underline{s}_n^2 + 16) & \div & 7\underline{s}_n & = \underline{s}_n\frac{8}{7} \\
8\underline{s}_n^2 & & & \\ \hline
\quad 16 & & & \\
7\underline{s}_n & \div & 16 & = \underline{s}_n\frac{7}{16}
\end{array} \tag{4.88}$$

Die Ergebnisse auf der rechten Seite nach dem Gleichheitszeichen fassen wir entsprechend des Wechsels der Divisionen zusammen

$$\underline{Z}_{0n}(\underline{s}_n) = \underline{s}_n 1 + \cfrac{1}{\underline{s}_n \frac{1}{8} + \cfrac{1}{\underline{s}_n \frac{8}{7} + \cfrac{1}{\underline{s}_n \frac{7}{16}}}} . \tag{4.89}$$

Diese Darstellung wird als Kettenbruchentwicklung oder -darstellung bezeichnet. WILHELM CAUER (1900–1945) hat als Erster diese Möglichkeit für die Netzwerkberechnung gefunden. Aus dem Schema ist das Prinzip der Division erkennbar. Wir spalten immer einen Pol für $\underline{s}_n \to \infty$ ab und benutzen den verbleibenden Rest als Nenner für die folgende Division. W. CAUER hat die Kettenbruchentwicklung der Netzwerkfunktion mit fallenden Potenzen *Kettenbruchform 1. Art* genannt. Wir wählen die Bezeichnung CAUER-Schaltung 1. Art. Für die Netzwerkfunktion $\underline{Z}_{0n}(\underline{s}_n)$ ist das erste Bauelement eine Spule in Serienschaltung, bei $\underline{Y}_{0n}(\underline{s}_n)$ erhalten wir den Kondensator in Parallelschaltung. Der Gleichung (4.89) entspricht das Netzwerk in Abbildung 4.15a.

Eine weitere Netzwerktopologie finden wir, wenn wir die Netzwerkfunktion nach steigenden Potenzen ordnen.

$$\underline{Z}_{0n}(\underline{s}_n) = \frac{16 + 17\underline{s}_n^2 + \underline{s}_n^4}{9\underline{s}_n + \underline{s}_n^3} . \tag{4.90}$$

In Analogie zur Divisionsvorschrift bei den fallenden Potenzen gilt

$$\begin{array}{lcl}
(16 + 17\underline{s}_n^2 + \underline{s}_n^4) \div (9\underline{s}_n + \underline{s}_n^3) & = & \cfrac{1}{\underline{s}_n \frac{9}{16}} \\
\underline{16 + \frac{16}{9}\underline{s}_n^2} & & \\
\frac{137}{9}\underline{s}_n^2 + \underline{s}_n^4 & & \\
(9\underline{s}_n + \underline{s}_n^3) \div \left(\frac{137}{9}\underline{s}_n^2 + \underline{s}_n^4\right) & = & \cfrac{1}{\underline{s}_n \frac{137}{81}} \\
\underline{9\underline{s}_n + \frac{81}{137}\underline{s}_n^3} & & \\
\frac{56}{137}\underline{s}_n^3 & & \\
\left(\frac{137}{9}\underline{s}_n^2 + \underline{s}_n^4\right) \div \frac{56}{137}\underline{s}_n^3 & = & \cfrac{1}{\underline{s}_n \frac{504}{137^2}} \\
\underline{\frac{137}{9}\underline{s}_n^2} & & \\
\underline{s}_n^4 & & \\
\frac{56}{137}\underline{s}_n^3 \div \underline{s}_n^4 & = & \cfrac{1}{\underline{s}_n \frac{137}{56}}
\end{array} \tag{4.91}$$

oder

$$\underline{Z}_{0n}(\underline{s}_n) = \frac{1}{\underline{s}_n \frac{9}{16}} + \frac{1}{\frac{1}{\underline{s}_n \frac{137}{81}} + \frac{1}{\frac{1}{\underline{s}_n \frac{504}{137^2}} + \frac{1}{\frac{1}{\underline{s}_n \frac{137}{56}}}}} . \tag{4.92}$$

Diese Art der Rechnung bedeutet die Abspaltung des Poles für $\underline{s}_n = 0$. Der Längskondensator ist für $\underline{Z}_{0n}(\underline{s}_n)$ das erste Bauteil und die Querspule das für $\underline{Y}_{0n}(\underline{s}_n)$. Die Kettenbruchentwicklung nach steigenden Potenzen wird *Kettenbruchform 2. Art* oder CAUER-Schaltung 2. Art genannt. Das zur Gleichung (4.91) gehörende Netzwerk ist in Abbildung 4.15b zu sehen. Wegen ihres Ursprunges und der Form werden die in Abbildung 4.15 dargestellten Netzwerktopologien Kettenleiter bzw. Abzweigschaltungen genannt.

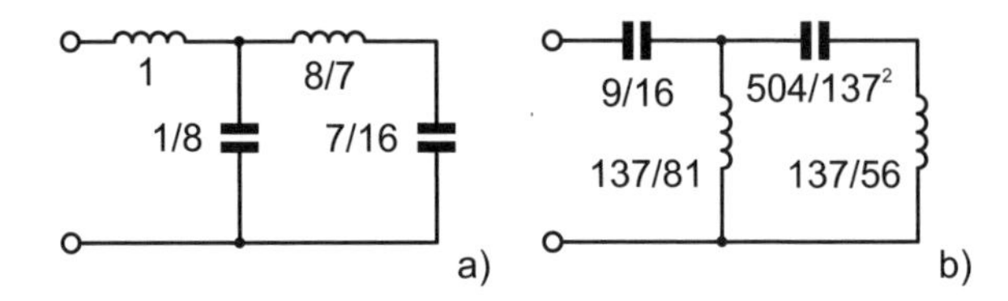

Abbildung 4.15: Verlustloses Netzwerk mit Werten für die normierten Bauelemente
a) Kettenbruchform 1. Art $\underline{Z}_{0n}$ b) Kettenbruchform 2. Art $\underline{Z}_{0n}$

Insgesamt haben wir damit für die Netzwerkfunktion nach Gleichung (4.83) vier äquivalente Netzwerke gewonnen. Alle Netzwerke haben nur vier Bauelemente. Die Anzahl stimmt mit der größten Potenz von $\underline{s}_n$ in der Netzwerkfunktion überein bzw. ist das Doppelte der Anzahl der Pole bei endlichem $\underline{s}$ plus Anzahl der Pole bei $\underline{s} = 0$ oder $\underline{s} \to \infty$. Die Netzwerke werden mit der kleinsten Anzahl von Bauelementen gebildet und werden deshalb *kanonische Netzwerke* genannt.

Literatur: [4], [7], [16], [19], [22]

Mehrpolige Netzwerke

5

ÜBERBLICK

In diesem Kapitel werden Netzwerke behandelt, die nur an bestimmten Klemmen oder Polen (Klemmen und Pole sind synonyme Begriffe) zugänglich sind und deren innerer Aufbau unbekannt sein kann und in vielen Fällen auch nicht interessiert. Es genügt dann, durch Messung der Strom/Spannungsbeziehungen an den zugänglichen Klemmen die Eigenschaften des dahinter verborgenen „schwarzen Kastens" bezüglich dieser Klemmen eindeutig zu bestimmen.

Die nachfolgenden Betrachtungen gelten aber auch für den Fall, dass ein Netzwerk in seinem Aufbau zwar bekannt ist, sein Verhalten jedoch nur bezüglich seiner Anschlussklemmen interessiert. In diesen Fällen kann dann an Stelle von Messungen eine Schaltungsanalyse die gewünschten Klemmenbeziehungen liefern.

Wir beschränken uns dabei auf Netzwerke, die aus ohmschen Widerständen, Induktivitäten, Kapazitäten, Übertragern und gesteuerten Quellen bestehen können und die linear sind. Unabhängige Quellen sollen in den Netzwerken nicht vorkommen. Quellen zur Anregung des Netzwerks, die an die zugänglichen Anschlussklemmen angeschlossen werden, sollen rein harmonisch sein und die gemeinsame Kreisfrequenz ω haben.

5.1 Allgemeiner n-Pol

5.1.1 Impedanz- und Admittanzmatrix

Wir betrachten einen „schwarzen Kasten" mit n Anschlussklemmen gemäß Abbildung 5.1 mit den dort vorgegebenen Bezugspfeilen für die Spannung vom (+)-Pol zum (−)-Pol, und den Bezugspfeil des Stromes in die (+)-Klemme hinein. Der aus der (−)-Klemme herausfließende Strom wird meist nicht eingezeichnet. Wir wählen die Klemme n als Bezugspol für die Spannungen. Diese Festlegung erfolgt hier willkürlich, sie muss jedoch im Einzelfall sorgfältig vorgenommen werden, wobei in der Praxis der Aufbau einer konkreten Schaltung den Bezugspol häufig bereits festlegt. Dieser Bezugspol wird auch „Erde" oder „Masse" genannt und mit dem aus Abbildung 5.1 ersichtlichen Symbol versehen. Die gesamte Schaltung wird dann als erdgebundener n-Pol bezeichnet.

Wir nehmen an, dass an den Klemmen 1 bis n-1 Ströme eingeprägt werden, die voneinander unabhängig sind. Diese Forderung bedingt beispielsweise die Einschränkung, dass im Netzwerk zwei Klemmen nicht nur am Eingang und/oder Ausgang eines

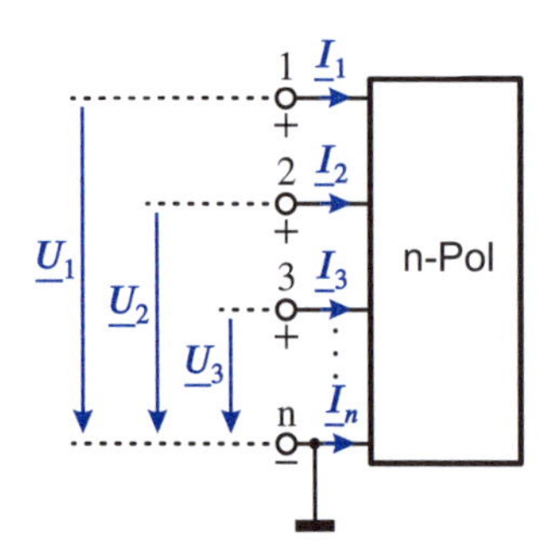

Abbildung 5.1: n-Pol mit Klemmenströmen und Klemmenspannungen

idealen Übertragers angeschlossen sind. Durch die Anwendung des Überlagerungssatzes können wir dann mit den Proportionalitätsfaktoren $\underline{Z}_{\mu\nu}$ für die Klemmenspannungen $\underline{U}_1$ bis $\underline{U}_{n-1}$ schreiben:

$$\begin{aligned} \underline{Z}_{11} \cdot \underline{I}_1 + \quad \underline{Z}_{12} \cdot \underline{I}_2 + \cdots + \quad \underline{Z}_{1(n-1)} \cdot \underline{I}_{n-1} &= \underline{U}_1 \\ \underline{Z}_{21} \cdot \underline{I}_1 + \quad \underline{Z}_{22} \cdot \underline{I}_2 + \cdots + \quad \underline{Z}_{2(n-1)} \cdot \underline{I}_{n-1} &= \underline{U}_2 \\ &\vdots \\ \underline{Z}_{(n-1)1} \cdot \underline{I}_1 + \underline{Z}_{(n-1)2} \cdot \underline{I}_2 + \cdots + \underline{Z}_{(n-1)(n-1)} \cdot \underline{I}_{n-1} &= \underline{U}_{n-1} \end{aligned} \tag{5.1}$$

Eine Formulierung von Gleichung (5.1) in Matrizenschreibweise liefert:

$$\begin{pmatrix} \underline{Z}_{11} & \underline{Z}_{12} & \cdots & \underline{Z}_{1(n-1)} \\ \underline{Z}_{21} & \underline{Z}_{22} & \cdots & \underline{Z}_{2(n-1)} \\ \vdots & & & \\ \underline{Z}_{(n-1)1} & \underline{Z}_{(n-1)2} & \cdots & \underline{Z}_{(n-1)(n-1)} \end{pmatrix} \begin{pmatrix} \underline{I}_1 \\ \underline{I}_2 \\ \vdots \\ \underline{I}_{n-1} \end{pmatrix} = \begin{pmatrix} \underline{U}_1 \\ \underline{U}_2 \\ \vdots \\ \underline{U}_{n-1} \end{pmatrix} \tag{5.2}$$

oder abgekürzt:

$$\underline{\mathbf{Z}} \cdot \underline{\mathbf{I}} = \underline{\mathbf{U}} \,. \tag{5.3}$$

Da es genauso viele Spannungen wie Ströme gibt, ist die Matrix $\underline{\mathbf{Z}}$ immer quadratisch.

Die $(n-1)^2$ Koeffizienten dieser Matrix bestimmen die Eigenschaften des n-Pols vollständig; eine Berücksichtigung des Stromes $\underline{I}_n$ ist überflüssig, da für den Strom der gemeinsamen Rückflussklemme

$$\underline{I}_n = -(\underline{I}_1 + \underline{I}_2 + \cdots + \underline{I}_{n-1}) \tag{5.4}$$

gilt und $\underline{I}_n$ somit keine neue Information liefert.

Die Koeffizienten $\underline{Z}_{\mu\nu}$ haben die Dimension einer Impedanz, weshalb $\underline{\mathbf{Z}}$ als Impedanzmatrix des n-Pols bezeichnet wird. Diese Impedanzmatrix ist allerdings nur charakteristisch für die in Abbildung 5.1 gewählte Polnummerierung und die gewählte Bezugsklemme. Bei der Wahl einer anderen Bezugsklemme ergibt sich eine andere Impedanzmatrix, wie sich in Kapitel 6 an Schaltungen mit Dreipolen zeigen wird.

Die Interpretation von Gleichung (5.2) und damit der Koeffizienten von $\underline{\mathbf{Z}}$ liefert uns gleichzeitig eine Vorschrift zur messtechnischen Bestimmung dieser Matrixelemente. Aus der ersten Gleichung des Gleichungssystems (5.2) folgt beispielsweise, dass die Spannung $\underline{U}_1$ als Wirkung auf die Ursache, nämlich die Ströme $\underline{I}_1, \underline{I}_2, \ldots, \underline{I}_{n-1}$, zu betrachten ist. Setzen wir also alle Ströme bis auf einen zu null, so können wir durch die Messung dieses Stromes und der bewirkten Spannung $\underline{U}_1$ das betreffende Matrixelement bestimmen.

Messtechnisch bedeutet dies, dass immer nur eine Klemme über die Bezugsklemme beschaltet ist und die anderen Klemmen leerlaufen. Die zu messende Spannung muss mit einem hochohmigen Messgerät bestimmt werden.

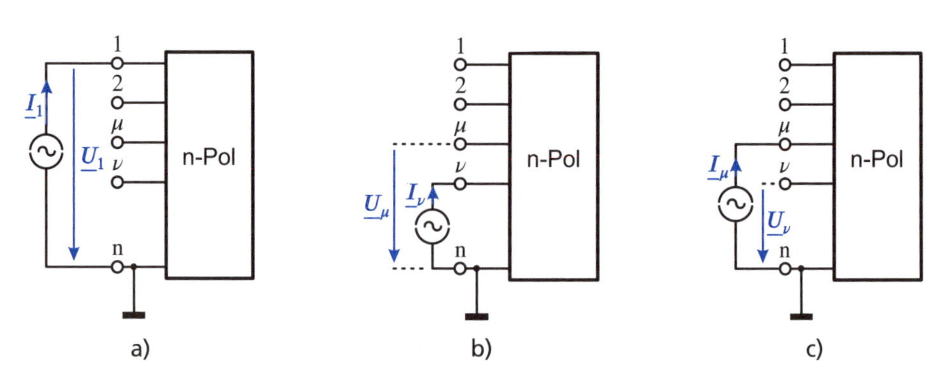

Abbildung 5.2: Messtechnische Bestimmung von a) $\underline{Z}_{11}$ b) $\underline{Z}_{\mu\nu}$ c) $\underline{Z}_{\nu\mu}$

Wollen wir also beispielhaft die Elemente $\underline{Z}_{11}, \underline{Z}_{\mu\nu}, \underline{Z}_{\nu\mu}$ bestimmen, so gilt

$$\begin{aligned} \underline{Z}_{11} &= \left.\frac{\underline{U}_1}{\underline{I}_1}\right|_{\text{nur } \underline{I}_1 \neq 0} \\ \underline{Z}_{\mu\nu} &= \left.\frac{\underline{U}_\mu}{\underline{I}_\nu}\right|_{\text{nur } \underline{I}_\nu \neq 0} \\ \underline{Z}_{\nu\mu} &= \left.\frac{\underline{U}_\nu}{\underline{I}_\mu}\right|_{\text{nur } \underline{I}_\mu \neq 0} \end{aligned} \tag{5.5}$$

und die messtechnische Ermittlung dieser Koeffizienten erfolgt nach den Schaltungen der Abbildung 5.2. Im allgemeinen Fall müssen also bei keinerlei Kenntnis des inneren Aufbaus des n-Pols $(n-1)^2$ Messungen zweier komplexer Größen, nämlich des ursächlichen Stroms und der bewirkten Spannung, durchgeführt werden.

In der Praxis reduziert sich allerdings häufig die Zahl der zu bestimmenden Matrixelemente, sei es, dass der n-Pol als reziprok angenommen werden kann (keine gesteuerten Quellen im n-Pol), oder dass eine Symmetrie im Aufbau für die Gleichheit bestimmter Elemente sorgt.

Für den Fall der Reziprozität, also der Anwendbarkeit des Umkehrsatzes, gilt

$$\underline{Z}_{\mu\nu} = \underline{Z}_{\nu\mu}\Big|_{\nu \neq \mu} . \tag{5.6}$$

Der in Gleichung (5.2) formulierte Zusammenhang zwischen Klemmenströmen und Klemmenspannungen über die Matrix $\underline{\mathbf{Z}}$ stellt eine von mehreren Beschreibungsmöglichkeit dar. Eine andere ergibt sich, wenn wir Ursachen und Wirkung vertauschen, also angelegte Klemmenspannungen als voneinander unabhängige Ursachen für die erzeugten Klemmenströme betrachten.

In Analogie zu den Gleichungen (5.1), (5.2) und (5.3) folgt dann

$$\begin{aligned} \underline{Y}_{11} \cdot \underline{U}_1 + \quad \underline{Y}_{12} \cdot \underline{U}_2 + \cdots + \quad \underline{Y}_{1(n-1)} \cdot \underline{U}_{n-1} &= \underline{I}_1 \\ \underline{Y}_{21} \cdot \underline{U}_1 + \quad \underline{Y}_{22} \cdot \underline{U}_2 + \cdots + \quad \underline{Y}_{2(n-1)} \cdot \underline{U}_{n-1} &= \underline{I}_2 \\ &\vdots \\ \underline{Y}_{(n-1)1} \cdot \underline{U}_1 + \underline{Y}_{(n-1)2} \cdot \underline{U}_2 + \cdots + \underline{Y}_{(n-1)(n-1)} \cdot \underline{U}_{n-1} &= \underline{I}_{n-1} \end{aligned} \tag{5.7}$$

oder

$$\begin{pmatrix} \underline{Y}_{11} & \underline{Y}_{12} & \cdots & \underline{Y}_{1(n-1)} \\ \underline{Y}_{21} & \underline{Y}_{22} & \cdots & \underline{Y}_{2(n-1)} \\ \vdots & & & \\ \underline{Y}_{(n-1)1} & \underline{Y}_{(n-1)2} & \cdots & \underline{Y}_{(n-1)(n-1)} \end{pmatrix} \begin{pmatrix} \underline{U}_1 \\ \underline{U}_2 \\ \vdots \\ \underline{U}_{n-1} \end{pmatrix} = \begin{pmatrix} \underline{I}_1 \\ \underline{I}_2 \\ \vdots \\ \underline{I}_{n-1} \end{pmatrix} \tag{5.8}$$

und damit

$$\underline{\boldsymbol{Y}} \cdot \underline{\boldsymbol{U}} = \underline{\boldsymbol{I}} \,. \tag{5.9}$$

Die einzelnen Matrixelemente haben nun die Dimension einer Admittanz, weshalb $\underline{\boldsymbol{Y}}$ als Admittanzmatrix des n-Pols unter den gewählten Bedingungen der Abbildung 5.1 bezeichnet wird.

Da aus Gleichung (5.1) die einzelnen Ströme nach den Regeln der linearen Algebra dann berechnet werden können (z. B. nach der Cramerschen Regel), wenn die Koeffizientendeterminante von $\underline{\boldsymbol{Z}}$ von null verschieden ist, also det $\underline{\boldsymbol{Z}} \neq 0$ gilt, kann für diesen Fall die Admittanzmatrix rein rechnerisch aus der Impedanzmatrix ermittelt werden gemäß

$$\underline{\boldsymbol{Y}} = \underline{\boldsymbol{Z}}^{-1} \,. \tag{5.10}$$

Wir wollen aber auch hier die Matrixelemente messtechnisch bestimmen. Wiederum ist es zweckmäßig, jeweils nur eine Ursache (Klemmenspannung) zu haben und die anderen zu null zu setzen, was dadurch geschieht, dass diese Klemmen zur Bezugsklemme kurzgeschlossen werden.

Für die Matrixelemente $\underline{Y}_{11}, \underline{Y}_{\mu\nu}$ und $\underline{Y}_{\nu\mu}$ folgt also nach Gleichung (5.7)

$$\begin{aligned} \underline{Y}_{11} &= \left.\frac{\underline{I}_1}{\underline{U}_1}\right|_{\text{nur } \underline{U}_1 \neq 0} \\ \underline{Y}_{\mu\nu} &= \left.\frac{\underline{I}_\mu}{\underline{U}_\nu}\right|_{\text{nur } \underline{U}_\nu \neq 0} \\ \underline{Y}_{\nu\mu} &= \left.\frac{\underline{I}_\nu}{\underline{U}_\mu}\right|_{\text{nur } \underline{U}_\mu \neq 0} \end{aligned} \tag{5.11}$$

und damit ergeben sich die Messanordnungen nach Abbildung 5.3. Die Messung der Ströme erfolgt hier mit fiktiven Strommessern mit dem Innenwiderstand null. Bei Reziprozität gilt, ähnlich wie bei den Koeffizienten der Impedanzmatrix,

$$\underline{Y}_{\mu\nu} = \left.\underline{Y}_{\nu\mu}\right|_{\nu \neq \mu} \,. \tag{5.12}$$

Auf die Herleitung dieser Reziprozitätsbeziehungen aus dem Satz von Tellegen werden wir im Kapitel 6 bei der Untersuchung von Zweitoren noch genauer eingehen.

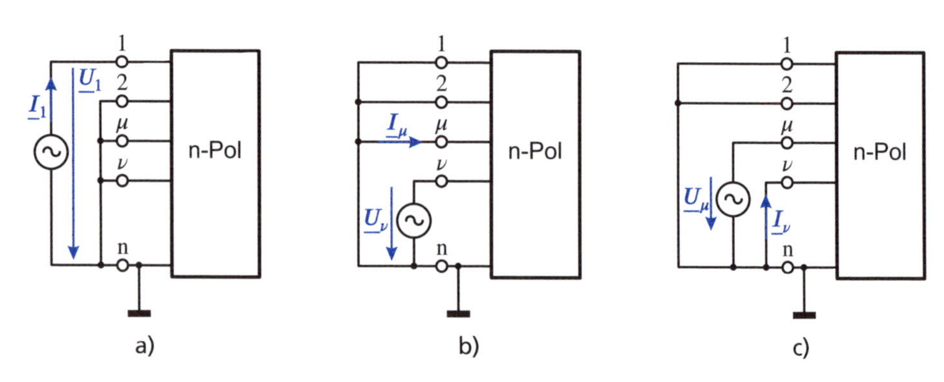

Abbildung 5.3: Messtechnische Bestimmung von a) $\underline{Y}_{11}$ b) $\underline{Y}_{\mu\nu}$ c) $\underline{Y}_{\nu\mu}$

Neben den gezeigten Möglichkeiten, entweder die Klemmenströme oder die Klemmenspannungen als unabhängige Ursachen für zu bestimmende Wirkungen aufzufassen, gibt es die Möglichkeit, Mischformen der beiden Varianten anzuwenden. Auf diese Hybriddarstellungen des n-Pols wollen wir hier aber verzichten.

Wenn wir die Koeffizienten $\underline{Z}_{\mu\nu}$ oder auch $\underline{Y}_{\mu\nu}$ bei einer Frequenz bestimmt haben, kennen wir die Eigenschaften des n-Pols bei dieser Frequenz vollständig. Mit der Ausnahme rein ohmscher Netze sind die n-Pol-Eigenschaften in der Regel aber frequenzabhängig, d. h. $\underline{Z}_{\mu\nu}(\omega)$ und $\underline{Y}_{\mu\nu}(\omega)$, so dass die skizzierten Messungen bei allen interessierenden Frequenzen durchgeführt werden müssen.

5.1.2 Parallelschaltung von n-Polen

Eine Zusammenschaltung verschiedener n-Pole mit einer Bezugsklemme gemäß Abbildung 5.1 (erdgebundene n-Pole) ist in einfacher Weise komplikationslos nur in Form einer Parallelschaltung möglich. Voraussetzung ist allerdings, dass die Bezugsklemmen der beiden n-Pole und Klemmen mit gleicher Nummerierung zusammengeschaltet werden.

Andere Formen der Zusammenschaltung werden wir beim Zweitor in Kapitel 6 noch ausführlicher kennen lernen.

Die Parallelschaltung zweier n-Pole gleicher Polzahl, die durch die Admittanzmatrizen $\underline{\boldsymbol{Y}}^A$ und $\underline{\boldsymbol{Y}}^B$ charakterisiert seien, zeigt Abbildung 5.4. Aus Abbildung 5.4 kann direkt abgelesen werden:

$$\begin{aligned} \underline{\boldsymbol{U}} &= \underline{\boldsymbol{U}}^A = \underline{\boldsymbol{U}}^B = \begin{pmatrix} \underline{U}_1 \\ \underline{U}_2 \\ \vdots \\ \underline{U}_{n-1} \end{pmatrix} , \\ \underline{\boldsymbol{I}} &= \underline{\boldsymbol{I}}^A + \underline{\boldsymbol{I}}^B = \begin{pmatrix} \underline{I}_1^A + \underline{I}_1^B \\ \underline{I}_2^A + \underline{I}_2^B \\ \vdots \\ \underline{I}_{n-1}^A + \underline{I}_{n-1}^B \end{pmatrix} = \begin{pmatrix} \underline{I}_1 \\ \underline{I}_2 \\ \vdots \\ \underline{I}_{n-1} \end{pmatrix} . \end{aligned} \tag{5.13}$$

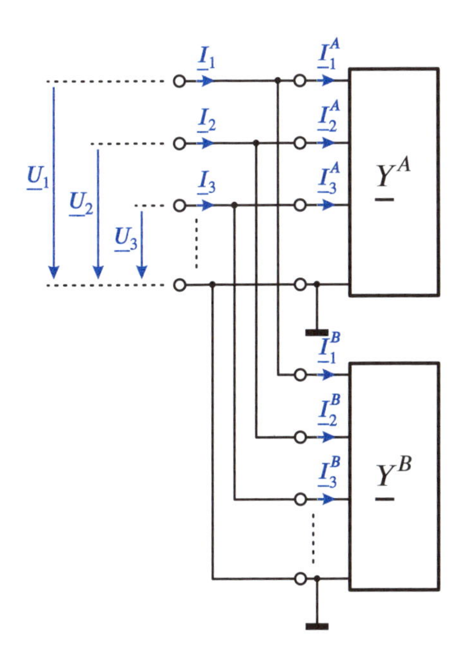

Abbildung 5.4: Parallelschaltung zweier n-Pole

Außerdem gilt

$$\begin{aligned} \underline{\boldsymbol{I}}^A &= \underline{\boldsymbol{Y}}^A \cdot \underline{\boldsymbol{U}}^A = \underline{\boldsymbol{Y}}^A \cdot \underline{\boldsymbol{U}} \\ \underline{\boldsymbol{I}}^B &= \underline{\boldsymbol{Y}}^B \cdot \underline{\boldsymbol{U}}^B = \underline{\boldsymbol{Y}}^B \cdot \underline{\boldsymbol{U}} \end{aligned} \tag{5.14}$$

und daraus

$$\underline{\boldsymbol{I}}^A + \underline{\boldsymbol{I}}^B = \underline{\boldsymbol{I}} = (\underline{\boldsymbol{Y}}^A + \underline{\boldsymbol{Y}}^B) \cdot \underline{\boldsymbol{U}} \tag{5.15}$$

und mit

$$\underline{\boldsymbol{I}} = \underline{\boldsymbol{Y}} \cdot \underline{\boldsymbol{U}} \tag{5.16}$$

folgt für die Parallelschaltung zweier n-Pole

$$\underline{\boldsymbol{Y}} = \underline{\boldsymbol{Y}}^A + \underline{\boldsymbol{Y}}^B \,. \tag{5.17}$$

Die Parallelschaltung der zwei n-Pole kann also durch eine Schaltung ersetzt werden, deren Admittanzmatrix sich aus der Summe der einzelnen Matrizen ergibt. Es ist offensichtlich, dass eine Parallelschaltung mit beliebig vielen solcher n-Pole vorgenommen werden kann, mit der Maßgabe, dass für die Admittanzmatrix der Zusammenschaltung die Admittanzmatrizen sämtlicher Einzelschaltungen zu addieren sind.

Will man n-Pole unterschiedlicher Polzahl parallel schalten, so ergänzt man Schaltungen geringerer Polzahl mit fiktiven leerlaufenden Klemmen, ermittelt deren Admittanzmatrix und addiert sie in der beschriebenen Weise.

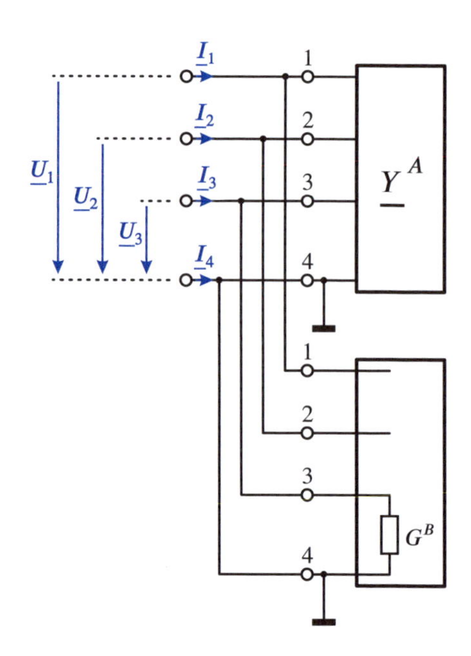

Abbildung 5.5: Parallelschaltung zweier Schaltungen mit ungleicher Polzahl

■ Beispiel:

In Abbildung 5.5 wird einem Vierpol mit der Admittanzmatrix $\underline{\boldsymbol{Y}}^A$ lediglich ein Leitwert G^B zwischen Klemme 3 und Klemme 4 parallel geschaltet. Für die Gesamtschaltung gilt hier wiederum

$$\underline{\boldsymbol{Y}} = \underline{\boldsymbol{Y}}^A + \underline{\boldsymbol{Y}}^B \tag{5.18}$$

oder

$$\begin{aligned}
\underline{\boldsymbol{Y}} &= \begin{pmatrix} \underline{Y}_{11}^A & \underline{Y}_{12}^A & \underline{Y}_{13}^A \\ \underline{Y}_{21}^A & \underline{Y}_{22}^A & \underline{Y}_{23}^A \\ \underline{Y}_{31}^A & \underline{Y}_{32}^A & \underline{Y}_{33}^A \end{pmatrix} + \begin{pmatrix} 0 & 0 & 0 \\ 0 & 0 & 0 \\ 0 & 0 & G^B \end{pmatrix} \\
\underline{\boldsymbol{Y}} &= \begin{pmatrix} \underline{Y}_{11}^A & \underline{Y}_{12}^A & \underline{Y}_{13}^A \\ \underline{Y}_{21}^A & \underline{Y}_{22}^A & \underline{Y}_{23}^A \\ \underline{Y}_{31}^A & \underline{Y}_{32}^A & \underline{Y}_{33}^A + G^B \end{pmatrix}
\end{aligned} \tag{5.19}$$

Literatur: [8], [11], [20]

5.2 Allgemeines n-Tor

Beim allgemeinen n-Pol des Abschnitts 5.1 mit seinen nach außen für die Messung zugänglichen n Klemmen hatten wir mit einer $(n-1)^2$-Admittanz- oder Impedanzmatrix eine vollständige Beschreibung des n-Pols durchgeführt. Die Anzahl der Klemmen konnte dabei gerad- oder ungeradzahlig sein.

In der Praxis kommt es nun sehr häufig vor, dass diese vollständige Beschreibung überflüssig ist. Vielmehr verzichtet man auf Information deshalb, weil nur das Verhalten zwischen bestimmten Klemmenpaaren, so genannten Toren, interessiert. Die „Längsspannungen“ zwischen den Polen verschiedener Tore werden dabei außer Acht gelassen.

So sind beispielsweise bei der Energie- oder Informationsübertragung über größere Strecken nur die Eigenschaften zwischen dem Eingangsklemmenpaar (dem Eingangstor) und dem Ausgangsklemmenpaar (dem Ausgangstor) von Interesse. Aber auch bei kompakten Systemen, beispielsweise Verstärkern, genügt die Beschreibung des Verhaltens zwischen Eingangstor und Ausgangstor völlig.

Weitere triviale Beispiele, bei denen ein Klemmenpaar durch Funktion und Konstruktion fest einander zugeordnet ist, sind Netzstecker/Steckdosen, Lautsprecherstecker/-buchsen, Antennenstecker/-buchsen usw.

Die Klasse der am häufigsten vorkommenden n-Tore stellt das Zweitor dar, dem ein gesondertes Kapitel gewidmet ist. Aber auch Ein-, Drei- oder Viertore sind von praktischer Bedeutung.

Ein Beispiel dazu aus der Schaltungstechnik höherer Frequenzen gibt Abbildung 5.6, dessen Schaltbild einer speziellen Verstärkerschaltung in seiner Funktion hier nur grob skizziert werden soll. Das Signal einer Eintor-Quelle wird über einen Viertor-Teiler auf zwei Zweitor-Verstärker geschickt, dort verstärkt und von den Verstärkerausgängen wiederum zu einem zweiten Viertor-Teiler geleitet, dort vereinigt und der Eintor-Last zugeführt. Im ohmschen Widerstand der Eintor-Absorber werden störende Signale absorbiert.

Wir können also ein allgemeines n-Tor mit seinen n Klemmenpaaren, d. h. 2n-Klemmen, gemäß Abbildung 5.7 darstellen.

Die Richtungen der Bezugspfeile sind wie üblich gewählt.

Bei einer Torschaltung muss der am (+)-Pol eines Tores hineinfließende Strom gleich dem am (−)-Pol dieses Tores herausfließenden Strom sein. Diese Forderung nennen wir „Torbedingung“.

Um klarzustellen, dass die Torbedingung erfüllt ist, wird in Abbildung 5.7 noch die Torbeschaltung durch Zweipole angedeutet. Bei Zweipolen ist der in eine Klemme

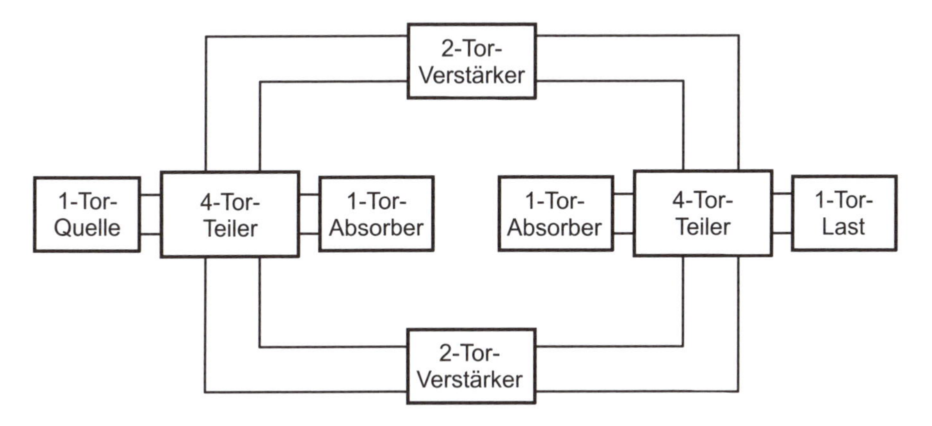

Abbildung 5.6: Schaltungskombination von n-Toren

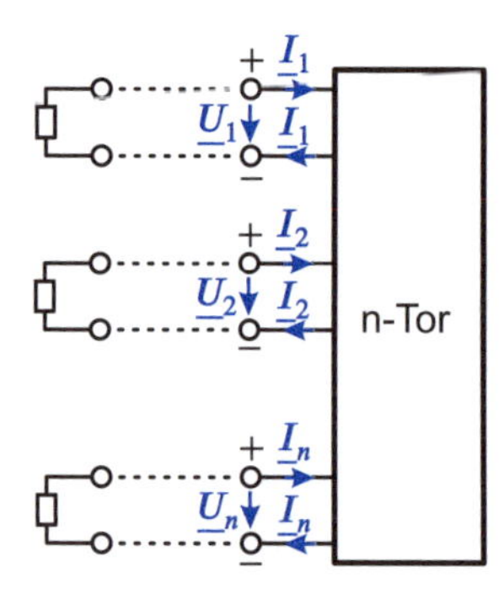

Abbildung 5.7: Allgemeines n-Tor mit Spannungen und Torströmen

hineinfließende Strom zwangsläufig gleich dem an der anderen Klemme herausfließenden.

Die negative Klemme eines Tores kann als Bezugsklemme für die betreffende Torspannung betrachtet werden. Während die positiven Klemmen aller Tore als schaltungsmäßig getrennt angenommen werden, können die negativen Bezugsklemmen teilweise oder vollständig in der Schaltung miteinander verbunden sein. Im letzteren Fall entartet das n-Tor zu einem $(n+1)$-Pol.

Nimmt man wiederum an, dass das n-Tor aus ohmschen Widerständen, Induktivitäten, Kapazitäten, Übertragern und gesteuerten Quellen bestehen kann und die n Ströme als voneinander unabhängige Erregungen betrachtet werden können, so folgt für die Torspannungen als Wirkung

$$\begin{aligned} \underline{Z}_{11}\cdot\underline{I}_1+\underline{Z}_{12}\cdot\underline{I}_2+\cdots+\underline{Z}_{1n}\cdot\underline{I}_n&=\underline{U}_1\\ \underline{Z}_{21}\cdot\underline{I}_1+\underline{Z}_{22}\cdot\underline{I}_2+\cdots+\underline{Z}_{2n}\cdot\underline{I}_n&=\underline{U}_2\\ &\vdots\\ \underline{Z}_{n1}\cdot\underline{I}_1+\underline{Z}_{n2}\cdot\underline{I}_2+\cdots+\underline{Z}_{nn}\cdot\underline{I}_n&=\underline{U}_n \end{aligned} \tag{5.20}$$

oder

$$\underline{\boldsymbol{Z}}\cdot\underline{\boldsymbol{I}}=\underline{\boldsymbol{U}}\,. \tag{5.21}$$

Sind dagegen die Spannungen die voneinander unabhängigen Ursachen und die Torströme die Wirkungen, so folgt in analoger Weise

$$\begin{aligned} \underline{Y}_{11}\cdot\underline{U}_1+\underline{Y}_{12}\cdot\underline{U}_2+\cdots+\underline{Y}_{1n}\cdot\underline{U}_n&=\underline{I}_1\\ \underline{Y}_{21}\cdot\underline{U}_1+\underline{Y}_{22}\cdot\underline{U}_2+\cdots+\underline{Y}_{2n}\cdot\underline{U}_n&=\underline{I}_2\\ &\vdots\\ \underline{Y}_{n1}\cdot\underline{U}_1+\underline{Y}_{n2}\cdot\underline{U}_2+\cdots+\underline{Y}_{nn}\cdot\underline{U}_n&=\underline{I}_n \end{aligned} \tag{5.22}$$

oder

$$\underline{\boldsymbol{Y}}\cdot\underline{\boldsymbol{U}}=\underline{\boldsymbol{I}} \tag{5.23}$$

mit $\underline{\boldsymbol{Z}}$ der Impedanzmatrix des n-Tors und $\underline{\boldsymbol{Y}}$ der Admittanzmatrix.

Wenn von einem Netzwerk mit 2n Beschaltungsklemmen zunächst die Matrixkoeffizienten in einer Beschaltung als erdgebundener 2n-Pol bekannt sind, so lassen sich daraus die Koeffizienten der entsprechenden Matrix der dann als n-Tor betriebenen Schaltung berechnen. Dies soll an einem einfachen Beispiel gezeigt werden.

■ Beispiel:

Wir nehmen an, dass der Vierpol gemäß Abbildung 5.8a in dieser Schaltung mit der Klemme A als Bezugspol messtechnisch erfasst sei. Aus der dann bekannten Impedanzmatrix $\underline{\mathbf{Z}}^A$ soll die Impedanzmatrix $\underline{\mathbf{Z}}$ der als Zweitor betriebenen Schaltung gemäß Abbildung 5.8b ermittelt werden. Ohne Berücksichtigung des inneren Aufbaus des Vierpols gilt für die Beschaltung nach Abbildung 5.8a allgemein

$$\begin{pmatrix} \underline{U}_1^A \\ \underline{U}_2^A \\ \underline{U}_3^A \end{pmatrix} = \begin{pmatrix} \underline{Z}_{11}^A & \underline{Z}_{12}^A & \underline{Z}_{13}^A \\ \underline{Z}_{21}^A & \underline{Z}_{22}^A & \underline{Z}_{23}^A \\ \underline{Z}_{31}^A & \underline{Z}_{32}^A & \underline{Z}_{33}^A \end{pmatrix} \begin{pmatrix} \underline{I}_1^A \\ \underline{I}_2^A \\ \underline{I}_3^A \end{pmatrix} \tag{5.24}$$

oder abgekürzt

$$\underline{\boldsymbol{U}}^A = \underline{\mathbf{Z}}^A \cdot \underline{\boldsymbol{I}}^A \tag{5.25}$$

und für die Beschaltung nach Abbildung 5.8b

$$\begin{pmatrix} \underline{U}_1 \\ \underline{U}_2 \end{pmatrix} = \begin{pmatrix} \underline{Z}_{11} & \underline{Z}_{12} \\ \underline{Z}_{21} & \underline{Z}_{22} \end{pmatrix} \begin{pmatrix} \underline{I}_1 \\ \underline{I}_2 \end{pmatrix} \tag{5.26}$$

oder abgekürzt

$$\underline{\boldsymbol{U}} = \underline{\mathbf{Z}} \cdot \underline{\boldsymbol{I}} \,. \tag{5.27}$$

Aus Abbildung 5.8 können außerdem folgende Beziehungen direkt abgelesen werden

$$\underline{U}_3^A = \underline{U}_2\,; \quad \underline{U}_1^A - \underline{U}_2^A = \underline{U}_1 \tag{5.28}$$

und

$$\underline{I}_1^A = \underline{I}_1\,; \quad \underline{I}_2^A = -\underline{I}_1\,; \quad \underline{I}_3^A = \underline{I}_2\,. \tag{5.29}$$

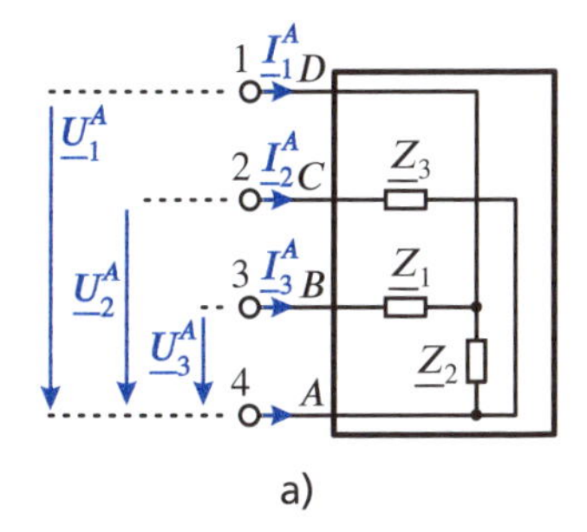

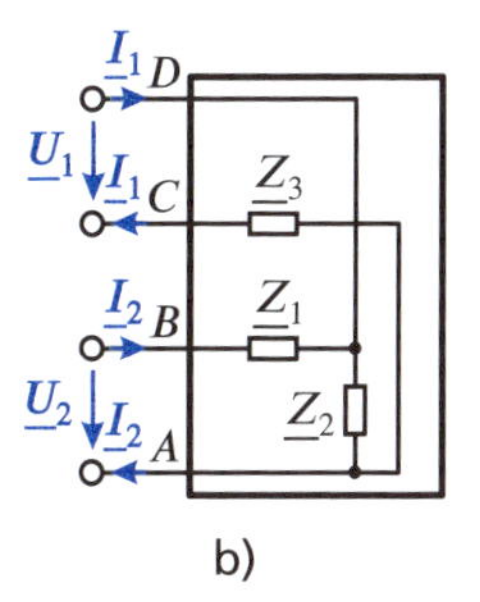

Abbildung 5.8: Vierpol a) in erdgebundener Beschaltung b) als Zweitor betrieben

Setzen wir die Gleichungen (5.28) und (5.29) in Gleichung (5.24) ein, so erhalten wir nach kurzer Zwischenrechnung

$$\begin{aligned} \underline{U}_1 &= (\underline{Z}^A_{11} + \underline{Z}^A_{22} - \underline{Z}^A_{12} - \underline{Z}^A_{21}) \cdot \underline{I}_1 + (\underline{Z}^A_{13} - \underline{Z}^A_{23}) \cdot \underline{I}_2 \\ \underline{U}_2 &= (\underline{Z}^A_{31} - \underline{Z}^A_{32}) \cdot \underline{I}_1 \qquad\qquad + \underline{Z}^A_{33} \cdot \underline{I}_2 \end{aligned} \tag{5.30}$$

und somit

$$\underline{\mathbf{Z}} = \begin{pmatrix} \underline{Z}^A_{11} + \underline{Z}^A_{22} - \underline{Z}^A_{12} - \underline{Z}^A_{21} & \underline{Z}^A_{13} - \underline{Z}^A_{23} \\ \underline{Z}^A_{31} - \underline{Z}^A_{32} & \underline{Z}^A_{33} \end{pmatrix} . \tag{5.31}$$

Da sich für die einfachen Schaltungen der Abbildung 5.8 mit den Impedanzen $\underline{Z}_1$, $\underline{Z}_2$ und $\underline{Z}_3$ die jeweiligen Impedanzmatrizen leicht zu

$$\underline{\mathbf{Z}}^A = \begin{pmatrix} \underline{Z}_2 & 0 & \underline{Z}_2 \\ 0 & \underline{Z}_3 & 0 \\ \underline{Z}_2 & 0 & \underline{Z}_1 + \underline{Z}_2 \end{pmatrix} \tag{5.32}$$

und

$$\underline{\mathbf{Z}} = \begin{pmatrix} \underline{Z}_2 + \underline{Z}_3 & \underline{Z}_2 \\ \underline{Z}_2 & \underline{Z}_1 + \underline{Z}_2 \end{pmatrix} \tag{5.33}$$

ermitteln lassen, können wir damit auch Gleichung (5.31) verifizieren.

Bei der Berechnung der 2^2-Matrix $\underline{\mathbf{Z}}$ aus der 3^2-Matrix $\underline{\mathbf{Z}}^A$ wurde Information preisgegeben; es ist deshalb umgekehrt die Berechnung von $\underline{\mathbf{Z}}^A$ aus einer bekannten Matrix $\underline{\mathbf{Z}}$ natürlich nicht möglich.

Literatur: [8], [11], [20]

5.3 Analyse und Torbeschreibung nichttrivialer Schaltungen

Die in Abschnitt 5.1 beschriebene, messtechnische Erfassung der Eigenschaften eines Netzwerkes bedurfte nicht der Kenntnis des inneren Aufbaus der Schaltung; der messtechnische Aufwand war unabhängig von der Komplexität des Netzwerkes.

Ist die Schaltung hingegen in ihrem Aufbau bekannt, so kann durch eine Schaltungsanalyse die rechnerische Herleitung der Strom/Spannungsbeziehungen an den außen zugänglichen Klemmen erfolgen.

Für triviale Schaltungen, wie z. B. den in Abbildung 5.8 dargestellten Vierpol, können die Admittanz- oder die Impedanzmatrix direkt aus der Schaltung abgelesen werden.

Für umfangreiche Schaltungen haben wir in Kapitel 3 mit dem Maschenstromverfahren und dem Knotenpotenzialverfahren Werkzeuge untersucht, die eine vollständige Schaltungsanalyse gestatten. So können aus den Maschenströmen sämtliche Zweigströme, oder aus den Knotenpotenzialen sämtliche Zweigspannungen ermittelt werden.

In der Praxis ist man nun häufig an diesen umfassenden Informationen über das Netzwerk nicht interessiert, vielmehr genügt in diesen Fällen eine Torbeschreibung des Netzwerks bezüglich weniger, von außen zugänglicher Tore. Das Bestreben geht also dahin, diese Beschreibung aus dem bekannten Schaltungsaufbau möglichst einfach abzuleiten. Wegen der überragenden Bedeutung von Zweitoren wollen wir unsere Beispiele auf diese Torzahl konzentrieren, ohne dass die dargestellten Verfahren an Allgemeingültigkeit einbüßen.

5.3.1 Schaltungsreduktion mit Hilfe des Maschenstromverfahrens

5

Wir ziehen bei einem zu untersuchenden Netzwerk die interessierenden Klemmenpaare nach außen, und benennen die Klemmen entsprechend Abbildung 5.9 mit den Ziffern 1-1' und 2-2'; diese bilden dann die Tore 1 und 2, zwischen denen das Netzwerk beschrieben werden soll.

Anschließend werden die Tore 1 und 2 mit den Spannungsquellen $\underline{U}_{q1}$ und $\underline{U}_{q2}$ beschaltet und in das Netzwerk, entsprechend den Vorschriften des Maschenstromverfahrens, Maschenströme gelegt. Dabei werden die Maschenströme $\underline{I}_1^M$ und $\underline{I}_2^M$ [1] so gewählt, dass gilt

$$\underline{I}_1^M = \underline{I}_1 \quad \text{und} \quad \underline{I}_2^M = \underline{I}_2 \,. \tag{5.34}$$

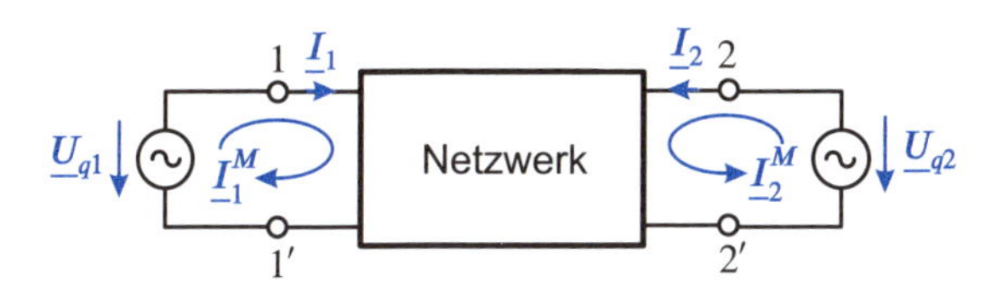

Abbildung 5.9: Zur Zweitorbeschreibung basierend auf dem Maschenstromverfahren

Mit der Maschenimpedanzmatrix $\underline{\boldsymbol{Z}}^M$ gilt für ein Netz mit k Maschenströmen:

$$\begin{aligned}
\underline{Z}_{11}^M \cdot \underline{I}_1^M + \underline{Z}_{12}^M \cdot \underline{I}_2^M + \cdots + \underline{Z}_{1k}^M \cdot \underline{I}_k^M &= \underline{U}_{q1} \\
\underline{Z}_{21}^M \cdot \underline{I}_1^M + \underline{Z}_{22}^M \cdot \underline{I}_2^M + \cdots + \underline{Z}_{2k}^M \cdot \underline{I}_k^M &= \underline{U}_{q2} \\
\underline{Z}_{31}^M \cdot \underline{I}_1^M + \underline{Z}_{32}^M \cdot \underline{I}_2^M + \cdots + \underline{Z}_{3k}^M \cdot \underline{I}_k^M &= 0 \\
&\vdots \\
\underline{Z}_{k1}^M \cdot \underline{I}_1^M + \underline{Z}_{k2}^M \cdot \underline{I}_2^M + \cdots + \underline{Z}_{kk}^M \cdot \underline{I}_k^M &= 0
\end{aligned} \tag{5.35}$$

oder, abgekürzt

$$\underline{\boldsymbol{Z}}^M \cdot \underline{\boldsymbol{I}}^M = \underline{\boldsymbol{U}}_q^M \,. \tag{5.36}$$

Besteht das Netzwerk aus Zweipolen, so lässt sich die Maschenimpedanzmatrix $\underline{\boldsymbol{Z}}^M$ nach folgender Regel direkt anschreiben:

1 Anders als in Kapitel 3 wählen wir hier einen hochstehenden Index M.

Die Maschenimpedanzmatrix eines Zweipolnetzes mit k unabhängigen Maschen ist quadratisch von der Ordnung k und symmetrisch zur Hauptdiagonalen. Die einzelnen Elemente der Hauptdiagonalen stellen die Summen sämtlicher Impedanzen der betreffenden Masche dar; die übrigen Elemente sind die Summen aller Baumimpedanzen, die gleichzeitig zu den beiden Maschen entsprechend den Indizes des jeweiligen Elements gehören (Koppelimpedanzen). Diese Koppelimpedanzen werden positiv gezählt, wenn sie die beiden Maschenströme gleichsinnig durchfließen, sie sind negativ, wenn die beiden Maschenströme antiparallel sind. Die beiden Maschenströme $\underline{I}_1^M$ und $\underline{I}_2^M$ sind entsprechend der Abbildung 5.9 zu wählen.

Für eine Zweitorbeschreibung genügt die Kenntnis der Maschenströme $\underline{I}_1^M = \underline{I}_1$ und $\underline{I}_2^M = \underline{I}_2$, die nach den Regeln der linearen Algebra beispielsweise nach der Cramerschen Regel ermittelt werden können zu

$$\begin{aligned} \underline{I}_1 &= \frac{\det_{11} \underline{\mathbf{Z}}^M}{\det \underline{\mathbf{Z}}^M} \cdot \underline{U}_1 + \frac{\det_{21} \underline{\mathbf{Z}}^M}{\det \underline{\mathbf{Z}}^M} \cdot \underline{U}_2 \\ \underline{I}_2 &= \frac{\det_{12} \underline{\mathbf{Z}}^M}{\det \underline{\mathbf{Z}}^M} \cdot \underline{U}_1 + \frac{\det_{22} \underline{\mathbf{Z}}^M}{\det \underline{\mathbf{Z}}^M} \cdot \underline{U}_2 \end{aligned} \tag{5.37}$$

mit $\underline{U}_{q1} = \underline{U}_1$, $\underline{U}_{q2} = \underline{U}_2$, $\det \underline{\mathbf{Z}}^M$ der Koeffizientendeterminante von $\underline{\mathbf{Z}}^M$ und $\det_{ij} \underline{\mathbf{Z}}^M$ der Adjunkten zum Platz $[i, j]$. Die Adjunkte $\det_{ij} \underline{\mathbf{Z}}^M$ ist die mit dem Vorzeichen $(-1)^{i+j}$ behaftete Determinante der Matrix $\underline{\mathbf{Z}}_{ij}$, einer Untermatrix von $\underline{\mathbf{Z}}^M$, die aus dieser durch die Streichung der i-ten Zeile und der j-ten Spalte hervorgeht.

Aus der Gleichung (5.37) folgt also für die Admittanzmatrix des Zweitors

$$\underline{\mathbf{Y}} = \frac{1}{\det \underline{\mathbf{Z}}^M} \begin{pmatrix} \det_{11} \underline{\mathbf{Z}}^M & \det_{21} \underline{\mathbf{Z}}^M \\ \det_{12} \underline{\mathbf{Z}}^M & \det_{22} \underline{\mathbf{Z}}^M \end{pmatrix} . \tag{5.38}$$

■ Beispiel:

Wir wollen diesen Zusammenhang an Hand der Schaltung nach Abbildung 5.10 überprüfen. Für die Zweitorbeschreibung ist hier der Maschenstrom $\underline{I}_3^M$ uninteressant.

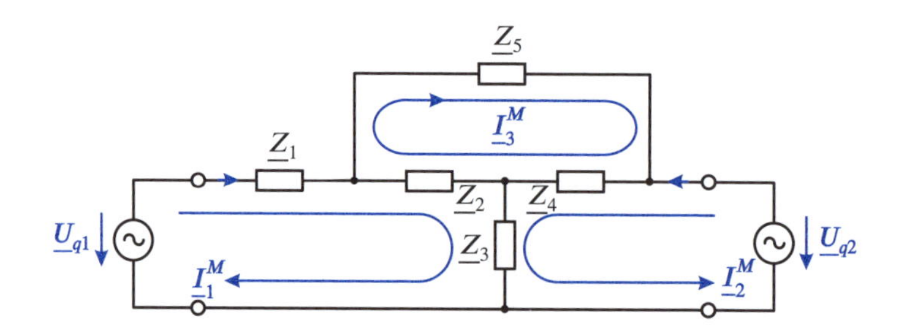

Abbildung 5.10: Beispiel zur Zweitorbeschreibung nach dem Maschenstromverfahren

Nach den oben aufgeführten Regeln der Maschenstromanalyse kann für die Schaltung in Abbildung 5.10 geschrieben werden:

$$\begin{pmatrix} \underline{Z}_1+\underline{Z}_2+\underline{Z}_3 & \underline{Z}_3 & -\underline{Z}_2 \\ \underline{Z}_3 & \underline{Z}_3+\underline{Z}_4 & \underline{Z}_4 \\ -\underline{Z}_2 & \underline{Z}_4 & \underline{Z}_2+\underline{Z}_4+\underline{Z}_5 \end{pmatrix} \begin{pmatrix} \underline{I}_1^M \\ \underline{I}_2^M \\ \underline{I}_3^M \end{pmatrix} = \begin{pmatrix} \underline{U}_{q1} \\ \underline{U}_{q2} \\ 0 \end{pmatrix} \tag{5.39}$$

oder

$$\underline{\boldsymbol{Z}}^M \cdot \underline{\boldsymbol{I}}^M = \underline{\boldsymbol{U}}_q^M \,. \tag{5.40}$$

Wenn wir einfache Zahlenverhältnisse annehmen, z. B.: $\underline{Z}_1 = 1\Omega$, $\underline{Z}_2 = 2\Omega$, $\underline{Z}_3 = 3\Omega$, $\underline{Z}_4 = 4\Omega$, $\underline{Z}_5 = 5\Omega$, dann ergeben sich folgende Werte: $\det \underline{\boldsymbol{Z}}^M = 191\Omega^3$; $\det_{11} \underline{\boldsymbol{Z}}^M = 61\Omega^2$; $\det_{12} \underline{\boldsymbol{Z}}^M = \det_{21} \underline{\boldsymbol{Z}}^M = -41\Omega^2$; $\det_{22} \underline{\boldsymbol{Z}}^M = 62\Omega^2$. Damit folgt für die Admittanzmatrix des Zweitors nach Gleichung (5.38)

$$\underline{\boldsymbol{Y}} = \begin{pmatrix} 0{,}319 & -0{,}215 \\ -0{,}215 & 0{,}325 \end{pmatrix} \Omega^{-1} \,. \tag{5.41}$$

5.3.2 Schaltungsreduktion mit Hilfe des Knotenpotenzialverfahrens

Wir wollen nun eine umfangreichere Schaltung mit Hilfe des Knotenpotenzialverfahrens auf ein resultierendes, erdgebundenes Zweitor reduzieren. Dazu ziehen wir die beiden interessierenden Pole und den gemeinsamen Bezugspol aus der Schaltung, nummerieren sie entsprechend Abbildung 5.11 mit den Ziffern 1, 2, 0 und schließen am Tor 1 (Klemmen 1-0) eine Stromquelle $\underline{I}_{q1}$, und am Tor 2 (Klemmen 2-0) eine Stromquelle $\underline{I}_{q2}$ an. Die Richtungen der Ströme $\underline{I}_{q1}$ und $\underline{I}_{q2}$ werden entsprechend dem von uns verwendeten symmetrischen Bezugspfeilsystem gewählt. Es gilt also $\underline{I}_1 = \underline{I}_{q1}$ und $\underline{I}_2 = \underline{I}_{q2}$, sowie für die Knotenspannungen $\underline{U}_1^K = \underline{U}_1$ und $\underline{U}_2^K = \underline{U}_2$.[2]

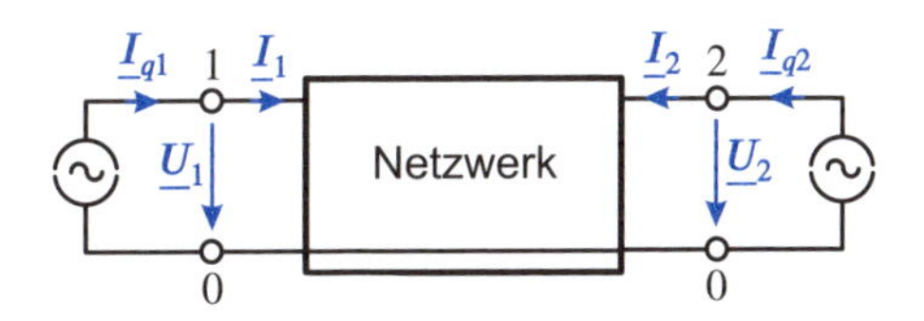

Abbildung 5.11: Zur Zweitorbeschreibung basierend auf dem Knotenpotenzialverfahren

Vom gleichen Schaltungsbeispiel wie im letzten Abschnitt ausgehend, wollen wir wiederum zu einer Verallgemeinerung des Verfahrens hinführen. Wir modifizieren also die Schaltung nach Abbildung 5.10 entsprechend Abbildung 5.12, wobei diesmal die Admittanzwerte $\underline{Y}_\nu = \underline{Z}_\nu^{-1}$ an Stelle der Impedanzwerte eingetragen sind.

Die Schaltungsbeschreibung wird also wieder auf die Tore 1 und 2 reduziert, die Knotenpotenziale in den Knoten 3 und 4 interessieren nicht.

2 Anders als in Kapitel 3 wählen wir hier einen hochstehenden Index K

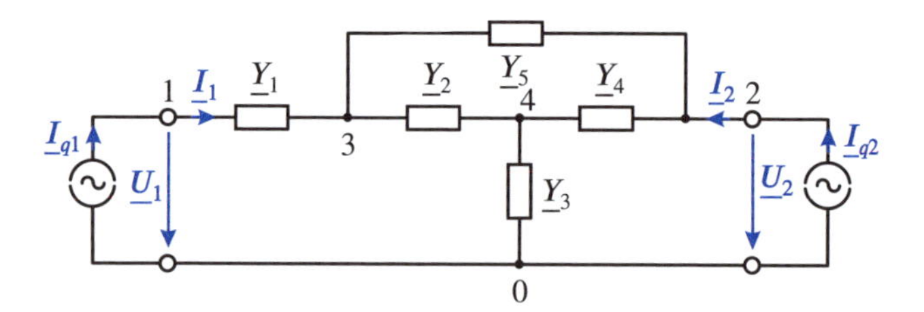

Abbildung 5.12: Beispiel zur Zweitorbeschreibung nach dem Knotenpotenzialverfahren

Nach den Regeln des Knotenpotenzialverfahrens gilt

$$\begin{pmatrix} \underline{Y}_1 & 0 & -\underline{Y}_1 & 0 \\ 0 & \underline{Y}_4+\underline{Y}_5 & -\underline{Y}_5 & -\underline{Y}_4 \\ -\underline{Y}_1 & -\underline{Y}_5 & \underline{Y}_1+\underline{Y}_2+\underline{Y}_5 & -\underline{Y}_2 \\ 0 & -\underline{Y}_4 & -\underline{Y}_2 & \underline{Y}_2+\underline{Y}_3+\underline{Y}_4 \end{pmatrix} \begin{pmatrix} \underline{U}_1^K \\ \underline{U}_2^K \\ \underline{U}_3^K \\ \underline{U}_4^K \end{pmatrix} = \begin{pmatrix} \underline{I}_{q1} \\ \underline{I}_{q2} \\ 0 \\ 0 \end{pmatrix} \tag{5.42}$$

oder

$$\underline{\mathbf{Y}}^K \cdot \underline{\mathbf{U}}^K = \underline{\mathbf{I}}_q^K \tag{5.43}$$

mit $\underline{\mathbf{Y}}^K$ der Knotenadmittanzmatrix, $\underline{\mathbf{U}}^K$ dem Spaltenvektor der auf das Bezugspotenzial 0 bezogenen Knotenspannungen und $\underline{\mathbf{I}}_q^K$ dem Spaltenvektor der auf die Knoten zufließenden Quellströme.

Mit den Beziehungen

$$\underline{U}_1^K = \underline{U}_1\,; \quad \underline{U}_2^K = \underline{U}_2\,; \quad \underline{I}_{q1} = \underline{I}_1\,; \quad \underline{I}_{q2} = \underline{I}_2 \tag{5.44}$$

folgt in Analogie zu Gleichung (5.37) nun

$$\begin{aligned} \underline{U}_1 &= \frac{\det_{11}\underline{\mathbf{Y}}^K}{\det\underline{\mathbf{Y}}^K}\cdot\underline{I}_1 + \frac{\det_{21}\underline{\mathbf{Y}}^K}{\det\underline{\mathbf{Y}}^K}\underline{I}_2\,; \\ \underline{U}_2 &= \frac{\det_{12}\underline{\mathbf{Y}}^K}{\det\underline{\mathbf{Y}}^K}\cdot\underline{I}_1 + \frac{\det_{22}\underline{\mathbf{Y}}^K}{\det\underline{\mathbf{Y}}^K}\underline{I}_2\,; \end{aligned} \tag{5.45}$$

oder

$$\underline{\mathbf{Z}} = \frac{1}{\det\underline{\mathbf{Y}}^K}\begin{pmatrix} \det_{11}\underline{\mathbf{Y}}^K & \det_{21}\underline{\mathbf{Y}}^K \\ \det_{12}\underline{\mathbf{Y}}^K & \det_{22}\underline{\mathbf{Y}}^K \end{pmatrix}. \tag{5.46}$$

Zur Berechnung der Impedanzmatrix $\underline{\mathbf{Z}}$ benötigen wir hier also die Knotenadmittanzmatrix $\underline{\mathbf{Y}}^K$ der kompletten Schaltung.

Für $\underline{\mathbf{Y}}^K$ gilt folgendes Schema:
Die Elemente der Hauptdiagonalen $\underline{Y}_{\mu\mu}^K$ werden aus der Summe aller Admittanzen gebildet, die an dem Knoten μ angeschlossen sind. Die Elemente der Nebendiagonalen $\underline{Y}_{\mu\nu}^K$ werden aus den mit negativen Vorzeichen versehenen Admittanzen zwischen den Knoten μ und ν gebildet. Die Knotenadmittanzmatrix ist quadratisch; es gilt $\underline{Y}_{\mu\nu}^K = \underline{Y}_{\nu\mu}^K$.

Diese Regel ist so einfach, dass die Knotenadmittanzmatrix auch für kompliziertere Schaltungen direkt angegeben werden kann. Sie gilt voraussetzungsgemäß für lineare Zweipolnetze mit einem gemeinsamen Bezugspol.

■ Beispiel:

Mit den gleichen Zahlenwerten für die Bauelemente der Schaltung wie in Abbildung 5.10 lässt sich jetzt mit Gleichung (5.46) die Impedanzmatrix zu

$$\underline{\boldsymbol{Z}} = \begin{pmatrix} 5,64 & 3,73 \\ 3,73 & 5,55 \end{pmatrix} \Omega \tag{5.47}$$

berechnen. Die Inversion dieser Matrix liefert die Admittanzmatrix der Gleichung (5.41).

5.3.3 Schaltungsreduktion durch Torgruppierung

Eine mathematische Variante des zuletzt besprochenen Verfahrens geht wieder von einer Knotenadmittanzmatrix $\underline{\boldsymbol{Y}}^K$ aus. Ist diese bekannt, so kann auch ihre Inverse $\underline{\boldsymbol{Z}}^K = (\underline{\boldsymbol{Y}}^K)^{-1}$ gebildet und die Gleichung

$$\underline{\boldsymbol{U}}^K = \underline{\boldsymbol{Z}}^K \cdot \underline{\boldsymbol{I}}_q^K \tag{5.48}$$

geschrieben werden.

In dieser Gleichung soll nun unterschieden werden zwischen den Knotenspannungen und Zweigströmen an zugänglichen Toren $\underline{\boldsymbol{U}}_z$ und $\underline{\boldsymbol{I}}_z$, und denen an unzugänglichen Toren $\underline{\boldsymbol{U}}_u$ und $\underline{\boldsymbol{I}}_u$. Es werden also die Tore in zugängliche und unzugängliche gruppiert und die Gleichung (5.48) modifiziert in

$$\begin{pmatrix} \underline{\boldsymbol{U}}_z \\ \underline{\boldsymbol{U}}_u \end{pmatrix} = \begin{pmatrix} \underline{\boldsymbol{Z}}_{11}^K & \underline{\boldsymbol{Z}}_K^{12} \\ \underline{\boldsymbol{Z}}_{21}^K & \underline{\boldsymbol{Z}}_K^{22} \end{pmatrix} \begin{pmatrix} \underline{\boldsymbol{I}}_z \\ \boldsymbol{0} \end{pmatrix} . \tag{5.49}$$

Da in die Klemmen der unzugänglichen Tore kein Strom eingespeist wird, ist in Gleichung (5.49) bereits $\underline{\boldsymbol{I}}_u = \boldsymbol{0}$ gesetzt.

Da außerdem die Spannungen $\underline{\boldsymbol{U}}_u$ an den unzugänglichen Toren nicht interessieren, genügt also für die weitere Betrachtung die Gleichung

$$\underline{\boldsymbol{U}}_z = \underline{\boldsymbol{Z}}_{11}^K \cdot \underline{\boldsymbol{I}}_z , \tag{5.50}$$

wobei die Untermatrix $\underline{\boldsymbol{Z}}_{11}^K$ von $\underline{\boldsymbol{Z}}^K$ bereits die gewünschte Impedanzmatrix der torzahlreduzierten Schaltung darstellt. Wenn wir für die von außen zugängliche Schaltung in Gleichung (5.50) der Einfachheit halber den Index z weglassen und diese Gleichung in eine Admittanzgleichung umformen, so erhalten wir

$$\underline{\boldsymbol{I}} = (\underline{\boldsymbol{Z}}_{11}^K)^{-1} \underline{\boldsymbol{U}} . \tag{5.51}$$

Es kann nun gezeigt werden, dass sich die Matrix $(\underline{\boldsymbol{Z}}_{11}^K)^{-1}$ aus den Untermatrizen $\underline{\boldsymbol{Y}}_{11}^K$, $\underline{\boldsymbol{Y}}_{12}^K$, $\underline{\boldsymbol{Y}}_{21}^K$ und $\underline{\boldsymbol{Y}}_{22}^K$ der Knotenadmittanzmatrix $\underline{\boldsymbol{Y}}^K$ berechnen lässt gemäß

$$(\underline{\boldsymbol{Z}}_{11}^K)^{-1} = \underline{\boldsymbol{Y}} = \underline{\boldsymbol{Y}}_{11}^K - \underline{\boldsymbol{Y}}_{12}^K \cdot (\underline{\boldsymbol{Y}}_{22}^K)^{-1} \cdot \underline{\boldsymbol{Y}}_{21}^K . \tag{5.52}$$

Die Untermatrizen von $\underline{\boldsymbol{Y}}^K$ werden dabei genau so wie bei der Matrix $\underline{\boldsymbol{Z}}^K$ durch die Unterscheidung in zugängliche und nicht zugängliche Tore gebildet.

■ Beispiel:

Wir wollen die Anwendung des Verfahrens an Hand der Schaltung eines überbrückten T-Gliedes nach Abbildung 5.13 konkretisieren. Die Schaltung wird letztlich als Zweitor zwischen den Klemmenpaaren 1-0 und 2-0 betrieben, die Spannung am Klemmenpaar 3-0 interessiert nicht.

Zunächst jedoch wollen wir die Schaltung so dimensionieren, dass sie bei einem Abschluss des Tores 2 mit dem Leitwert G am Tor 1 den Eingangsleitwert von ebenfalls $\underline{Y}_E = G$ aufweist. Dazu betreiben wir die Schaltung zunächst als Eintor, bei dem vorerst auch Tor 2 nicht von außen zugänglich sein soll. Die Knotenadmittanzmatrix lautet dann

$$\underline{\boldsymbol{Y}}^K_{Eintor} = \left(\begin{array}{c|c} \underline{\boldsymbol{Y}}^K_{11} & \underline{\boldsymbol{Y}}^K_{12} \\ \hline \underline{\boldsymbol{Y}}^K_{21} & \underline{\boldsymbol{Y}}^K_{22} \end{array}\right) = \left(\begin{array}{c|cc} G+\underline{Y}_1 & -\underline{Y}_1 & -G \\ \hline -\underline{Y}_1 & 2G+\underline{Y}_1 & -G \\ -G & -G & 2G+\underline{Y}_2 \end{array}\right) \tag{5.53}$$

mit den Untermatrizen entsprechend der in Gleichung (5.53) gemachten Unterteilung. Nach Gleichung (5.52) ergibt sich also für den Eingangsleitwert

$$\underline{Y}_E = G+\underline{Y}_1 - (-\underline{Y}_1 \; -G) \cdot \begin{pmatrix} 2G+\underline{Y}_1 & -G \\ -G & 2G+\underline{Y}_2 \end{pmatrix}^{-1} \cdot \begin{pmatrix} -\underline{Y}_1 \\ -G \end{pmatrix} \tag{5.54}$$

und nach Zwischenrechnung

$$\underline{Y}_E = G \cdot \frac{G^2 + 2G\underline{Y}_2 + 2G\underline{Y}_1 + 3\underline{Y}_1\underline{Y}_2}{3G^2 + 2G\underline{Y}_2 + 2G\underline{Y}_1 + \underline{Y}_1\underline{Y}_2} \, . \tag{5.55}$$

Das gewünschte Ergebnis $\underline{Y}_E = G$ ist dann gegeben, wenn der Zähler des Bruches gleich dem Nenner ist, also für

$$\underline{Y}_2 = \frac{G^2}{\underline{Y}_1} \, . \tag{5.56}$$

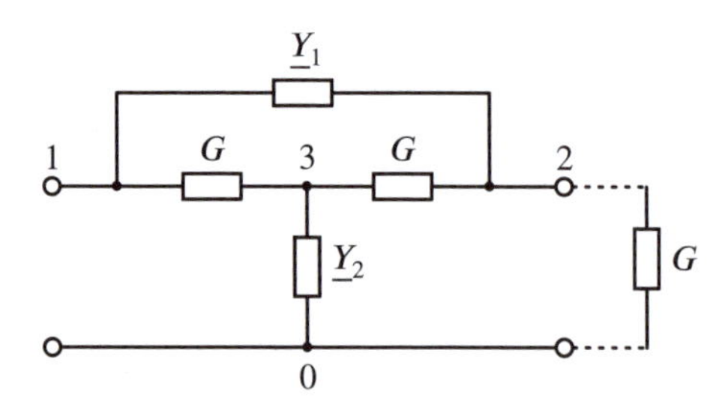

Abbildung 5.13: Schaltungsbeispiel zur Torzahlreduktion

Wir wählen nun $\underline{Y}_2$ entsprechend Gleichung (5.56) und bestimmen die Zweitorparameter der derart modifizierten Schaltung. Deren Knotenadmittanzmatrix lesen wir aus Abbildung 5.13 ab und erhalten

$$\underline{Y}^K_{Zweitor} = \left(\begin{array}{c|c} \underline{\boldsymbol{Y}}^K_{11} & \underline{\boldsymbol{Y}}^K_{12} \\ \hline \underline{\boldsymbol{Y}}^K_{21} & \underline{\boldsymbol{Y}}^K_{22} \end{array}\right) = \left(\begin{array}{cc|c} G+\underline{Y}_1 & -\underline{Y}_1 & -G \\ -\underline{Y}_1 & G+\underline{Y}_1 & -G \\ \hline -G & -G & 2G+\dfrac{G^2}{\underline{Y}_1} \end{array}\right) \tag{5.57}$$

mit den neuen Untermatrizen entsprechend der Einteilung in Gleichung (5.57).

Für die Zweitor-Admittanzmatrix folgt dann wieder nach Gleichung (5.52)

$$\underline{\boldsymbol{Y}} = \begin{pmatrix} G+\underline{Y}_1 & -\underline{Y}_1 \\ -\underline{Y}_1 & G+\underline{Y}_1 \end{pmatrix} - \begin{pmatrix} -G \\ -G \end{pmatrix} (2G+\frac{G^2}{\underline{Y}_1})^{-1} \cdot (-G \;\; -G) \tag{5.58}$$

und ausmultipliziert

$$\underline{\boldsymbol{Y}} = \frac{1}{G+2\underline{Y}_1} \begin{pmatrix} G^2+2G\underline{Y}_1+2\underline{Y}_1^2 & -2(\underline{Y}_1^2+G\underline{Y}_1) \\ -2(\underline{Y}_1^2+G\underline{Y}_1) & G^2+2G\underline{Y}_1+2Y\underline{Y}_1^2 \end{pmatrix} . \tag{5.59}$$

Der Vorzug des beschriebenen Verfahrens besteht darin, dass die Matrix $\underline{\boldsymbol{Y}}^K$ auch für komplizierte Netzwerke der betrachteten Art direkt und ohne Rechnung angegeben werden kann, und damit auch die benötigten Untermatrizen sofort feststehen. Gleichung (5.52) wird dann üblicherweise mit einem Rechnerprogramm ausgewertet.

Mit einer Transformation der Knotenadmittanzmatrix lässt sich das beschriebene Verfahren auch auf Schaltungen mit fehlendem gemeinsamen Bezugspol der zugänglichen Tore erweitern.

Literatur: [8], [11], [20]

5.4 Streumatrix eines Mehrtors

5.4.1 Definition der Wellengrößen

Bei den bisher behandelten Matrixbeschreibungen, der Impedanz- und Admittanzmatrix, werden die Zustandsgrößen „Torspannungen" und „Torströme" als Absolutgrößen miteinander verknüpft. Die äußere Beschaltung spielt dabei keine Rolle; bei der messtechnischen Ermittlung der Koeffizienten dieser Matrizen werden bevorzugt Kurzschlüsse und Leerläufe verwendet, was bei hohen Frequenzen und/oder aktiven Schaltungen zu Stabilitätsproblemen führen kann. Die Streumatrix hingegen verknüpft normierte Torgrößen, und als Normierungsgrößen werden zweckmäßigerweise die Widerstände der äußeren Beschaltung gewählt. Ein solcher Betriebszustand sei durch die Beschaltung eines jeden Tores mit einer Spannungsquelle mit ohmschem Innenwiderstand gemäß Abbildung 5.14 realisiert. Für diesen Betriebsfall ist das Übertragungsverhalten von einem beliebigen Tor zu allen anderen sowie die Anpassung eines jeden Tores an die jeweilige Quelle gesucht.

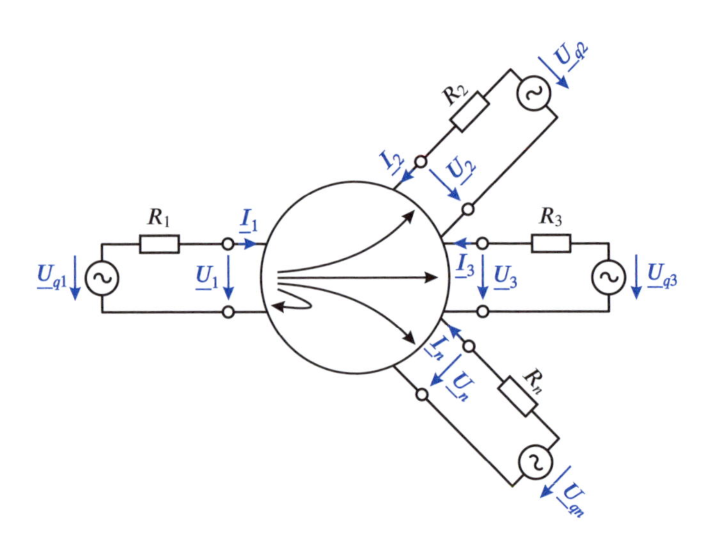

Abbildung 5.14: Betrieb eines n-Tors

Zur Bildung der durch die Streumatrix verknüpften Wellengrößen führen wir eine Transformation des Variablenpaares $\underline{U}_i$ und $\underline{I}_i$ des Tores i in ein neues Variablenpaar $\underline{a}_i$ und $\underline{b}_i$ durch, und zwar entsprechend der Definition

$$\underline{a}_i = \frac{\underline{U}_i + R_i \cdot \underline{I}_i}{2 \cdot \sqrt{R_{N_i}}} = \frac{\underline{U}_{qi}}{2 \cdot \sqrt{R_{N_i}}} \tag{5.60}$$

und

$$\underline{b}_i = \frac{\underline{U}_i - R_i \cdot \underline{I}_i}{2 \cdot \sqrt{R_{N_i}}} = \frac{2\underline{U}_i - \underline{U}_{qi}}{2 \cdot \sqrt{R_{N_i}}} \tag{5.61}$$

mit den Größen $\underline{U}_i$, $\underline{I}_i$, R_i und $\underline{U}_{qi}$ entsprechend Abbildung 5.15, sowie R_{N_i}, einem zunächst beliebigen Normierungswiderstand für das Tor i. Es ist jedoch zweckmäßig, $R_{N_i} = R_i$ zu wählen; wir erhalten dann aus den Gleichungen (5.60) und (5.61) für die eindeutig umkehrbare Variablentransformation

$$\frac{\underline{U}_i}{\sqrt{R_i}} = \underline{a}_i + \underline{b}_i \tag{5.62}$$

$$\underline{I}_i \cdot \sqrt{R_i} = \underline{a}_i - \underline{b}_i\,. \tag{5.63}$$

Die Spannung $\underline{U}_i$ an einem Klemmenpaar lässt sich deuten als additive Überlagerung zweier Teilspannungen, und der Torstrom $\underline{I}_i$ als Differenz zweier Teilströme. Wenn wir diese Teilspannungen mit $\underline{U}_i^+$ und $\underline{U}_i^-$, und die Teilströme mit $\underline{I}_i^+$ und $\underline{I}_i^-$ bezeichnen, so ordnen wir das Zustandspaar $\underline{U}_i^+, \underline{I}_i^+$ modellhaft einer „Welle" zu, die sich auf das Tor i zu bewegt, und auch Leistung in Richtung dieses Tores schickt. Die Größen $\underline{U}_i^-, \underline{I}_i^-$ sind bei dieser Interpretation dann einer „Welle" zuzuordnen, die sich vom Tor i wegbewegt. Mit dieser formalen Betrachtung und den in Abbildungen 5.15 definierten Bezugsrichtungen können wir schreiben:

$$\underline{U}_i = \underline{U}_i^+ + \underline{U}_i^- \tag{5.64}$$

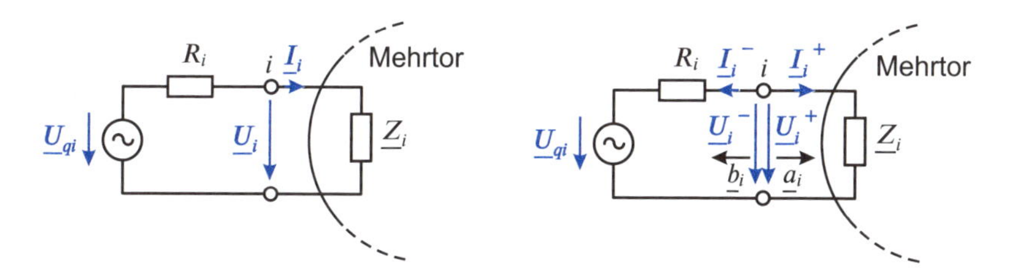

Abbildung 5.15: Bezugsgrößen zur Definition der Torwellen

und

$$\underline{I}_i = \underline{I}_i^+ - \underline{I}_i^- \tag{5.65}$$

mit $\underline{U}_i^+ = R_i \cdot \underline{I}_i^+$ und $\underline{U}_i^- = R_i \cdot \underline{I}_i^-$.

Für die Wellengrößen $\underline{a}_i$ und $\underline{b}_i$ folgt dann

$$\underline{a}_i = \frac{\underline{U}_i^+}{\sqrt{R_i}} = \underline{I}_i^+ \cdot \sqrt{R_i} \tag{5.66}$$

und

$$\underline{b}_i = \frac{\underline{U}_i^-}{\sqrt{R_i}} = \underline{I}_i^- \cdot \sqrt{R_i}\,. \tag{5.67}$$

Wir können also in dieser physikalischen Interpretation $\underline{a}_i$ als eine durch die Spannung $\underline{U}_i^+$ oder den Strom $\underline{I}_i^+$ und den Beschaltungs- und Normierungswiderstand R_i beschriebene Welle auffassen, die in das Tor i hineinfließt. Entsprechend wird durch $\underline{U}_i^-, \underline{I}_i^-$ und R_i die vom Tor i wegfließende Welle beschrieben. Die Bezugspfeile für $\underline{U}_i^+, \underline{I}_i^+, \underline{U}_i^-$ und $\underline{I}_i^-$, sowie die Richtungspfeile für die Wellen $\underline{a}_i$ und $\underline{b}_i$ sind in Abbildung 5.15 gegeben.

Auf die Berechnung der Größen $\underline{U}_i^+, \underline{I}_i^+$ und $\underline{U}_i^-, \underline{I}_i^-$ aus den gegebenen Größen $\underline{U}_{qi}$, R_i und $\underline{Z}_i$ in einer konkreten Schaltung werden wir später zurückkommen.

Die Beschreibung des elektromagnetischen Geschehens durch Wellen spiegelt insbesondere auf Leitungen bei höheren Frequenzen die physikalische Realität direkt wider, sie ist aber auch bei Schaltungen aus rein konzentrierten Bauelementen bei der wichtigen Frage des Betriebsverhaltens einer Schaltung vorteilhaft anwendbar.

5.4.2 Definition einer Streumatrix

Da nun jedes Tor durch zwei Wellen vollständig beschrieben ist, können wir die reflektierten Wellen als Funktion der zufließenden Wellen entsprechend Gleichung (5.68) darstellen.

$$\begin{pmatrix} \underline{b}_1 \\ \underline{b}_2 \\ \vdots \\ \underline{b}_n \end{pmatrix} = \begin{pmatrix} \underline{S}_{11} & \underline{S}_{12} & \cdots & \underline{S}_{1n} \\ \underline{S}_{21} & \underline{S}_{22} & \cdots & \underline{S}_{2n} \\ \vdots & & & \\ \underline{S}_{n1} & \underline{S}_{n2} & \cdots & \underline{S}_{nn} \end{pmatrix} \begin{pmatrix} \underline{a}_1 \\ \underline{a}_2 \\ \vdots \\ \underline{a}_n \end{pmatrix} \tag{5.68}$$

oder abgekürzt

$$\underline{\boldsymbol{B}} = \underline{\boldsymbol{S}} \cdot \underline{\boldsymbol{A}} \,. \tag{5.69}$$

Die Streumatrix $\underline{\boldsymbol{S}}$ ist folglich eine n^2-Matrix mit den Streuparametern $\underline{S}_{\mu\nu}$. Diese sind, entsprechend der Definition der Wellengrößen, auch von den Normierungs-/Beschaltungswiderständen abhängig. Die am Tor μ abfließende Welle $\underline{b}_\mu$ stellt eine Linearkombination der mit dem jeweiligen Streuparameter gewichteten, zufließenden Wellen $\underline{a}_1 \ldots \underline{a}_n$ dar. Um also den Streuparameter $\underline{S}_{\mu\nu}$ zu bestimmen, müssen alle $\underline{a}_{i\neq\nu} = 0$ gesetzt werden, d. h. alle $\underline{U}_{qi\neq\nu} = 0$ sein. Die Innenwiderstände der Spannungsquellen verbleiben als passive Torabschlüsse jedoch in der Schaltung.

5.4.3 Bedeutung der Streuparameter

Der Streukoeffizient $\underline{S}_{\mu\nu}$ ist also definiert über

$$\underline{S}_{\mu\nu} = \left.\frac{\underline{b}_\mu}{\underline{a}_\nu}\right|_{a_{i\neq\nu}=0} \tag{5.70}$$

und beschreibt das Transmissionsverhalten vom Tor ν zum Tor μ.

Für den Koeffizienten $\underline{S}_{\nu\nu}$, der das Reflexionsverhalten des Tores ν beschreibt, gilt

$$\underline{S}_{\nu\nu} = \left.\frac{\underline{b}_\nu}{\underline{a}_\nu}\right|_{a_{i\neq\nu}=0} . \tag{5.71}$$

Dementsprechend werden die $\underline{S}_{\mu\nu}$ als Transmissions- und die $\underline{S}_{\nu\nu}$ als Reflexionskoeffizienten bezeichnet. Da die Wellengrößen $\underline{a}$ und $\underline{b}$ allgemein komplex sind, gilt dies auch für die Streuparameter.

Wir untersuchen zunächst den Streuparameter $\underline{S}_{\mu\nu}$ weiter und schreiben mit den Definitionsgleichungen (5.60) und (5.61), sowie mit $\underline{U}_{q_{i\neq\nu}} = 0$

$$\underline{b}_\mu = \frac{2 \cdot \underline{U}_\mu}{2 \cdot \sqrt{R_\mu}} \,; \quad \underline{a}_\nu = \frac{\underline{U}_{q\nu}}{2 \cdot \sqrt{R_\nu}} \tag{5.72}$$

und daraus, mit Gleichung (5.70)

$$\underline{S}_{\mu\nu} = 2 \frac{\underline{U}_\mu}{\underline{U}_{q\nu}} \cdot \left.\sqrt{\frac{R_\nu}{R_\mu}}\right|_{\underline{U}_{qi\neq\nu}=0} . \tag{5.73}$$

Für die absorbierte Wirkleistung am Widerstand R_μ der Tores μ gilt

$$P_{p\mu} = \frac{1}{2} \frac{|\underline{U}_\mu|^2}{R_\mu} \tag{5.74}$$

und für die am Tor ν verfügbare Leistung

$$P_{p\nu,max} = \frac{|\underline{U}_{q\nu}|^2}{8R_\nu} = \frac{1}{2} |\underline{a}_\nu|^2 \,. \tag{5.75}$$

Daraus folgt für die Leistungsübertragung vom Tor ν zum Tor μ

$$\frac{P_{p\mu}}{P_{p\nu,max}} = 4\frac{|\underline{U}_{\mu}|^2}{|\underline{U}_{q\nu}|^2} \cdot \frac{R_\nu}{R_\mu} = |\underline{S}_{\mu\nu}|^2 \tag{5.76}$$

oder auch

$$P_{p\mu} = \frac{1}{2}|\underline{a}_\nu|^2 \cdot |\underline{S}_{\mu\nu}|^2. \tag{5.77}$$

Der Streuparameter $\underline{S}_{\mu\nu}$ wird auch als Betriebsübertragungsfaktor oder Transmittanz vom Tor ν zum Tor μ bezeichnet.

Da die Streuparameter dimensionslos sind, folgt aus Gleichung (5.77), dass die Wellengrößen die Dimension $\sqrt{\text{Leistung}}$ haben.

Betrachten wir nun noch die vom Tor ν absorbierte Wirkleistung. Für diese können wir schreiben

$$P_{p\nu} = \frac{1}{2}\mathrm{Re}\{\underline{U}_\nu \cdot \underline{I}_\nu^*\} = \frac{1}{2}\mathrm{Re}\{\sqrt{R_\nu} \cdot (\underline{a}_\nu + \underline{b}_\nu) \cdot \frac{1}{\sqrt{R_\nu}} \cdot (\underline{a}_\nu^* - \underline{b}_\nu^*)\} \tag{5.78}$$

oder

$$P_{p\nu} = \frac{1}{2}(|\underline{a}_\nu|^2 - |\underline{b}_\nu|^2) = P_{p\nu}^+ - P_{p\nu}^- . \tag{5.79}$$

Die vom Tor ν absorbierte Leistung ist also gleich der verfügbaren Leistung der Quelle abzüglich der vom Tor ν reflektierten Leistung.

Für das Verhältnis von reflektierter zu zufließender Welle am Tor ν gilt mit Gleichung (5.60) und (5.61)

$$\underline{S}_{\nu\nu} = \frac{\underline{b}_\nu}{\underline{a}_\nu} = \frac{\underline{U}_\nu - \underline{R}_\nu \cdot \underline{I}_\nu}{\underline{U}_\nu + \underline{R}_\nu \cdot \underline{I}_\nu} = \frac{\underline{U}_\nu/\underline{I}_\nu - R_\nu}{\underline{U}_\nu/\underline{I}_\nu + R_\nu} = \frac{\underline{Z}_\nu - R_\nu}{\underline{Z}_\nu + R_\nu} . \tag{5.80}$$

$\underline{S}_{\nu\nu}$ kann als Reflexionsfaktor des Tores ν in der gegebenen Schaltung interpretiert werden und wird auch Eigenreflexionskoeffizient des Tores ν genannt. Zu beachten ist, dass die Impedanz $\underline{Z}_\nu$ kein konkretes Bauelement beschreibt, sondern die Eingangsimpedanz des Netzwerks am Tor ν in der gegebenen Beschaltung darstellt.

Gleichung (5.80) zeigt, dass Tor ν für den Fall $\underline{Z}_\nu = R_\nu$ eigenreflexionsfrei ist und damit die verfügbare Leistung der Quelle vom Tor ν aufgenommen wird.

Wenn die Schaltung nur aus L, C, R und Übertragern aufgebaut, also reziprok ist, gilt

$$\underline{S}_{\mu\nu} = \underline{S}_{\nu\mu} . \tag{5.81}$$

■ Beispiel:

Abschließend wollen wir für das einfache Beispiel einer Dreitor-Parallelverzweigung nach Abbildung 5.16a die Streuparameter bestimmen. Für die Beschaltung der drei

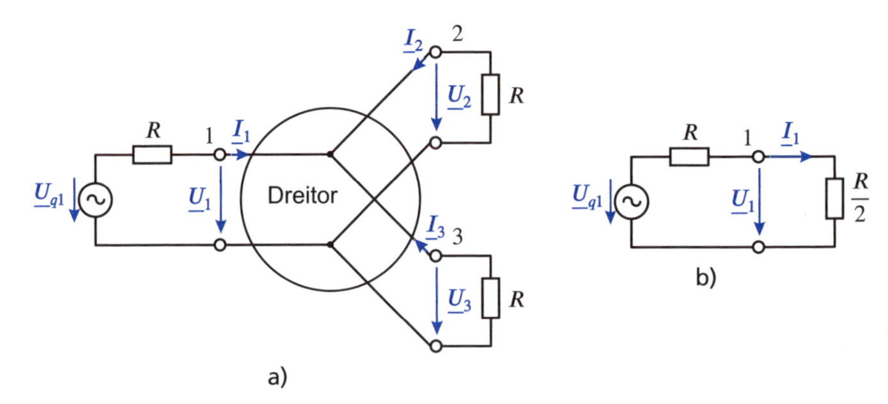

Abbildung 5.16: Dreitor-Parallelverzweigung
a) Gesamtschaltung, b) Ersatzschaltung für Tor 1

Tore gelte: $R_1 = R_2 = R_3 = R$. Wegen der Symmetrie der Schaltung sind die Reflexionsfaktoren aller Tore gleich, also $\underline{S}_{11} = \underline{S}_{22} = \underline{S}_{33}$, und es genügt ein Quellenanschluss lediglich an einem Tor, um alle Koeffizienten zu bestimmen. Nach Abbildung 5.16b und Gleichung (5.80) berechnet sich der Reflexionsfaktor $\underline{S}_{11}$ mit $\underline{Z}_1 = R/2$ und $R_1 = R$ zu

$$\underline{S}_{11} = -\frac{1}{3} . \tag{5.82}$$

Da außerdem $\underline{U}_1 = \underline{U}_2 = \underline{U}_3 = \frac{1}{3}\underline{U}_{q1}$ gilt, folgt mit Gleichung (5.73)

$$\underline{S}_{21} = \underline{S}_{31} = \frac{2}{3} . \tag{5.83}$$

Auf Grund der Reziprozität des Dreitors ergibt sich also für seine Streumatrix

$$\underline{\boldsymbol{S}} = \frac{1}{3}\begin{pmatrix} -1 & 2 & 2 \\ 2 & -1 & 2 \\ 2 & 2 & -1 \end{pmatrix} . \tag{5.84}$$

Für manche Schaltungen, auch für die obige, existiert entweder die Admittanzmatrix oder die Impedanzmatrix nicht, oder es existieren beide nicht. Die Streumatrix kann hingegen immer angegeben werden.

Wir werden auf die Ergebnisse dieses Abschnitts bei den Zweitorbetrachtungen des nächsten Kapitels nochmals detailliert eingehen.

Literatur: [3], [6], [11]

Zweitore

6

ÜBERBLICK

Zweitore sind in der Praxis die wichtigste Schaltungsgruppe, weshalb auch ihre Analyse in Form der Vierpoltheorie am Anfang der Entwicklung einer allgemeinen Netzwerktheorie stand.

Für die Analyse sind Zweitore abgeschlossene Kästen mit vier Anschlussklemmen (Polen), deren schaltungstechnischer Inhalt bekannt sein kann, im Allgemeinen aber unbekannt ist. Als Spezialfall eines allgemeinen Vierpols werden beim Zweitor durch Aufbau und Funktion jeweils zwei Klemmen zu einem Tor einander fest zugeordnet. Die Beschreibung der Eigenschaften des Zweitors erfolgt ausschließlich über die beiden Torspannungen und Torströme, oder den von diesen Größen abgeleiteten, normierten Wellengrößen.

Zweitore lassen sich unterteilen in passive Zweitore, die keine unabhängigen Quellen beinhalten, und aktive Zweipole mit unabhängigen oder auch mit gesteuerten Quellen.

Unsere Untersuchungen konzentrieren sich auf passive Zweitore mit Widerständen, Spulen, Kondensatoren und Übertragern, so genannten *RLCü*-Schaltungen. Lediglich in einem Abschnitt werden wir die Matrizen gesteuerter Quellen, sowie eine Beschreibung von Zweitoren mit unabhängigen Quellen behandeln.

Wir beschränken uns weiterhin auf lineare, zeitunabhängige Schaltungen im eingeschwungenen Zustand ($\underline{s} = j\omega$).

Für die positiv zu zählenden Spannungen und Ströme am Zweitor legen wir ausschließlich die symmetrische Bepfeilung gemäß Abbildung 6.1 zu Grunde. Die aus den Klemmen $1'$ bzw. $2'$ herausfließenden Ströme werden üblicherweise nicht eingezeichnet, da sie bei Einhaltung der Torbedingung gleich den in die Klemmen 1 bzw. 2 hineinfließenden Strömen sind.

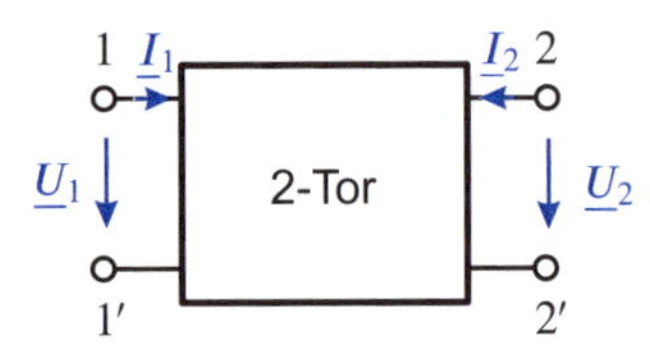

Abbildung 6.1: Bezugspfeile für positive Spannungs- und Stromrichtungen

6.1 Torbedingung

Den Übergang von einem allgemeinen Vierpol zu dem speziellen Betriebsfall des Zweitors zeigt Abbildung 6.2.

Beim allgemeinen Vierpol gemäß Abbildung 6.2 a lässt sich für die Klemmenströme nur die Beziehung

$$\underline{I}_1 + \underline{I}_2 + \underline{I}_3 + \underline{I}_4 = 0 \tag{6.1}$$

anschreiben.

Beim Übergang zum Zweitor wird z. B. die Klemme 2 der Klemme 1 zugeordnet und in Klemme $1'$ umbenannt. In gleicher Weise erfolgt die Zuordnung der Klemme 4 zur Klemme 3 und die Umbenennung in das Klemmenpaar 2-$2'$. Das Klemmenpaar 1–$1'$ bildet dann das Tor 1 und das Klemmenpaar 2-$2'$ das Tor 2.

Wenn dafür gesorgt wird, dass beim Zweitor der Abbildung 6.2b $\underline{I}_1 = \underline{I}'_1$ gilt, folgt mit Gleichung (6.1) auch $\underline{I}_2 = \underline{I}'_2$.

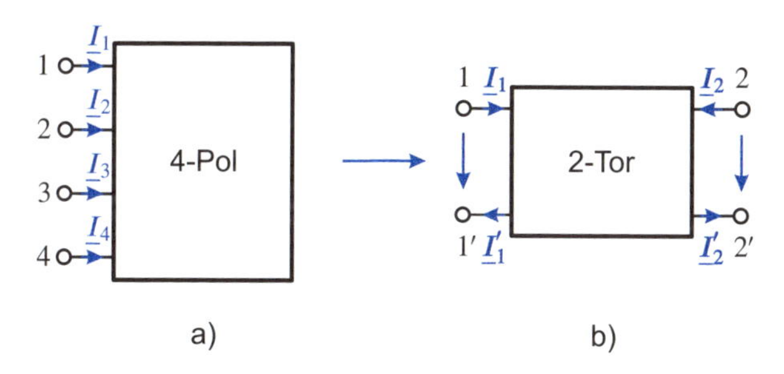

Abbildung 6.2: Vom Vierpol zum Zweitor a) Vierpol b) Zweitor

Die Forderung nach Gleichheit des in eine Torklemme hineinfließenden Stromes mit dem aus der anderen Klemme herausfließenden Stromes nennt man Torbedingung. Ist die Torbedingung an einem Tor eines Zweitors erfüllt, so ist sie es auch beim zweiten. Die Einhaltung der Torbedingung ist Grundlage aller Zweitorbetrachtungen, und somit auch unabdingbare Voraussetzung für die in den folgenden Abschnitten behandelten Matrixbeschreibungen.

In der Literatur wird häufig von einem Vierpol *oder* einem Zweitor gesprochen. Um die speziellen Betriebsbedingungenen herauszuheben, wollen wir auf den Begriff Vierpol daher verzichten, wenn die erwähnten Torbedingungen erfüllt sind.

Theoretisch kann die Torbedingung leicht dadurch erfüllt werden, dass die äußere Beschaltung der Torklemmen mit Zweipolen (Eintoren) erfolgt. Dabei darf die Verbindung eines Zweipols mit einem Zweitor ausschließlich über die beiden Klemmen *eines* Tores erfolgen. Der Zweipol selbst kann mit einer unabhängigen Quelle aktiv (Eintor-Quelle), oder aber auch rein passiv sein.

Diese eben erwähnte, scheinbar leicht zu erfüllende Forderung kann in der Praxis bei höheren Frequenzen dann zu Problemen führen, wenn dem Schaltungsaufbau und dem Schaltungsumfeld zu wenig Aufmerksamkeit gewidmet wird.

So befindet sich eine reale Schaltung oft in der Nähe ausgedehnter, leitender Flächen, z. B. eines Metallgehäuses. Je nach Schaltungsaufbau ist nun von verschiedenen Punkten des Zweitores und seiner Beschaltung mit Kapazitäten zu den leitenden Flächen zu rechnen, die das gewünschte Zweitorverhalten verfälschen und auch die Torbedingung verletzen können.

Ein Beispiel dafür zeigt Abbildung 6.3.

Hier ist bei einer Zweitorschaltung mit $\underline{Z}_1$, $\underline{Z}_2$, $\underline{Z}_3$ und einer Beschaltung mit den nominellen Eintoren $\underline{U}_q$ und $\underline{Z}_L$ im Prinzip die Torbedingung erfüllt. Durch die Wirkung der unerwünschten, parasitären Kapazitäten C_1, C_2, C_3 und C_4 zum metallischen Gehäuse (Masse, Erde) wird diese Torbedingung jedoch verletzt, wie ein möglicher Stromweg des Stromes $\underline{I}_P$ verdeutlicht, der seinen Weg zwar über die Klemme 1′, nicht aber über die Klemme 1 findet, also $\underline{I}_1 \neq \underline{I}'_1$ bewirkt.

Bei einem realen Schaltungsaufbau gilt es nun, parasitäre Schaltungselemente (zumindest zu den an das Zweitor angeschlossenen Eintoren) in ihrer Wirkung zu minimieren. Da sie sich aber nie ganz vermeiden lassen, muss, wenn dies möglich ist, der gesamte Schaltungsaufbau so gestaltet werden, dass zumindest die Torbedingung erfüllt wird. Dies kann mit zwei unterschiedlichen Schaltungskonzepten erreicht werden, nämlich einem erdsymmetrischen und einem erdgebundenen Schaltungsaufbau.

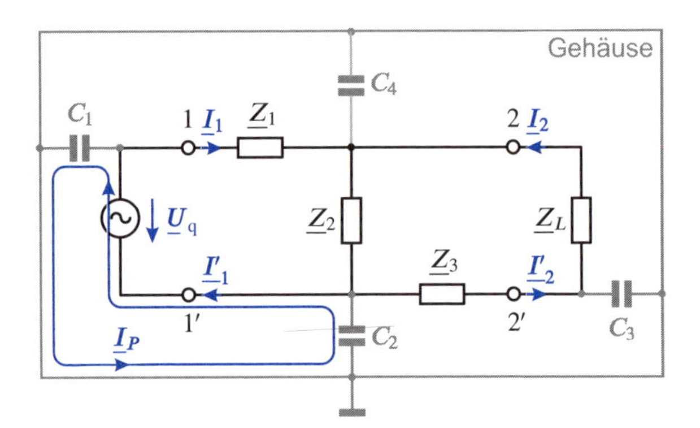

Abbildung 6.3: Verletzung der Torbedingung durch parasitäre Kapazitäten

Bei einer erdsymmetrischen Schaltung muss der innere Aufbau des Zweitors so gewählt werden, dass die gewünschten Eigenschaften mit einer längssymmetrischen Schaltung erzielt werden. Wird dann die Einbettung des beschalteten Zweitors in die „Umgebung" (Gehäuse) ebenfalls symmetrisch gestaltet, so garantiert die resultierende Längssymmetrie der Gesamtanordnung die Erfüllung der Torbedingung, da die Ströme durch die parasitären Kapazitäten die Klemmenströme eines Tors gleichanteilig verändern.

Abbildung 6.4 zeigt das Prinzip eines erdsymmetrischen Schaltungsaufbaus.

Oftmals besteht die Notwendigkeit, von erdgebundenen Eintoren auf erdsymmetrische Schaltungen überzugehen. Abbildung 6.5 zeigt, wie dies mit so genannten

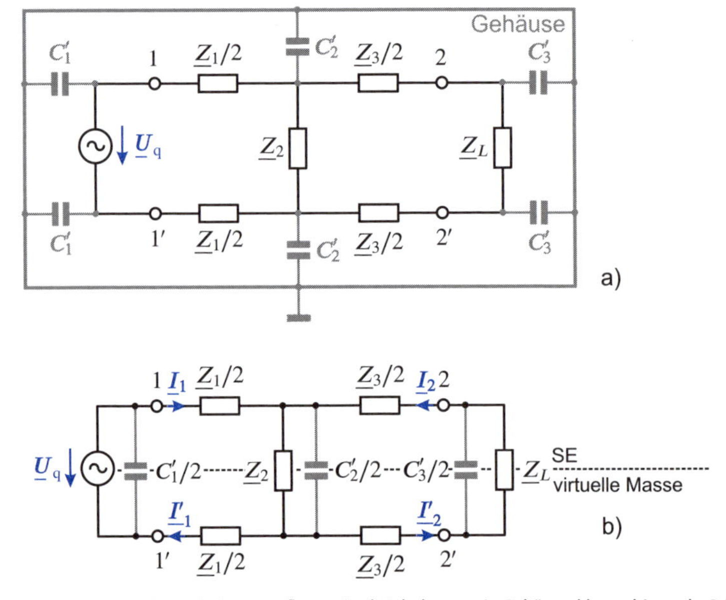

Abbildung 6.4: Erdsymmetrischer Schaltungsaufbau mit a) Schaltung mit Gehäuse b) resultierende Schaltung mit einer Symmetrieebene SE

Abbildung 6.5: Schaltung mit Symmetrierübertragern

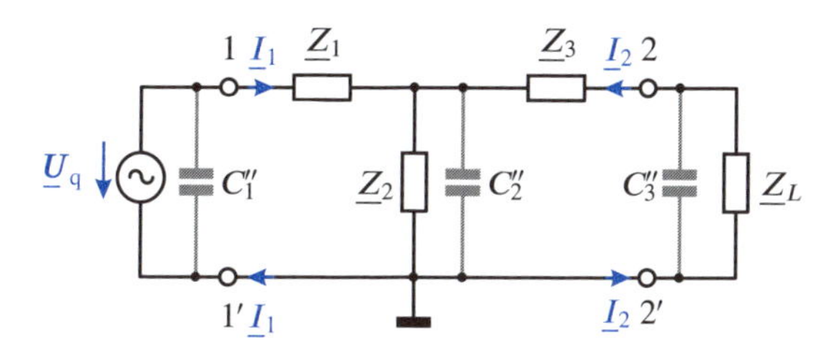

Abbildung 6.6: Erdgebundene Schaltung mit parasitären Kapazitäten

Symmetrierübertragern erreicht werden kann, die in der Mitte der Sekundärwicklung jeweils einen Masseanschluss aufweisen.

Erdsymmetrische Schaltungen gewinnen in der modernen Kommunikationselektronik zunehmend an Bedeutung; einer ihrer Vorzüge ist die relative Unempfindlichkeit gegenüber Störsignalen, die häufig von erdgebundenen Quellen stammen.

Die zweite Möglichkeit, die Einhaltung der Torbedingung zu erzwingen, ist die Verwendung erdunsymmetrischer, erdgebundener Schaltungen. Unter einem erdgebundenen Zweitor versteht man eine Schaltung, die eine Durchverbindung von einem Pol des Tores 1 zu einem Pol des Tores 2 aufweist, und bei der diese Durchverbindung auf Masse gelegt wird. Die Schaltung nach Abbildung 6.4 müsste somit gemäß Abbildung 6.6 modifiziert werden.

Die hier auftretenden parasitären Kapazitäten C_1'', C_2'', C_3'' beeinflussen zwar weiterhin die Schaltungseigenschaften und müssen bei der Analyse berücksichtigt werden, sie stören aber nicht die Einhaltung der Torbedingung.

Erdgebundene Zweitore sind leichter aufzubauen als erdsymmetrische; sie werden deshalb in der Praxis am häufigsten verwendet.

Erdgebundene Zweitore sind Dreipole; sie werden deshalb trotz ihrer vier Anschlussklemmen auch als „unechte“ Vierpole bezeichnet.

Im Abschnitt über die Zusammenschaltung von Zweitoren werden wir feststellen, dass insbesondere bei der Serien- und Parallelschaltung von Zweitoren auf die Einhaltung der Torbedingung geachtet werden muss.

Literatur: [6], [11]

6.2 Zweitorgleichungen in Matrixform

6.2.1 Mögliche Matrixbeschreibungen

Ein Zweitor lässt sich in seinen Eigenschaften durch die an seinen Toren feststellbaren Spannungen und Ströme beschreiben. Wenn zwei dieser Größen als voneinander unabhängige Ursachen betrachtet werden können, so ergeben sich für die anderen beiden, abhängigen Größen (Wirkungen) bei Anwendung des Überlagerungssatzes zwei Gleichungen. Bei den zur Verfügung stehenden vier Torgrößen lassen sich sechs Kombinationspaare finden, die in Abhängigkeit der anderen dargestellt werden können.

Die sechs Beschreibungsmöglichkeiten des Zweitors sind in Tabelle 6.1 aufgeführt.

Von den betrachteten Darstellungsarten sind die Admittanz-, die Impedanz-, die Hybridform 1 und die Kettenform von Bedeutung; wir wollen uns bei den weiteren Untersuchungen auf diese vier Darstellungsmöglichkeiten konzentrieren.

Eine Sonderstellung nimmt die Streumatrix als Beschreibungsform für ein Zweitor ein. Daher behandeln wir sie in einer separaten Darstellung in Abschnitt 6.9.

Prinzipiell sind alle Matrizen gleichwertig, beschreiben das Zweitor vollständig und sind ineinander überführbar, sofern sie existieren. Oft ist es jedoch zweckmäßig, eine bestimmte Beschreibungsform zu bevorzugen; dies hängt entweder vom Aufbau des Zweitors, meist jedoch von seiner Einbettung in eine umgebende Schaltung ab.

Voraussetzung für die Gültigkeit der in der Tabelle aufgeführten Gleichungen ist, dass die beiden Ursachen voneinander unabhängig sind. Beispielsweise dürfen in der Admittanzform die beiden Spannungen $\underline{U}_1$ und $\underline{U}_2$ nicht voneinander abhängig sein und in der Impedanzform müssen $\underline{I}_1$ und $\underline{I}_2$ voneinander unabhängig sein. Ist das nicht der Fall, so existiert die entsprechende Matrix nicht, wie aus den Beispielen der Abbildung 6.7 hervorgeht.

Tabelle 6.1

Die sechs Beschreibungsmöglichkeiten des Zweitors

Art / Matrix	Gleichungen	Matrixdarstellung
Admittanzform / Admittanzmatrix $\underline{\boldsymbol{Y}}$	$\underline{I}_1 = \underline{Y}_{11} \cdot \underline{U}_1 + \underline{Y}_{12} \cdot \underline{U}_2$ $\underline{I}_2 = \underline{Y}_{21} \cdot \underline{U}_1 + \underline{Y}_{22} \cdot \underline{U}_2$	$\begin{pmatrix} \underline{I}_1 \\ \underline{I}_2 \end{pmatrix} = \underline{\boldsymbol{Y}} \cdot \begin{pmatrix} \underline{U}_1 \\ \underline{U}_2 \end{pmatrix}$
Impedanzform / Impedanzmatrix $\underline{\boldsymbol{Z}}$	$\underline{U}_1 = \underline{Z}_{11} \cdot \underline{I}_1 + \underline{Z}_{12} \cdot \underline{I}_2$ $\underline{U}_2 = \underline{Z}_{21} \cdot \underline{I}_1 + \underline{Z}_{22} \cdot \underline{I}_2$	$\begin{pmatrix} \underline{U}_1 \\ \underline{U}_2 \end{pmatrix} = \underline{\boldsymbol{Z}} \cdot \begin{pmatrix} \underline{I}_1 \\ \underline{I}_2 \end{pmatrix}$
Hybridform 1/ Reihenparallelmatrix $\underline{\boldsymbol{H}}$	$\underline{U}_1 = \underline{H}_{11} \cdot \underline{I}_1 + \underline{H}_{12} \cdot \underline{U}_2$ $\underline{I}_2 = \underline{H}_{21} \cdot \underline{I}_1 + \underline{H}_{22} \cdot \underline{U}_2$	$\begin{pmatrix} \underline{U}_1 \\ \underline{I}_2 \end{pmatrix} = \underline{\boldsymbol{H}} \cdot \begin{pmatrix} \underline{I}_1 \\ \underline{U}_2 \end{pmatrix}$
Hybridform 2/ Parallelreihenmatrix $\underline{\boldsymbol{C}}$	$\underline{I}_1 = \underline{C}_{11} \cdot \underline{U}_1 + \underline{C}_{12} \cdot \underline{I}_2$ $\underline{U}_2 = \underline{C}_{21} \cdot \underline{U}_1 + \underline{C}_{22} \cdot \underline{I}_2$	$\begin{pmatrix} \underline{I}_1 \\ \underline{U}_2 \end{pmatrix} = \underline{\boldsymbol{C}} \cdot \begin{pmatrix} \underline{U}_1 \\ \underline{I}_2 \end{pmatrix}$
Kettenform/ Kettenmatrix $\underline{\boldsymbol{A}}$	$\underline{U}_1 = \underline{A}_{11} \cdot \underline{U}_2 + \underline{A}_{12} \cdot (-\underline{I}_2)$ $\underline{I}_1 = \underline{A}_{21} \cdot \underline{U}_2 + \underline{A}_{22} \cdot (-\underline{I}_2)$	$\begin{pmatrix} \underline{U}_1 \\ \underline{I}_1 \end{pmatrix} = \underline{\boldsymbol{A}} \cdot \begin{pmatrix} \underline{U}_2 \\ -\underline{I}_2 \end{pmatrix}$
Kettenform rückwärts/ Kettenmatrix $\underline{\boldsymbol{B}}$	$\underline{U}_2 = \underline{B}_{11} \cdot \underline{U}_1 + \underline{B}_{12} \cdot (-\underline{I}_1)$ $\underline{I}_2 = \underline{B}_{21} \cdot \underline{U}_1 + \underline{B}_{22} \cdot (-\underline{I}_1)$	$\begin{pmatrix} \underline{U}_2 \\ \underline{I}_2 \end{pmatrix} = \underline{\boldsymbol{B}} \cdot \begin{pmatrix} \underline{U}_1 \\ -\underline{I}_1 \end{pmatrix}$

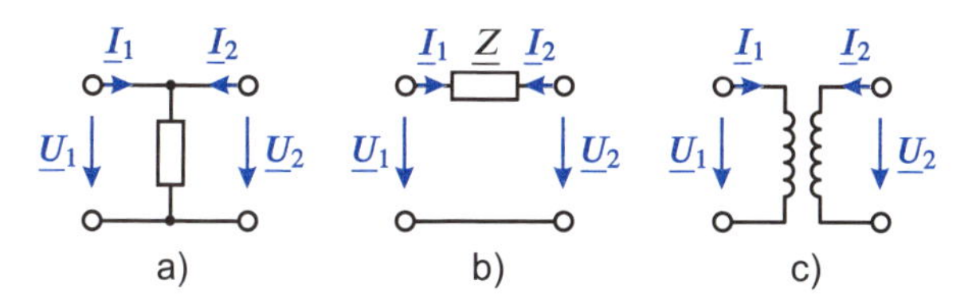

Abbildung 6.7: Beispiele zur Nicht-Existenz bestimmter Matrizen a) $\underline{\boldsymbol{Y}}$ nicht existent, $\underline{\boldsymbol{Z}}$, $\underline{\boldsymbol{A}}$, $\underline{\boldsymbol{H}}$ existent b) $\underline{\boldsymbol{Z}}$ nicht existent, $\underline{\boldsymbol{Y}}$, $\underline{\boldsymbol{A}}$, $\underline{\boldsymbol{H}}$ existent c) idealer Übertrager: $\underline{\boldsymbol{Y}}$ und $\underline{\boldsymbol{Z}}$ nicht existent, $\underline{\boldsymbol{H}}$, $\underline{\boldsymbol{A}}$ existent

Unabhängig von der Darstellungsform lässt sich ein beliebiger Parameter $P_{\mu\nu}$ folgendermaßen aus der Gleichung der Tabelle 6.1 ableiten:

$$P_{\mu\nu} = \left.\frac{\text{Wirkung } \mu}{\text{Ursache } \nu}\right|_{\text{Nebenbedingung: 2. Ursache} = 0} . \tag{6.2}$$

Gleichung (6.2) stellt außerdem eine mögliche Messvorschrift zur experimentellen Bestimmung des jeweiligen Matrixkoeffizienten dar. Da die Nebenbedingung erfordert,

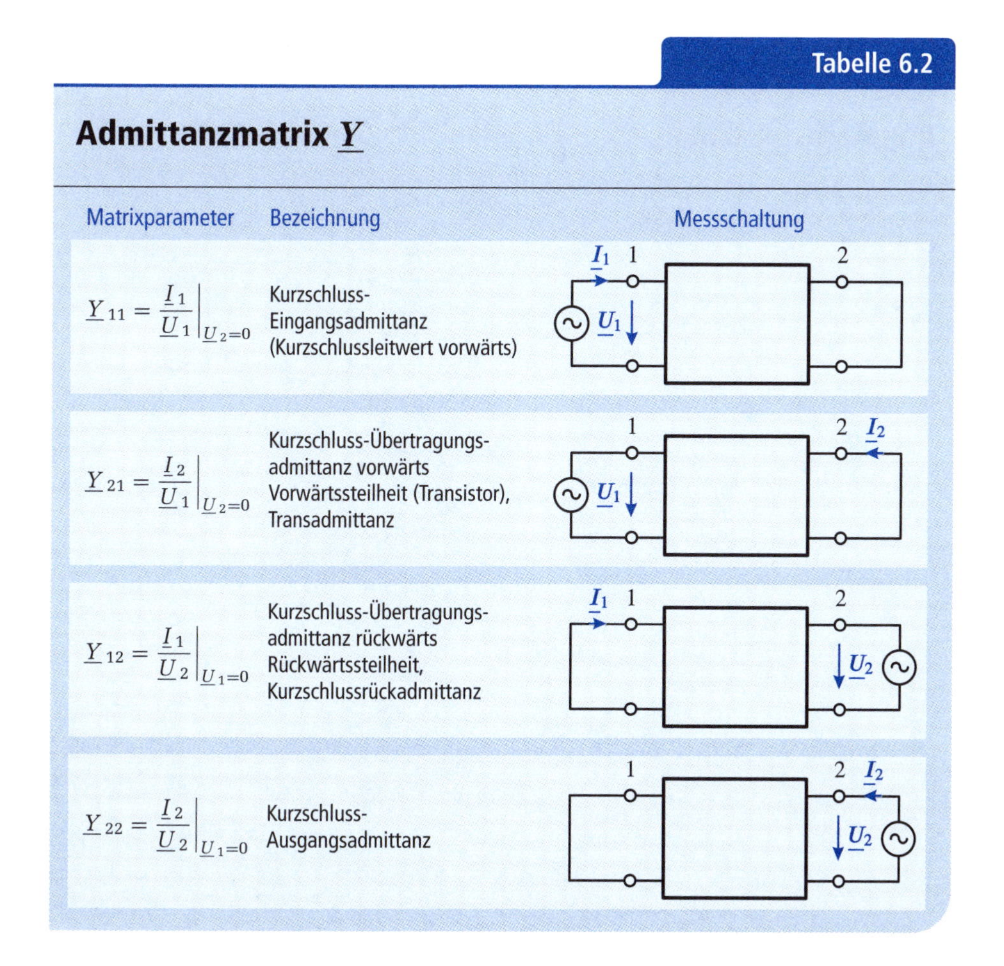

Tabelle 6.2

Admittanzmatrix $\underline{\boldsymbol{Y}}$

Matrixparameter	Bezeichnung	Messschaltung
$\underline{Y}_{11} = \left.\frac{\underline{I}_1}{\underline{U}_1}\right\|_{\underline{U}_2=0}$	Kurzschluss-Eingangsadmittanz (Kurzschlussleitwert vorwärts)	$\underline{I}_1$ 1 2 $\underline{U}_1$
$\underline{Y}_{21} = \left.\frac{\underline{I}_2}{\underline{U}_1}\right\|_{\underline{U}_2=0}$	Kurzschluss-Übertragungsadmittanz vorwärts Vorwärtssteilheit (Transistor), Transadmittanz	1 2 $\underline{I}_2$ $\underline{U}_1$
$\underline{Y}_{12} = \left.\frac{\underline{I}_1}{\underline{U}_2}\right\|_{\underline{U}_1=0}$	Kurzschluss-Übertragungsadmittanz rückwärts Rückwärtssteilheit, Kurzschlussrückadmittanz	$\underline{I}_1$ 1 2 $\underline{U}_2$
$\underline{Y}_{22} = \left.\frac{\underline{I}_2}{\underline{U}_2}\right\|_{\underline{U}_1=0}$	Kurzschluss-Ausgangsadmittanz	1 2 $\underline{I}_2$ $\underline{U}_2$

dass entweder eine Torspannung oder ein Torstrom verschwindet, sind die dazugehörigen Torbeschaltungen entweder Kurzschlüsse oder Leerläufe.

Die möglichen Matrixparameter sind entweder Eintorparameter ($\nu = \mu$) in der Form $\underline{U}_{\mu}/\underline{I}_{\mu}$ oder $\underline{I}_{\mu}/\underline{U}_{\mu}$, haben also entweder die Dimension einer Impedanz oder einer Admittanz, oder es handelt sich um Transferparameter ($\nu \neq \mu$) der Form $\underline{U}_{\mu}/\underline{I}_{\nu}$, $\underline{U}_{\mu}/\underline{U}_{\nu}$, $\underline{I}_{\mu}/\underline{I}_{\nu}$, $\underline{I}_{\mu}/\underline{U}_{\nu}$ mit $\mu, \nu = 1, 2; \mu \neq \nu$ mit unterschiedlichen Dimensionen.

Die wichtigsten Matrixparameter mit ihren in der Literatur üblichen Bezeichnungen und der dazugehörigen Messschaltung sind in den Tabellen 6.2–6.4 aufgeführt. In die Messschaltungen sind die jeweils wirksamen Ursachen entweder in Form von Spannungsquellen oder von Stromquellen eingezeichnet. Für die Berechnung der vier komplexen Parameter einer Matrix müssen also vier komplexe Wirkungsgrößen und zwei komplexe Ursachengrößen bekannt sein.

Von den sechs möglichen Matrixformen in Tabelle 6.1 weisen die Kettenformen gewisse Besonderheiten auf.

Zunächst fällt auf, dass in den Gleichungen zur Kettenmatrix $\underline{\boldsymbol{A}}$ der Strom am Tor 2 als $-\underline{I}_2$ und in der Kettenmatrix $\underline{\boldsymbol{B}}$ der Strom am Tor 1 als $-\underline{I}_1$ aufgeführt sind. Wie

Tabelle 6.3

Impedanzmatrix $\underline{Z}$

Matrixparameter	Bezeichnung	Messschaltung
$\underline{Z}_{11} = \left.\frac{\underline{U}_1}{\underline{I}_1}\right\vert_{\underline{I}_2=0}$	Leerlauf – Eingangsimpedanz	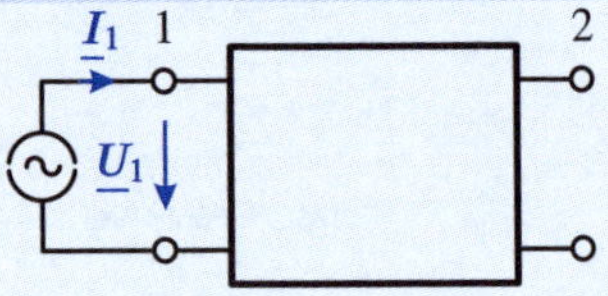 $\underline{I}_1$ 1 2 $\underline{U}_1$
$\underline{Z}_{21} = \left.\frac{\underline{U}_2}{\underline{I}_1}\right\vert_{\underline{I}_2=0}$	Leerlauf – Übertragungsimpedanz vorwärts	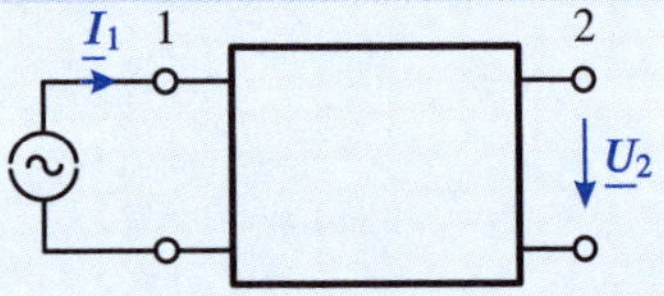 $\underline{I}_1$ 1 2 $\underline{U}_2$
$\underline{Z}_{12} = \left.\frac{\underline{U}_1}{\underline{I}_2}\right\vert_{\underline{I}_1=0}$	Leerlauf – Übertragungsimpedanz rückwärts	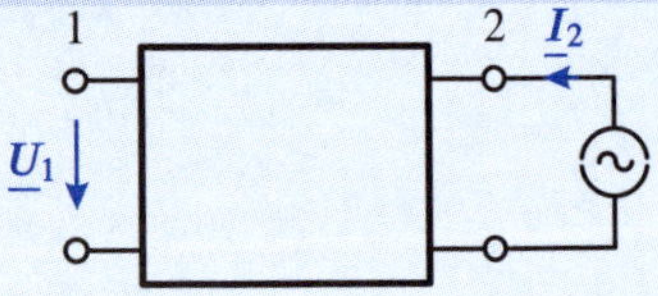 1 2 $\underline{I}_2$ $\underline{U}_1$
$\underline{Z}_{22} = \left.\frac{\underline{U}_2}{\underline{I}_2}\right\vert_{\underline{I}_1=0}$	Leerlauf – Ausgangsimpedanz	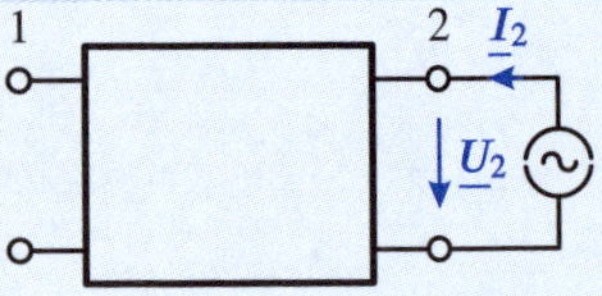 1 2 $\underline{I}_2$ $\underline{U}_2$

wir später noch sehen werden, wird dadurch die Berechnung von Kettenschaltungen von Zweitoren erleichtert.

Das Besondere an der Kettenform ist, dass die Torgrößen (Spannung und Strom) eines Tores durch die des anderen dargestellt werden. Es ist dadurch nicht allgemein möglich, die Größen eines Tores als voneinander unabhängige Ursachen aufzufassen. Es kann also beispielsweise bei der Definition der Matrix $\underline{\boldsymbol{A}}$ am Tor 2 nicht eine Spannung $\underline{U}_2$ angelegt und allgemein $\underline{I}_2 = 0$ gewährleistet werden. Damit kann auch die bei den Matrizen $\underline{\boldsymbol{Y}}$, $\underline{\boldsymbol{Z}}$, $\underline{\boldsymbol{H}}$ und $\underline{\boldsymbol{C}}$ mögliche Anwendbarkeit des Überlagerungssatzes zur Ermittlung der Wirkungsgrößen nicht in einfacher Weise in eine Messvorschrift umgesetzt werden.

Wir können jedoch die in Tabelle 6.1 aufgeführten Gleichungen zunächst als mathematische Definitionen auffassen und so umformen und interpretieren, dass daraus wieder eine physikalisch realisierbare Messvorschrift wird.

Das gelingt dann, wenn wir bei den aus Tabelle 6.1 hervorgehenden Gleichungen für die einzelnen Parameter formal Ursache und Wirkung vertauschen und die beiden unabhängigen Ursachen wieder, wie bei den anderen Matrixparametern, an unterschiedlichen Toren platzieren.

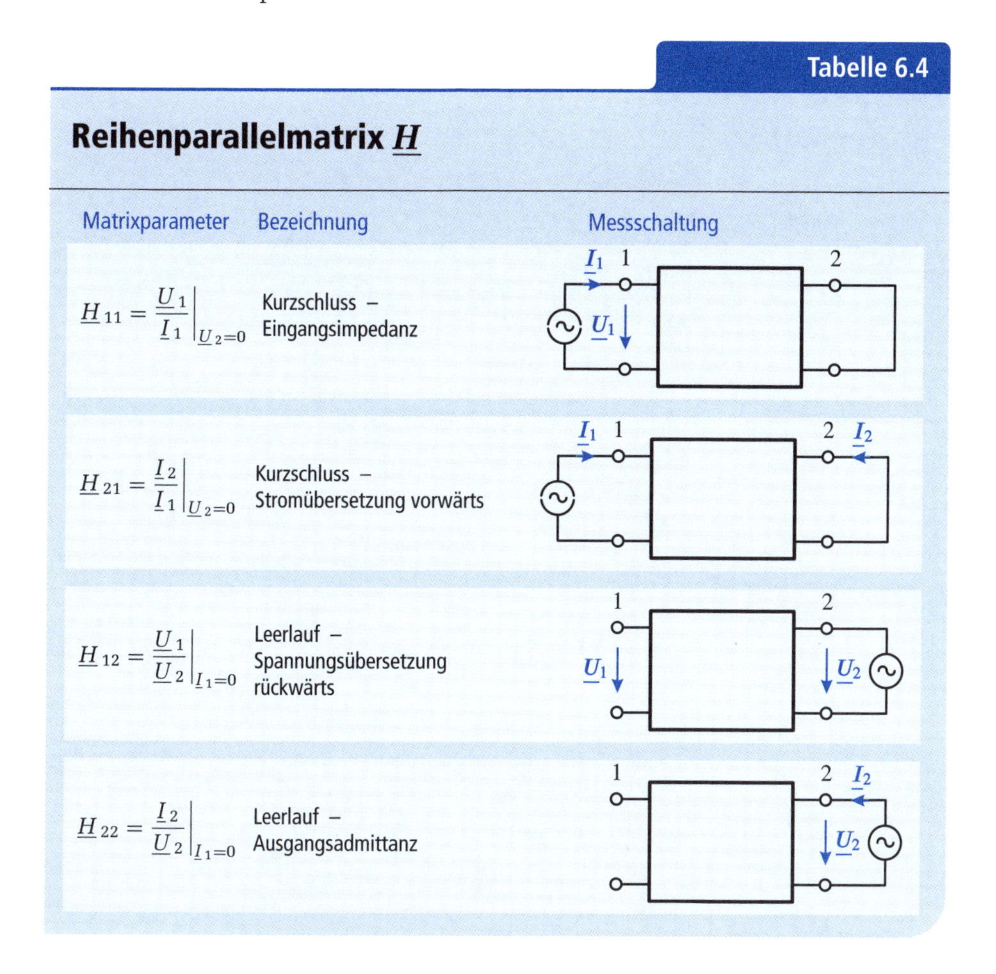

Tabelle 6.4

Reihenparallelmatrix $\underline{\boldsymbol{H}}$

Matrixparameter	Bezeichnung	Messschaltung
$\underline{H}_{11} = \left.\frac{\underline{U}_1}{\underline{I}_1}\right\vert_{\underline{U}_2=0}$	Kurzschluss – Eingangsimpedanz	
$\underline{H}_{21} = \left.\frac{\underline{I}_2}{\underline{I}_1}\right\vert_{\underline{U}_2=0}$	Kurzschluss – Stromübersetzung vorwärts	
$\underline{H}_{12} = \left.\frac{\underline{U}_1}{\underline{U}_2}\right\vert_{\underline{I}_1=0}$	Leerlauf – Spannungsübersetzung rückwärts	
$\underline{H}_{22} = \left.\frac{\underline{I}_2}{\underline{U}_2}\right\vert_{\underline{I}_1=0}$	Leerlauf – Ausgangsadmittanz	

Wir erhalten dann

$$
\begin{aligned}
\underline{A}_{11} &= \left.\frac{\underline{U}_1}{\underline{U}_2}\right|_{\underline{I}_2=0} = \frac{1}{\left.\frac{\underline{U}_2}{\underline{U}_1}\right|_{\underline{I}_2=0}} = \frac{1}{\underline{C}_{21}} \\
\underline{A}_{21} &= \left.\frac{\underline{I}_1}{\underline{U}_2}\right|_{\underline{I}_2=0} = \frac{1}{\left.\frac{\underline{U}_2}{\underline{I}_1}\right|_{\underline{I}_2=0}} = \frac{1}{\underline{Z}_{21}} \\
\underline{A}_{12} &= \left.\frac{\underline{U}_1}{-\underline{I}_2}\right|_{\underline{U}_2=0} = \frac{1}{\left.\frac{-\underline{I}_2}{\underline{U}_1}\right|_{\underline{U}_2=0}} = -\frac{1}{\underline{Y}_{21}} \\
\underline{A}_{22} &= \left.\frac{\underline{I}_1}{-\underline{I}_2}\right|_{\underline{U}_2=0} = \frac{1}{\left.\frac{-\underline{I}_2}{\underline{I}_1}\right|_{\underline{U}_2=0}} = -\frac{1}{\underline{H}_{21}}
\end{aligned}
\tag{6.3}
$$

Für die Kettenparameter folgen daraus die Bezeichnungen und die Messschaltungen nach Tabelle 6.5 für ihre reziproken Werte.

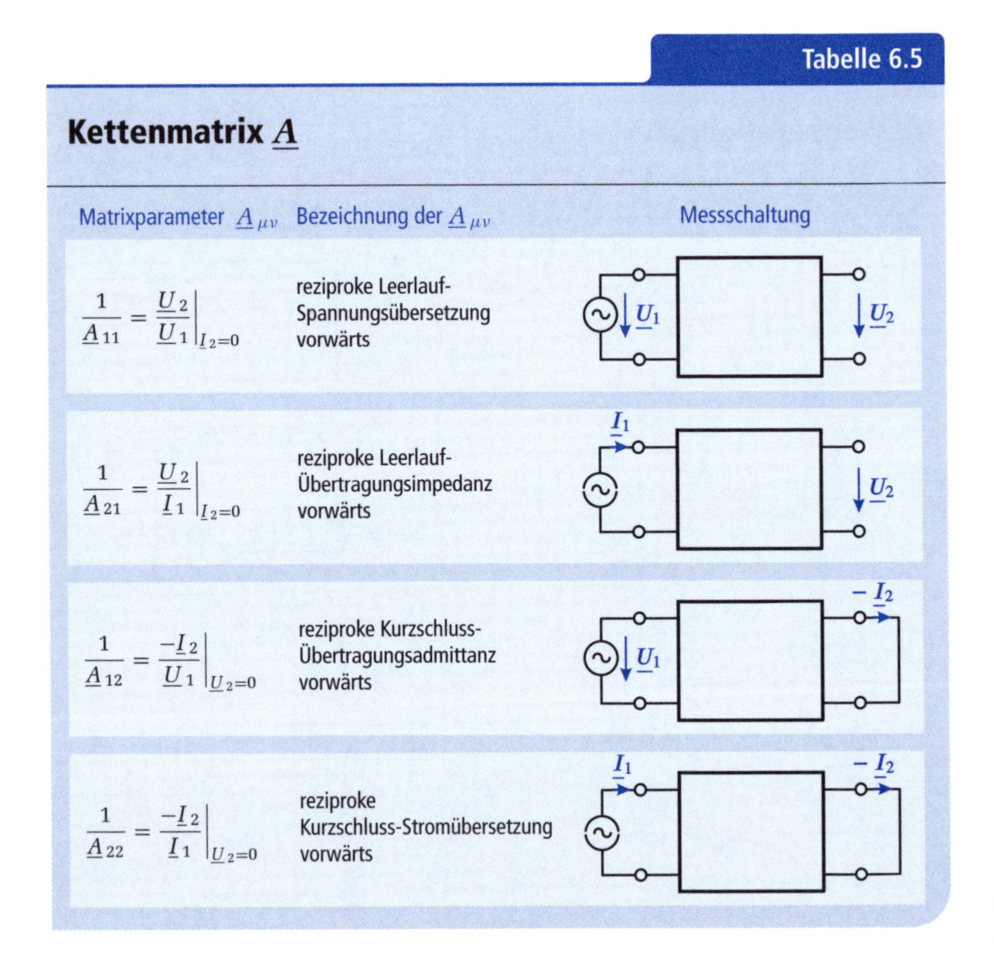

Tabelle 6.5

Kettenmatrix $\underline{A}$

Matrixparameter $\underline{A}_{\mu\nu}$	Bezeichnung der $\underline{A}_{\mu\nu}$	Messschaltung
$\frac{1}{\underline{A}_{11}} = \left.\frac{\underline{U}_2}{\underline{U}_1}\right\|_{\underline{I}_2=0}$	reziproke Leerlauf-Spannungsübersetzung vorwärts	$\underline{U}_1$, $\underline{U}_2$
$\frac{1}{\underline{A}_{21}} = \left.\frac{\underline{U}_2}{\underline{I}_1}\right\|_{\underline{I}_2=0}$	reziproke Leerlauf-Übertragungsimpedanz vorwärts	$\underline{I}_1$, $\underline{U}_2$
$\frac{1}{\underline{A}_{12}} = \left.\frac{-\underline{I}_2}{\underline{U}_1}\right\|_{\underline{U}_2=0}$	reziproke Kurzschluss-Übertragungsadmittanz vorwärts	$\underline{U}_1$, $-\underline{I}_2$
$\frac{1}{\underline{A}_{22}} = \left.\frac{-\underline{I}_2}{\underline{I}_1}\right\|_{\underline{U}_2=0}$	reziproke Kurzschluss-Stromübersetzung vorwärts	$\underline{I}_1$, $-\underline{I}_2$

6.2.2 Umrechnung verschiedener Matrixdarstellungen

Die Admittanz- und die Impedanzform sind gegeben durch die Beziehungen

$$\underline{\boldsymbol{I}} = \underline{\boldsymbol{Y}} \cdot \underline{\boldsymbol{U}} \quad \text{und} \quad \underline{\boldsymbol{U}} = \underline{\boldsymbol{Z}} \cdot \underline{\boldsymbol{I}}\,, \qquad \text{mit } \underline{\boldsymbol{I}} = \begin{pmatrix} \underline{I}_1 \\ \underline{I}_2 \end{pmatrix} \quad \text{und} \quad \underline{\boldsymbol{U}} = \begin{pmatrix} \underline{U}_1 \\ \underline{U}_2 \end{pmatrix}. \tag{6.4}$$

Multiplizieren wir beispielsweise die Admittanzform von links mit $\underline{\boldsymbol{Z}}$, folgt

$$\underline{\boldsymbol{Z}} \cdot \underline{\boldsymbol{I}} = \underline{\boldsymbol{Z}} \cdot \underline{\boldsymbol{Y}} \cdot \underline{\boldsymbol{U}} = \underline{\boldsymbol{U}}\,, \qquad \text{also } \underline{\boldsymbol{Z}} \cdot \underline{\boldsymbol{Y}} = \boldsymbol{E} \quad \text{mit} \quad \boldsymbol{E} = \begin{pmatrix} 1 & 0 \\ 0 & 1 \end{pmatrix} \tag{6.5}$$

und somit

$$\underline{\boldsymbol{Z}} = \underline{\boldsymbol{Y}}^{-1}, \qquad \underline{\boldsymbol{Y}} = \underline{\boldsymbol{Z}}^{-1}. \tag{6.6}$$

Die Bildungsgesetze für die Inverse einer 2x2-Matrix angewendet auf $\underline{\boldsymbol{Y}}$ und $\underline{\boldsymbol{Z}}$ liefern:

$$\underline{\boldsymbol{Y}}^{-1} = \frac{1}{\det \underline{\boldsymbol{Y}}} \begin{pmatrix} \underline{Y}_{22} & -\underline{Y}_{12} \\ -\underline{Y}_{21} & \underline{Y}_{11} \end{pmatrix} \qquad \text{sowie } \underline{\boldsymbol{Z}}^{-1} = \frac{1}{\det \underline{\boldsymbol{Z}}} \begin{pmatrix} \underline{Z}_{22} & -\underline{Z}_{12} \\ -\underline{Z}_{21} & \underline{Z}_{11} \end{pmatrix} \tag{6.7}$$

mit $\det \underline{\boldsymbol{Y}} = \underline{Y}_{11}\underline{Y}_{22} - \underline{Y}_{12}\underline{Y}_{21}$ und $\det \underline{\boldsymbol{Z}} = \underline{Z}_{11}\underline{Z}_{22} - \underline{Z}_{12}\underline{Z}_{21}$. Mit Gleichung (6.6) liefert ein Koeffizientenvergleich die Ergebnisse

$$\underline{Z}_{11} = \frac{\underline{Y}_{22}}{\det \underline{\boldsymbol{Y}}}\,; \quad \underline{Z}_{12} = -\frac{\underline{Y}_{12}}{\det \underline{\boldsymbol{Y}}} \qquad \underline{Z}_{21} = -\frac{\underline{Y}_{21}}{\det \underline{\boldsymbol{Y}}}\,; \quad \underline{Z}_{22} = \frac{\underline{Y}_{11}}{\det \underline{\boldsymbol{Y}}} \tag{6.8}$$

und

$$\underline{Y}_{11} = \frac{\underline{Z}_{22}}{\det \underline{\boldsymbol{Z}}}\,; \quad \underline{Y}_{12} = -\frac{\underline{Z}_{12}}{\det \underline{\boldsymbol{Z}}} \qquad \underline{Y}_{21} = -\frac{\underline{Z}_{21}}{\det \underline{\boldsymbol{Z}}}\,; \quad \underline{Y}_{22} = \frac{\underline{Z}_{11}}{\det \underline{\boldsymbol{Z}}}. \tag{6.9}$$

Man erkennt, dass eine Umrechnung zwischen $\underline{\boldsymbol{Y}}$- und $\underline{\boldsymbol{Z}}$-Matrix nur dann möglich ist, wenn die Determinante der Ausgangsmatrix nicht verschwindet.

Wir wollen nun noch die Koeffizienten der Hybridmatrix aus denen der $\underline{\boldsymbol{Z}}$- und $\underline{\boldsymbol{Y}}$-Matrix berechnen. Dazu wählen wir beispielsweise die 1. Gleichung der Impedanzform und die 2. Gleichung der Admittanzform, also

$$\underline{U}_1 = \underline{Z}_{11} \cdot \underline{I}_1 + \underline{Z}_{12} \cdot \underline{I}_2 \tag{6.10}$$

$$\underline{I}_2 = \underline{Y}_{21} \cdot \underline{U}_1 + \underline{Y}_{22} \cdot \underline{U}_2\,. \tag{6.11}$$

Setzen wir nun Gleichung (6.11) in Gleichung (6.10) ein, so ergibt sich zunächst

$$\underline{U}_1 = \frac{\underline{Z}_{11}}{1 - \underline{Z}_{12} \cdot \underline{Y}_{21}} \cdot \underline{I}_1 + \frac{\underline{Z}_{12} \cdot \underline{Y}_{22}}{1 - \underline{Z}_{12} \cdot \underline{Y}_{21}} \cdot \underline{U}_2 \tag{6.12}$$

und mit den Ergebnissen der Gleichung (6.9) folgt:

$$\underline{U}_1 = \frac{\det \underline{\mathbf{Z}}}{\underline{Z}_{22}} \cdot \underline{I}_1 + \frac{\underline{Z}_{12}}{\underline{Z}_{22}} \cdot \underline{U}_2 . \tag{6.13}$$

Ein Koeffizientenvergleich mit der 1. Gleichung der Hybridform liefert

$$\underline{H}_{11} = \frac{\det \underline{\mathbf{Z}}}{\underline{Z}_{22}} = \frac{1}{\underline{Y}_{11}} ; \qquad \underline{H}_{12} = \frac{\underline{Z}_{12}}{\underline{Z}_{22}} = -\frac{\underline{Y}_{12}}{\underline{Y}_{11}} . \tag{6.14}$$

Nimmt man wieder die Gleichungen (6.10) und (6.11) als Ausgangspunkt, setzt aber nun Gleichung (6.10) in Gleichung (6.11) ein, so erhält man

$$\underline{I}_2 = \frac{\underline{Y}_{21} \cdot \underline{Z}_{11}}{1 - \underline{Y}_{21} \cdot \underline{Z}_{12}} \cdot \underline{I}_1 + \frac{\underline{Y}_{22}}{1 - \underline{Y}_{21} \cdot \underline{Z}_{12}} \cdot \underline{U}_2 , \tag{6.15}$$

Tabelle 6.6

Umrechnung der Zweitormatrizen $\underline{\mathbf{Z}}, \underline{\mathbf{Y}}, \underline{\mathbf{H}}, \underline{\mathbf{A}}$

	$\underline{\mathbf{Z}}$	$\underline{\mathbf{Y}}$	$\underline{\mathbf{H}}$	$\underline{\mathbf{A}}$
$\underline{\mathbf{Z}}$	$\begin{matrix} \underline{Z}_{11} & \underline{Z}_{12} \\ \underline{Z}_{21} & \underline{Z}_{22} \end{matrix}$	$\begin{matrix} \frac{\underline{Y}_{22}}{\det \underline{\mathbf{Y}}} & \frac{-\underline{Y}_{12}}{\det \underline{\mathbf{Y}}} \\ \frac{-\underline{Y}_{21}}{\det \underline{\mathbf{Y}}} & \frac{\underline{Y}_{11}}{\det \underline{\mathbf{Y}}} \end{matrix}$	$\begin{matrix} \frac{\det \underline{\mathbf{H}}}{\underline{H}_{22}} & \frac{\underline{H}_{12}}{\underline{H}_{22}} \\ \frac{-\underline{H}_{21}}{\underline{H}_{22}} & \frac{1}{\underline{H}_{22}} \end{matrix}$	$\begin{matrix} \frac{\underline{A}_{11}}{\underline{A}_{21}} & \frac{\det \underline{\mathbf{A}}}{\underline{A}_{21}} \\ \frac{1}{\underline{A}_{21}} & \frac{\underline{A}_{22}}{\underline{A}_{21}} \end{matrix}$
$\underline{\mathbf{Y}}$	$\begin{matrix} \frac{\underline{Z}_{22}}{\det \underline{\mathbf{Z}}} & -\frac{\underline{Z}_{12}}{\det \underline{\mathbf{Z}}} \\ \frac{-\underline{Z}_{21}}{\det \underline{\mathbf{Z}}} & \frac{\underline{Z}_{11}}{\det \underline{\mathbf{Z}}} \end{matrix}$	$\begin{matrix} \underline{Y}_{11} & \underline{Y}_{12} \\ \underline{Y}_{21} & \underline{Y}_{22} \end{matrix}$	$\begin{matrix} \frac{1}{\underline{H}_{11}} & \frac{-\underline{H}_{12}}{\underline{H}_{11}} \\ \frac{\underline{H}_{21}}{\underline{H}_{11}} & \frac{\det \underline{\mathbf{H}}}{\underline{H}_{11}} \end{matrix}$	$\begin{matrix} \frac{\underline{A}_{22}}{\underline{A}_{12}} & \frac{-\det \underline{\mathbf{A}}}{\underline{A}_{12}} \\ \frac{-1}{\underline{A}_{12}} & \frac{\underline{A}_{11}}{\underline{A}_{12}} \end{matrix}$
$\underline{\mathbf{H}}$	$\begin{matrix} \frac{\det \underline{\mathbf{Z}}}{\underline{Z}_{22}} & \frac{\underline{Z}_{12}}{\underline{Z}_{22}} \\ \frac{-\underline{Z}_{21}}{\underline{Z}_{22}} & \frac{1}{\underline{Z}_{22}} \end{matrix}$	$\begin{matrix} \frac{1}{\underline{Y}_{11}} & \frac{-\underline{Y}_{12}}{\underline{Y}_{11}} \\ \frac{\underline{Y}_{21}}{\underline{Y}_{11}} & \frac{\det \underline{\mathbf{Y}}}{\underline{Y}_{11}} \end{matrix}$	$\begin{matrix} \underline{H}_{11} & \underline{H}_{12} \\ \underline{H}_{21} & \underline{H}_{22} \end{matrix}$	$\begin{matrix} \frac{\underline{A}_{12}}{\underline{A}_{22}} & \frac{\det \underline{\mathbf{A}}}{\underline{A}_{22}} \\ \frac{-1}{\underline{A}_{22}} & \frac{\underline{A}_{21}}{\underline{A}_{22}} \end{matrix}$
$\underline{\mathbf{A}}$	$\begin{matrix} \frac{\underline{Z}_{11}}{\underline{Z}_{21}} & \frac{\det \underline{\mathbf{Z}}}{\underline{Z}_{21}} \\ \frac{1}{\underline{Z}_{21}} & \frac{\underline{Z}_{22}}{\underline{Z}_{21}} \end{matrix}$	$\begin{matrix} \frac{-\underline{Y}_{22}}{\underline{Y}_{21}} & \frac{-1}{\underline{Y}_{21}} \\ \frac{-\det \underline{\mathbf{Y}}}{\underline{Y}_{21}} & \frac{-\underline{Y}_{11}}{\underline{Y}_{21}} \end{matrix}$	$\begin{matrix} \frac{-\det \underline{\mathbf{H}}}{\underline{H}_{21}} & \frac{-\underline{H}_{11}}{\underline{H}_{21}} \\ \frac{-\underline{H}_{22}}{\underline{H}_{21}} & \frac{-1}{\underline{H}_{21}} \end{matrix}$	$\begin{matrix} \underline{A}_{11} & \underline{A}_{12} \\ \underline{A}_{21} & \underline{A}_{22} \end{matrix}$

also eine Gleichung, die sich wiederum mit den Ergebnissen der Gleichung (6.8) vereinfacht zu

$$\underline{I}_2 = -\frac{\underline{Z}_{21}}{\underline{Z}_{22}} \cdot \underline{I}_1 + \frac{1}{\underline{Z}_{22}} \cdot \underline{U}_2 \,. \tag{6.16}$$

Ein Koeffizientenvergleich liefert die fehlenden beiden Koeffizienten der Hybridmatrix

$$\underline{H}_{21} = -\frac{\underline{Z}_{21}}{\underline{Z}_{22}} = \frac{\underline{Y}_{21}}{\underline{Y}_{11}}\,; \qquad \underline{H}_{22} = \frac{1}{\underline{Z}_{22}} = \frac{\det \boldsymbol{Y}}{\underline{Y}_{11}}\,. \tag{6.17}$$

In ähnlicher Weise können die Parameter der Kettenmatrix $\underline{\boldsymbol{A}}$ bestimmt werden. Die Umrechnungen zwischen den wichtigsten Matrixdarstellungen sind in Tabelle 6.6 zusammengestellt.

Literatur: [5], [6], [8], [11], [19], [20]

6.3 Zweitore mit besonderen Eigenschaften

Häufig kommt es vor, dass die Zweitoreigenschaften von Netzwerken, deren innerer Aufbau bekannt ist, beschrieben werden sollen. Die Nutzung dieses „a priori-Wissens" erleichtert in vielen Fällen die Ermittlung von Matrixparametern. Dies ist etwa dann gegeben, wenn durch Beschränkung auf bestimmte Bauelemente oder Materialien in einer Schaltung oder durch eine bestimmte Symmetrie des Aufbaus Aussagen über die Beziehung zwischen einzelnen Matrixparametern ohne weitere Berechnung möglich sind.

6.3.1 Reziprozität (Umkehrbarkeit)

In Kapitel 2 wurde aus dem Theorem von Tellegen für Netzwerke, die aus Widerständen, Kondensatoren und Spulen aufgebaut sein können (*RLC*-Netzwerke), der Umkehrsatz abgeleitet.

Für ein *RLC*-Zweitor mit zwei unterschiedlichen Betriebszuständen a und b nach Abbildung 6.8 gilt dann für die Torspannungen und Ströme:

$$\underline{U}_{1b} \cdot \underline{I}_{1a} + \underline{U}_{2b} \cdot \underline{I}_{2a} = \underline{U}_{1a} \cdot \underline{I}_{1b} + \underline{U}_{2a} \cdot \underline{I}_{2b} \,. \tag{6.18}$$

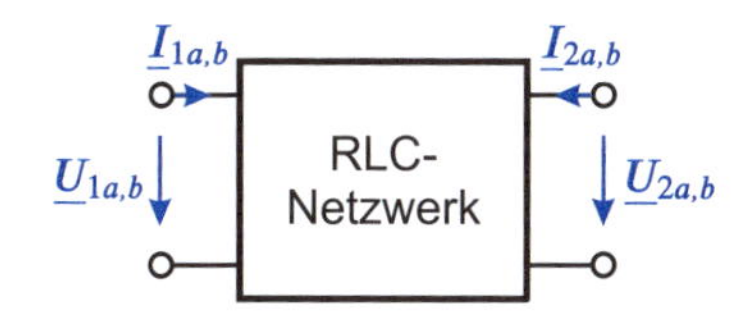

Abbildung 6.8: *RLC*-Zweitor mit den allgemeinen Betriebszuständen a und b.

Um die Konsequenzen dieses Umkehrsatzes für die Admittanzparameter zu ergründen, setzen wir:

$$\begin{aligned} &\text{für den Betriebszustand } a\text{:} \quad \underline{U}_{2a} = 0\,, \\ &\text{für den Betriebszustand } b\text{:} \quad \underline{U}_{1b} = 0\,. \end{aligned} \tag{6.19}$$

Aus den Zweitorgleichungen in der Admittanzform folgt demnach direkt

$$\begin{aligned} &\text{für den Betriebszustand } a\text{:} \quad \underline{I}_{2a} = \underline{Y}_{21} \cdot \underline{U}_{1a}\,, \\ &\text{für den Betriebszustand } b\text{:} \quad \underline{I}_{1b} = \underline{Y}_{12} \cdot \underline{U}_{2b}\,. \end{aligned} \tag{6.20}$$

Setzen wir unsere Betriebsbedingungen $\underline{U}_{2a} = 0$ und $\underline{U}_{1b} = 0$ in Gleichung (6.18) ein, so folgt daraus

$$\frac{\underline{I}_{2a}}{\underline{U}_{1a}} = \frac{\underline{I}_{1b}}{\underline{U}_{2b}}\,. \tag{6.21}$$

Diese Beziehung liefert dann mit den Gleichungen (6.20) direkt das Ergebnis

$$\underline{Y}_{21} = \underline{Y}_{12}\,. \tag{6.22}$$

In ähnlicher Weise kann für die Betriebszustände $\underline{I}_{2a} = \underline{I}_{1b} = 0$ hergeleitet werden, dass für die Koeffizienten der Impedanzmatrix gilt

$$\underline{Z}_{21} = \underline{Z}_{12}\,. \tag{6.23}$$

Dies lässt sich aber auch mit dem Ergebnis aus Gleichung (6.22) direkt aus der Tabelle 6.6 für Matrixumrechnungen ablesen.

Die von der Reziprozität eines Zweitors abgeleiteten Beziehungen für wichtige Matrixparameter sind in Tabelle 6.7 zusammengefasst.

Zusammenfassend soll noch einmal betont werden, dass Reziprozität allein eine Eigenschaft der verwendeten Bauteile (R, L, C) und damit der Materialien ist, aus denen diese Bauelemente hergestellt sind. Insbesondere darf die symmetrische Admittanz- und Impedanzmatrix reziproker Schaltungen nicht als symmetrischer Schaltungsaufbau missdeutet werden.

Tabelle 6.7

Matrixparameter reziproker Zweitore

Admittanzmatrix	$\underline{Y}_{21} = \underline{Y}_{12}$
Impedanzmatrix	$\underline{Z}_{21} = \underline{Z}_{12}$
Hybridmatrix	$\underline{H}_{12} = -\underline{H}_{21}$
Kettenmatrix	$\det \underline{A} = 1$
Streumatrix[a]	$\underline{S}_{12} = \underline{S}_{21}$

[a] Streumatrix siehe Abschnitt 6.9

Es ist schwierig, rein passiv nichtreziproke Bauteile und Schaltungen zu realisieren. Bei höheren Frequenzen gelingt dies z. B. durch Ausnutzung des Faradayeffekts mit magnetisch „vorgespannten“ Ferriten. Bei aktiven Schaltungen stellen üblicherweise Verstärker nichtreziproke Schaltungen dar.

6.3.2 Rückwirkungsfreiheit

Für nichtreziproke Zweitore können wir aus Tabelle 6.7 folgern, dass u. a. gilt

$$\underline{Y}_{21} \neq \underline{Y}_{12}\,; \quad \underline{Z}_{21} \neq \underline{Z}_{12}\,; \quad \underline{H}_{12} \neq -\underline{H}_{21} \tag{6.24}$$

Für den Grenzfall

$$\underline{Y}_{12} = 0\,; \quad \underline{Z}_{12} = 0\,; \quad \underline{H}_{12} = 0 \tag{6.25}$$

können wir aus den Gleichungen

$$\begin{aligned} \underline{I}_1 &= \underline{Y}_{11} \cdot \underline{U}_1 + \underline{Y}_{12} \cdot \underline{U}_2 \\ \underline{U}_1 &= \underline{Z}_{11} \cdot \underline{I}_1 \;\, + \underline{Z}_{12} \cdot \underline{I}_2 \\ \underline{U}_1 &= \underline{H}_{11} \cdot \underline{I}_1 \;\, + \underline{H}_{12} \cdot \underline{U}_2 \end{aligned} \tag{6.26}$$

schließen, dass die Eingangsgrößen $\underline{U}_1, \underline{I}_1$ unabhängig von den Ausgangsgrößen $\underline{U}_2$, $\underline{I}_2$ sind. Ein solches Zweitor wird als rückwirkungsfrei bezeichnet. Rückwirkungsfreie Zweitore übertragen Signale nur in einer Richtung vom Eingang zum Ausgang, nicht vom Ausgang zum Eingang. Wie bereits festgestellt, sind rückwirkungsfreie Zweitore nichtreziprok. Beispiele für rückwirkungsfreie Zweitore sind ideale Verstärker, oder (bei höheren Frequenzen) ideale Richtungsleitungen.

6.3.3 Symmetrische Zweitore

Grundsätzliches

Wir betrachten zunächst Zweitore, die zu einer Ebene, die mittig zwischen den beiden Toren liegt, vollkommen symmetrisch aufgebaut sind. Diese Aufbausymmetrie beinhaltet nicht nur eine Symmetrie der Schaltungstopologie bezüglich dieser Symmetrieebene SE, sondern auch gleiche Bauelementewerte der zueinander symmetrischen Bauelemente, wie das Beispiel in Abbildung 6.9 zeigt. Bei einem solchen torsymmetrischen Zweitor ist bei einem Vertauschen der Tore kein Unterschied im Messergebnis erkennbar. Wir dürfen also bei den Definitionsgleichungen für die Admittanz- und die Impedanzmatrix $\underline{U}_1$ durch $\underline{U}_2$ und $\underline{I}_1$ durch $\underline{I}_2$ ersetzen, ohne die Gleichungen zu verletzen. Dies hat zur Folge, dass Matrixparameter mit jeweils vertauschten Indizes gleich sein müssen.

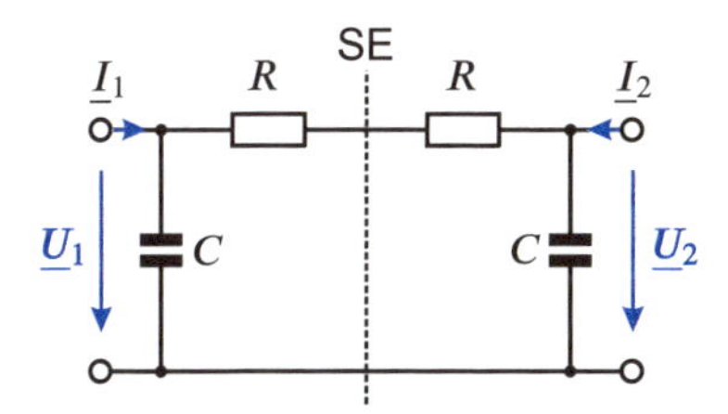

Abbildung 6.9: Beispiel eines aufbausymmetrischen Zweitors

Für torsymmetrische Zweitore ergibt sich

$$\begin{aligned} \underline{Z}_{11} &= \underline{Z}_{22}\,; \qquad \underline{Z}_{12} = \underline{Z}_{21}\,, \\ \underline{Y}_{11} &= \underline{Y}_{22}\,; \qquad \underline{Y}_{12} = \underline{Y}_{21}\,. \end{aligned} \tag{6.27}$$

Symmetrische Zweitore sind also auch reziprok; diese Bedingung ist jedoch nicht hinreichend für symmetrische Schaltungen, da auch unsymmetrische *RLC*-Netzwerke immer reziprok sind. Die „eigentliche" Symmetriebedingung steckt in den Forderungen $\underline{Z}_{11} = \underline{Z}_{22}$ bzw. $\underline{Y}_{11} = \underline{Y}_{22}$. Aus Tabelle 6.6 lässt sich als Symmetriebedingung für die Kettenmatrix herleiten

$$\underline{A}_{11} = \underline{A}_{22}\,; \quad \det \underline{\boldsymbol{A}} = 1\,. \tag{6.28}$$

Die Symmetriebedingungen nach den Gleichungen (6.27) und (6.28) sind für aufbausymmetrische Zweitore offensichtlich. Der Vollständigkeit halber sei jedoch erwähnt, dass für diese elektrische Symmetrie die Aufbausymmetrie zwar hinreichend, keinesfalls jedoch notwendig ist.

Dies mögen die zwei Schaltungen der Abbildung 6.10 belegen.

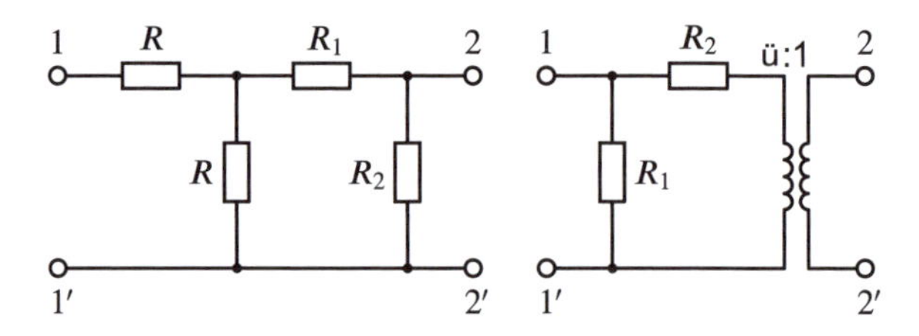

Abbildung 6.10: Beispiele strukturunsymmetrischer, elektrisch symmetrischer Schaltungen

Für die linke Schaltung lässt sich leicht zeigen, dass bei Einhaltung der Bedingung

$$R_2 = \frac{R \cdot (R + 2R_1)}{R_1 - R} \tag{6.29}$$

die Symmetriebedingungen erfüllt sind. Für die rechte Schaltung gilt dies für einen idealen Übertrager mit dem Übersetzungsverhältnis

$$\ddot{u} = \sqrt{\frac{R_1 + R_2}{R_1}}\,. \tag{6.30}$$

Analyse torsymmetrischer Zweitore

Wie wir gesehen haben, ist bei einem torsymmetrischen Zweitor die Zahl der unbekannten Matrixparameter durch die Symmetriebedingung der Gleichung (6.27), oder auch Gleichung (6.28), auf zwei reduziert. Wir wollen nun zeigen, dass diese beiden Parameter in einfacher Weise durch zwei Messungen an unterschiedlichen Eintoren bestimmt werden können. Dazu teilen wir das Zweitor in zwei zu einer Symmetrieebene SE spiegelbildliche Teilnetze A und A', gemäß Abbildung 6.11.

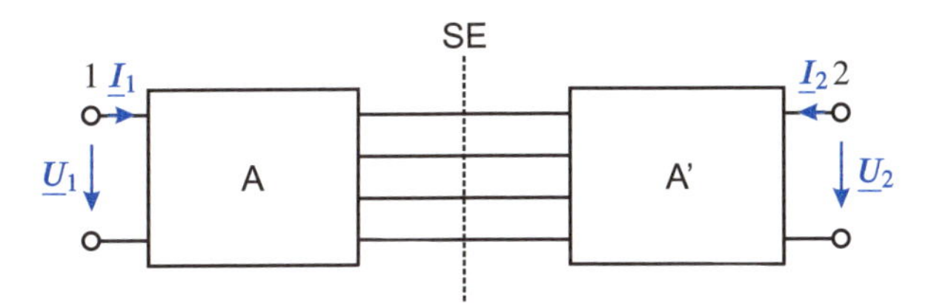

Abbildung 6.11: Aufbausymmetrisches Zweitor mit den spiegelbildlichen Teilnetzen A und A'

Mit der Schaltung der Abbildung 6.11 machen wir nun zwei Gedankenexperimente mit unterschiedlichen Ansteuerungen an den beiden Toren. Die erste Ansteuerungsvariante nennen wir Gleichtaktanregung. Hier werden an den beiden Toren Stromquellen nicht nur gleicher Frequenz, sondern auch gleicher Phase angeschlossen. Es gilt also für diesen

- Betriebsfall a:

$$\underline{I}_1 = \underline{I}_2 = \underline{I}_a \,. \tag{6.31}$$

Wir durchtrennen nun sämtliche Verbindungsdrähte der beiden Teilnetze in der Symmetrieebene, gemäß Abbildung 6.12a.

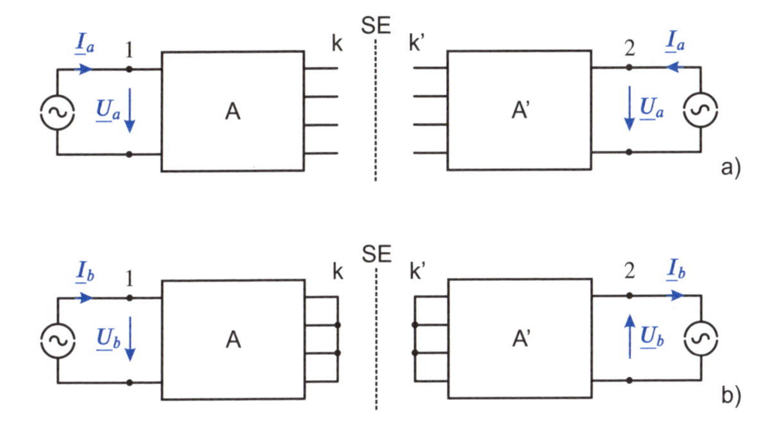

Abbildung 6.12: Schaltungsmanipulationen in der Symmetrieebene bei a) Gleichtaktanregung b) Gegentaktanregung

Es ist offensichtlich, dass bei der Gleichtaktanregung an den durchtrennten Verbindungsdrähten k der linken Schaltungshälfte die gleichen Potenziale zu messen sind wie an den entsprechenden Schnittstellen k' der rechten Schaltungshälfte. Machen wir die Auftrennung rückgängig, so wird durch die nun wieder verbundenen Leitungen kein Strom fließen und an den Spannungen und Strömen in den Teilnetzen A und A' wird sich nichts ändern. Bei dem Betriebsfall der Gleichtaktanregung ist also an den äußeren Toren nicht erkennbar, ob die Schaltung in der Symmetrieebene verbunden oder aufgeschnitten ist.

Eine andere Argumentation, die zum gleichen Ergebnis führt, geht von der Orginalschaltung der Abbildung 6.11 aus. Setzt man zunächst $\underline{I}_1 = \underline{I}_a$ und $\underline{I}_2 = 0$, so fließen in den Verbindungsleitungen in der Symmetrieebene bestimmte Ströme. Wählt man anschließend $\underline{I}_1 = 0$ und $I_2 = \underline{I}_a$, so werden in den Verbindungsleitungen die Ströme mit gleicher Amplitude, jedoch in Gegenrichtung fließen. Aus der Superposition der beiden Fälle folgt, dass die Ströme in allen Verbindungsleitungen in der Symmetrieebene null sind.

Für die Gleichtaktanregung gilt

$$\underline{U}_1 = \underline{U}_2 = \underline{U}_a , \tag{6.32}$$

und wir können mit den bekannten Beziehungen der Impedanzform schreiben

$$\begin{aligned} \underline{U}_a &= \underline{Z}_{11} \cdot \underline{I}_a + \underline{Z}_{12} \cdot \underline{I}_a \\ \underline{U}_a &= \underline{Z}_{21} \cdot \underline{I}_a + \underline{Z}_{22} \cdot \underline{I}_a . \end{aligned} \tag{6.33}$$

Für die an den beiden Toren zu messende Impedanz bei Gleichtaktbetrieb ergibt sich also

$$\underline{Z}_a = \frac{\underline{U}_a}{\underline{I}_a} = \underline{Z}_{11} + \underline{Z}_{12} = \underline{Z}_{21} + \underline{Z}_{22} . \tag{6.34}$$

Im zweiten Experiment sollen die an den Toren 1 und 2 eingespeisten Ströme gegenphasig sein; wir nennen diese Ansteuerung Gegentaktanregung. Es gilt für diesen

- Betriebsfall b:

$$\underline{I}_1 = -\underline{I}_2 = \underline{I}_b . \tag{6.35}$$

Auch für diesen Betrieb soll das Superpositionsprinzip angewendet werden, und wir setzen für die Schaltung der Abbildung 6.11 zunächst $\underline{I}_1 = \underline{I}_b$ und $\underline{I}_2 = 0$. In der Symmetrieebene SE werden dann zwischen beliebigen Verbindungsleitungen schaltungscharakteristische Spannungen zu messen sein. Wählen wir dagegen $\underline{I}_1 = 0$ und $-\underline{I}_2 = \underline{I}_b$, so werden diese Spannungen wegen der Linearität der Schaltung zwar betragsgleich, jedoch in der Phase um 180° gedreht sein. Die Superposition der beiden Fälle führt zu dem Ergebnis, dass bei Gegentaktanregung in der Symmetrieebene die Spannung zwischen beliebigen Verbindungsleitungen null ist. In der Symmetrieebene kann also ein globaler Kurzschluss angebracht werden, ohne dass dies die Spannungen und Ströme in den Teilnetzen A und A' verändert. Auch an den äußeren Toren ist dieser Kurzschluss deshalb nicht erkennbar. Außerdem kann die Schaltung entsprechend Abbildung 6.12b in zwei Teilschaltungen getrennt werden. Für die Gegentaktanregung gilt für die Torspannungen

$$\underline{U}_1 = -\underline{U}_2 = \underline{U}_b \tag{6.36}$$

und wir können wiederum in der Impedanzform schreiben

$$\begin{aligned} \underline{U}_b &= \underline{Z}_{11} \cdot \underline{I}_b + \underline{Z}_{12} \cdot (-\underline{I}_b) \\ -\underline{U}_b &= \underline{Z}_{21} \cdot \underline{I}_b + \underline{Z}_{22} \cdot (-\underline{I}_b) . \end{aligned} \tag{6.37}$$

Für die an den beiden Toren zu messende Impedanz bei Gegentaktbetrieb folgt daher

$$\underline{Z}_b = \frac{\underline{U}_b}{\underline{I}_b} = \underline{Z}_{11} - \underline{Z}_{12} = \underline{Z}_{22} - \underline{Z}_{21} . \tag{6.38}$$

Kombiniert man Gleichung (6.34) mit Gleichung (6.38) so folgt für die Parameter der Impedanzmatrix

$$\underline{Z}_{11} = \underline{Z}_{22} = \frac{1}{2}(\underline{Z}_a + \underline{Z}_b)$$
$$\underline{Z}_{12} = \underline{Z}_{21} = \frac{1}{2}(\underline{Z}_a - \underline{Z}_b)\,. \tag{6.39}$$

Die obigen Gleichungen werden uns im Abschnitt über Ersatzschaltungen wieder begegnen. Dort wird gezeigt, dass Kreuz- oder X-Schaltungen, die aus den Impedanzen $\underline{Z}_a$ und $\underline{Z}_b$ bestehen, adäquate Ersatzschaltungen für torsymmetrische Zweitore darstellen (Satz von BARTLETT, 1927).

■ Beispiel:

Abschließend soll in dem konkreten Fall der Abbildung 6.13 gezeigt werden, wie das Konzept der Gleichtakt- und Gegentaktanregung auf die Analyse einer einfachen Schaltung anzuwenden ist.

Für die Teilschaltungen kann direkt

$$\underline{Z}_a = 3\,\Omega \qquad \underline{Z}_b = \frac{1}{3}\,\Omega \tag{6.40}$$

abgelesen werden, womit für die Impedanzparameter

$$\begin{aligned} \underline{Z}_{11} &= \underline{Z}_{22} = \tfrac{5}{3}\,\Omega \\ \underline{Z}_{12} &= \underline{Z}_{21} = \tfrac{4}{3}\,\Omega \end{aligned} \tag{6.41}$$

folgt.

Literatur: [5], [11], [19], [20]

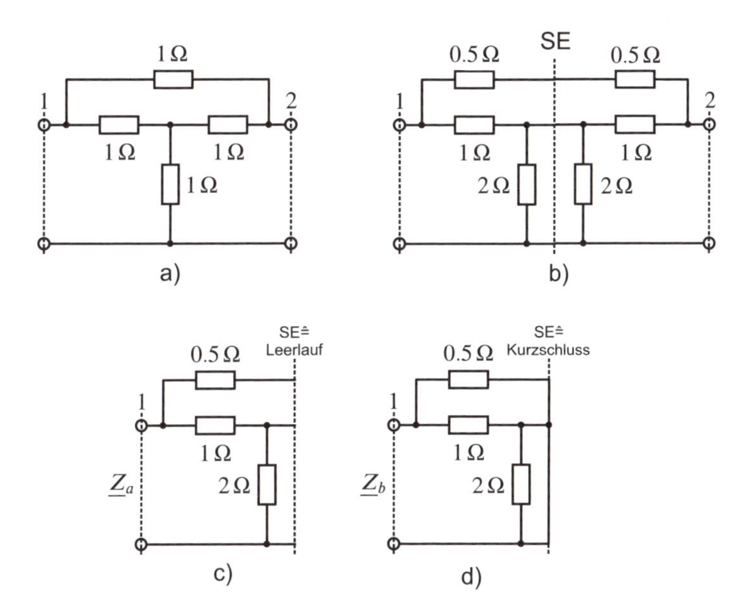

Abbildung 6.13: Beispiel zur Analyse eines torsymmetrischen Zweitors a) Gesamtschaltung b) Gesamtschaltung mit Symmetrieebene SE c) Teilschaltung bei Gleichtaktanregung d) Teilschaltung bei Gegentaktanregung

6.4 Matrizen elementarer Zweitore

Elementare Zweitore enthalten sehr wenige Bauelemente, im Falle einer gekreuzten Durchverbindung sogar keines der üblichen *RLCü*-Elemente. Die Kenntnis der Matrizen elementarer Zweitore ist nützlich, da man sich komplizierte Schaltungen in der Regel aus Elementarzweitoren zusammengesetzt denken kann. Unter Berücksichtigung der Regeln über die Zusammenschaltung von Zweitoren im Abschnitt 6.5 ist es möglich, die Matrizen komplizierterer Schaltungen aus denen der Elementarzweitore zu berechnen.

6.4.1 Matrizen reziproker Zweitore

Die Matrizen einfacher Zweitore mit *RLCü*-Elementen lassen sich meist direkt aus der Schaltung selbst „ablesen". Man kann dies für alle im Abschnitt 6.2.1 erläuterten Matrixbeschreibungen durchführen, häufig ist es jedoch einfacher, lediglich eine Matrix aus der Schaltung selbst zu bestimmen und im Bedarfsfall andere Matrizen nach Abschnitt 6.2.2 daraus zu berechnen.

Wir wollen uns darauf beschränken für wenige einfache Zweitore bestimmte Matrizen beispielhaft zu ermitteln. Für die in der Praxis häufig vorkommenden Zweitore sind die wichtigsten Matrizen in den Tabellen 6.8 und 6.9 dargestellt.

■ 1. Beispiel: Längselement

Die Schaltung besteht nach Abbildung 6.14 aus einer Impedanz $\underline{Z}$, bzw. einer Admittanz $\underline{Y} = \underline{Z}^{-1}$ als Klemmenverbindung zweier Tore.

Da sich die Torströme $\underline{I}_1$ und $\underline{I}_2$ nicht unabhängig voneinander einstellen lassen, existiert die Impedanzmatrix $\underline{\boldsymbol{Z}}$ nicht. Wir bestimmen deshalb die Admittanzmatrix $\underline{\boldsymbol{Y}}$ durch wechselweises Kurzschließen der beiden Tore und erhalten unter Berücksichtigung der Symmetrie

$$\underline{Y}_{11} = \underline{Y}_{22} = \left.\frac{\underline{I}_1}{\underline{U}_1}\right|_{\underline{U}_2=0} = \left.\frac{\underline{I}_2}{\underline{U}_2}\right|_{\underline{U}_1=0} = \underline{Y} \tag{6.42}$$

sowie auf Grund der Reziprozität

$$\underline{Y}_{12} = \underline{Y}_{21} = \left.\frac{\underline{I}_1}{\underline{U}_2}\right|_{\underline{U}_1=0} = \left.\frac{\underline{I}_2}{\underline{U}_1}\right|_{\underline{U}_2=0} = -\underline{Y}\ . \tag{6.43}$$

Es verschwindet also $\det \underline{\boldsymbol{Y}}$, womit auch eine Umrechnung $\underline{\boldsymbol{Z}} = \underline{\boldsymbol{Y}}^{-1}$ nicht möglich ist.

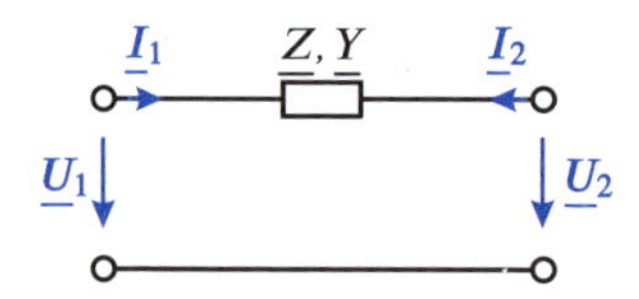

Abbildung 6.14: Elementarschaltung mit Längselement

■ 2. Beispiel: Querelement

Die Schaltung nach Abbildung 6.15 mit einem Querelement $\underline{Z}$ bzw. $\underline{Y}$ ist analog dem vorigen Beispiel zu behandeln. Hier ist jedoch wegen der fehlenden Unabhängigkeit der Torspannungen die Admittanzmatrix nicht existent. Für die Impedanzmatrix erhalten wir

$$\begin{aligned} \underline{Z}_{11} = \underline{Z}_{22} &= \left.\frac{\underline{U}_1}{\underline{I}_1}\right|_{\underline{I}_2=0} = \left.\frac{\underline{U}_2}{\underline{I}_2}\right|_{\underline{I}_1=0} = \underline{Z} \\ \underline{Z}_{12} = \underline{Z}_{21} &= \left.\frac{\underline{U}_1}{\underline{I}_2}\right|_{\underline{I}_1=0} = \left.\frac{\underline{U}_2}{\underline{I}_1}\right|_{\underline{I}_2=0} = \underline{Z}\,. \end{aligned} \tag{6.44}$$

Für dieses Beispiel gilt entsprechend $\det \underline{\mathbf{Z}} = 0$.

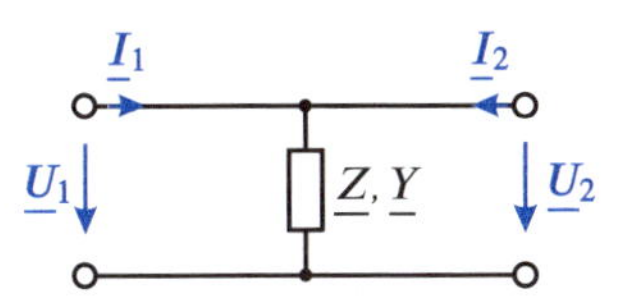

Abbildung 6.15: Elementarschaltung mit Querelement

■ 3. Beispiel: Γ-Schaltung (Gamma-Schaltung)

Die Γ-Schaltung nach Abbildung 6.16 stellt die Kettenschaltung (s. Abschnitt 6.6.5) eines Quer- und eines Längselements dar und kann somit aus den Ergebnissen der beiden vorigen Beispiele berechnet werden. Einfacher ist es jedoch, die Koeffizienten der Impedanz- und der Admittanzmatrix direkt entsprechend den bekannten „Messvorschriften“ zu bestimmen. Wir erhalten bei Leerläufen an entsprechenden Toren

$$\begin{aligned} \underline{Z}_{11} &= \left.\frac{\underline{U}_1}{\underline{I}_1}\right|_{\underline{I}_2=0} = \underline{Z}_1\,; & \underline{Z}_{22} &= \left.\frac{\underline{U}_2}{\underline{I}_2}\right|_{\underline{I}_1=0} = \underline{Z}_1 + \underline{Z}_2 \\ \underline{Z}_{21} &= \left.\frac{\underline{U}_2}{\underline{I}_1}\right|_{\underline{I}_2=0} = \underline{Z}_1\,; & \underline{Z}_{12} &= \left.\frac{\underline{U}_1}{\underline{I}_2}\right|_{\underline{I}_1=0} = \underline{Z}_1 \end{aligned} \tag{6.45}$$

sowie bei wechselseitigen Torkurzschlüssen

$$\begin{aligned} \underline{Y}_{11} &= \left.\frac{\underline{I}_1}{\underline{U}_1}\right|_{\underline{U}_2=0} = \frac{1}{\underline{Z}_1} + \frac{1}{\underline{Z}_2}\,; & \underline{Y}_{22} &= \left.\frac{\underline{I}_2}{\underline{U}_2}\right|_{\underline{U}_1=0} = \frac{1}{\underline{Z}_2} \\ \underline{Y}_{21} &= \left.\frac{\underline{I}_2}{\underline{U}_1}\right|_{\underline{U}_2=0} = -\frac{1}{\underline{Z}_2}\,; & \underline{Y}_{12} &= \left.\frac{\underline{I}_1}{\underline{U}_2}\right|_{\underline{U}_1=0} = -\frac{1}{\underline{Z}_2}\,. \end{aligned} \tag{6.46}$$

Die durch die verwendeten Bauelemente bedingte Reziprozität bleibt selbstverständlich erhalten; eine Schaltungssymmetrie liegt offensichtlich nicht vor.

■ 4. Beispiel: T-Schaltung

Die in Abbildung 6.17 gezeigte T-Schaltung kann als Kettenschaltung eines Längselements mit einer Γ-Schaltung interpretiert und entsprechend berechnet werden.

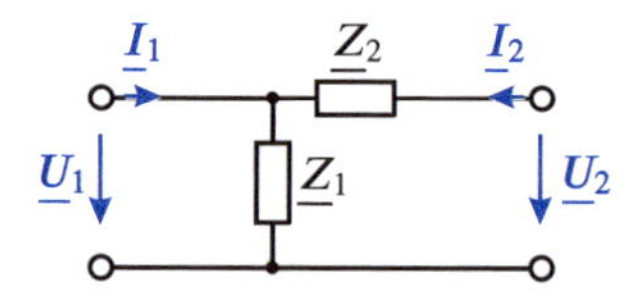

Abbildung 6.16: Γ-Schaltung

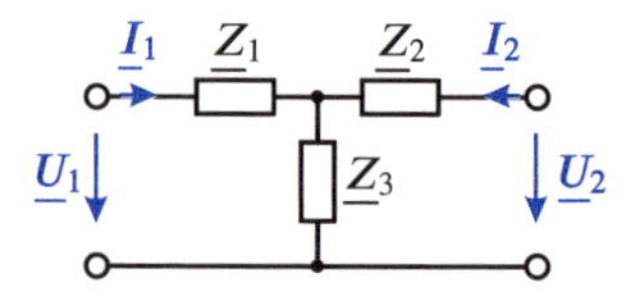

Abbildung 6.17: T-Schaltung

Wir wollen jedoch auch hier die Matrixelemente direkt der Schaltung entnehmen. Dabei zeigt sich, dass offenbar die Impedanzmatrix deutlich einfacher strukturiert ist als die Admittanzmatrix und sich deshalb wesentlich einfacher ermitteln lässt. Wir wollen uns deshalb hier auf die Impedanzmatrix beschränken und erhalten

$$\begin{aligned}
\underline{Z}_{11} &= \left.\frac{\underline{U}_1}{\underline{I}_1}\right|_{\underline{I}_2=0} = \underline{Z}_1 + \underline{Z}_3\,; &\quad \underline{Z}_{22} &= \left.\frac{\underline{U}_2}{\underline{I}_2}\right|_{\underline{I}_1=0} = \underline{Z}_2 + \underline{Z}_3 \\
\underline{Z}_{21} &= \left.\frac{\underline{U}_2}{\underline{I}_1}\right|_{\underline{I}_2=0} = \underline{Z}_3\,; &\quad \underline{Z}_{12} &= \left.\frac{\underline{U}_1}{\underline{I}_2}\right|_{\underline{I}_1=0} = \underline{Z}_3
\end{aligned} \tag{6.47}$$

Bei bekannter Impedanzmatrix eines Zweitors können wir umgekehrt dessen Verhalten mit einer T-Schaltung nachbilden, wenn wir aus den obigen Gleichungen nach den Impedanzen $\underline{Z}_1$, $\underline{Z}_2$ und $\underline{Z}_3$ auflösen. Dabei ergibt sich

$$\begin{aligned}
\underline{Z}_1 &= \underline{Z}_{11} - \underline{Z}_{21} \\
\underline{Z}_2 &= \underline{Z}_{22} - \underline{Z}_{21} \\
\underline{Z}_3 &= \underline{Z}_{21} = \underline{Z}_{12}\,.
\end{aligned} \tag{6.48}$$

■ 5. Beispiel: π-Schaltung

Ebenso wie die T-Schaltung besteht die π-Schaltung nach Abbildung 6.18 aus drei Zweigen. Bei dieser Schaltung ist es zweckmäßig, die Admittanzmatrix zu bestimmen. Wir erhalten:

$$\begin{aligned}
\underline{Y}_{11} &= \left.\frac{\underline{I}_1}{\underline{U}_1}\right|_{\underline{U}_2=0} = \underline{Y}_1 + \underline{Y}_3\,; &\quad \underline{Y}_{22} &= \left.\frac{\underline{I}_2}{\underline{U}_2}\right|_{\underline{U}_1=0} = \underline{Y}_2 + \underline{Y}_3 \\
\underline{Y}_{21} &= \left.\frac{\underline{I}_2}{\underline{U}_1}\right|_{\underline{U}_2=0} = -\underline{Y}_3\,; &\quad \underline{Y}_{12} &= \left.\frac{\underline{I}_1}{\underline{U}_2}\right|_{\underline{U}_1=0} = -\underline{Y}_3\,.
\end{aligned} \tag{6.49}$$

Wie bei der Γ-Schaltung ergeben sich die Minuszeichen dadurch, dass z. B. beim Parameter $\underline{Y}_{12}$ der durch die Spannung $\underline{U}_2$ am kurzgeschlossenen Tor 1 bewirkte Strom $\underline{I}_1$ in seiner Richtung entgegengesetzt zur positiv definierten Richtung ist.

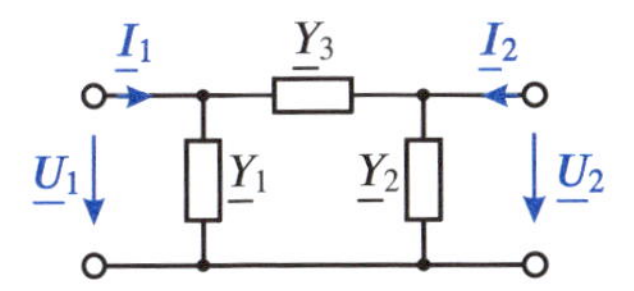

Abbildung 6.18: π-Schaltung

Wenn wir von einem Zweitor die Admittanzmatrix kennen, so können wir dessen Verhalten durch eine π-Schaltung mit den Elementen

$$\begin{aligned} \underline{Y}_1 &= \underline{Y}_{11} + \underline{Y}_{21} \\ \underline{Y}_2 &= \underline{Y}_{22} + \underline{Y}_{21} \\ \underline{Y}_3 &= -\underline{Y}_{21} = -\underline{Y}_{12} \end{aligned} \tag{6.50}$$

nachbilden.

π-Schaltung und T-Schaltung lassen sich durch eine Stern-Dreieck- bzw. Dreieck-Stern-Umwandlung leicht ineinander überführen. Ohne weitere Herleitung sind in Tabelle 6.8 und in Tabelle 6.9 die gebräuchlichsten Matrizen wichtiger Zweitore aufgeführt.

6.4.2 Matrizen gesteuerter Quellen

Neben rein passiven Zweitoren aus *RLCü*-Elementen sind in realen Schaltungen sehr häufig auch aktive Schaltungselemente zu finden. Aktive Elemente sind dadurch gekennzeichnet, dass sie bei einer bestimmten Betriebsfrequenz in der Regel mehr Leistung abgeben als aufnehmen. Die Differenzleistung sowie eine unvermeidlich entstehende Verlustleistung entnehmen sie ihrer Stromversorgung, z. B. einer Batterie.

Bei kleinen Aussteuerungen lassen sich aktive Bauelemente, wie z. B. Transistoren, näherungsweise durch Modelle mit gesteuerten Quellen beschreiben. Im Gegensatz zu den bisher besprochenen unabhängigen Spannungs- oder Stromquellen, bei denen die Quellgröße fest eingeprägt ist und die sich als Zweipole beschreiben lassen, sind bei gesteuerten Quellen die Quellgrößen durch Spannungen oder Ströme in anderen Schaltungszweigen gesteuert. Gesteuerte oder auch abhängige Quellen werden als Zweitore dargestellt, wobei vereinbarungsgemäß die Steuergröße am Tor 1 (Eingang), die gesteuerte Quelle am Tor 2 (Ausgang) angebracht wird. Die vier Möglichkeiten zur Spannungs- oder Stromsteuerung von Spannungs- oder Stromquellen sind in Tabelle 6.10 in idealisierter Form dargestellt. Die Idealisierung betrifft sowohl die Ansteuerung als auch die gesteuerten Quellen selbst. So wird bei einer Spannungssteuerung der Eingangsstrom zu $\underline{I}_1 = 0$ angenommen, was einen Eingangswiderstand $R_e \to \infty$ bewirkt. Bei der Stromsteuerung soll $\underline{U}_1 = 0$ und damit auch $R_e = 0\,\Omega$ sein. Die gesteuerten Quellen selbst sollen ideal und das Zweitor rückwirkungsfrei und damit nichtreziprok sein. Der ausgangsseitige Innenwiderstand einer gesteuerten Spannungsquelle ist somit $R_a = 0$, der einer gesteuerten Stromquelle $R_a \to \infty$.

Mit den Matrizen gesteuerter Quellen kann bei Zweitorzusammenschaltungen gerechnet werden wie mit anderen Zweitormatrizen. Zu beachten ist allerdings, dass ideale Stromquellen nicht nur an Leerläufe, und ideale Spannungsquellen nicht an Kurzschlüsse angeschlossen werden dürfen.

Tabelle 6.8

Matrizen einfacher Zweitore (ne = nicht existent)

Schaltung	$\underline{Z}$	$\underline{Y}$	$\underline{H}$	$\underline{C}$	$\underline{A}$
	ne	$\begin{pmatrix} \underline{Y} & -\underline{Y} \\ -\underline{Y} & \underline{Y} \end{pmatrix}$	$\begin{pmatrix} \underline{Z} & 1 \\ -1 & 0 \end{pmatrix}$	$\begin{pmatrix} 0 & -1 \\ 1 & \underline{Z} \end{pmatrix}$	$\begin{pmatrix} 1 & \underline{Z} \\ 0 & 1 \end{pmatrix}$
	$\begin{pmatrix} \underline{Z} & \underline{Z} \\ \underline{Z} & \underline{Z} \end{pmatrix}$	ne	$\begin{pmatrix} 0 & 1 \\ -1 & \underline{Y} \end{pmatrix}$	$\begin{pmatrix} \underline{Y} & -1 \\ 1 & 0 \end{pmatrix}$	$\begin{pmatrix} 1 & 0 \\ \underline{Y} & 1 \end{pmatrix}$
	ne	$\frac{1}{\underline{Z}_1 + \underline{Z}_2} \cdot \begin{pmatrix} 1 & 1 \\ 1 & 1 \end{pmatrix}$	$\begin{pmatrix} \underline{Z}_1 + \underline{Z}_2 & -1 \\ 1 & 0 \end{pmatrix}$	$\begin{pmatrix} 0 & 1 \\ -1 & \underline{Z}_1 + \underline{Z}_2 \end{pmatrix}$	$\begin{pmatrix} -1 & -(\underline{Z}_1 + \underline{Z}_2) \\ 0 & -1 \end{pmatrix}$
idealer Übertrager $\ddot{u} = \frac{w_1}{w_2}$	ne	ne	$\begin{pmatrix} 0 & \ddot{u} \\ -\ddot{u} & 0 \end{pmatrix}$	$\begin{pmatrix} 0 & -\frac{1}{\ddot{u}} \\ \frac{1}{\ddot{u}} & 0 \end{pmatrix}$	$\begin{pmatrix} \ddot{u} & 0 \\ 0 & \frac{1}{\ddot{u}} \end{pmatrix}$

Tabelle 6.9

Matrizen der T-, der π- und der symmetrischen X-Schaltung

Schaltung	$\underline{Z}$	$\underline{Y}$	$\underline{A}$
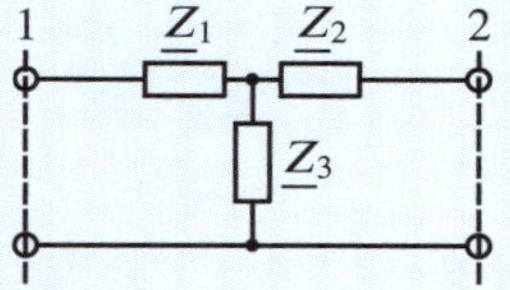 1, 2, $\underline{Z}_1$, $\underline{Z}_2$, $\underline{Z}_3$	$\begin{pmatrix} \underline{Z}_1+\underline{Z}_3 & \underline{Z}_3 \\ \underline{Z}_3 & \underline{Z}_2+\underline{Z}_3 \end{pmatrix}$	$\frac{1}{\underline{N}}\begin{pmatrix} \underline{Y}_1(\underline{Y}_2+\underline{Y}_3) & -\underline{Y}_1\underline{Y}_2 \\ -\underline{Y}_1\underline{Y}_2 & \underline{Y}_2(\underline{Y}_1+\underline{Y}_3) \end{pmatrix}$ $\underline{N}=\underline{Y}_1+\underline{Y}_2+\underline{Y}_3$	$\begin{pmatrix} \underline{Z}_1\underline{Y}_3+1 & \underline{Z}_1+\underline{Z}_2+\underline{Z}_1\underline{Z}_2\underline{Y}_3 \\ \underline{Y}_3 & \underline{Z}_2\underline{Y}_3+1 \end{pmatrix}$
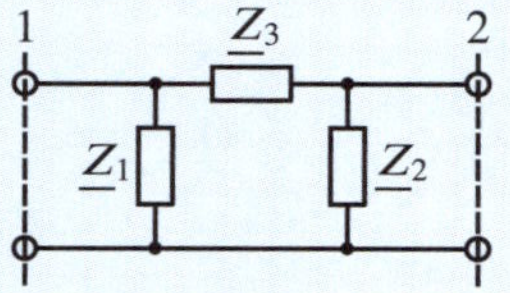 1, 2, $\underline{Z}_3$, $\underline{Z}_1$, $\underline{Z}_2$	$\frac{1}{\underline{N}}\begin{pmatrix} \underline{Z}_1(\underline{Z}_2+\underline{Z}_3) & \underline{Z}_1\underline{Z}_2 \\ \underline{Z}_1\underline{Z}_2 & \underline{Z}_2(\underline{Z}_1+\underline{Z}_3) \end{pmatrix}$ $\underline{N}=\underline{Z}_1+\underline{Z}_2+\underline{Z}_3$	$\begin{pmatrix} \underline{Y}_1+\underline{Y}_3 & -\underline{Y}_3 \\ -\underline{Y}_3 & \underline{Y}_2+\underline{Y}_3 \end{pmatrix}$	$\begin{pmatrix} \underline{Z}_3\cdot\underline{Y}_2+1 & \underline{Z}_3 \\ \underline{Y}_1+\underline{Y}_2+\underline{Y}_1\underline{Y}_2\underline{Z}_3 & \underline{Z}_3\underline{Y}_1+1 \end{pmatrix}$
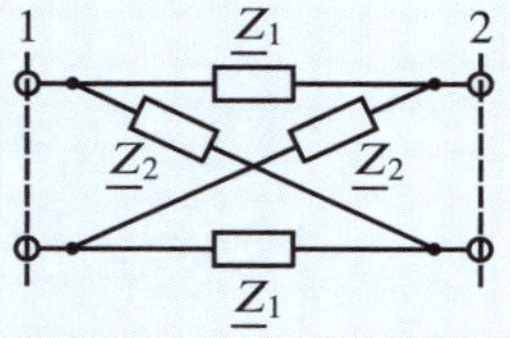 1, 2, $\underline{Z}_1$, $\underline{Z}_2$, $\underline{Z}_2$, $\underline{Z}_1$	$\frac{1}{2}\begin{pmatrix} \underline{Z}_2+\underline{Z}_1 & \underline{Z}_2-\underline{Z}_1 \\ \underline{Z}_2-\underline{Z}_1 & \underline{Z}_2+\underline{Z}_1 \end{pmatrix}$	$\frac{1}{2}\begin{pmatrix} \underline{Y}_2+\underline{Y}_1 & \underline{Y}_2-\underline{Y}_1 \\ \underline{Y}_2-\underline{Y}_1 & \underline{Y}_2-\underline{Y}_1 \end{pmatrix}$	$\frac{1}{\underline{Z}_2-\underline{Z}_1}\begin{pmatrix} \underline{Z}_2+\underline{Z}_1 & 2\underline{Z}_1\underline{Z}_2 \\ 2 & \underline{Z}_2+\underline{Z}_1 \end{pmatrix}$

Tabelle 6.10

Matrizen idealer gesteuerter Quellen

Mit folgenden Größen:

$\underline{\alpha}$ Leerlaufspannungsverstärkung

$\underline{Z}_m$ Transimpedanz

$\underline{S}$ Transferadmittanz; Steilheit

$\underline{\beta}$ Kurzschlussstromübersetzung

(ne: Matrix nicht existent)

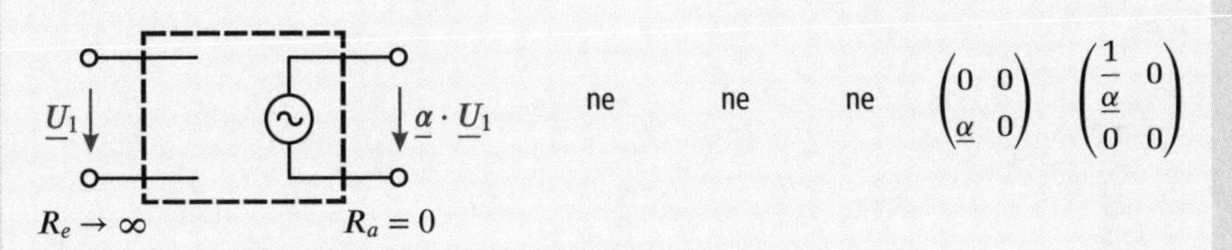

Quelle	$\underline{Z}$	$\underline{Y}$	$\underline{H}$	$\underline{C}$	$\underline{A}$
spannungsgesteuerte Spannungsquelle: $\underline{U}_1$, $\underline{\alpha} \cdot \underline{U}_1$; $R_e \to \infty$, $R_a = 0$	ne	ne	ne	$\begin{pmatrix} 0 & 0 \\ \underline{\alpha} & 0 \end{pmatrix}$	$\begin{pmatrix} \frac{1}{\underline{\alpha}} & 0 \\ 0 & 0 \end{pmatrix}$
stromgesteuerte Spannungsquelle: $\underline{I}_1$, $\underline{Z}_T \cdot \underline{I}_1$; $R_e = 0$, $R_a = 0$	$\begin{pmatrix} 0 & 0 \\ \underline{Z}_T & 0 \end{pmatrix}$	ne	ne	ne	$\begin{pmatrix} 0 & 0 \\ \frac{1}{\underline{Z}_T} & 0 \end{pmatrix}$
spannungsgesteuerte Stromquelle: $\underline{U}_1$, $\underline{I}_2 = \underline{S} \cdot \underline{U}_1$; $R_e \to \infty$, $R_a \to \infty$	ne	$\begin{pmatrix} 0 & 0 \\ \underline{S} & 0 \end{pmatrix}$	ne	ne	$\begin{pmatrix} 0 & -\frac{1}{\underline{S}} \\ 0 & 0 \end{pmatrix}$
stromgesteuerte Stromquelle: $\underline{I}_1$, $\underline{U}_1$, $\underline{I}_2 = \underline{\beta} \cdot \underline{I}_1$; $R_e = 0$, $R_a \to \infty$	ne	ne	$\begin{pmatrix} 0 & 0 \\ \underline{\beta} & 0 \end{pmatrix}$	ne	$\begin{pmatrix} 0 & 0 \\ 0 & -\frac{1}{\underline{\beta}} \end{pmatrix}$

Bei der Anwendung des Überlagerungssatzes in Schaltungen mit unabhängigen Quellen sind gesteuerte Quellen immer in der Schaltung zu belassen.

Literatur: [11], [19], [20]

6.5 Zweitorersatzschaltungen

Wie wir gesehen haben, können Zweitore durch maximal vier voneinander unabhängige, komplexe Matrixelemente beschrieben werden. Völlig losgelöst vom tatsächlichen, möglicherweise komplizierten Aufbau eines Zweitores ist es nun möglich, eine einfache Ersatzschaltung für das Zweitor zu finden, die bei *einer* Frequenz das gleiche Torverhalten aufweist. Analog zu den maximal vier unabhängigen Matrixelementen sollte die Ersatzschaltung ebenfalls maximal vier Bauelemente enthalten. Für ein allgemeines Zweitor, das auch nichtreziprok sein kann, können diese Ersatzschaltungselemente nicht nur *RLCü*-Elemente sein, da diese als reziproke Bauelemente nur zu reziproken Schaltungen zusammengefügt werden können. Es hat sich in Tabelle 6.10 gezeigt, dass gesteuerte Quellen geeignete Bauelemente zur Charakterisierung nichtreziproken Verhaltens sind. Die für die Beschreibung eines reziproken Zweitors erforderlichen drei Ersatzschaltungselemente lassen sich in Form einer T-, oder einer π-Schaltung anordnen. Einfache Ersatzschaltungen für allgemeine Zweitore sind also T- oder π-Schaltungen mit zusätzlich je einer gesteuerten Quelle. Um für nichtreziproke Bauelemente, beispielsweise einen Transistor, eine physikalische Ersatzschaltung zu erhalten, platziert man die von einer Eingangsgröße gesteuerte Quelle üblicherweise am Ausgang.

Ersatzschaltungen bilden also das elektrische Verhalten eines beliebig komplizierten Netzes durch ein i. A. einfacheres Zweitor formal nach. Sie stellen eine schaltungstechnische Interpretation der Netzwerkgleichungen dar und können das physikalische Verhalten eines realen Zweitors transparenter machen.

6.5.1 Reduktion eines allgemeinen auf ein erdgebundenes Zweitor

Bei Zweitoruntersuchungen spielen die in Abbildung 6.19 eingezeichneten Längsspannungen $\underline{U}_3$ und $\underline{U}_4$ in der Regel keine Rolle, i. A. gilt $\underline{U}_3 \neq 0$ und $\underline{U}_4 \neq 0$. Bei bestimmten Zusammenschaltungen von Zweitoren ist es jedoch erforderlich, diese Längsspannungen beliebig wählen zu können, ohne das Zweitorverhalten zu beinflussen. In einigen Fällen ist es zweckmäßig, eine dieser Längsspannungen verschwinden zu lassen. Dies gelingt nach Abbildung 6.19 dadurch, dass dem allgemeinen Zweitor ein idealer Übertrager in Kette geschaltet wird. Der Übertrager gestattet es, dass in einer Verbindungsleitung der Klemmen 1'-2' ohne Stromfluss eine beliebige Spannungsquelle geschaltet wird.

Insbesondere kann mit einer Durchverbindung $\underline{U}_{1'2'} = 0$ erzeugt werden. Die Längsspannung $\underline{U}_3$ des Zweitors wird dabei vom Übertrager aufgenommen. Der ideale Übertrager mit dem Übersetzungsverhältnis 1:1 verändert dabei die sekundärseitigen Klemmengrößen des Zweitors nicht; damit bleibt auch das Zweitorverhalten insgesamt unverändert.

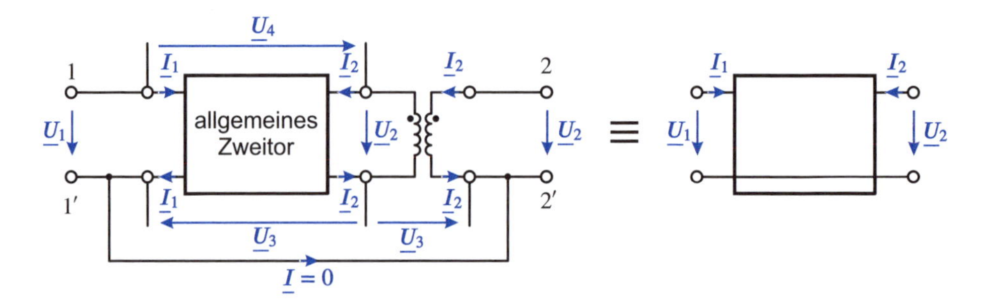

Abbildung 6.19: Reduktion eines allgemeinen auf ein erdgebundenes Zweitor

Mit einem idealen Übertrager ist es also möglich, aus einem allgemeinen Zweitor mit Längsspannungen eines mit einer Durchverbindung zwischen Klemmen zweier Tore zu machen. Diese Möglichkeit wird bevorzugt bei der Zusammenschaltung von Zweitoren angewendet, sie ist aber auch bei der Herleitung von Ersatzschaltungen nützlich.

6.5.2 π-Ersatzschaltung

Aus den Zweitorgleichungen in der Admittanzform

$$\begin{aligned} \underline{I}_1 &= \underline{Y}_{11} \cdot \underline{U}_1 + \underline{Y}_{12} \cdot \underline{U}_2 \\ \underline{I}_2 &= \underline{Y}_{21} \cdot \underline{U}_1 + \underline{Y}_{22} \cdot \underline{U}_2 \end{aligned} \tag{6.51}$$

können wir unmittelbar das in Abbildung 6.20a gezeigte Ersatzschaltbild ablesen. Diese Ersatzschaltung enthält noch zwei spannungsgesteuerte Stromquellen. Sie kann nach den Regeln der Quellenumwandlung und Quellenversetzung in eine Schaltung mit einer gesteuerten Stromquelle umgewandelt werden. Die stufenweise Umwandlung ist in Abbildung 6.20 gezeigt, mit Abbildung 6.20e als endgültiger Ersatzschaltung.

Die Ersatzschaltung beschreibt das Zweitor bezüglich seiner Klemmengrößen formal richtig und vollständig, sie muss aber nicht unbedingt physikalisch realisierbar sein.

Wir erkennen, dass eine eventuell gegebene Nichtreziprozität der Schaltung in der einen noch vorhandenen, gesteuerten Stromquelle steckt, die für den reziproken Fall mit $\underline{Y}_{21} = \underline{Y}_{12}$ verschwindet.

Eine zweite Möglichkeit zur Herleitung der Ersatzschaltung nach Abbildung 6.20e besteht darin, Gleichung (6.51) formal in zwei Anteile aufzuspalten, die einmal ein reziprokes Zweitor, zum anderen ein nichtreziprokes Zweitor beschreiben.

$$\begin{aligned} \underline{I}_1 &= \underline{Y}_{11} \cdot \underline{U}_1 + \underline{Y}_{12} \cdot \underline{U}_2 \\ \underline{I}_2 &= \left[\underline{Y}_{12} + (\underline{Y}_{21} - \underline{Y}_{12})\right] \cdot \underline{U}_1 + \underline{Y}_{22} \cdot \underline{U}_2 \end{aligned} \tag{6.52}$$

Gemäß den Regeln über die Zusammenschaltung von Zweitoren, sowie den Ausführungen im Abschnitt über elementare Zweitore, kann Gleichung (6.52) durch die Parallelschaltung eines reziproken Zweitors mit einer spannungsgesteuerten Stromquelle nach Abbildung 6.21 verifiziert werden. Bei der Parallelschaltung werden die

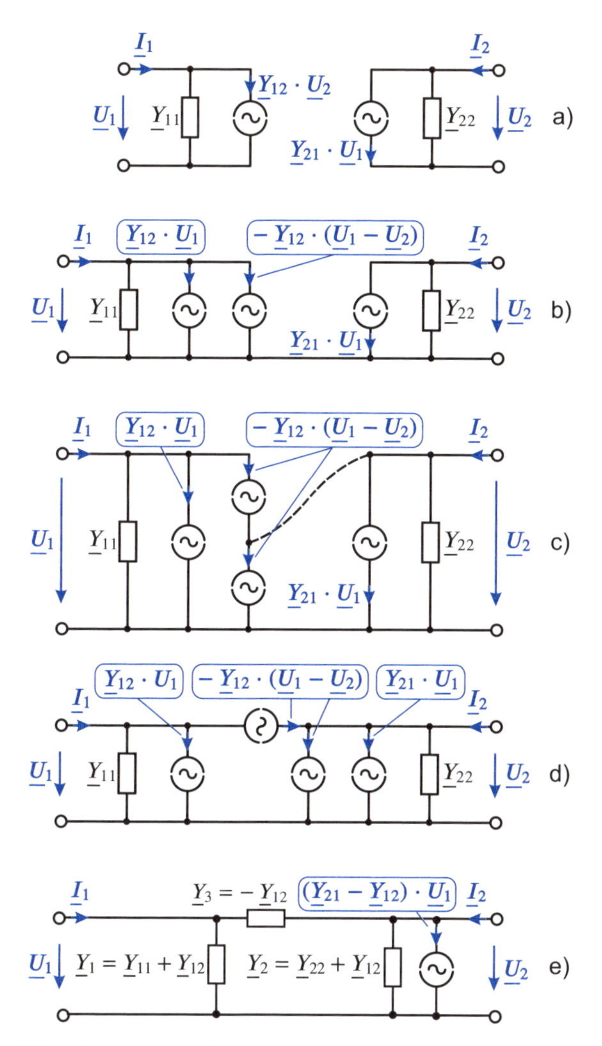

Abbildung 6.20: Entwicklung der π-Ersatzschaltung

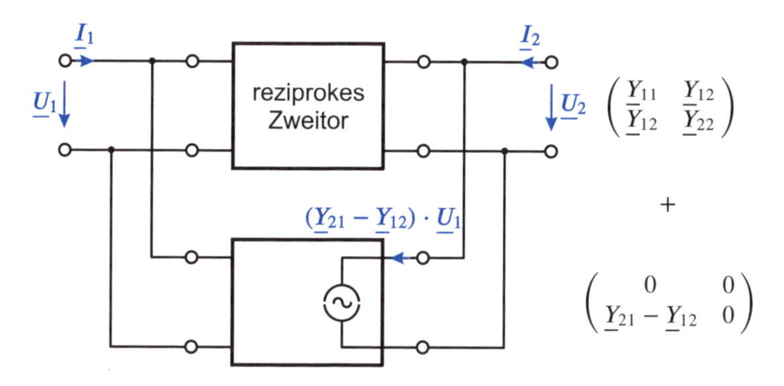

$$\begin{pmatrix} \underline{Y}_{11} & \underline{Y}_{12} \\ \underline{Y}_{12} & \underline{Y}_{22} \end{pmatrix}$$

$$+$$

$$\begin{pmatrix} 0 & 0 \\ \underline{Y}_{21} - \underline{Y}_{12} & 0 \end{pmatrix}$$

Abbildung 6.21: Zur Herleitung der Ersatzschaltung nach Abbildung 6.20e

Admittanzmatrizen der einzelnen Zweitore addiert. Wenn wir als reziprokes Zweitor eine π-Schaltung wählen, erhalten wir unmittelbar die Ersatzschaltung der Abbildung 6.20e.

6.5.3 T-Ersatzschaltung

Zur Entwicklung der T-Ersatzschaltung gehen wir von der Impedanzform

$$\begin{aligned} \underline{U}_1 &= \underline{Z}_{11} \cdot \underline{I}_1 + \underline{Z}_{12} \cdot \underline{I}_2 \\ \underline{U}_2 &= \underline{Z}_{21} \cdot \underline{I}_1 + \underline{Z}_{22} \cdot \underline{I}_2 \end{aligned} \tag{6.53}$$

aus, die sich unmittelbar in die Ersatzschaltung der Abbildung 6.22a mit zwei stromgesteuerten Spannungsquellen umsetzen lässt. Wiederum interessieren die Längsspannungen zwischen den Toren nicht und wir können eine davon null setzten. Nach einer Durchverbindung in Abbildung 6.22b werden die Quellen in der in Abbildung 6.22c gezeichneten Form aufgespalten, um dann in der endgültigen Ersatzschaltung Abbildung 6.22d mit Ausnahme einer Quelle in Impedanzen umgewandelt zu werden.

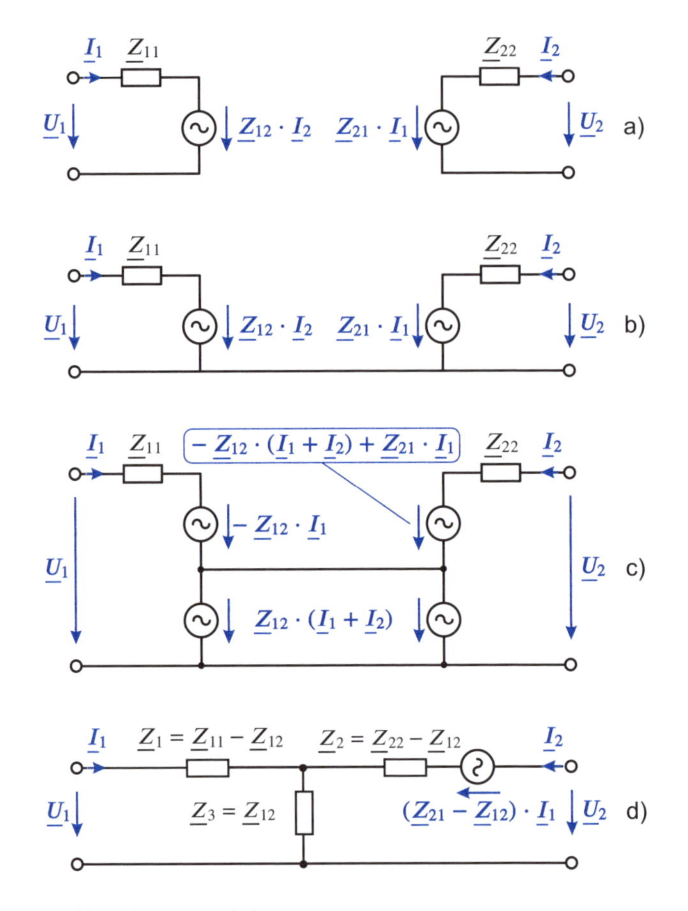

Abbildung 6.22: Entwicklung der T-Ersatzschaltung

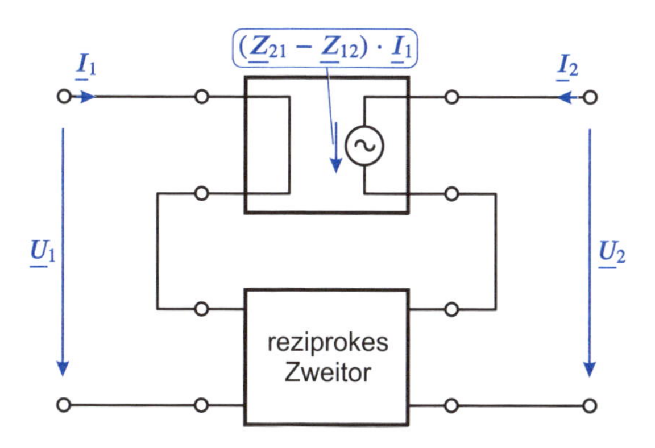

Abbildung 6.23: Zur Herleitung der Ersatzschaltung nach Abbildung 6.22d

Auch die Ersatzschaltung nach Abbildung 6.22d können wir alternativ dadurch herleiten, dass wir Gleichung (6.53) aufspalten in die Beschreibung eines reziproken und eines nichtreziproken Zweitors gemäß

$$\begin{aligned} \underline{U}_1 &= \underline{Z}_{11} \cdot \underline{I}_1 && + \underline{Z}_{12} \cdot \underline{I}_2 \\ \underline{U}_2 &= \left[\underline{Z}_{12} + (\underline{Z}_{21} - \underline{Z}_{12})\right] \cdot \underline{I}_1 && + \underline{Z}_{22} \cdot \underline{I}_2 \,. \end{aligned} \tag{6.54}$$

Die in Gleichung (6.54) enthaltene Addition zweier Impedanzmatrizen ist die rechnerische Umsetzung der Reihenschaltung eines reziproken Zweitors und einer stromgesteuerten Spannungsquelle entsprechend Abbildung 6.23. Wenn wir diesmal als reziprokes Zweitor eine T-Schaltung wählen, so können wir Abbildung 6.23 in Abbildung 6.22d umwandeln.

Die Schaltungen der Abbildung 6.20e und der Abbildung 6.22d stellen die gebräuchlichsten, aber natürlich nicht die einzig möglichen Ersatzschaltungen dar. So ist leicht einzusehen, dass auch Herleitungen mit Quellen jeweils im linken Zweig der Schaltungen möglich wären.

Es sei noch angemerkt, dass die Schaltungselemente der π- und der T-Schaltung nicht unbedingt durch *RLCü*-Bauelemente realisierbar sein müssen. Insofern stellen die Ersatzschaltungen Abbildung 6.20e und Abbildung 6.22d lediglich theoretische Konstrukte zur Nachbildung von Zweitoren dar und keine Anleitung zur physikalischen Realisierung.

6.5.4 Ersatzschaltungen symmetrischer, reziproker Zweitore

Reziprozität verringert die Anzahl unabhängiger Matrixparameter auf drei ($\underline{Z}_{21} = \underline{Z}_{12}$; $\underline{Y}_{21} = \underline{Y}_{12}$) und die angenommene Torsymmetrie auf zwei ($\underline{Z}_{11} = \underline{Z}_{22}$; $\underline{Y}_{11} = \underline{Y}_{22}$). Dementsprechend reduziert sich auch die Zahl der Rechengrößen der Ersatzschaltungen, wie aus Tabelle 6.11 zu erkennen ist.

Bei der π- bzw. der T-Ersatzschaltung können die Elemente $\underline{Y}_2$ bzw. $\underline{Z}_2$ nicht realisierbar sein. Für aufbausymmetrische, reziproke Zweitore stellt jedoch die X- oder Kreuzschaltung eine weitere Ersatzschaltung dar, die sich immer realisieren lässt.

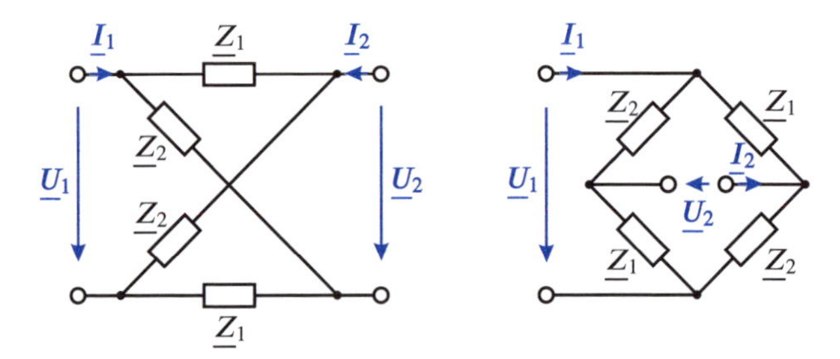

Abbildung 6.24: X-Schaltung als Brückenschaltung

Das erkennen wir am einfachsten dadurch, dass wir die X-Schaltung in Abbildung 6.24 in eine Brückenschaltung umzeichnen. Da im linken und im rechten Brückenzweig der gleiche Strom $\frac{1}{2}\underline{I}_1$ fließt, lässt sich für die Koeffizienten der Impedanzmatrix direkt ablesen.

$$\begin{aligned} \underline{Z}_{11} = \underline{Z}_{22} &= \left.\frac{\underline{U}_1}{\underline{I}_1}\right|_{\underline{I}_2=0} = \frac{1}{2}(\underline{Z}_1 + \underline{Z}_2) \\ \underline{Z}_{21} = \underline{Z}_{12} &= \left.\frac{\underline{U}_2}{\underline{I}_1}\right|_{\underline{I}_2=0} = \frac{1}{\underline{I}_1}(\frac{1}{2}\underline{I}_1 \cdot \underline{Z}_2 - \frac{1}{2}\underline{I}_1 \cdot \underline{Z}_1) \\ \underline{Z}_{21} = \underline{Z}_{12} &= \frac{1}{2}(\underline{Z}_2 - \underline{Z}_1) \end{aligned} \tag{6.55}$$

Vergleichen wir die Gleichungen (6.55) mit den Gleichungen (6.39) des Abschnitts 6.3.3

$$\underline{Z}_{11} = \underline{Z}_{22} = \frac{1}{2}(\underline{Z}_a + \underline{Z}_b) \quad \text{und} \quad \underline{Z}_{21} = \underline{Z}_{12} = \frac{1}{2}(\underline{Z}_a - \underline{Z}_b)\,, \tag{6.56}$$

dann können wir

$$\underline{Z}_2 = \underline{Z}_a \quad \text{und} \quad \underline{Z}_1 = \underline{Z}_b \tag{6.57}$$

folgern. $\underline{Z}_a$ bzw. $\underline{Z}_b$ sind Leerlauf- bzw. Kurzschlusseingangsimpedanz eines aufbausymmetrischen in der Symmetrieebene aufgetrennten realen Zweitors. Die X-Schaltung mit den Impedanzen $\underline{Z}_1$ und $\underline{Z}_2$ ist folglich ebenfalls stets realisierbar.

Die besprochenen Ersatzschaltungen sind in Tabelle 6.11 zusammengestellt.

6.5.5 Zweitore mit unabhängigen Quellen

In diesem Abschnitt sollen ausnahmsweise Zweitore mit unabhängigen Quellen behandelt werden. Solche aktiven Zweitore liegen dann vor, wenn an einem oder an beiden Toren Spannungen oder Ströme gemessen werden können, ohne dass eine äußere Quelle an das Zweitor angeschlossen ist.

Für die Beschreibung in einer Ersatzschaltung können wir uns das aktive Zweitor aufgespalten denken in ein passives Zweitor und zwei an dessen Toren angeschlossene, unabhhängige Quellen. Diese Quellen können entweder Spannungs- oder

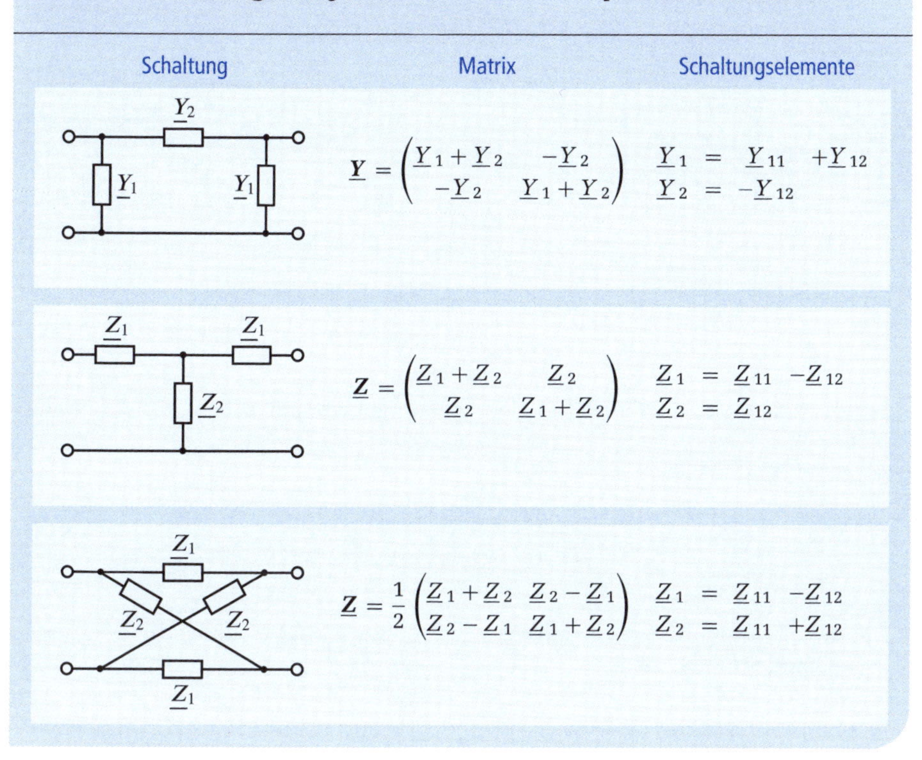

Tabelle 6.11

Ersatzschaltungen symmetrischer, reziproker Zweitore

Schaltung	Matrix	Schaltungselemente
$\underline{Y}_2$; $\underline{Y}_1$; $\underline{Y}_1$	$\underline{\mathbf{Y}} = \begin{pmatrix} \underline{Y}_1 + \underline{Y}_2 & -\underline{Y}_2 \\ -\underline{Y}_2 & \underline{Y}_1 + \underline{Y}_2 \end{pmatrix}$	$\underline{Y}_1 = \underline{Y}_{11} + \underline{Y}_{12}$ $\underline{Y}_2 = -\underline{Y}_{12}$
$\underline{Z}_1$; $\underline{Z}_1$; $\underline{Z}_2$	$\underline{\mathbf{Z}} = \begin{pmatrix} \underline{Z}_1 + \underline{Z}_2 & \underline{Z}_2 \\ \underline{Z}_2 & \underline{Z}_1 + \underline{Z}_2 \end{pmatrix}$	$\underline{Z}_1 = \underline{Z}_{11} - \underline{Z}_{12}$ $\underline{Z}_2 = \underline{Z}_{12}$
$\underline{Z}_1$; $\underline{Z}_2$; $\underline{Z}_2$; $\underline{Z}_1$	$\underline{\mathbf{Z}} = \frac{1}{2}\begin{pmatrix} \underline{Z}_1 + \underline{Z}_2 & \underline{Z}_2 - \underline{Z}_1 \\ \underline{Z}_2 - \underline{Z}_1 & \underline{Z}_1 + \underline{Z}_2 \end{pmatrix}$	$\underline{Z}_1 = \underline{Z}_{11} - \underline{Z}_{12}$ $\underline{Z}_2 = \underline{Z}_{11} + \underline{Z}_{12}$

Stromquellen sein; ihre Werte definieren sich nach den am realen, aktiven Zweitor gemessenen Leerlaufspannungen oder Kurzschlussströmen.

Dieser Sachverhalt ist in Abbildung 6.25 dargestellt. Für den Fall $\underline{I}_1 = \underline{I}_2 = 0$ können am realen Zweitor die Torspannungen $\underline{U}_1 = \underline{U}_{q1}$ und $\underline{U}_2 = \underline{U}_{q2}$ gemessen werden. Alternativ dazu können für $\underline{U}_1 = \underline{U}_2 = 0$ auch die Ströme $\underline{I}_{q1}$ und $\underline{I}_{q2}$ bestimmt werden.

In den dazugehörigen Ersatzschaltungen der Abbildung 6.25 werden die Spannungsquellen in Reihe mit dem Zweitor, die Stromquellen parallel dazu geschaltet. Für die Ersatzschaltung mit Spannungsquellen stellt die Impedanzform nach Gleichung (6.58) die adäquate Beschreibungsform dar.

$$\begin{aligned} \underline{U}_1 &= \underline{U}'_1 + \underline{U}_{q1} = \underline{Z}_{11} \cdot \underline{I}_1 + \underline{Z}_{12} \cdot \underline{I}_2 + \underline{U}_{q1} \\ \underline{U}_2 &= \underline{U}'_2 + \underline{U}_{q2} = \underline{Z}_{21} \cdot \underline{I}_1 + \underline{Z}_{22} \cdot \underline{I}_2 + \underline{U}_{q2} \end{aligned} \tag{6.58}$$

Sowohl aus Gleichung (6.58) als auch aus dem dazugehörigen Ersatzschaltbild wird deutlich, dass für $\underline{I}_1 = \underline{I}_2 = 0$ die Spannungsquellen $\underline{U}_{q1}$ und $\underline{U}_{q2}$ nur an den Klemmen wirksam werden, an denen sie angeschlossen sind. Für die Ersatzschaltung mit Stromquellen gilt das Analoge für den Fall $\underline{U}_1 = \underline{U}_2 = 0$.

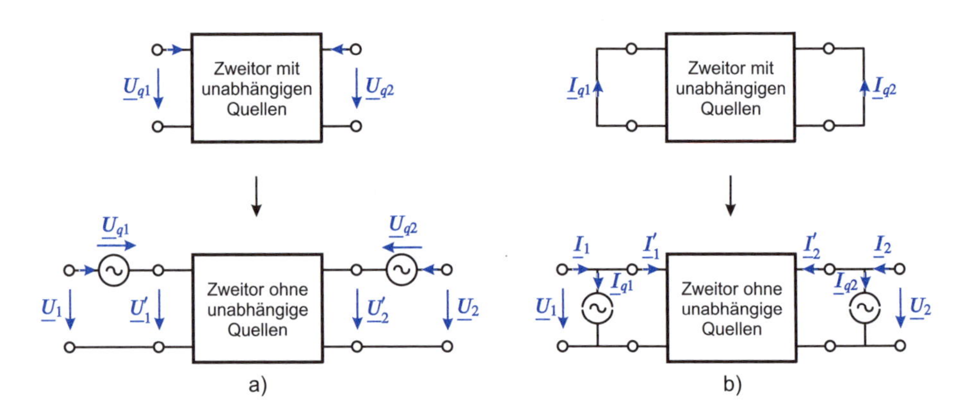

Abbildung 6.25: Ersatzschaltungen von Zweitoren mit unabhängigen Quellen a) mit Spannungsquellen b) mit Stromquellen

Für die Ersatzschaltung mit Stromquellen können wir analog dazu die Admittanzform gemäß

$$\begin{aligned} \underline{I}_1 &= \underline{I}'_1 + \underline{I}_{q1} = \underline{Y}_{11} \cdot \underline{U}_1 + \underline{Y}_{12} \cdot \underline{U}_2 + \underline{I}_{q1} \\ \underline{I}_2 &= \underline{I}'_2 + \underline{I}_{q2} = \underline{Y}_{21} \cdot \underline{U}_1 + \underline{Y}_{22} \cdot \underline{U}_2 + \underline{I}_{q2} \end{aligned} \tag{6.59}$$

ansetzen.

Die in Abbildung 6.25 gezeigten Ersatzschaltungen sind gleichwertig und lassen sich ineinander umrechnen.

Literatur: [6], [11], [20]

6.6 Zusammenschaltungen von Zweitoren

Komplexe Schaltungssysteme bestehen häufig aus verschiedenartigen Zusammenschaltungen bekannter Zweitore. Ziel ist es dann, die Eigenschaften des Gesamtsystems aus den bekannten Matrizen der Einzelzweitore zu ermitteln. Das Verfahren lässt sich vorteilhaft auch auf einfachere Schaltungen anwenden, wenn es gelingt, diese als Schaltungskombinationen von Elementarzweitoren darzustellen, deren Matrizen tabelliert sind.

6.6.1 Reihenschaltung von Zweitoren

Von einer Reihenschaltung zweier Zweitore spricht man, wenn zweimal jeweils zwei Tore in Reihe geschaltet werden, wie dies Abbildung 6.26 zeigt. Eine exakte Bezeichnung dieser Schaltungsvariante wäre demnach *Reihen-Reihen-Schaltung*.

Wir nehmen an, dass die Torbedingung für das resultierende Zweitor erfüllt ist, beispielsweise dadurch, dass an die Klemmen 1-1′ und 2-2′ jeweils nur ein Zweipol angeschaltet wird. Gleichzeitig sei die Torbedingung auch für die Zweitore N^a und N^b eingehalten.

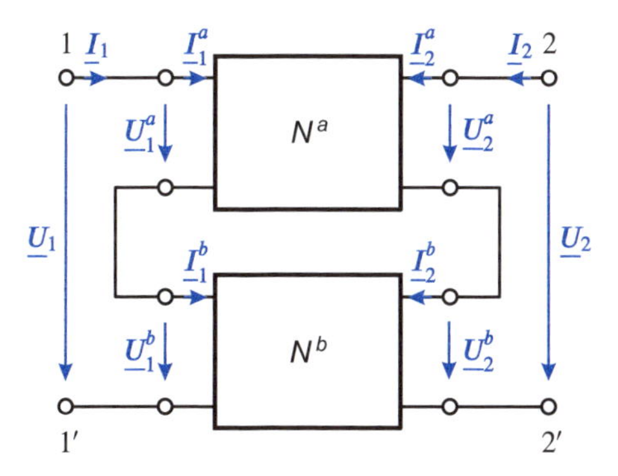

Abbildung 6.26: Reihenschaltung zweier Zweitore

Unter diesen Voraussetzungen gilt

$$\begin{aligned} \underline{I}_1 &= \underline{I}_1^a = \underline{I}_1^b \quad \text{und} \quad \underline{U}_1 = \underline{U}_1^a + \underline{U}_1^b \\ \underline{I}_2 &= \underline{I}_2^a = \underline{I}_2^b \quad \text{und} \quad \underline{U}_2 = \underline{U}_2^a + \underline{U}_2^b . \end{aligned} \tag{6.60}$$

Mit den Vektoren

$$\begin{aligned} \underline{\boldsymbol{I}} &= \begin{pmatrix} \underline{I}_1 \\ \underline{I}_2 \end{pmatrix} ; \quad \underline{\boldsymbol{I}}^a = \begin{pmatrix} \underline{I}_1^a \\ \underline{I}_2^a \end{pmatrix} ; \quad \underline{\boldsymbol{I}}^b = \begin{pmatrix} \underline{I}_1^b \\ \underline{I}_2^b \end{pmatrix} \\ \underline{\boldsymbol{U}} &= \begin{pmatrix} \underline{U}_1 \\ \underline{U}_2 \end{pmatrix} ; \quad \underline{\boldsymbol{U}}^a = \begin{pmatrix} \underline{U}_1^a \\ \underline{U}_2^a \end{pmatrix} ; \quad \underline{\boldsymbol{U}}^b = \begin{pmatrix} \underline{U}_1^b \\ \underline{U}_2^b \end{pmatrix} \end{aligned} \tag{6.61}$$

folgt

$$\underline{\boldsymbol{U}} = \underline{\boldsymbol{Z}} \cdot \underline{\boldsymbol{I}} ; \quad \underline{\boldsymbol{U}}^a = \underline{\boldsymbol{Z}}^a \cdot \underline{\boldsymbol{I}}^a ; \quad \underline{\boldsymbol{U}}^b = \underline{\boldsymbol{Z}}^b \cdot \underline{\boldsymbol{I}}^b \tag{6.62}$$

mit $\underline{\boldsymbol{Z}}$ der Impedanzmatrix des resultierenden Zweitors, und $\underline{\boldsymbol{Z}}^a$ und $\underline{\boldsymbol{Z}}^b$ den Impedanzmatrizen der Zweitore N^a und N^b.

Mit $\underline{\boldsymbol{U}} = \underline{\boldsymbol{U}}^a + \underline{\boldsymbol{U}}^b$ und $\underline{\boldsymbol{I}} = \underline{\boldsymbol{I}}^a = \underline{\boldsymbol{I}}^b$ folgt

$$\underline{\boldsymbol{U}} = (\underline{\boldsymbol{Z}}^a + \underline{\boldsymbol{Z}}^b) \cdot \underline{\boldsymbol{I}} \tag{6.63}$$

und damit

$$\underline{\boldsymbol{Z}} = \underline{\boldsymbol{Z}}^a + \underline{\boldsymbol{Z}}^b . \tag{6.64}$$

Die Impedanzmatrix $\underline{\boldsymbol{Z}}$ eines aus der Reihen-Reihen-Schaltung zweier Zweitore resultierenden Zweitors ergibt sich somit aus der Summe der einzelnen Impedanzmatrizen. Das Ergebnis kann als Verallgemeinerung des Spezialfalls der Reihenschaltung zweier Eintorimpedanzen interpretiert werden.

Einhaltung der Torbedingung

Die für die Anwendbarkeit der Gleichung (6.64) geforderte Einhaltung der Torbedingung an allen Toren ist nicht in allen Fällen gewährleistet, wie das Beispiel der

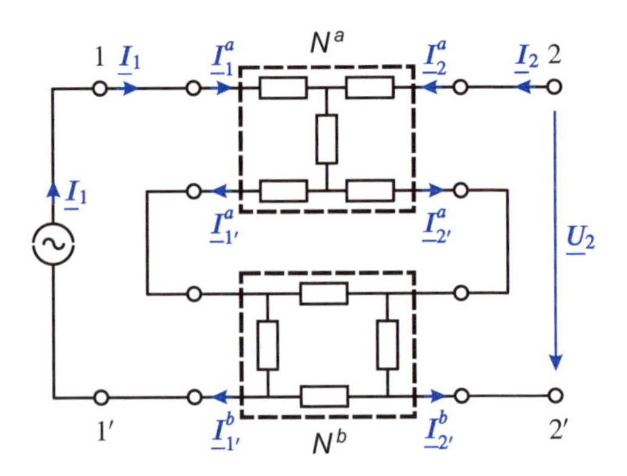

Abbildung 6.27: Falsche Reihenschaltung; Gleichung (6.64) nicht anwendbar

Abbildung 6.27 zeigt. In diesem Beispiel liegt die Reihen-Reihen-Schaltung der Zweitore N^a und N^b vor, die aus nicht näher spezifizierten Impedanzen bestehen. Tor 1 (Klemmen 1-1′) ist an eine Stromquelle angeschlossen; Tor 2 (Klemmen 2-2′) ist unbeschaltet (Leerlauf).

Es gilt zwar $\underline{I}_1^a = \underline{I}_{1'}^b = \underline{I}_1$ und $\underline{I}_2^a = \underline{I}_{2'}^b = \underline{I}_2 = 0$, womit die Torbedingungen für das resultierende Zweitor erfüllt sind, jedoch teilt sich $\underline{I}_1^a$ auf in $\underline{I}_{1'}^a$ und $\underline{I}_{2'}^a$, was die Torbedingungen an den Zweitoren N^a und N^b verletzt. Für das obige Beispiel ist also Gleichung (6.64) für den Fall beliebiger Impedanzen nicht anwendbar.

Eine theoretische Möglichkeit, die Einhaltung der Torbedingung bei der Serien-Serien-Schaltung zweier allgemeiner Zweitore zu erzwingen, besteht in der zusätzlichen Beschaltung eines Tores mit einem idealen Übertrager (ü = 1) gemäß Abbildung 6.28. Der ideale Übertrager erzwingt

$$\underline{I}_2 = \underline{I}_2^a = \underline{I}_{2'}^a \tag{6.65}$$

und

$$\underline{I}_2 = \underline{I}_2^b \,. \tag{6.66}$$

Für die Beschaltung der Klemmen 2-2′ mit einem Zweipol (in unserem Beispiel: Leerlauf) folgt dann noch $\underline{I}_{2'}^b = \underline{I}_2$ und damit sind die Torbedingungen an den Toren 2 von N^a und N^b erfüllt. Ist die Torbedingung aber an einem Tor eines Zweitors erfüllt, so ist sie es auch am zweiten. Die beschriebene Maßnahme findet in der Praxis ihre Grenzen in den Eigenschaften eines realen Übertragers und seiner Abweichung vom Idealzustand.

Die Einhaltung der Torbedingung ohne zusätzliche Beschaltung mit einem idealen Übertrager ist bei der Reihenschaltung nur mit Zweitoren möglich, die eine Kurzschlussverbindung von einer Klemme des einen Tores zu einer Klemme des zweiten Tores haben. In dem Beispiel der Abbildung 6.29 liegen diese Kurzschlussverbindungen beim Zweitor N^a zwischen den Klemmen 1′ und 2′, und bei N^b zwischen den Klemmen 1 und 2. Hier kann man sich den Strom $\underline{I}_1^a$ aufgeteilt denken in die Ströme $\underline{I}_{1'}^a$ und $\underline{I}_{2'}^a$, wobei diesmal aber die Aufteilung nicht von den Schaltungen N^a und N^b abhängt, sondern willkürlich ist, solange nur $\underline{I}_1^a = \underline{I}_{1'}^a + \underline{I}_{2'}^a$ erfüllt ist (für $\underline{I}_2 = 0$).

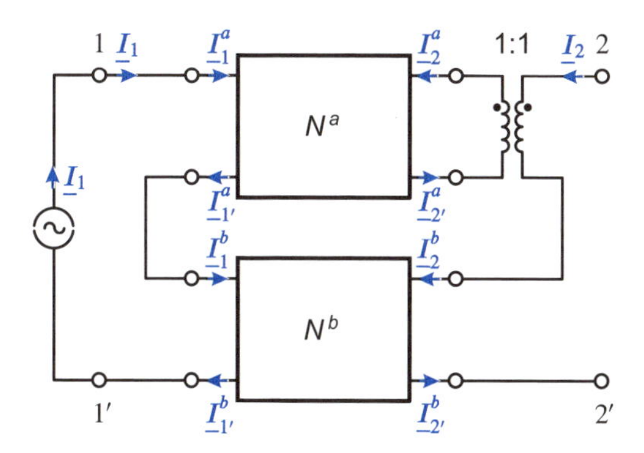

Abbildung 6.28: Serienschaltung mit idealem Übertrager

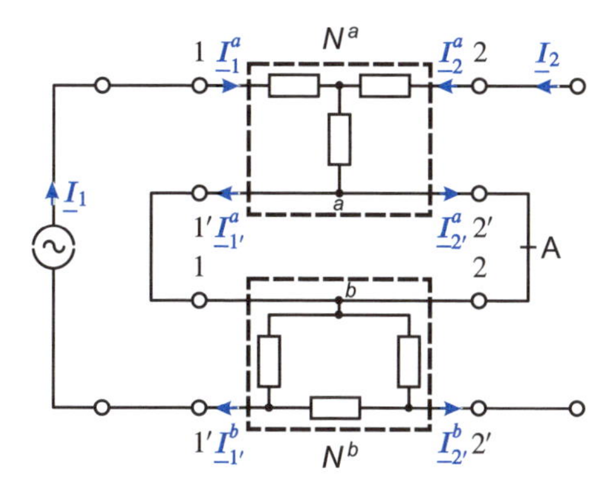

Abbildung 6.29: Reihenschaltung erdgebundener Zweitore

Ohne die geringste Änderung in der Schaltungsfunktion können wir z. B. in der Ebene A die Leitung auftrennen und damit $\underline{I}_{2'}^a = 0$ und $\underline{I}_{1'}^a = \underline{I}_1^a$ erzwingen.

Im allgemeinen Fall $\underline{I}_1 \neq 0$ und $\underline{I}_2 \neq 0$ fließen vom Knoten a die Ströme $\underline{I}_1 + \underline{I}_2$ ab und auf den Knoten b zu. Die gedankliche Aufteilung dieses Summenstroms in die Teilströme $\underline{I}_{1'}^a$ und $\underline{I}_{2'}^a$ der Kurzschlussschleife ist willkürlich und die Torbedingung ist für diesen Fall irrelevant.

Die Durchverbindung der Zweitore N^a und N^b wird häufig auf Masse (Erde) gelegt, weshalb wir von der Reihenschaltung erdgebundener Zweitore sprechen. Wird diese in der Form der Abbildung 6.29 derart durchgeführt, dass eine Kurzschlussschleife entsteht, so ist Gleichung (6.64) anwendbar.

Ein Nachteil dieser Reihenschaltung ist, dass der Masseanschluss an den Klemmen 1-1′ bzw. 2-2′ liegt und damit in der Regel kein erdgebundenes Gesamtzweitor realisiert werden kann.

6.6.2 Parallelschaltung von Zweitoren

Wenn gemäß Abbildung 6.30 jeweils zwei Tore von zwei Zweitoren parallel geschaltet sind, spricht man von einer *Parallel-Parallel-Schaltung*, kurz, von der Parallelschaltung der beiden Zweitore N^a und N^b.

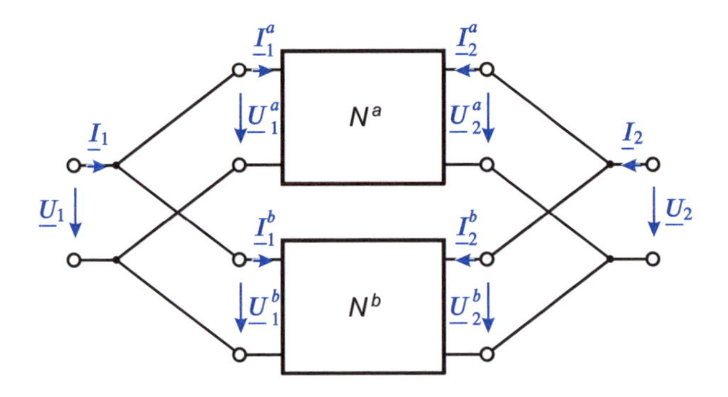

Abbildung 6.30: Parallelschaltung zweier Zweitore

Wir gehen zunächst davon aus, dass an allen Toren die Torbedingungen erfüllt seien. Unter dieser Voraussetzung gilt

$$\begin{aligned} \underline{U}_1 &= \underline{U}_1^a = \underline{U}_1^b \quad \text{und} \quad \underline{I}_1 = \underline{I}_1^a + \underline{I}_1^b \\ \underline{U}_2 &= \underline{U}_2^a = \underline{U}_2^b \quad \text{und} \quad \underline{I}_2 = \underline{I}_2^a + \underline{I}_2^b . \end{aligned} \tag{6.67}$$

Mit den Vektoren der Gleichung (6.61) folgt

$$\underline{\boldsymbol{I}} = \underline{\boldsymbol{Y}} \cdot \underline{\boldsymbol{U}} \,; \quad \underline{\boldsymbol{I}}^a = \underline{\boldsymbol{Y}}^a \cdot \underline{\boldsymbol{U}}^a \,; \quad \underline{\boldsymbol{I}}^b = \underline{\boldsymbol{Y}}^b \cdot \underline{\boldsymbol{U}}^b \tag{6.68}$$

mit $\underline{\boldsymbol{Y}}$ der Admittanzmatrix des resultierenden Zweitors, und $\underline{\boldsymbol{Y}}^a$ und $\underline{\boldsymbol{Y}}^b$ den Admittanzmatrizen der Zweitore N^a und N^b.

Mit

$$\underline{\boldsymbol{U}} = \underline{\boldsymbol{U}}^a = \underline{\boldsymbol{U}}^b \quad \text{und} \quad \underline{\boldsymbol{I}} = \underline{\boldsymbol{I}}^a + \underline{\boldsymbol{I}}^b \tag{6.69}$$

folgt

$$\underline{\boldsymbol{I}} = (\underline{\boldsymbol{Y}}^a + \underline{\boldsymbol{Y}}^b) \cdot \underline{\boldsymbol{U}} \tag{6.70}$$

und damit

$$\underline{\boldsymbol{Y}} = \underline{\boldsymbol{Y}}^a + \underline{\boldsymbol{Y}}^b . \tag{6.71}$$

Unter den gemachten Voraussetzungen ergibt sich also die Admittanzmatrix $\underline{\boldsymbol{Y}}$ eines aus der Parallel-Parallel-Schaltung zweier Zweitore resultierenden Zweitors aus der Summe der einzelnen Admittanzmatrizen $\underline{\boldsymbol{Y}}^a$ und $\underline{\boldsymbol{Y}}^b$. Dieses Ergebnis kann als Verallgemeinerung des Spezialfalls der Parallelschaltung zweier Eintoradmittanzen betrachtet werden.

Einhaltung der Torbedingung

Auch bei der Parallelschaltung von Zweitoren kann die Einhaltung der Torbedingung nicht allgemein vorausgesetzt werden, wie das triviale Beispiel der Abbildung 6.31 zeigt. Bei dieser „falschen“ Parallelschaltung zweier erdgebundener Zweitore mit der

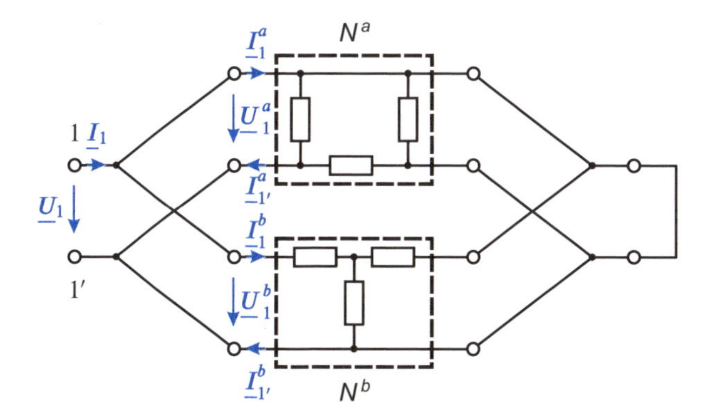

Abbildung 6.31: „Falsche" Parallelschaltung zweier Zweitore

besonderen Beschaltung eines ausgangsseitigen Kurzschlusses sind offenkundig die Klemmen 1-1′ kurzgeschlossen. Die Bauelemente der π-Schaltung des Zweitors N^a und der T-Schaltung von N^b bleiben stromlos, es gilt $\underline{I}_1^a = \underline{I}_{1'}^b$ und $\underline{I}_{1'}^a = \underline{I}_1^b = 0$, die Torbedingungen sind keinesfalls erfüllt und Gleichung (6.71) somit nicht anwendbar.

Durch die „falsche" Parallelschaltung von N^a und N^b werden hier die Ströme in den beiden Schaltungen massiv verändert, verglichen mit dem Fall, dass N^a und N^b getrennt ausgangsseitig kurzgeschlossen und eingangsseitig $\underline{U}_1^a$, $\underline{I}_1^a$ bzw. $\underline{U}_1^b$, $\underline{I}_1^b$ gemessen werden.

Die Betriebsbedingungen für die Zweitore N^a und N^b verändern sich offenbar durch das Parallelschalten nur dann nicht, wenn für die Längsspannungen der Zweitore in Abbildung 6.32 *vor* dem Zusammenschalten gilt

$$\underline{U}_3^a = \underline{U}_3^b \quad \text{und} \quad \underline{U}_4^a = \underline{U}_4^b \tag{6.72}$$

Die Bedingungen der Gleichung (6.72) lassen sich erfüllen für die Fälle, dass beide Zweitore N^a und N^b entweder erdgebunden oder aufbausymmetrisch sind.

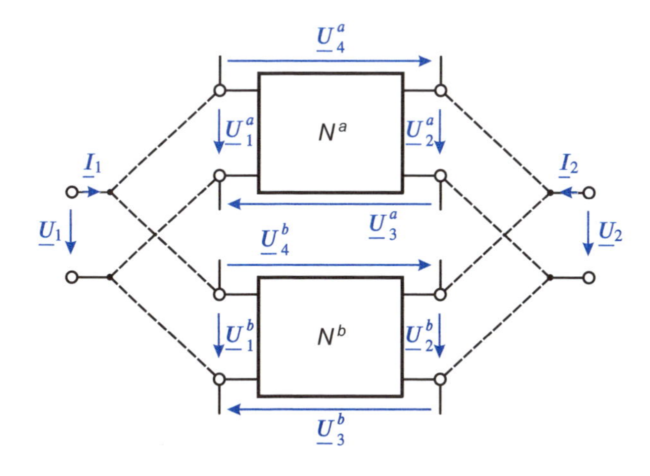

Abbildung 6.32: Zur Längsspannungsbedingung bei der Parallelschaltung von Zweitoren

Die Parallelschaltung von erdgebundenen Zweitoren muss „richtig“ erfolgen, und zwar derart, dass eine Kurzschlussschleife entsteht.

Wir wählen willkürlich

$$\underline{U}_3^a = \underline{U}_3^b = 0 \tag{6.73}$$

und haben damit die Hälfte der Gleichung (6.72) erfüllt.

Weiterhin gilt dann auch

$$\begin{aligned} \underline{U}_4^a &= \underline{U}_1^a - \underline{U}_2^a = \underline{U}_1 - \underline{U}_2 \\ \underline{U}_4^b &= \underline{U}_1^b - \underline{U}_2^b = \underline{U}_1 - \underline{U}_2 \end{aligned} \tag{6.74}$$

und somit $\underline{U}_4^a = \underline{U}_4^b$, womit die Voraussetzung zur Anwendung von Gleichung (6.71) erfüllt sind. Abbildung 6.33 zeigt ein Beispiel für die Parallelschaltung erdgebundener Zweitore, bei dem Gleichung (6.71) anwendbar ist.

Für aufbausymmetrische Zweitore N^a und N^b gilt auf Grund der Längssymmetrie mit den Bezeichnungen der Abbildung 6.32

$$\underline{U}_3^a = \underline{U}_4^a \quad \text{und} \quad \underline{U}_3^b = \underline{U}_4^b \tag{6.75}$$

und außerdem

$$\begin{aligned} &\underline{U}_3^a + \underline{U}_4^a = \underline{U}_1^a - \underline{U}_2^a \\ \text{und}\quad &\underline{U}_3^b + \underline{U}_4^b = \underline{U}_1^b - \underline{U}_2^b \end{aligned} \tag{6.76}$$

so dass

$$\begin{aligned} &\underline{U}_3^a = \underline{U}_4^a = \frac{1}{2}(\underline{U}_1 - \underline{U}_2) \\ \text{und}\quad &\underline{U}_3^b = \underline{U}_4^b = \frac{1}{2}(\underline{U}_1 - \underline{U}_2) \end{aligned} \tag{6.77}$$

folgt.

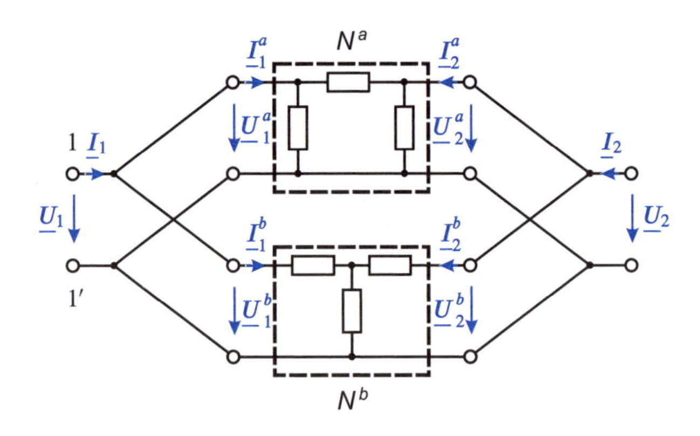

Abbildung 6.33: „Richtige" Parallelschaltung erdgebundener Zweitore

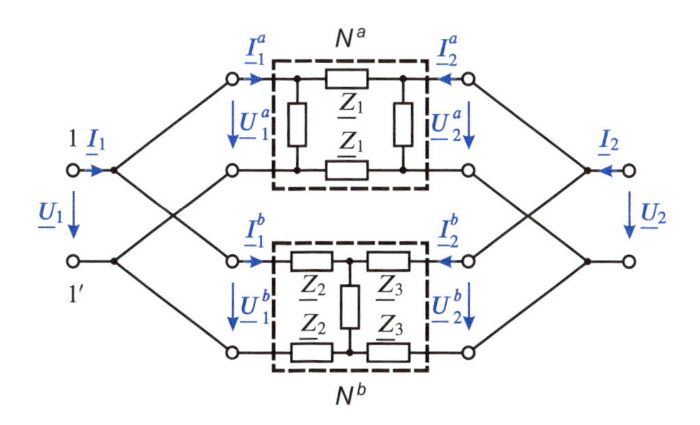

Abbildung 6.34: Parallelschaltung aufbausymmetrischer Zweitore

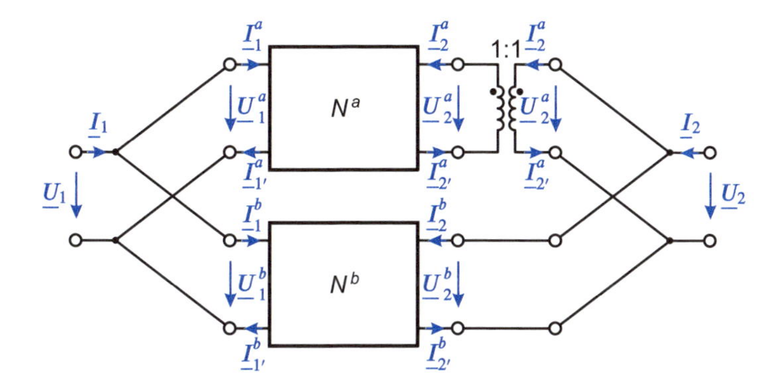

Abbildung 6.35: Parallelschaltung allgemeiner Zweitore mit einem idealen Übertrager

Abbildung 6.34 zeigt ein Beispiel für die Parallelschaltung längssymmetrischer Zweitore, für das Gleichung (6.71) anwendbar ist. Bemerkenswert ist, dass sich beliebig viele erdgebundene Zweitore parallel schalten lassen, und dass die Erdgebundenheit auch für das resultierende Zweitor erhalten bleibt. In gleicher Weise lassen sich beliebig viele aufbausymmetrische Zweitore parallel schalten; auch die Längssymmetrie bleibt für die Gesamtschaltung erhalten.

Die dritte Möglichkeit zur Einhaltung der Torbedingung durch Einsatz eines idealen Übertragers zeigt Abbildung 6.35 für allgemeine Zweitore N^a und N^b. Der ideale Übertrager erzwingt $\underline{I}_2^a = \underline{I}_{2'}^a$. Schließt man an Tor 2 einen Zweipol an, so gilt $\underline{I}_{2'} = \underline{I}_2$, und damit auch $\underline{I}_{2'}^b = \underline{I}_2^b$. Die Torbedingungen sind also auf der rechten Seite erfüllt, womit sie es auch an den anderen Toren sind.

6.6.3 Reihen-Parallelschaltung von Zweitoren

Bei der Reihen-Parallelschaltung zweier Zweitore werden entsprechend Abbildung 6.36 zwei Tore in Reihe und die beiden anderen parallel geschaltet. Bei Ein-

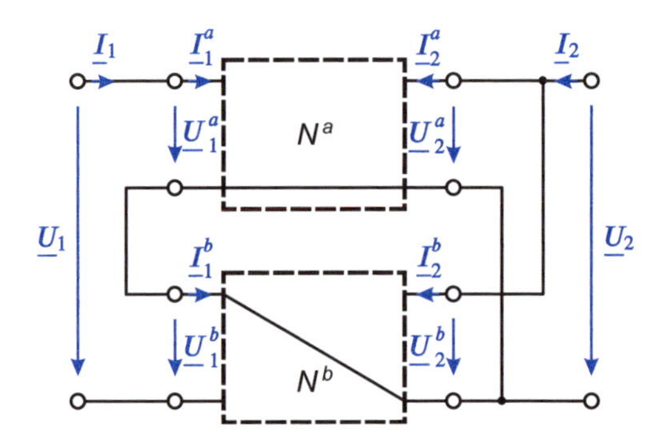

Abbildung 6.36: Reihen-Parallelschaltung zweier Zweitore

haltung der Torbedingung gilt

$$\begin{aligned} \underline{U}_1 &= \underline{U}_1^a + \underline{U}_1^b \quad \text{und} \quad \underline{I}_1 = \underline{I}_1^a = \underline{I}_1^b \\ \text{sowie} \quad \underline{U}_2 &= \underline{U}_2^a = \underline{U}_2^b \quad \text{und} \quad \underline{I}_2 = \underline{I}_2^a + \underline{I}_2^b \end{aligned} \tag{6.78}$$

Mit den Koeffizienten der Reihenparallelmatrizen $\underline{\boldsymbol{H}}^a$ und $\underline{\boldsymbol{H}}^b$ für die beiden Zweitore können wir schreiben

$$\begin{aligned} \underline{U}_1 &= (\underline{H}_{11}^a + \underline{H}_{11}^b) \cdot \underline{I}_1 + (\underline{H}_{12}^a + \underline{H}_{12}^b) \cdot \underline{U}_2 \\ \underline{I}_2 &= (\underline{H}_{21}^a + \underline{H}_{21}^b) \cdot \underline{I}_1 + (\underline{H}_{22}^a + \underline{H}_{22}^b) \cdot \underline{U}_2 \end{aligned} , \tag{6.79}$$

oder, in abgekürzter Form

$$\begin{pmatrix} \underline{U}_1 \\ \underline{I}_2 \end{pmatrix} = \underline{\boldsymbol{H}} \cdot \begin{pmatrix} \underline{I}_1 \\ \underline{U}_2 \end{pmatrix} , \tag{6.80}$$

mit

$$\underline{\boldsymbol{H}} = \underline{\boldsymbol{H}}^a + \underline{\boldsymbol{H}}^b . \tag{6.81}$$

Die Einhaltung der Torbedingungen, und damit die Anwendbarkeit von Gleichung (6.81), ist wiederum dann gewährleistet, wenn bei allgemeinen Zweitoren an einem Tor ein idealer Übertrager angebracht wird. Die zweite Möglichkeit ist auch hier, dass beide Zweitore durch Kurzschlussverbindungen zwischen zwei Klemmen zweier Tore zu Dreipolen entarten und die Zusammenschaltung so geschieht, dass wieder eine Kurzschlussschleife entsteht. Die erste Möglichkeit zeigt Abbildung 6.37, die zweite wird durch die Durchverbindungen in den Zweitoren der Abbildung 6.36 verdeutlicht.

6.6.4 Parallel-Reihenschaltung von Zweitoren

Bei der Parallel-Reihenschaltung zweier Zweitore gemäß Abbildung 6.38 werden im Vergleich zur Reihen-Parallelschaltung nach Abbildung 6.36 lediglich die Tore 1 und

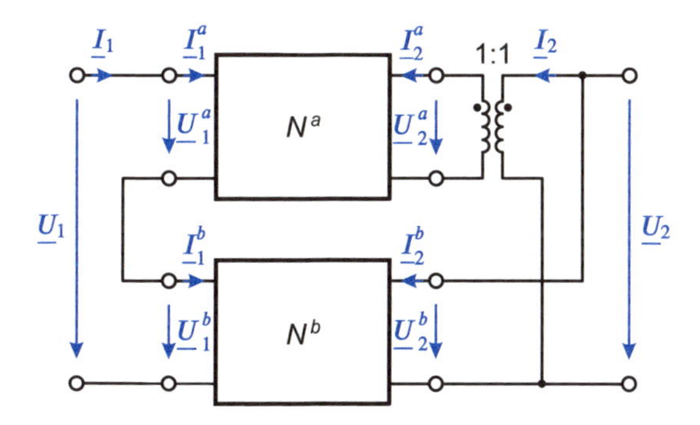

Abbildung 6.37: Reihen-Parallel-Schaltung mit idealen Übertragern

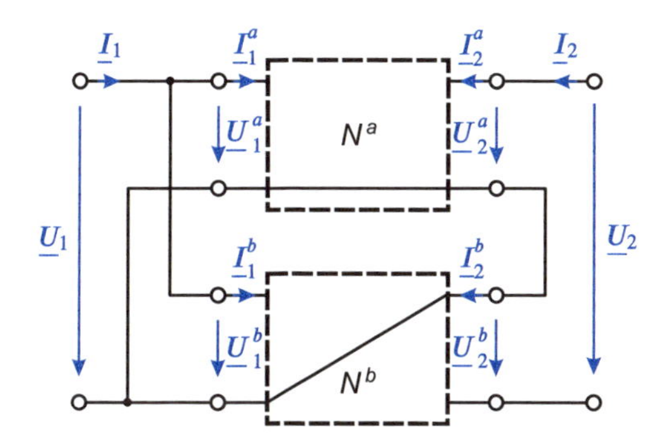

Abbildung 6.38: Parallel-Reihenschaltung zweier Zweitore

2 vertauscht. Bei Einhaltung der Torbedingungen gilt

$$\begin{aligned} &\underline{U}_1 = \underline{U}_1^a = \underline{U}_1^b \quad \text{und} \quad \underline{I}_1 = \underline{I}_1^a + \underline{I}_1^b \\ \text{sowie} \quad &\underline{U}_2 = \underline{U}_2^a + \underline{U}_2^b \quad \text{und} \quad \underline{I}_2 = \underline{I}_2^a = \underline{I}_2^b \end{aligned} \tag{6.82}$$

und folglich, mit den Koeffizienten der Parallel-Reihenmatrix $\underline{\boldsymbol{C}}$

$$\begin{aligned} \underline{I}_1 &= (\underline{C}_{11}^a + \underline{C}_{11}^b) \cdot \underline{U}_1 + (\underline{C}_{12}^a + \underline{C}_{12}^b) \cdot \underline{I}_2 \\ \underline{U}_2 &= (\underline{C}_{21}^a + \underline{C}_{21}^b) \cdot \underline{U}_1 + (\underline{C}_{22}^a + \underline{C}_{22}^b) \cdot \underline{I}_2 \,. \end{aligned} \tag{6.83}$$

Abgekürzt lauten diese Gleichungen

$$\begin{pmatrix} \underline{I}_1 \\ \underline{U}_2 \end{pmatrix} = \underline{\boldsymbol{C}} \cdot \begin{pmatrix} \underline{U}_1 \\ \underline{I}_2 \end{pmatrix} , \tag{6.84}$$

mit

$$\underline{\boldsymbol{C}} = \underline{\boldsymbol{C}}^a + \underline{\boldsymbol{C}}^b \,. \tag{6.85}$$

Bei der Parallel-Reihenschaltung zweier Zweitore errechnet sich also die Parallel-Reihenmatrix des resultierenden Zweitors aus der Summe der Matrizen $\underline{\boldsymbol{C}}^a$ und $\underline{\boldsymbol{C}}^b$

der Zweitore N^a und N^b. Für die Einhaltung der Torbedingungen gilt analog das in Abschnitt 6.6.3 Gesagte.

6.6.5 Kettenschaltung von Zweitoren

Unter der Kettenschaltung zweier Zweitore verstehen wir eine Anordnung entsprechend Abbildung 6.39, bei der die Klemmen des Tores 2 von N^a verbunden sind mit den Klemmen des Tores 1 von N^b. Folgende Beziehungen gelten für die Abbildung 6.39

$$\underline{U}_1 = \underline{U}_1^a; \quad \underline{U}_2 = \underline{U}_2^b \quad \text{und} \quad \underline{I}_1 = \underline{I}_1^a; \quad \underline{I}_2 = \underline{I}_2^b. \tag{6.86}$$

Außerdem gilt

$$\underline{U}_2^a = \underline{U}_1^b \quad \text{und} \quad \underline{I}_1^b = -\underline{I}_2^a \tag{6.87}$$

Entsprechend den Vereinbarungen in Tabelle 6.1 können wir für die beiden Zweitore in Kettenform schreiben

$$\begin{pmatrix} \underline{U}_1^a \\ \underline{I}_1^a \end{pmatrix} = \underline{\boldsymbol{A}}^a \cdot \begin{pmatrix} \underline{U}_2^a \\ -\underline{I}_2^a \end{pmatrix}; \quad \begin{pmatrix} \underline{U}_1^b \\ \underline{I}_1^b \end{pmatrix} = \underline{\boldsymbol{A}}^b \cdot \begin{pmatrix} \underline{U}_2^b \\ -\underline{I}_2^b \end{pmatrix}. \tag{6.88}$$

Jetzt wird der Vorteil der Konvention deutlich, die Kettenmatrix $\underline{\boldsymbol{A}}$ mit dem negativen Strom am Tor 2 zu verknüpfen.

Wir können jetzt schreiben

$$\begin{pmatrix} \underline{U}_1^a \\ \underline{I}_1^a \end{pmatrix} = \underline{\boldsymbol{A}}^a \cdot \underline{\boldsymbol{A}}^b \cdot \begin{pmatrix} \underline{U}_2^b \\ -\underline{I}_2^b \end{pmatrix}. \tag{6.89}$$

Das resultierende Zweitor wird charakterisiert über

$$\begin{pmatrix} \underline{U}_1 \\ \underline{I}_1 \end{pmatrix} = \underline{\boldsymbol{A}} \cdot \begin{pmatrix} \underline{U}_2 \\ -\underline{I}_2 \end{pmatrix}, \tag{6.90}$$

so dass gilt

$$\underline{\boldsymbol{A}} = \underline{\boldsymbol{A}}^a \cdot \underline{\boldsymbol{A}}^b. \tag{6.91}$$

Die Kettenmatrix des resultierenden Zweitors ergibt sich also aus der Multiplikation der einzelnen Kettenmatrizen. Dabei ist auf die Reihenfolge zu achten, da das Kommutativgesetz allgemein bei der Matrizenmultiplikation nicht gilt, d. h. $\underline{\boldsymbol{A}}^a \cdot \underline{\boldsymbol{A}}^b \neq \underline{\boldsymbol{A}}^b \cdot \underline{\boldsymbol{A}}^a$.

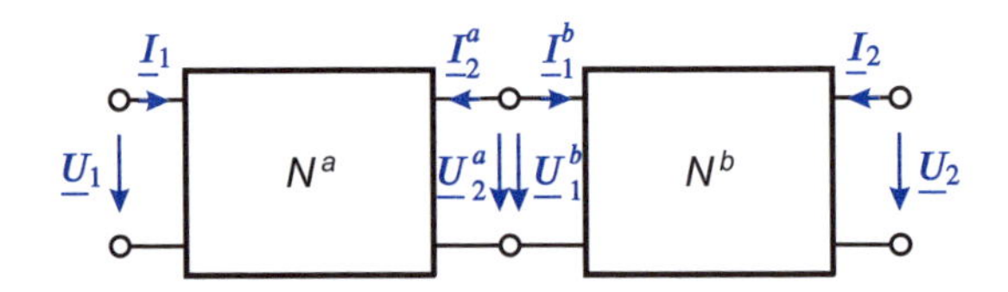

Abbildung 6.39: Kettenschaltung zweier Zweitore

Es lassen sich beliebig viele Zweitore in Kette schalten; bei n Zweitoren gilt

$$\underline{A} = \prod_{\nu=1}^{n} \underline{A}^{\nu}. \tag{6.92}$$

Bemerkenswert ist, dass bei Kettenschaltungen die Torbedingungen leicht einzuhalten sind. Schließen wir beispielsweise am Tor 1 der Abbildung 6.39 ein Eintor an, so ist an diesem Tor die Torbedingung erfüllt. Sie ist es dann auch am Tor 2 von N^a und damit automatisch am Tor 1 von N^b usw.

6.6.6 Beispiele für Zusammenschaltungen

1. Beispiel: Brücken-T-Schaltung

Eine Matrix der Brücken-T-Schaltung nach Abbildung 6.40a ist nicht trivial und nicht unmittelbar aus der Schaltung ablesbar. Wenn wir die Schaltung jedoch als Zusammenschaltung zweier Teilschaltungen auffassen, so können wir bei einer Parallelschaltung nach Abbildung 6.40b die Admittanzmatrix oder, bei einer alternativen Reihenschaltung nach Abbildung 6.40 c, die Impedanzmatrix bestimmen. Nach Abschnitt 6.6.4 haben die Zweitore N^a und N^b folgende Admittanzmatrizen

$$\begin{aligned} \underline{Y}^a &= \begin{pmatrix} \underline{Y}_1 & -\underline{Y}_1 \\ -\underline{Y}_1 & \underline{Y}_1 \end{pmatrix}; \\ \underline{Y}^b &= \frac{1}{\underline{Y}_2 + \underline{Y}_3 + \underline{Y}_4} \begin{pmatrix} \underline{Y}_2 \cdot (\underline{Y}_3 + \underline{Y}_4) & -\underline{Y}_2 \cdot \underline{Y}_3 \\ -\underline{Y}_2 \cdot \underline{Y}_3 & \underline{Y}_3 \cdot (\underline{Y}_2 + \underline{Y}_4) \end{pmatrix}. \end{aligned} \tag{6.93}$$

Für die Admittanzmatrix der Gesamtschaltung folgt:

$$\underline{Y} = \underline{Y}^a + \underline{Y}^b = \begin{pmatrix} \underline{Y}_1 + \frac{\underline{Y}_2 \cdot (\underline{Y}_3 + \underline{Y}_4)}{\underline{Y}_2 + \underline{Y}_3 + \underline{Y}_4} & -(\underline{Y}_1 + \frac{\underline{Y}_2 \cdot \underline{Y}_3}{\underline{Y}_2 + \underline{Y}_3 + \underline{Y}_4}) \\ -(\underline{Y}_1 + \frac{\underline{Y}_2 \cdot \underline{Y}_3}{\underline{Y}_2 + \underline{Y}_3 + \underline{Y}_4}) & \underline{Y}_1 + \frac{\underline{Y}_3 \cdot (\underline{Y}_2 + \underline{Y}_4)}{\underline{Y}_2 + \underline{Y}_3 + \underline{Y}_4} \end{pmatrix}. \tag{6.94}$$

Wenn wir an der Impedanzmatrix der Brücken-T-Schaltung interessiert sind, gehen wir zweckmäßigerweise gleich von der Reihenschaltung der Abbildung 6.40 c aus und entnehmen Abschnitt 7.4 die Impedanzmatrizen von N^c und N^d:

$$\begin{aligned} \underline{Z}^c &= \frac{1}{\underline{Z}_1 + \underline{Z}_2 + \underline{Z}_3} \begin{pmatrix} \underline{Z}_2 \cdot (\underline{Z}_3 + \underline{Z}_1) & \underline{Z}_2 \cdot \underline{Z}_3 \\ \underline{Z}_2 \cdot \underline{Z}_3 & \underline{Z}_2 \cdot (\underline{Z}_3 + \underline{Z}_1) \end{pmatrix} \\ \underline{Z}^d &= \begin{pmatrix} \underline{Z}_4 & \underline{Z}_4 \\ \underline{Z}_4 & \underline{Z}_4 \end{pmatrix} \end{aligned} \tag{6.95}$$

Bei der Reihenschaltung müssen nun die Impedanzmatrizen addiert werden, und wir erhalten als Ergebnis:

$$\underline{Z} = \underline{Z}^c + \underline{Z}^d = \begin{pmatrix} \underline{Z}_4 + \frac{\underline{Z}_2 \cdot (\underline{Z}_1 + \underline{Z}_3)}{\underline{Z}_1 + \underline{Z}_2 + \underline{Z}_3} & \underline{Z}_4 + \frac{\underline{Z}_2 \cdot \underline{Z}_3}{\underline{Z}_1 + \underline{Z}_2 + \underline{Z}_3} \\ \underline{Z}_4 + \frac{\underline{Z}_2 \cdot \underline{Z}_3}{\underline{Z}_1 + \underline{Z}_2 + \underline{Z}_3} & \underline{Z}_4 + \frac{\underline{Z}_3 \cdot (\underline{Z}_1 + \underline{Z}_2)}{\underline{Z}_1 + \underline{Z}_2 + \underline{Z}_3} \end{pmatrix}. \tag{6.96}$$

2. Beispiel: Transistorschaltung

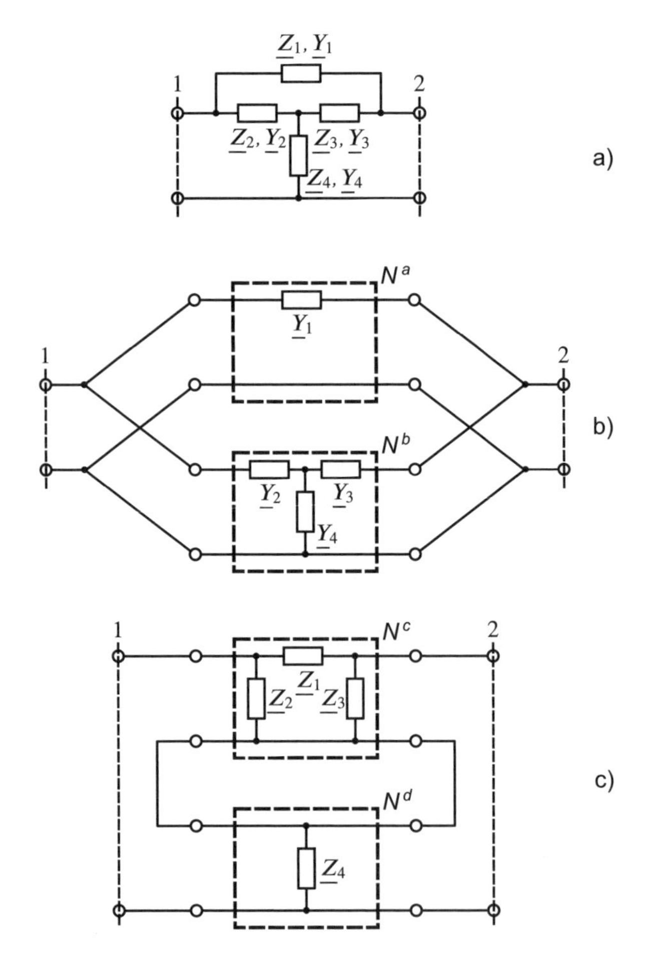

Abbildung 6.40: a) allgemeine Brücken-T-Schaltung b) als Parallelschaltung von N^a und N^b c) als Reihenschaltung von N^c und N^d

Es soll die Impedanzmatrix des Zweitors der Transistorschaltung nach Abbildung 6.41 a ermittelt werden. Dabei wird angenommen, dass sich der Transistor näherungsweise als spannungsgesteuerte Stromquelle mit der Admittanzmatrix

$$\underline{\boldsymbol{Y}}^b = \begin{pmatrix} 0 & 0 \\ \underline{S} & 0 \end{pmatrix} \tag{6.97}$$

beschreiben lässt. Damit können wir die Schaltung als Zusammenschaltung der Teilschaltungen N^a, N^b und N^c gemäß Abbildung 6.41b interpretieren. Zunächst berechnen wir die Admittanzmatrix der Parallelschaltung von N^a und N^b zu

$$\underline{\boldsymbol{Y}}^{ab} = \begin{pmatrix} \underline{Y} & -\underline{Y} \\ \underline{S} - \underline{Y} & \underline{Y} \end{pmatrix} . \tag{6.98}$$

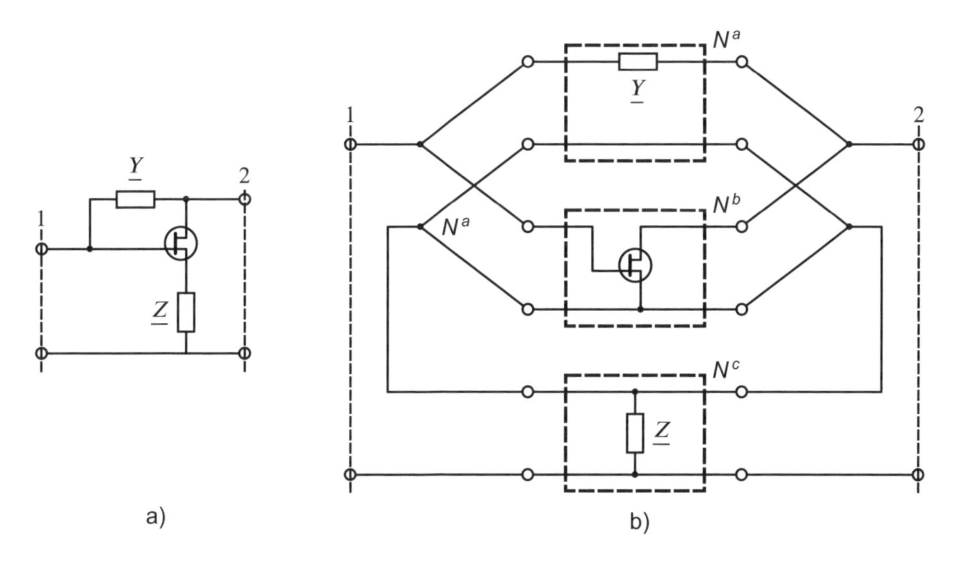

Abbildung 6.41: a) Transistorschaltung b) als Zusammenschaltung von Teilschaltungen

Diese Admittanzmatrix wird nun in ihre Impedanzmatrix umgerechnet, gemäß

$$\underline{\mathbf{Z}}^{ab} = \frac{1}{\det \underline{\mathbf{Y}}^{ab}} \cdot \begin{pmatrix} \underline{Y}_{22} & -\underline{Y}_{12} \\ -\underline{Y}_{21} & \underline{Y}_{11} \end{pmatrix} \tag{6.99}$$

und wir erhalten mit $\det \underline{\mathbf{Y}}^{ab} = \underline{Y}\,\underline{S}$

$$\underline{\mathbf{Z}}^{ab} = \frac{1}{\underline{S}} \cdot \begin{pmatrix} 1 & 1 \\ 1 - \dfrac{\underline{S}}{\underline{Y}} & 1 \end{pmatrix} . \tag{6.100}$$

Auf Grund der Reihenschaltung mit $\underline{Z}$ muss nun noch die Impedanzmatrix von N^c addiert werden und es ergibt sich

$$\underline{\mathbf{Z}} = \underline{\mathbf{Z}}^{ab} + \underline{\mathbf{Z}}^{c} = \begin{pmatrix} \dfrac{1}{\underline{S}} + \underline{Z} & \dfrac{1}{\underline{S}} + \underline{Z} \\ \dfrac{1}{\underline{S}} + \underline{Z} - \dfrac{1}{\underline{Y}} & \dfrac{1}{\underline{S}} + \underline{Z} \end{pmatrix} . \tag{6.101}$$

Literatur: [5], [11], [19], [20]

6.7 Klemmenvertauschung bei Dreipolen

In der Theorie der Zweitore stellen Dreipole erdgebundene Zweitore dar. In Abschnitt 6.5 wird gezeigt, dass jedes Zweitor durch Hinzufügen eines idealen Transformators in einer Ersatzschaltung als erdgebundenes Zweitor beschrieben werden kann. Solche Zweitore treten jedoch auch in der Praxis häufig auf. Ein typisches

Beispiel sind die verschiedenen Grundschaltungen eines Transistors, der ja ein dreipoliges Bauelement darstellt. Abbildung 6.42 zeigt die drei Grundschaltungen eines Transistors mit den Klemmenbezeichnungen in einer bipolaren Ausführungsform. Die Benennung der Grundschaltungen erfolgt nach der Anschlussklemme des Transistors, die an die Klemmendurchverbindung der beiden Tore angeschlossen ist. Jede dieser Grundschaltungen liefert unterschiedliche Zusammenhänge zwischen den Torspannungen und Torströmen, wodurch jede der Schaltungen durch einen bestimmten Satz von Zweitorparametern gekennzeichnet ist.

Das Bauelement Transistor kann in einer Ersatzschaltung mit R, L, C und gesteuerten Quellen beschrieben werden. Bleibt der Arbeitspunkt des Transistors konstant, so sind es auch die Größen der Ersatzschaltung, von der in den drei Grundschaltungen jeweils unterschiedliche Klemmenpaare zu den Toren 1 und 2 zusammengefasst werden. Bei Kenntnis der Matrixparameter einer Grundschaltung lassen sich deshalb daraus die Parameter der anderen beiden Schaltungen berechnen. Wir wollen nun zwei Lösungsansätze für dieses Problem näher betrachten.

6.7.1 Spannungs/Stromtransformation

Wir betrachten willkürlich die Admittanzmatrizen und stellen fest, dass für die Basis-, Emitter- und Kollektorschaltungen nach Abbildung 6.42 die Beziehungen

$$\begin{pmatrix} \underline{I}_1^{B,E,C} \\ \underline{I}_2^{B,E,C} \end{pmatrix} = \begin{pmatrix} \underline{Y}_{11}^{B,E,C} & \underline{Y}_{12}^{B,E,C} \\ \underline{Y}_{21}^{B,E,C} & \underline{Y}_{22}^{B,E,C} \end{pmatrix} \begin{pmatrix} \underline{U}_1^{B,E,C} \\ \underline{U}_2^{B,E,C} \end{pmatrix} \tag{6.102}$$

gelten, wobei je nach Schaltung entweder der Index B oder E oder C einzusetzen ist. Das Verfahren sei nun beispielhaft erläutert, wobei wir annehmen, dass die Admittanzmatrix $\underline{\mathbf{Y}}^B$ einer Basisschaltung bekannt sei, und die Matrix $\underline{\mathbf{Y}}^E$ der Emitterschaltung bestimmt werden soll.

Die Vorgehensweise ist dabei so, dass die Torspannungen und Torströme der Basisschaltung durch die der Emitterschaltung ausgedrückt werden. Anschließend werden die gefundenen Beziehungen geeignet geordnet und abschließend wird eine Koeffizientenvergleich durchgeführt. Aus den Darstellungen der Abbildung 6.42a und 6.42b können wir ablesen

$$\begin{aligned} \underline{I}_1^B &= -(\underline{I}_1^E + \underline{I}_2^E) \\ \underline{I}_2^B &= \underline{I}_2^E \\ \underline{U}_1^B &= -\underline{U}_1^E \\ \underline{U}_2^B &= \underline{U}_2^E - \underline{U}_1^E\,. \end{aligned} \tag{6.103}$$

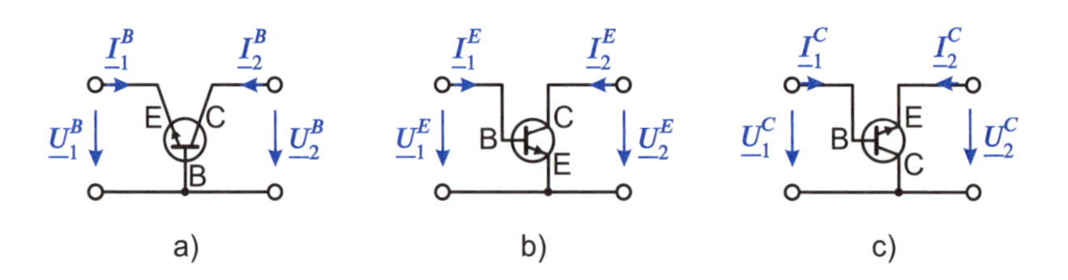

Abbildung 6.42: Grundschaltung eines Transistors a) Basisschaltung b) Emitterschaltung c) Kollektorschaltung

Setzen wir diese Beziehungen in die Matrix $\underline{\boldsymbol{Y}}^B$ nach Gleichung (6.102) ein, so erhalten wir

$$\begin{aligned} -\underline{I}_1^E - \underline{I}_2^E &= \underline{Y}_{11}^B \cdot (-\underline{U}_1^E) + \underline{Y}_{12}^B \cdot (\underline{U}_2^E - \underline{U}_1^E) \\ \underline{I}_2^E &= \underline{Y}_{21}^B \cdot (-\underline{U}_1^E) + \underline{Y}_{22}^B \cdot (\underline{U}_2^E - \underline{U}_1^E)\,. \end{aligned} \tag{6.104}$$

Addieren wir die beiden Gleichungen, so erhalten wir eine Gleichung für $\underline{I}_1^E$. Diese wird, ebenso wie die Gleichung für $\underline{I}_2^E$, derart umgeordnet, dass wir

$$\begin{aligned} \underline{I}_1^E &= (\underline{Y}_{11}^B + \underline{Y}_{12}^B + \underline{Y}_{21}^B + \underline{Y}_{22}^B) \cdot \underline{U}_1^E + (-\underline{Y}_{12}^B - \underline{Y}_{22}^B) \cdot \underline{U}_2^E \\ \underline{I}_2^E &= -(\underline{Y}_{21}^B + \underline{Y}_{22}^B) \cdot \underline{U}_1^E + \underline{Y}_{22}^B \cdot \underline{U}_2^E \end{aligned} \tag{6.105}$$

erhalten. Ein Koeffizientenvergleich mit der Matrix $\underline{\boldsymbol{Y}}^E$ für die Emitterschaltung liefert das folgende Ergebnis

$$\underline{\boldsymbol{Y}}^E = \begin{pmatrix} \underline{Y}_{11}^B + \underline{Y}_{12}^B + \underline{Y}_{21}^B + \underline{Y}_{22}^B & -(\underline{Y}_{12}^B + \underline{Y}_{22}^B) \\ -(\underline{Y}_{21}^B + \underline{Y}_{22}^B) & \underline{Y}_{22}^B \end{pmatrix}. \tag{6.106}$$

Andere Umrechungen lassen sich in analoger Weise durchführen.

6.7.2 Ränderung der Admittanzmatrix

Der erste und wichtigste Schritt dieses Verfahrens besteht darin, in einer Grundschaltung mit bekannter Admittanzmatrix eine neue, externe Bezugsklemme 0 (Erdklemme) einzuführen. Die ursprüngliche 2^2-Matrix erweitert sich dadurch zu einer 3^2-Matrix, die wir als geränderte Matrix $\underline{\boldsymbol{Y}}^R$ bezeichnen.

Nach Abbildung 6.43 folgt für ein erdgebundenes Zweitor mit der Klemme 3 als Erdklemme

$$\begin{pmatrix} \underline{I}_1 \\ \underline{I}_2 \end{pmatrix} = \begin{pmatrix} \underline{Y}_{11} & \underline{Y}_{12} \\ \underline{Y}_{21} & \underline{Y}_{22} \end{pmatrix} \begin{pmatrix} \underline{U}_{13} \\ \underline{U}_{23} \end{pmatrix} \tag{6.107}$$

Durch die Einführung der externen Bezugsklemme 0 entsteht ein Vierpol, für den wir aus Abbildung 6.43 die Beziehungen

$$\begin{aligned} \underline{I}_3 &= -\underline{I}_1 - \underline{I}_2 \\ \underline{U}_{13} &= \underline{U}_{10} - \underline{U}_{30} \\ \underline{U}_{23} &= \underline{U}_{20} - \underline{U}_{30} \end{aligned} \tag{6.108}$$

ablesen können.

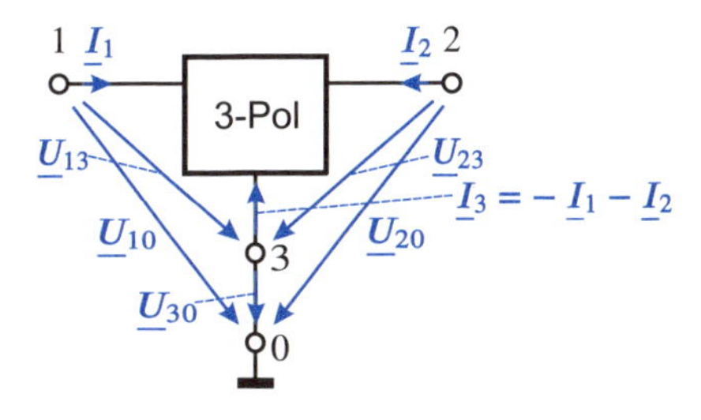

Abbildung 6.43: Dreipol mit externer Bezugsklemme 0

Damit erhalten wir für die drei Klemmenströme die Gleichungen

$$\begin{aligned}
\underline{I}_1 &= \underline{Y}_{11} \cdot (\underline{U}_{10} - \underline{U}_{30}) + \underline{Y}_{12} \cdot (\underline{U}_{20} - \underline{U}_{30}) \\
&= \underline{Y}_{11}\underline{U}_{10} + \underline{Y}_{12}\underline{U}_{20} + (-\underline{Y}_{11} - \underline{Y}_{12}) \cdot \underline{U}_{30} \\
\underline{I}_2 &= \underline{Y}_{21} \cdot (\underline{U}_{10} - \underline{U}_{30}) + \underline{Y}_{22} \cdot (\underline{U}_{20} - \underline{U}_{30}) \\
&= \underline{Y}_{21}\underline{U}_{10} + \underline{Y}_{22}\underline{U}_{20} + (-\underline{Y}_{21} - \underline{Y}_{22}) \cdot \underline{U}_{30} \\
\underline{I}_3 &= -\underline{I}_1 - \underline{I}_2 \\
&= (-\underline{Y}_{11} - \underline{Y}_{21}) \cdot \underline{U}_{10} + (-\underline{Y}_{12} - \underline{Y}_{22}) \cdot \underline{U}_{20} + \\
&\qquad (\underline{Y}_{11} + \underline{Y}_{12} + \underline{Y}_{21} + \underline{Y}_{22} \cdot \underline{U}_{30}
\end{aligned} \tag{6.109}$$

und übersichtlicher in Matrixschreibweise

$$\begin{pmatrix} \underline{I}_1 \\ \underline{I}_2 \\ \underline{I}_3 \end{pmatrix} = \underbrace{\begin{pmatrix} \underline{Y}_{11} & \underline{Y}_{12} & -\underline{Y}_{11} - \underline{Y}_{12} \\ \underline{Y}_{21} & \underline{Y}_{22} & -\underline{Y}_{21} - \underline{Y}_{22} \\ -\underline{Y}_{11} - \underline{Y}_{21} & -\underline{Y}_{12} - \underline{Y}_{22} & \underline{Y}_{11} + \underline{Y}_{12} + \underline{Y}_{21} + \underline{Y}_{22} \end{pmatrix}}_{\underline{\mathbf{Y}}^R} \begin{pmatrix} \underline{U}_{10} \\ \underline{U}_{20} \\ \underline{U}_{30} \end{pmatrix} . \tag{6.110}$$

Die neue Matrix nennen wir geänderte Admittanzmatrix $\underline{\mathbf{Y}}^R$, für die wir folgende Eigenschaften festhalten können:

- aus ursprünglich m Gleichungen (m = Torzahl) werden $(m+1)$ Admittanzgleichungen,
- die hinzukommende Gleichung ist linear abhängig von den anderen Gleichungen,
- die neue $(m+1)^2$-Matrix entsteht aus der ursprünglichen m^2-Matrix durch Hinzufügen einer neuen Zeile und einer neuen Spalte derart, dass die Summe aller Elemente jeder Zeile und jeder Spalte null ist. Deshalb ist auch $\det \underline{\mathbf{Y}}^R = 0$ und es existiert keine geänderte Impedanzmatrix.

Was ist nun mit dieser erweiterten Matrix $\underline{\mathbf{Y}}^R$, die keinerlei neue Information enthält, gewonnen? Wir können jetzt eine beliebige Klemme ν als Bezugsklemme wählen, womit $\underline{U}_{\nu 0} = 0$ wird. Dann interessiert auch nicht der durch die Bezugsklemme abfließende Strom I_ν und wir können in Gleichung (6.110) die ν-te Zeile und die ν-te Spalte streichen. Um die Admittanzmatrix des neuen, mit der Klemme ν erdgebundenen Zweitors zu erhalten, muss eventuell noch eine Torvertauschung vorgenommen werden, da vereinbarungsgemäß der mit dem Index 1 versehene Eingang einer Schaltung auf der linken Seite liegt.

Diese Vorgehensweise wird wiederum an dem Beispiel erläutert, bei dem die Admittanzmatrix eines Transistors in der Basisschaltung bekannt, und die in Emitterschaltung (Abbildung 6.42) gesucht sei.

Die bekannte Matrix

$$\underline{\mathbf{Y}}^B = \begin{matrix} & \begin{matrix} E & \; C \end{matrix} \\ & \begin{pmatrix} \underline{Y}^B_{11} & \underline{Y}^B_{12} \\ \underline{Y}^B_{21} & \underline{Y}^B_{22} \end{pmatrix} \end{matrix} \tag{6.111}$$

Tabelle 6.12

Admittanzmatrizen von Transistorgrundschaltungen

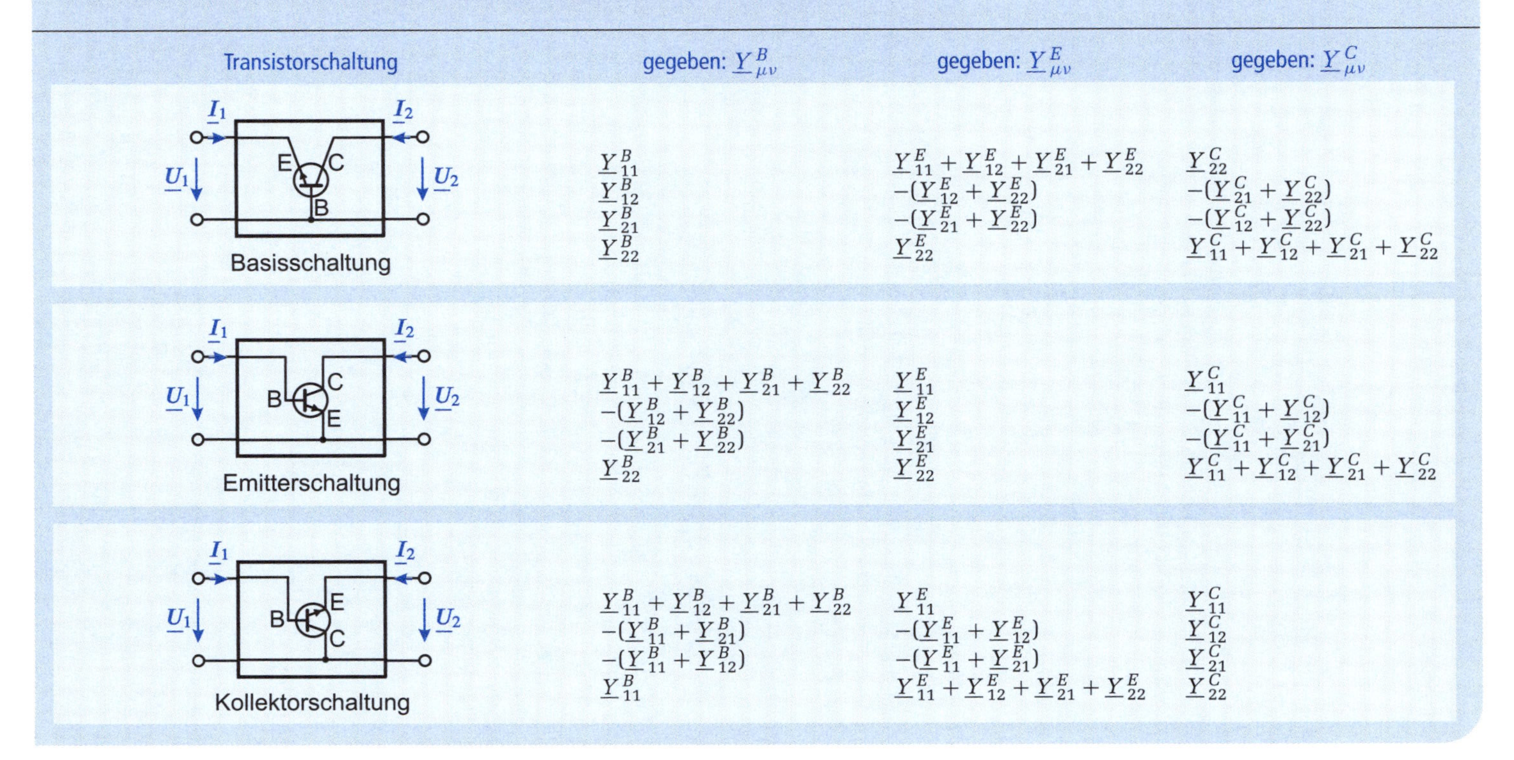

Transistorschaltung	gegeben: $\underline{Y}^{B}_{\mu\nu}$	gegeben: $\underline{Y}^{E}_{\mu\nu}$	gegeben: $\underline{Y}^{C}_{\mu\nu}$
Basisschaltung	$\underline{Y}^{B}_{11}$ $\underline{Y}^{B}_{12}$ $\underline{Y}^{B}_{21}$ $\underline{Y}^{B}_{22}$	$\underline{Y}^{E}_{11}+\underline{Y}^{E}_{12}+\underline{Y}^{E}_{21}+\underline{Y}^{E}_{22}$ $-(\underline{Y}^{E}_{12}+\underline{Y}^{E}_{22})$ $-(\underline{Y}^{E}_{21}+\underline{Y}^{E}_{22})$ $\underline{Y}^{E}_{22}$	$\underline{Y}^{C}_{22}$ $-(\underline{Y}^{C}_{21}+\underline{Y}^{C}_{22})$ $-(\underline{Y}^{C}_{12}+\underline{Y}^{C}_{22})$ $\underline{Y}^{C}_{11}+\underline{Y}^{C}_{12}+\underline{Y}^{C}_{21}+\underline{Y}^{C}_{22}$
Emitterschaltung	$\underline{Y}^{B}_{11}+\underline{Y}^{B}_{12}+\underline{Y}^{B}_{21}+\underline{Y}^{B}_{22}$ $-(\underline{Y}^{B}_{12}+\underline{Y}^{B}_{22})$ $-(\underline{Y}^{B}_{21}+\underline{Y}^{B}_{22})$ $\underline{Y}^{B}_{22}$	$\underline{Y}^{E}_{11}$ $\underline{Y}^{E}_{12}$ $\underline{Y}^{E}_{21}$ $\underline{Y}^{E}_{22}$	$\underline{Y}^{C}_{11}$ $-(\underline{Y}^{C}_{11}+\underline{Y}^{C}_{12})$ $-(\underline{Y}^{C}_{11}+\underline{Y}^{C}_{21})$ $\underline{Y}^{C}_{11}+\underline{Y}^{C}_{12}+\underline{Y}^{C}_{21}+\underline{Y}^{C}_{22}$
Kollektorschaltung	$\underline{Y}^{B}_{11}+\underline{Y}^{B}_{12}+\underline{Y}^{B}_{21}+\underline{Y}^{B}_{22}$ $-(\underline{Y}^{B}_{11}+\underline{Y}^{B}_{21})$ $-(\underline{Y}^{B}_{11}+\underline{Y}^{B}_{12})$ $\underline{Y}^{B}_{11}$	$\underline{Y}^{E}_{11}$ $-(\underline{Y}^{E}_{11}+\underline{Y}^{E}_{12})$ $-(\underline{Y}^{E}_{11}+\underline{Y}^{E}_{21})$ $\underline{Y}^{E}_{11}+\underline{Y}^{E}_{12}+\underline{Y}^{E}_{21}+\underline{Y}^{E}_{22}$	$\underline{Y}^{C}_{11}$ $\underline{Y}^{C}_{12}$ $\underline{Y}^{C}_{21}$ $\underline{Y}^{C}_{22}$

mit dem Emitter E am Eingang und dem Kollektor C am Ausgang wird durch Ränderung erweitert zu

$$\underline{Y}^R = \begin{pmatrix} \underline{Y}^B_{11} & \underline{Y}^B_{12} & -(\underline{Y}^B_{11} + \underline{Y}^B_{12}) \\ \underline{Y}^B_{21} & \underline{Y}^B_{22} & -(\underline{Y}^B_{21} + \underline{Y}^B_{22}) \\ -(\underline{Y}^B_{11} + \underline{Y}^B_{21}) & -(\underline{Y}^B_{12} + \underline{Y}^B_{22}) & \underline{Y}^B_{11} + \underline{Y}^B_{12} + \underline{Y}^B_{21} + \underline{Y}^B_{22} \end{pmatrix} . \quad (6.112)$$

(Spalten: E, C, B)

Da nun der Emitter neuer Bezugspol wird, interessiert $\underline{I}_1$ nicht und es gilt $\underline{U}_{10} = 0$, weshalb wir in der geänderten Matrix die 1. Zeile und die 1. Spalte streichen. Die verbleibende 2^2-Matrix muss dann noch so umgeordnet werden, dass die Basisklemme zum Eingang der Schaltung gehört. Wir erhalten als Ergebnis

$$\underline{Y}^E = \begin{pmatrix} \underline{Y}^B_{11} + \underline{Y}^B_{12} + \underline{Y}^B_{21} + \underline{Y}^B_{22} & -(\underline{Y}^B_{12} + \underline{Y}^B_{22}) \\ -(\underline{Y}^B_{21} + \underline{Y}^B_{22}) & \underline{Y}^B_{22} \end{pmatrix} . \quad (6.113)$$

(Spalten: B, C)

Ein wichtiger Vorzug des Verfahrens der Ränderung der Admittanzmatrix ist, dass es übersichtlich und damit leicht automatisierbar ist. Es kann damit auch leicht bei einem Bezugsklemmenwechsel einer n-Pol-Schaltung mit $n > 3$ angewandt werden.

Eine Übersicht über die Umrechnungen der Admittanzmatrizen der drei Transistorgrundschaltungen gibt Tabelle 6.12.

Literatur: [8], [11]

6.8 Betriebsverhalten von Zweitoren

Obwohl wir die Admittanz-, Impedanz-, Hybrid- und Kettenparameter über diverse Torkurzschlüsse oder Torleerläufe definiert haben, beschreiben die betreffenden Matrizen die Torspannungen und -ströme natürlich auch für andere, beliebige Torabschlüsse, ohne dass wir diesen bisher eine besondere Aufmerksamkeit schenkten.

In diesem Abschnitt wollen wir nun das Verhalten von Zweitoren unter typischen Betriebsbedingungen untersuchen. Darunter wollen wir eine Beschaltung entweder nach Abbildung 6.44a oder 6.44b verstehen.

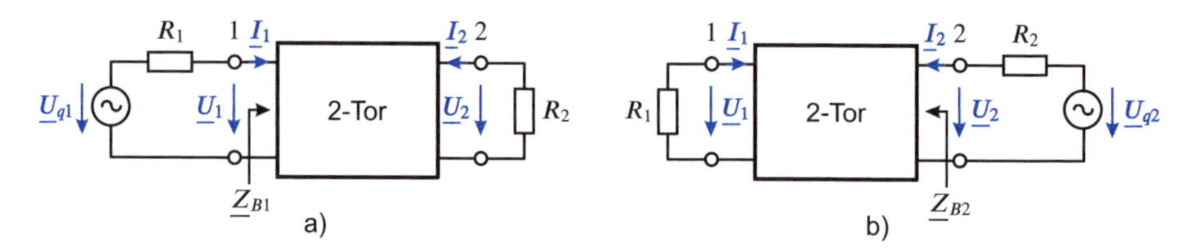

Abbildung 6.44: Zweitor in Betriebsschaltung a) Betrieb in Vorwärtsrichtung b) Betrieb in Rückwärtsrichtung

Die beiden Fälle unterscheiden sich dadurch, dass eine unabhängige Quelle (wir wählen willkürlich eine Spannungsquelle) einmal am Tor 1, und im zweiten Fall am Tor 2 angeschlossen ist. Das jeweils andere Tor des linearen und quellenlosen

Zweitors soll mit einem ohmschen Widerstand abgeschlossen sein. Von besonderem Interesse ist die Klärung zweier Fragen:

- Wie ist die Schaltung an dem Tor, an dem die Quelle angeschlossen ist, an diese angepasst?
- Wie ist das Übertragungsverhalten vom Quellentor zum Lasttor?

6.8.1 Reflektanz des beschalteten Zweitors

Die Frage der Anpassung einer Schaltung an eine Quelle beinhaltet auch die Frage, welcher Anteil der von der Quelle verfügbaren Leistung tatsächlich in ein Zweitor eingespeist wird. Zur Lösung dieses Problems betrachten wir die zwei Schaltungen der Abbildung 6.45. Abbildung 6.45a zeigt den fiktiven Fall, dass der Eingangswiderstand der Schaltung nach Abbildung 6.44 a den Wert $\underline{Z}_{B1} = R_1$ annimmt. Für diesen Fall ist die Quelle leistungsangepasst, wird also die maximale Leistung, die wir auch verfügbare Leistung nennen, in das Zweitor schicken. Torspannung und Torstrom bezeichnen wir in diesem Fall mit $\underline{U}_1^+$ und $\underline{I}_1^+$, und wir wissen, dass sich die verfügbare Leistung, die wir jetzt P_1^+ nennen, berechnet zu

$$P_{\max} = P_1^+ = \frac{1}{2}\mathrm{Re}\{\underline{U}_1^+ \cdot \underline{I}_1^{+*}\} = \frac{1}{2}U_1^+ \cdot I_1^+ \,. \tag{6.114}$$

In der Regel wird allerdings $\underline{Z}_{B1} \neq R_1$ sein, und damit auch $\underline{U}_1 \neq \underline{U}_1^+$ und $\underline{I}_1 \neq \underline{I}_1^+$ gelten. Eine weitere Folge wird sein, dass für die in $\underline{Z}_{B1}$ absorbierte Leistung gilt $P^{abs} \neq P_{\max}$. Wir können uns also modellhaft vorstellen, dass die Quelle ihre verfügbare Leistung der Eingangsimpedanz $\underline{Z}_{B1}$ anbietet. Diese wird jedoch, außer für den Fall der Anpassung, im Normalfall teilweise „zurückgewiesen“, d. h. reflektiert. Diesen reflektierten Leistungsanteil nennen wir P_1^-. Die gleichen Überlegungen hatten wir schon bei den Untersuchungen zur Streumatrix im letzten Kapitel angestellt, weshalb wir die dort getroffenen Definitionen zu den Bezugsrichtungen der Zustandsgrößen $\underline{U}_1^+, \underline{I}_1^+$ (für die auf das Tor 1 zufließende Leistung P_1^+) und $\underline{U}_1^-, \underline{I}_1^-$ (für die vom Tor 1 reflektierte Leistung P_1^-) nach Abbildung 5.15 hier genauso übernehmen können wie die Beziehungen nach den Gleichungen (5.64) und (5.65). Es gilt also

$$\begin{aligned} \underline{U}_1 &= \underline{U}_1^+ + \underline{U}_1^- \\ \underline{I}_1 &= \underline{I}_1^+ - \underline{I}_1^- \\ P_1^{\mathrm{abs}} &= P_1^+ - P_1^- \end{aligned} \tag{6.115}$$

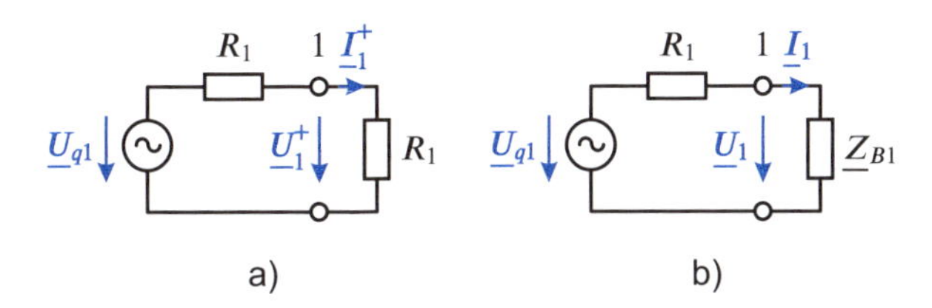

Abbildung 6.45: Zur Herleitung der Reflektanz a) fiktiver Anpassungsfall b) Ersatzschaltung für Abbildung 6.44a)

Wir definieren nun für das Tor 1 einen komplexen Reflexionsfaktor $\underline{r}_1$ als Spannungsverhältnis der reflektierten, zu der auf Tor 1 zulaufenden Spannung. Es gilt also

$$\underline{r}_1 = \frac{\underline{U}_1^-}{\underline{U}_1^+} = \frac{\underline{U}_1 - \underline{U}_1^+}{\underline{U}_1^+} = \frac{\underline{U}_1 - \dfrac{\underline{U}_{q1}}{2}}{\dfrac{\underline{U}_{q1}}{2}} = 2\frac{\underline{U}_1}{\underline{U}_{q1}} - 1 \tag{6.116}$$

Setzen wir in Gleichung (6.116) die leicht nachvollziehbaren Gleichungen

$$\begin{aligned} \underline{U}_1 &= \underline{U}_{q1} - \underline{I}_1 \cdot R_1 \quad \text{mit} \quad \underline{I}_1 = \underline{I}_1^+ - \underline{I}_1^- \\ \text{sowie } \underline{U}_{q1} &= 2 \cdot \underline{U}_1^+ \\ \text{und} \quad \underline{U}_1^+ &= \underline{I}_1^+ \cdot R_1 \end{aligned} \tag{6.117}$$

ein, so erhalten wir nach kurzer Umrechnung auch

$$\underline{r}_1 = \frac{\underline{I}_1^-}{\underline{I}_1^+}, \tag{6.118}$$

wobei $\underline{I}_1^+$ und $\underline{I}_1^-$ nach Abbildung 5.15 entgegengesetzte Bezugsrichtungen haben. $\underline{U}_1^+$ ist mit $\underline{I}_1^+$ über den reellen Wert $R_1 > 0$ verknüpft, beide Größen haben also den gleichen Phasenwinkel. Aus den Gleichungen (6.116) und (6.118) folgt, dass dann auch $\underline{U}_1^-$ und $\underline{I}_1^-$ in Phase und über R_1 verbunden sind.

Wir bezeichnen den Reflexionsfaktor $\underline{r}_1$ auch als Reflektanz der Schaltung am Tor 1.

Analoge Überlegungen lassen sich auch für das Tor 2 der Schaltung nach Abbildung 6.44b durchführen.

Wir wollen nun noch die Frage klären, wie das Leistungsverhalten am Tor 1 bei einer Fehlanpassung durch die eben definierte Reflektanz beschrieben werden kann.

Für die vom Tor 1 absorbierte Wirkleistung können wir schreiben.

$$\begin{aligned} P_1^{\text{abs}} &= \tfrac{1}{2}\text{Re}\{\underline{U}_1 \cdot \underline{I}_1^*\} = \tfrac{1}{2}\text{Re}\{(\underline{U}_1^+ + \underline{U}_1^-)(\underline{I}_1^+ - \underline{I}_1^-)^*\} \\ &= \tfrac{1}{2}\text{Re}\{\underline{U}_1^+ \cdot (1 + \underline{r}_1) \cdot \underline{I}_1^{+*} \cdot (1 - \underline{r}_1^*)\} \\ &= \tfrac{1}{2}\underline{U}_1^+ \cdot \underline{I}_1^+ \cdot \text{Re}\{1 - \underline{r}_1^* + \underline{r}_1 - |\underline{r}_1|^2\}, \end{aligned} \tag{6.119}$$

womit sich

$$P_1^{\text{abs}} = P_1^+ \cdot (1 - |\underline{r}_1|^2) \tag{6.120}$$

ergibt, oder auch, mit

$$\begin{aligned} P_1^{\text{abs}} &= P_1^+ - P_1^- \\ |\underline{r}_1|^2 &= \frac{P_1^-}{P_1^+}. \end{aligned} \tag{6.121}$$

Da wir ein passives Zweitor betrachten, kann die vom Tor 1 reflektierte Leistung P_1^- nie größer als die Leistung P_1^+ sein, was $0 \le |r_1| \le 1$ zur Folge hat.

Das Quadrat des Betrages der Reflektanz stellt also ein Maß für das Leistungsreflexionsverhalten, und damit für die Fehlanpassung eines Tores dar.

Die bisher durchgeführten, mehr allgemeinen Betrachtungen müssen noch für ein spezielles Zweitor konkretisiert werden. Dies bedeutet, dass wir die Reflektanz durch die am Tor 1 vorliegenden Impedanzen R_1 und $\underline{Z}_{B1}$ ausdrücken müssen.

Dies gelingt leicht, wenn man aus der Spannungsteilerschaltung der Abbildung 6.45b für $\underline{U}_1$ abliest

$$\underline{U}_1 = \frac{\underline{Z}_{B1}}{R_1 + \underline{Z}_{B1}} \cdot \underline{U}_{q1} \tag{6.122}$$

und in Gleichung (6.116) einsetzt. Man erhält dann für die Reflektanz des Tores 1

$$\underline{r}_1 = \underline{S}_{11} = \frac{\underline{Z}_{B1} - R_1}{\underline{Z}_{B1} + R_1} \,. \tag{6.123}$$

Diesen speziellen Reflexionsfaktor $\underline{r}_1$, den wir am Tor 1 des Zweitores bei einer Beschaltung des Tores 2 mit dem Widerstand R_2 erhalten, bezeichnen wir mit $\underline{S}_{11}$. Auf diesen Tatbestand werden wir im Abschnitt über die Streumatrix des Zweitores nochmals eingehen.

Analoge Überlegungen können wir für das Tor 2 in der Schaltung Abbildung 6.44 b anstellen und erhalten für die Reflektanz am Tor 2

$$\underline{r}_2 = \underline{S}_{22} = \frac{\underline{Z}_{B2} - R_2}{\underline{Z}_{B2} + R_2} \,. \tag{6.124}$$

Wie man bei einem Zweitor mit speziellen Matrixparametern zweckmäßigerweise die Eingangsimpedanz $\underline{Z}_{B1}$ bzw. $\underline{Z}_{B2}$ berechnet, werden wir in einem späteren Abschnitt herausfinden.

6.8.2 Transmittanz des beschalteten Zweitors

Von mindestens ebenso großer Bedeutung wie das Reflexionsverhalten ist das Transmissionsverhalten eines nach Abbildung 6.44 beschalteten Zweitors. Für das Übertragungsverhalten definieren wir eine komplexe Größe, die wir Transmittanz nennen, und mit $\underline{S}_{21}$ bezeichnen, gemäß

$$\underline{S}_{21} = K \cdot \frac{\underline{U}_2}{\underline{U}_{q1}} \quad \text{mit} \quad K = K^* > 0 \,. \tag{6.125}$$

Für den Phasenwinkel der Transmittanz gilt also

$$\mathrm{arc}(\underline{S}_{21}) = \mathrm{arc}\left(\frac{\underline{U}_2}{\underline{U}_{q1}}\right) \tag{6.126}$$

und die positive, reelle Konstante K definieren wir, ähnlich wie bei der Beschreibung des Reflexionsverhaltens, über die Leistungsbeziehung

$$\frac{P_2^{\mathrm{abs}}}{P_1^+} = |\underline{S}_{21}|^2 \,. \tag{6.127}$$

Wenn wir wiederum passive Zweitore untersuchen, gilt mit $P_2^{abs} \leq P_1^+$ die Bedingung $0 \leq |\underline{S}_{21}| \leq 1$. Mit den Beziehungen

$$\begin{aligned} P_2^{\text{abs}} &= \frac{1}{2}\frac{|\underline{U}_2|^2}{R_2}\,; \\ P_1^+ &= P_{\max} = \frac{1}{8}\frac{|\underline{U}_{q1}|^2}{R_1} \end{aligned} \tag{6.128}$$

folgt daraus

$$|\underline{S}_{21}| = 2 \cdot \sqrt{\frac{R_1}{R_2}} \cdot \frac{|\underline{U}_2|}{|\underline{U}_{q1}|}\,, \tag{6.129}$$

also

$$K = 2 \cdot \sqrt{\frac{R_1}{R_2}} \tag{6.130}$$

und damit

$$\underline{S}_{21} = 2 \cdot \sqrt{\frac{R_1}{R_2}} \cdot \frac{\underline{U}_2}{\underline{U}_{q1}}\,. \tag{6.131}$$

Die Transmittanz $\underline{S}_{21}$ wird auch oft als Betriebsübertragungsfaktor bezeichnet.

$\underline{S}_{21}$ beschreibt also das Übertragungsverhalten von Tor 1 nach Tor 2 in der Schaltung nach Abbildung 6.44a. In analoger Weise hätten wir das Übertragungsverhalten vom Tor 2 zum Tor 1 nach Abbildung 6.44b untersuchen können, und wären zu dem Ergebnis

$$\underline{S}_{12} = 2 \cdot \sqrt{\frac{R_2}{R_1}} \cdot \frac{\underline{U}_1}{\underline{U}_{q2}} \tag{6.132}$$

gekommen. Die weiteren Überlegungen beschränken sich auf das Übertragungsverhalten von Tor 1 nach Tor 2.

Aus dem komplexen Betriebsübertragungsfaktor leitet man nun üblicherweise als logarithmisches Maß über die Definitionsgleichung

$$\underline{S}_{21} = \mathrm{e}^{-\underline{g}_B} \tag{6.133}$$

das ebenfalls komplexe Betriebsübertragungsmaß

$$\underline{g}_B = a_B + \mathrm{j}b_B \tag{6.134}$$

ab, und bezeichnet a_B als Betriebsdämpfung, und b_B als Betriebsphase. Schreiben wir $\underline{S}_{21}$ nach Betrag und Phase, so erhalten wir mit den Gleichungen (6.133) und (6.134)

$$a_B = \ln\left(\frac{1}{|\underline{S}_{21}|}\right); \quad b_B = \operatorname{arc}\frac{1}{\underline{S}_{21}} = \operatorname{arc}\frac{\underline{U}_{q1}}{\underline{U}_2}\,. \tag{6.135}$$

Tabelle 6.13

Leistungsverhältnisse und Dämpfungen in dB und Np.

P_1^+/P_2^{abs}	1	2	4	10	100	1000
a_B/Np	0	0,347	0,693	1,15	2,30	3,45
a_B^{dB}/dB	0	3,01	6,02	10	20	30

Definieren wir die Betriebsdämpfung über das in Gleichung (6.127) eingeführte Leistungsverhältnis, so erhalten wir

$$a_B = \frac{1}{2}\left(\ln \frac{P_1^+}{P_2^{abs}}\right) \mathrm{Np}\,. \tag{6.136}$$

Diese über den natürlichen Logarithmus definierte Betriebsdämpfung hat die Einheit Neper (Np) (nach JOHN NAPIER).

Ein in der Praxis häufig gebrauchtes logarithmisches Leistungsverhältnis verwendet den Logarithmus zur Basis 10 gemäß der Definitionsgleichung

$$a_B^{\mathrm{dB}} = 10 \log\left(\frac{P_1^+}{P_2^{\mathrm{abs}}}\right) \mathrm{dB} = 20 \log\left(\frac{1}{|\underline{S}_{21}|}\right) \mathrm{dB} \tag{6.137}$$

mit der Einheit DeziBel (dB) [1]

Wir können nun noch den Zusammenhang zwischen den beiden Dämpfungen mit Hilfe der Gleichungen (6.136) und (6.137) herstellen und finden

$$\frac{a_B^{\mathrm{dB}}}{\mathrm{dB}} = 10 \log(\mathrm{e}^{2a_B/\mathrm{Np}}) = 20 \cdot \frac{a_B}{\mathrm{Np}} \cdot \log \mathrm{e} = 8,686 \frac{a_B}{\mathrm{Np}}\,. \tag{6.138}$$

Es ergeben sich also die Umrechnungen

$$1\,\mathrm{dB} \mathrel{\hat{=}} 0,1151\,\mathrm{Np}$$
$$1\,\mathrm{Np} \mathrel{\hat{=}} 8,686\,\mathrm{dB}\,.$$

Tabelle 6.13 zeigt für einige Leistungsverhältnisse die dazugehörigen Dämpfungen in dB und Np.

Für passive Zweitore, für die $P_2^{abs} \leq P_1^+$ und damit $|S_{21}| \leq 1$ gilt, sind also alle Dämpfungswerte positiv.

Dezibel und Neper sind keine Einheiten im üblichen Sinne und folglich auch kein Bestandteil des Internationalen Einheitensystems (SI), es sind „Pseudoeinheiten".

1 Anmerkung: die Vorsilbe Dezi- könnte nahelegen, dass auch die Grundeinheit Bel gebräuchlich wäre; dies ist jedoch nicht der Fall. Die Benennung erfolgt nach ALEXANDER GRAHAM BELL

6.8.3 Reflektanz, Transmittanz und Kettenparameter

Wir wollen nun noch die Reflektanz und die Transmittanz durch die als bekannt angenommenen Zweitoreigenschaften beschreiben. Dazu ist es erforderlich, in Gleichung (6.123) die Impedanz $\underline{Z}_{B1}$, und in Gleichung (6.131) das Spannungsverhältnis $\underline{U}_2/\underline{U}_{q1}$ durch Matrixparameter des Zweitors auszudrücken.

Wenn wir die Kettenmatrix als bekannt voraussetzen, können wir für das Zweitor der Abbildung 6.44a schreiben:

$$\underline{U}_1 = \underline{A}_{11} \cdot \underline{U}_2 - \underline{A}_{12} \cdot \underline{I}_2 \tag{6.139}$$

$$\underline{I}_1 = \underline{A}_{21} \cdot \underline{U}_2 - \underline{A}_{22} \cdot \underline{I}_2 \tag{6.140}$$

und am Widerstand R_2 gilt

$$\underline{U}_2 = -\underline{I}_2 \cdot R_2 \,. \tag{6.141}$$

Aus Gleichung (6.139) und Gleichung (6.141) folgt

$$\underline{U}_1 = \underline{A}_{11} \cdot \underline{U}_2 + \underline{A}_{12} \cdot \frac{\underline{U}_2}{R_2} \tag{6.142}$$

oder auch

$$\frac{\underline{U}_1}{\underline{U}_2} = \frac{1}{\underline{\ddot{U}}_U} = \underline{A}_{11} + \frac{\underline{A}_{12}}{R_2} \tag{6.143}$$

mit $\underline{\ddot{U}}_U$ dem Spannungsübertragungsfaktor. Analog dazu ergibt sich aus Gleichung (6.140)

$$\underline{I}_1 = -\underline{A}_{21} \cdot R_2 \cdot \underline{I}_2 - \underline{A}_{22} \cdot \underline{I}_2 \tag{6.144}$$

und damit

$$\frac{\underline{I}_1}{\underline{I}_2} = \frac{1}{\underline{\ddot{U}}_I} = -A_{22} - A_{21} \cdot R_2 \tag{6.145}$$

mit $\underline{\ddot{U}}_I$ dem Stromübertragungsfaktor.

Wenn wir uns zunächst der Reflektanz der Schaltung zuwenden, so benötigen wir nach Gleichung (6.123) die Eingangsimpedanz $\underline{Z}_{B1}$ der Schaltung.

Diese erhalten wir durch Division der Gleichung (6.139) und (6.140) unter Berücksichtigung von Gleichung (6.141) zu

$$\underline{Z}_{B1} = \frac{\underline{U}_1}{\underline{I}_1} = \frac{\underline{A}_{11}R_2 + \underline{A}_{12}}{\underline{A}_{21}R_2 + \underline{A}_{22}} \,. \tag{6.146}$$

Setzen wir Gleichung (6.146) in Gleichung (6.123) ein, so erhalten wir nach kurzer Zwischenrechnung für die Reflektanz der Schaltung

$$\underline{r}_1 = \underline{S}_{11} = \frac{\underline{A}_{11} \cdot R_2 + \underline{A}_{12} - \underline{A}_{21} \cdot R_1 \cdot R_2 - \underline{A}_{22} \cdot R_1}{\underline{A}_{11} \cdot R_2 + \underline{A}_{12} + \underline{A}_{21} \cdot R_1 \cdot R_2 + \underline{A}_{22} \cdot R_1} \,. \tag{6.147}$$

Für die Transmittanz $\underline{S}_{21}$ der Schaltung ist nach Gleichung (6.131) die Kenntnis des Spannungsverhältnisses $\underline{U}_2/\underline{U}_{q1}$ erforderlich. Dieses Spannungsverhältnis können wir beispielsweise dadurch berechnen, dass wir aus Gleichung (6.142) und der Spannungsteilergleichung am Eingang

$$\underline{U}_1 = \underline{U}_{q1} \cdot \frac{\underline{Z}_{B1}}{R_1 + \underline{Z}_{B1}} \tag{6.148}$$

die Spannung $\underline{U}_1$ eliminieren. Nach kurzer Zwischenrechnung folgt, unter Berücksichtigung von Gleichung (6.146)

$$\frac{\underline{U}_{q1}}{\underline{U}_2} = A_{11} + A_{12} \cdot \frac{1}{R_2} + A_{21} \cdot R_1 + \underline{A}_{22} \cdot \frac{R_1}{R_2} \tag{6.149}$$

oder, mit den Gleichungen (6.143) und (6.145), auch

$$\frac{\underline{U}_{q1}}{U_2} = \frac{1}{\underline{\ddot{U}}_U} - \frac{1}{\underline{\ddot{U}}_I} \,. \tag{6.150}$$

Mit Gleichung (6.131) folgt dann

$$\frac{1}{\underline{S}_{21}} = \frac{1}{2}\left(\sqrt{\frac{R_2}{R_1}}A_{11} + \frac{A_{12}}{\sqrt{R_1 R_2}} + A_{21}\sqrt{R_1 R_2} + A_{22}\sqrt{\frac{R_1}{R_2}}\right) \tag{6.151}$$

oder auch

$$\frac{1}{\underline{S}_{21}} = \frac{1}{2}\left(\sqrt{\frac{R_2}{R_1}} \cdot \frac{1}{\underline{\ddot{U}}_U} - \sqrt{\frac{R_1}{R_2}} \cdot \frac{1}{\underline{\ddot{U}}_I}\right) \tag{6.152}$$

oder auch

$$\underline{S}_{21} = \frac{2 \cdot \underline{\ddot{U}}_U \cdot \underline{\ddot{U}}_I}{\sqrt{\frac{R_2}{R_1}} \cdot \underline{\ddot{U}}_I - \sqrt{\frac{R_1}{R_2}} \cdot \underline{\ddot{U}}_U} \,. \tag{6.153}$$

Literatur: [3], [6], [11]

6.9 Streumatrix des Zweitors

6.9.1 Grundsätzliches

Die im Kapitel 5 getroffenen Definitionen für Wellengrößen und Streuparameter, sowie die daraus abgeleiteten Ergebnisse, lassen sich hier direkt übernehmen.

Dazu reduzieren wir das Mehrtor der Abbildung 5.14 zu einem Zweitor gemäß Abbildung 6.46.

Dementsprechend reduziert sich auch Gleichung (5.68) auf die beiden Gleichungen

$$\begin{pmatrix}\underline{b}_1\\ \underline{b}_2\end{pmatrix} = \begin{pmatrix}\underline{S}_{11} & \underline{S}_{12}\\ \underline{S}_{21} & \underline{S}_{22}\end{pmatrix} \cdot \begin{pmatrix}\underline{a}_1\\ \underline{a}_2\end{pmatrix} \tag{6.154}$$

oder $\underline{\boldsymbol{B}} = \underline{\boldsymbol{S}} \cdot \underline{\boldsymbol{A}}$.

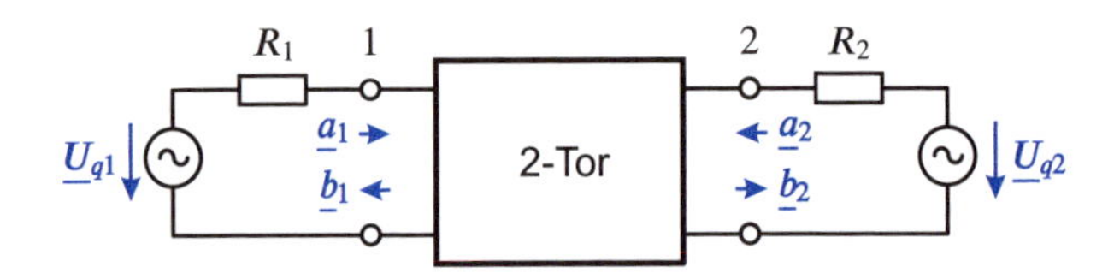

Abbildung 6.46: Zur Streumatrix des Zweitors

Zur Beurteilung der Bedeutung der Streuparameter wenden wir die Gleichungen (5.73) und (5.80) auf unser Zweitor an und setzten $\nu = 1$ und $\mu = 2$.

Wir erhalten dann

$$\underline{S}_{21} = 2 \cdot \sqrt{\frac{R_1}{R_2}} \cdot \left. \frac{\underline{U}_2}{\underline{U}_{q1}} \right|_{U_{q2}=0} \tag{6.155}$$

sowie

$$\underline{S}_{11} = \left. \frac{\underline{Z}_1 - R_1}{\underline{Z}_1 + R_1} \right|_{\underline{U}_{q2}=0} . \tag{6.156}$$

Die Impedanz $\underline{Z}_1$ ist bedeutungsgleich mit der Impedanz $\underline{Z}_{B1}$ der Gleichung (6.123), so dass der Streukoeffizient $\underline{S}_{11}$ also die in einem vorigen Abschnitt berechnete Reflektanz am Tor 1 der Abbildung 6.44 darstellt.

Gleichung (6.155) ist direkt vergleichbar mit Gleichung (6.131); der Streukoeffizient $\underline{S}_{21}$ stellt also unmittelbar die Transmittanz von Tor 1 nach Tor 2, bzw. den Betriebsübertragungsfaktor dar. Analog zu den Gleichungen (6.155) und (6.156), die dem Betriebsverhalten einer Schaltung nach Abbildung 6.44a entsprechen, können wir für die Schaltung 6.44b ableiten

$$\underline{S}_{12} = 2 \cdot \sqrt{\frac{R_2}{R_1}} \cdot \left. \frac{\underline{U}_1}{\underline{U}_{q2}} \right|_{\underline{U}_{q1}=0} \tag{6.157}$$

sowie

$$\underline{S}_{22} = \left. \frac{\underline{Z}_2 - R_2}{\underline{Z}_2 + R_2} \right|_{\underline{U}_{q1}=0} . \tag{6.158}$$

Speziell in diesem Fall stellt also das Rechnen mit Streuparametern eine wesentliche Erleichterung dar. Beschreibungen der Reflektanz und Transmittanz durch andere Zweitorparameter sind deutlich komplizierter, wie ein Blick auf die Darstellung durch Parameter der Kettenmatrix in den Gleichungen (6.147) und (6.151) zeigt.

Den Tatbestand, dass die Wellengrößen $\underline{a}$ und $\underline{b}$ „Leistungswellen" darstellen, können wir zu weiteren Untersuchungen des Leistungsverhaltens eines Zweitores nutzen.

Für die Schaltung der Abbildung 6.46 gilt für die auf die beiden Tore zulaufenende Wirkleistung

$$P_p^+ = P_{p1}^+ + P_{p2}^+ = \tfrac{1}{2}|\underline{a}_1|^2 + \tfrac{1}{2}|\underline{a}_2|^2 = \tfrac{1}{2}A^{*T} \cdot \underline{\boldsymbol{A}} \qquad \text{mit} \quad A^T = (\underline{a}_1 \quad \underline{a}_2) \, . \tag{6.159}$$

Entsprechend folgt für die von den beiden Toren reflektierte, also die vom Zweitor insgesamt abfließende Wirkleistung

$$\begin{aligned} &P_p^- = P_{p1}^- + P_{p2}^- = \tfrac{1}{2}|\underline{b}_1|^2 + \tfrac{1}{2}|\underline{b}_2|^2 = \tfrac{1}{2}B^{*T} \cdot \underline{\boldsymbol{B}}\,, \\ &\text{mit} \quad B^T = (\underline{b}_1 \quad \underline{b}_2)\,. \end{aligned} \tag{6.160}$$

Für die vom Zweitor absorbierte Wirkleistung gilt mit $\underline{\boldsymbol{B}} = \underline{\boldsymbol{S}} \cdot \underline{\boldsymbol{A}}$ bzw. $B^{*T} = A^{*T} \cdot \underline{\boldsymbol{S}}^{*T}$:

$$\begin{aligned} P_p &= P_p^+ - P_p^- \\ P_p &= \tfrac{1}{2}A^{*T}\underline{\boldsymbol{A}} - \tfrac{1}{2}A^{*T} \cdot \underline{\boldsymbol{S}}^{*T} \cdot \underline{\boldsymbol{S}} \cdot \underline{\boldsymbol{A}} \\ P_p &= \tfrac{1}{2}A^{*T} \cdot (\boldsymbol{E} - \underline{\boldsymbol{S}}^{*T}\underline{\boldsymbol{S}}) \cdot \underline{\boldsymbol{A}} \\ P_p &= \tfrac{1}{2}\underline{\boldsymbol{A}}^{*T} \cdot \boldsymbol{P} \cdot \underline{\boldsymbol{A}} \end{aligned} \tag{6.161}$$

mit $\boldsymbol{P} = \boldsymbol{E} - \underline{\boldsymbol{S}}^{*T} \cdot \underline{\boldsymbol{S}}$.

Die Matrix $\boldsymbol{P}$ gibt Aufschluss über das Leistungsverhalten eines Zweitors mit der Streumatrix $\underline{\boldsymbol{S}}$; sie stellt eine Wirkleistung dar und ist deshalb auch bei beliebigen, komplexwertigen Spalten A immer reell.

Aus Platzgründen wollen wir uns weiterhin auf den einfachen, aber wichtigen Fall verlustloser oder neutraler Zweitore beschränken. Solche Zweitore stellen die idealisierte Näherung realer Schaltungen dar, die beispielsweise aus verlustarmen Kondensatoren und Spulen, aber ohne Widerstände aufgebaut sind.

Für verlustlose Zweitore gilt $P_p = 0$ und damit auch $\boldsymbol{P} = \boldsymbol{0}$, woraus aus Gleichung (6.161) folgt

$$\underline{\boldsymbol{S}}^{*T} \cdot \underline{\boldsymbol{S}} = \boldsymbol{E}\,. \tag{6.162}$$

Genügt die Streumatrix der Gleichung (6.162), so ist sie unitär; Gleichung (6.162) selbst wird Unitaritätsbeziehung genannt. Wir wollen noch etwas detaillierter untersuchen, welche Konsequenzen die Unitarität für die einzelnen Koeffizienten der Streumatrix hat. Dazu multiplizieren wir Gleichung (6.162) aus und erhalten

$$|\underline{S}_{11}|^2 + |\underline{S}_{21}|^2 = 1 \tag{6.163}$$

$$|\underline{S}_{22}|^2 + |\underline{S}_{12}|^2 = 1 \tag{6.164}$$

$$\underline{S}_{11}^* \cdot \underline{S}_{12} + \underline{S}_{21}^* \cdot \underline{S}_{22} = 0\,. \tag{6.165}$$

Eine Division der Gleichung (6.163) durch Gleichung (6.164) liefert mit Gleichung (6.165)

$$\frac{|S_{11}|^2}{|S_{22}|^2} = \frac{1 - |\underline{S}_{21}|^2}{1 - |\underline{S}_{12}|^2} = \frac{|S_{21}|^2}{|S_{12}|^2}\,. \tag{6.166}$$

Diese Gleichung ist nur erfüllbar für

$$|\underline{S}_{11}| = |\underline{S}_{22}| \tag{6.167}$$

$$\text{und} \quad |\underline{S}_{21}| = |\underline{S}_{12}|\,. \tag{6.168}$$

Außerdem gilt

$$|\underline{S}_{11}| = \sqrt{1 - |S_{12}|^2} \tag{6.169}$$

und für die Phasenwinkel der Streukoeffizienten aus Gleichung (6.165)

$$\operatorname{arc}(\underline{S}_{11}) + \operatorname{arc}(\underline{S}_{22}) = \operatorname{arc}(\underline{S}_{12}) + \operatorname{arc}(\underline{S}_{21}) \pm \pi\,. \tag{6.170}$$

Für die Determinante der Streumatrix lässt sich damit auch

$$|\det \underline{\mathbf{S}}| = 1 \tag{6.171}$$

$$\operatorname{arc}(\det \underline{\mathbf{S}}) = \operatorname{arc}(\underline{S}_{11}) + \operatorname{arc}(\underline{S}_{22}) = -(\operatorname{arc}(\underline{S}_{12}) + \operatorname{arc}(\underline{S}_{21})) \tag{6.172}$$

herleiten.

Die Gleichungen (6.167) bis (6.172) liefern mancherlei nützliche Erkenntnisse. Gleichung (6.167) beispielsweise zeigt, dass verlustfreie Zweitore auch bei völlig unsymmetrischem Aufbau betragsreflexionssymmetrisch sind, und Gleichung (6.168) demonstriert, dass es unmöglich ist, ein bezüglich seines Transmissionsfaktorbetrags nichtreziprokes, verlustloses Zweitor zu bauen.

6.9.2 Streumatrizen einfacher Zweitore

Die Definitionsgleichungen (6.155) und (6.156) sollen nun auf drei Schaltungen angewendet werden, die so einfach sind, dass die Streukoeffizienten direkt abgelesen werden können. Bei den ersten beiden Beispielen einer Reihen- bzw. einer Parallelschaltung sollen die Normierungswiderstände an den beiden Toren gleich sein, es soll also $R_1 = R_2 = R$ gelten.

Das dritte Beispiel behandelt eine einfache Durchverbindung, allerdings mit unterschiedlichen Normierungswiderständen $R_1 \neq R_2$.

1. Beispiel

Die Schaltung nach Abbildung 6.47 zeigt die Reihenschaltung einer Impedanz $\underline{Z}$ in einem erdgebundenen Zweitor zwischen Quellen mit dem Innenwiderstand R. Auf Grund der Aufbausymmetrie des Zweitors und seines Umfeldes folgt sofort die Reflexionssymmetrie, also

$$\underline{S}_{11} = \underline{S}_{22}\,. \tag{6.173}$$

Zur weiteren Berechnung normieren wir zunächst $\underline{Z}$ gemäß

$$\underline{z} = \frac{\underline{Z}}{R}\,. \tag{6.174}$$

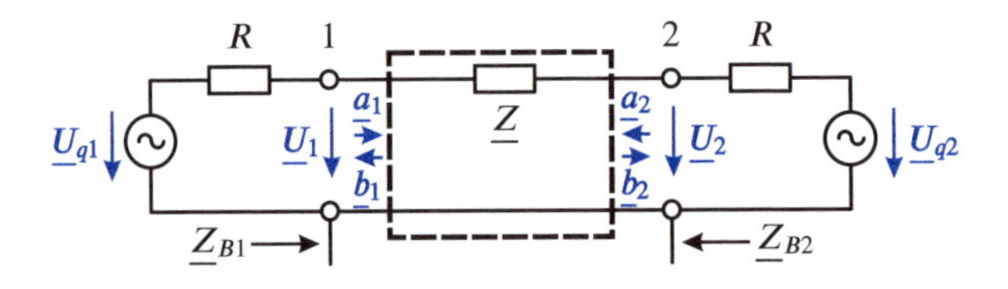

Abbildung 6.47: Reihenschaltung einer Impedanz $\underline{Z}$

Die Eingangswiderstände der Schaltung ergeben sich zu

$$\underline{Z}_{B1} = \underline{Z}_{B2} = \underline{Z}_B = \underline{Z} + R = (\underline{z} + 1) \cdot R \tag{6.175}$$

und damit folgt für die Reflexionskoeffizienten

$$\underline{S}_{11} = \underline{S}_{22} = \frac{\underline{Z}_B - R}{\underline{Z}_B + R} = \frac{\underline{z}_B - 1}{\underline{z}_B + 1} = \frac{\underline{z}}{\underline{z} + 2} \,. \tag{6.176}$$

Die Transmissionskoeffizienten berechnen sich nach Gleichung (6.155) zu

$$\underline{S}_{21} = \underline{S}_{12} = 2 \cdot \frac{\underline{U}_2}{\underline{U}_{q1}} \cdot \sqrt{\frac{R}{R}} = 2 \cdot \frac{\underline{U}_1}{\underline{U}_{q2}} \cdot \sqrt{\frac{R}{R}} = 2 \cdot \frac{R}{2R + \underline{Z}} = \frac{2}{\underline{z} + 2} \,. \tag{6.177}$$

2. Beispiel

Die zweite Schaltung behandelt die Parallelschaltung einer Admittanz $\underline{Y}$ nach Abbildung 6.48, die wir wiederum auf die Abschlusswiderstände R normieren. Auch diese Schaltung ist aufbau- und damit reflexionssymmetrisch. Mit der Normierung $\underline{y} = \underline{Y} \cdot R$ und mit $\underline{y}_B = \underline{Y}_B \cdot R = \underline{y} + 1$ erhalten wir

$$\underline{S}_{11} = \underline{S}_{22} = \frac{1 - \underline{y}_B}{1 + \underline{y}_B} = \frac{-\underline{y}}{2 + \underline{y}} \tag{6.178}$$

sowie

$$\underline{S}_{12} = \underline{S}_{21} = \frac{2}{\underline{y} + 2} \,. \tag{6.179}$$

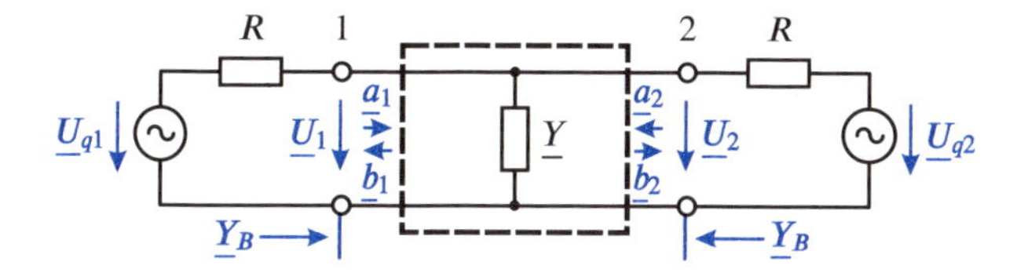

Abbildung 6.48: Parallelschaltung einer Admittanz $\underline{Y}$

3. Beispiel

Das abschließende Beispiel in Abbildung 6.49 zeigt eine Zweitor-Durchverbindung in einem unsymmetrischen Umfeld. Das Zweitor selbst ist zwar wieder aufbausymmetrisch; da die Streuparameter aber von den Normierungswiderständen der beiden Tore abhängen, gilt für $R_1 \neq R_2$ auch $\underline{S}_{11} \neq \underline{S}_{22}$. Wie normieren R_2 willkürlich auf R_1 und bilden $v = R_2/R_1$. Damit können wir für die Streukoeffizienten ablesen:

$$\underline{S}_{11} = \frac{v - 1}{v + 1}\,; \quad \underline{S}_{22} = \frac{1 - v}{1 + v}\,; \quad \underline{S}_{21} = \underline{S}_{12} = \frac{2_{+}\sqrt{v}}{1 + v} \,. \tag{6.180}$$

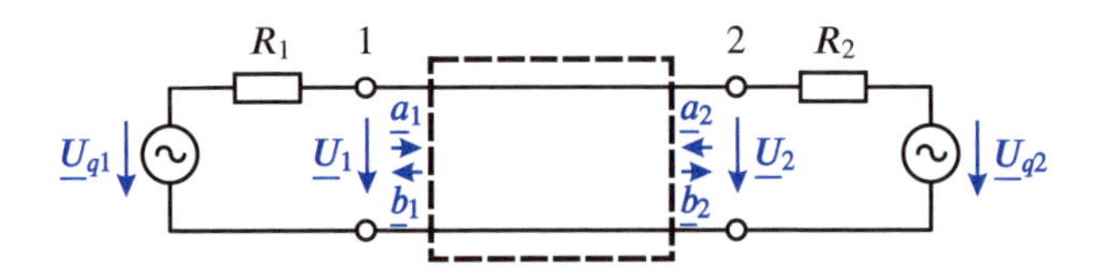

Abbildung 6.49: Durchverbindung mit unterschiedlichen Normierungswiderständen

6.9.3 Beziehungen zwischen Streumatrix- und anderen Zweitorparametern

Streuparameter verknüpfen Wellengrößen; Wellengrößen sind abgeleitet aus normierten Torspannungen bzw. Torströmen. Andere Zweitorparameter, beispielsweise die der Impedanz-, Admittanz- oder Kettenmatrix, verknüpfen absolute Spannungs- und Stromwerte als Zustandsgrößen an den Toren eines Zweitors. Will man Beziehungen zwischen Streu- und anderen Parametern herstellen, so müssen die anderen Parameter dahingehend modifiziert werden, dass man die Zustandsgrößen, die sie verknüpfen, in gleicher Weise normiert wie das bei der Streumatrix der Fall ist.

Normieren wir etwa die Zustandsgrößen in der Beziehung für die Kettenmatrix gemäß

$$\underline{u}_1 = \frac{\underline{U}_1}{\sqrt{R_1}}\,; \quad \underline{u}_2 = \frac{\underline{U}_2}{\sqrt{R_2}}\,; \quad \underline{i}_1 = \underline{I}_1 \cdot \sqrt{R_1}\,; \quad \underline{i}_2 = \underline{I}_2 \cdot \sqrt{R_2} \tag{6.181}$$

so können wir für diese schreiben

$$\begin{pmatrix} \underline{u}_1 \cdot \sqrt{R_1} \\ \frac{\underline{i}_1}{\sqrt{R_1}} \end{pmatrix} = \begin{pmatrix} \underline{A}_{11} & \underline{A}_{12} \\ \underline{A}_{21} & \underline{A}_{22} \end{pmatrix} \cdot \begin{pmatrix} \underline{u}_2 \cdot \sqrt{R_2} \\ -\frac{\underline{i}_2}{\sqrt{R_2}} \end{pmatrix} \tag{6.182}$$

oder

$$\begin{pmatrix} \underline{u}_1 \\ \underline{i}_1 \end{pmatrix} = \begin{pmatrix} \underline{A}_{11} \cdot \sqrt{\frac{R_2}{R_1}} & \frac{\underline{A}_{12}}{\sqrt{R_1 \cdot R_2}} \\ \underline{A}_{21} \cdot \sqrt{R_1 R_2} & \underline{A}_{22}\sqrt{\frac{R_1}{R_2}} \end{pmatrix} \cdot \begin{pmatrix} u_2 \\ -i_2 \end{pmatrix} \tag{6.183}$$

oder allgemein, mit modifizierten Kettenparametern $\underline{a}_{\mu\nu}$:

$$\begin{pmatrix} \underline{u}_1 \\ \underline{i}_2 \end{pmatrix} = \begin{pmatrix} \underline{a}_{11} & \underline{a}_{12} \\ \underline{a}_{21} & \underline{a}_{22} \end{pmatrix} \cdot \begin{pmatrix} \underline{u}_2 \\ -\underline{i}_2 \end{pmatrix} . \tag{6.184}$$

Bei den Untersuchungen zur Reflektanz und Transmittanz eines Zweitores haben wir diese Größen bereits als Funktion der Kettenparameter und der Widerstände R_1 und R_2 hergeleitet. Benutzen wir diese Ergebnisse aus Gleichung (6.147) und Gleichung (6.151), so kommen wir mit den Normierungen und Vereinbarungen der Gleichung (6.183) und Gleichung (6.184) zu den Ergebnissen in der dritten Spalte in Tabelle 6.14.

Es sollen nun noch die Zusammenhänge zwischen der Streumatrix und der normierten Impedanzmatrix, sowie der normierten Admittanzmatrix aufgezeigt werden. Die

Tabelle 6.14

Umrechnung $\underline{z} \leftrightarrow \underline{S}$, $\underline{y} \leftrightarrow \underline{S}$, $\underline{a} \leftrightarrow \underline{S}$

$\underline{z} \leftrightarrow \underline{S}$	$\underline{y} \leftrightarrow \underline{S}$	$\underline{a} \leftrightarrow \underline{S}$
$\underline{z}_{11} = \frac{(1+\underline{S}_{11})(1-\underline{S}_{22})+\underline{S}_{12}\underline{S}_{21}}{(1-\underline{S}_{11})(1-\underline{S}_{22})-\underline{S}_{12}\underline{S}_{21}}$	$\underline{y}_{11} = \frac{(1-\underline{S}_{11})(1+\underline{S}_{22})+\underline{S}_{12}\underline{S}_{21}}{(1+\underline{S}_{11})(1+\underline{S}_{22})-\underline{S}_{12}\underline{S}_{21}}$	$\underline{a}_{11} = \frac{\underline{S}_{11}-\underline{S}_{22}+1-\det\underline{\mathbf{S}}}{2\underline{S}_{21}}$
$\underline{z}_{12} = \frac{2\underline{S}_{12}}{(1-\underline{S}_{11})(1-\underline{S}_{22})-\underline{S}_{12}\underline{S}_{21}}$	$\underline{y}_{12} = \frac{-2\underline{S}_{12}}{(1+\underline{S}_{11})(1+\underline{S}_{22})-\underline{S}_{12}\underline{S}_{21}}$	$\underline{a}_{12} = \frac{\underline{S}_{11}+\underline{S}_{22}+1+\det\underline{\mathbf{S}}}{2\underline{S}_{21}}$
$\underline{z}_{21} = \frac{2\underline{S}_{21}}{(1-\underline{S}_{11})(1-\underline{S}_{22})-\underline{S}_{12}\underline{S}_{21}}$	$\underline{y}_{21} = \frac{-2\underline{S}_{21}}{(1+\underline{S}_{11})(1+\underline{S}_{22})-\underline{S}_{12}\underline{S}_{21}}$	$\underline{a}_{21} = \frac{-\underline{S}_{11}-\underline{S}_{22}+1+\det\underline{\mathbf{S}}}{2\underline{S}_{21}}$
$\underline{z}_{22} = \frac{(1-\underline{S}_{11})(1+\underline{S}_{22})+\underline{S}_{12}\underline{S}_{21}}{(1-\underline{S}_{11})(1-\underline{S}_{22})-\underline{S}_{12}\underline{S}_{21}}$	$\underline{y}_{22} = \frac{(1+\underline{S}_{11})(1-\underline{S}_{22})+\underline{S}_{12}\underline{S}_{21}}{(1+\underline{S}_{11})(1+\underline{S}_{22})-\underline{S}_{12}\underline{S}_{21}}$	$\underline{a}_{22} = \frac{(-\underline{S}_{11}+\underline{S}_{22}+1-\det\underline{\mathbf{S}}}{2\underline{S}_{21}}$
$\underline{S}_{11} = \frac{(\underline{z}_{11}-1)(\underline{z}_{22}+1)-\underline{z}_{12}\underline{z}_{21}}{(\underline{z}_{11}+1)(\underline{z}_{22}+1)-\underline{z}_{12}\underline{z}_{21}}$	$\underline{S}_{11} = \frac{(1-\underline{y}_{11})(1+\underline{y}_{22})-\underline{y}_{12}\underline{y}_{21}}{(1+\underline{y}_{11})(1+\underline{y}_{22})-\underline{y}_{12}\underline{y}_{21}}$	$\underline{S}_{11} = \frac{\underline{a}_{11}+\underline{a}_{12}-\underline{a}_{21}-\underline{a}_{22}}{\underline{a}_{11}+\underline{a}_{12}+\underline{a}_{21}+\underline{a}_{22}}$
$\underline{S}_{12} = \frac{2\underline{z}_{12}}{(\underline{z}_{11}+1)(\underline{z}_{22}+1)-\underline{z}_{12}\underline{z}_{21}}$	$\underline{S}_{12} = \frac{-2\underline{y}_{12}}{(1+\underline{y}_{11})(1+\underline{y}_{22})-\underline{y}_{12}\underline{y}_{21}}$	$\underline{S}_{12} = \frac{2\det\underline{\mathbf{a}}}{\underline{a}_{11}+\underline{a}_{12}+\underline{a}_{21}+\underline{a}_{22}}$
$\underline{S}_{21} = \frac{2\underline{z}_{21}}{(\underline{z}_{11}+1)(\underline{z}_{22}+1)-\underline{z}_{12}\underline{z}_{21}}$	$\underline{S}_{21} = \frac{-2\underline{y}_{21}}{(1+\underline{y}_{11})(1+\underline{y}_{22})-\underline{y}_{12}\underline{y}_{21}}$	$\underline{S}_{21} = \frac{2}{\underline{a}_{11}+\underline{a}_{12}+\underline{a}_{21}+\underline{a}_{22}}$
$\underline{S}_{22} = \frac{(\underline{z}_{11}+1)(\underline{z}_{22}-1)-\underline{z}_{12}\underline{z}_{21}}{(\underline{z}_{11}+1)(\underline{z}_{22}+1)-\underline{z}_{12}\underline{z}_{21}}$	$\underline{S}_{22} = \frac{(1+\underline{y}_{11})(1-\underline{y}_{22})-\underline{y}_{12}\underline{y}_{21}}{(1+\underline{y}_{11})(1+\underline{y}_{22})-\underline{y}_{12}\underline{y}_{21}}$	$\underline{S}_{22} = \frac{-\underline{a}_{11}+\underline{a}_{12}-\underline{a}_{21}+\underline{a}_{22}}{\underline{a}_{11}+\underline{a}_{12}+\underline{a}_{21}+\underline{a}_{22}}$

Torspannungen und Torströme seien wiederum gemäß Gleichung (6.181) normiert. Bilden wir nun eine normierte Impedanzmatrix $\underline{z}$ gemäß

$$\begin{pmatrix} \underline{u}_1 \\ \underline{u}_2 \end{pmatrix} = \begin{pmatrix} \underline{z}_{11} & \underline{z}_{12} \\ \underline{z}_{21} & \underline{z}_{22} \end{pmatrix} \begin{pmatrix} \underline{i}_1 \\ \underline{i}_2 \end{pmatrix} \tag{6.185}$$

und eine normierte Admittanzmatrix $\underline{\boldsymbol{y}}$ gemäß

$$\begin{pmatrix} \underline{i}_1 \\ \underline{i}_2 \end{pmatrix} = \begin{pmatrix} \underline{y}_{11} & \underline{y}_{12} \\ \underline{y}_{21} & \underline{y}_{22} \end{pmatrix} \begin{pmatrix} \underline{u}_1 \\ \underline{u}_2 \end{pmatrix}, \tag{6.186}$$

so hängen die normierten Größen mit den unnormierten zusammen über

$$\underline{z}_{\mu\nu} = \frac{\underline{Z}_{\mu\nu}}{\sqrt{R_\mu \cdot R_\nu}} \quad \text{und} \quad \underline{y}_{\mu\nu} = \underline{Y}_{\mu\nu} \cdot \sqrt{R_\mu \cdot R_\nu} \tag{6.187}$$

und wir können abgekürzt schreiben

$$\underline{\boldsymbol{u}} = \underline{\boldsymbol{z}} \cdot \underline{\boldsymbol{i}} \quad \text{und} \quad \underline{\boldsymbol{i}} = \underline{\boldsymbol{y}} \cdot \underline{\boldsymbol{u}}\,. \tag{6.188}$$

Wir fassen die zufließenden und abfließenden Wellen ebenfalls spaltenweise zusammen gemäß

$$\underline{\boldsymbol{A}}^T = (\underline{a}_1 \quad \underline{a}_2)\,; \quad \underline{\boldsymbol{B}}^T = (\underline{b}_1 \quad \underline{b}_2) \tag{6.189}$$

und können dann nach Gleichung (5.62) und (5.63) die normierten Spannungen und Ströme durch die Wellengrößen ausdrücken:

$$\underline{\boldsymbol{u}} = \underline{\boldsymbol{A}} + \underline{\boldsymbol{B}} \tag{6.190}$$

$$\underline{\boldsymbol{i}} = \underline{\boldsymbol{A}} - \underline{\boldsymbol{B}}\,. \tag{6.191}$$

Die Matrix $\underline{\boldsymbol{z}}$ verknüpft also die Wellengrößen gemäß

$$\underline{\boldsymbol{A}} + \underline{\boldsymbol{B}} = \underline{\boldsymbol{z}} \cdot (\underline{\boldsymbol{A}} - \underline{\boldsymbol{B}})\,, \tag{6.192}$$

$$\text{oder} \quad (\underline{\boldsymbol{E}} + \underline{\boldsymbol{z}}) \cdot \underline{\boldsymbol{B}} = (\underline{\boldsymbol{z}} - \underline{\boldsymbol{E}}) \cdot \underline{\boldsymbol{A}}\,, \tag{6.193}$$

$$\text{oder} \quad \underline{\boldsymbol{B}} = (\underline{\boldsymbol{z}} + \underline{\boldsymbol{E}})^{-1} (\underline{\boldsymbol{z}} - \underline{\boldsymbol{E}}) \cdot \underline{\boldsymbol{A}} \tag{6.194}$$

$$\text{und da} \quad \underline{\boldsymbol{B}} = \underline{\boldsymbol{S}} \cdot \underline{\boldsymbol{A}}\,, \tag{6.195}$$

$$\text{folgt} \quad \underline{\boldsymbol{S}} = (\underline{\boldsymbol{z}} + \underline{\boldsymbol{E}})^{-1} (\underline{\boldsymbol{z}} - \underline{\boldsymbol{E}})\,. \tag{6.196}$$

Voraussetzungen für die Anwendbarkeit der Gleichung (6.196) ist natürlich die Existenz sowohl der Impedanzmatrix als auch der Matrizeninversion. Die Ergebnisse der Gleichung (6.196) sind im Detail in Tabelle 6.14 zu finden.

Zur Herleitung der Beziehungen zwischen den Streukoeffizienten und den Parametern der Admittanzmatrix schreiben wir

$$\underline{\boldsymbol{A}} - \underline{\boldsymbol{B}} = \underline{\boldsymbol{y}} \cdot (\underline{\boldsymbol{A}} + \underline{\boldsymbol{B}}) \tag{6.197}$$

$$-(\underline{\boldsymbol{y}} + \boldsymbol{E}) \cdot \underline{\boldsymbol{B}} = (\underline{\boldsymbol{y}} - \boldsymbol{E}) \cdot \underline{\boldsymbol{A}} \tag{6.198}$$

$$\underline{\boldsymbol{B}} = -(\underline{\boldsymbol{y}} + \boldsymbol{E})^{-1} \cdot (\underline{\boldsymbol{y}} - \boldsymbol{E}) \cdot \underline{\boldsymbol{A}} \quad \text{und damit} \tag{6.199}$$

$$\underline{\boldsymbol{S}} = -(\underline{\boldsymbol{y}} + \boldsymbol{E})^{-1} \cdot (\underline{\boldsymbol{y}} - \boldsymbol{E})\,. \tag{6.200}$$

Auch hier müssen selbstverständlich Admittanzmatrix und Matrixinversion existieren, um die Umrechnung durchführen zu können. Tabelle 6.14 zeigt auch die Ergebnisse von Gleichung (6.200).

Wenn wir umgekehrt die Matrizen $\underline{\boldsymbol{z}}$ und $\underline{\boldsymbol{y}}$ aus einer bekannten Streumatrix berechnen wollen, müssen wir aus Gleichung (6.190) und Gleichung (6.191) die Wellenspalten gemäß

$$\underline{\boldsymbol{A}} = \frac{1}{2}(\underline{\boldsymbol{u}} + \underline{\boldsymbol{i}}) \tag{6.201}$$

$$\underline{\boldsymbol{B}} = \frac{1}{2}(\underline{\boldsymbol{u}} - \underline{\boldsymbol{i}}) \tag{6.202}$$

berechnen und in Gleichung (6.195) einsetzen.

Bei einer Sortierung $\underline{\boldsymbol{u}}(\underline{\boldsymbol{i}})$ erhält man dann die Impedanzmatrix, und bei einer Sortierung gemäß $\underline{\boldsymbol{i}}(\underline{\boldsymbol{u}})$ die Admittanzmatrix.

Die Ergebnisse lauten

$$\underline{\boldsymbol{z}} = (\boldsymbol{E} - \underline{\boldsymbol{S}})^{-1}(\boldsymbol{E} + \underline{\boldsymbol{S}}) \tag{6.203}$$

und $$\underline{\boldsymbol{y}} = (\boldsymbol{E} + \underline{\boldsymbol{S}})^{-1}(\boldsymbol{E} - \underline{\boldsymbol{S}})\,; \tag{6.204}$$

sie sind ebenfalls in Tabelle 6.14 aufgeführt.

Für reziproke Zweitore hatten wir im Abschnitt 6.3 festgestellt, dass die Bedingungen $\underline{Z}_{12} = \underline{Z}_{21}$, $\underline{Y}_{12} = \underline{Y}_{21}$ und $\det \underline{\boldsymbol{A}} = 1$ gelten. Für die normierten Werte folgt dann ebenfalls $\underline{z}_{12} = \underline{z}_{21}$, $\underline{y}_{12} = \underline{y}_{21}$ und $\det \underline{\boldsymbol{a}} = 1$. Ein kurzer Blick auf die Tabelle 6.14 bestätigt das in Tabelle 6.7 aufgeführte Postulat, dass für reziproke Zweitore auch gilt

$$\underline{S}_{12} = \underline{S}_{21}\,. \tag{6.205}$$

Literatur: [3], [6], [11]

6.10 Frequenzverhalten

Zweitore, bei denen das Frequenzverhalten die dominierende Rolle spielt, nennen wir Zweitorfilter oder Transmissionsfilter, kurz Filter.

Ein Filter ist also eine Schaltung mit einem definierten Frequenzverhalten zwischen einer Empfangsgröße (Wirkung) und einer Sendegröße (Ursache). In den meisten Fällen wird ein bestimmter Amplitudengang des Frequenzverhaltens gewünscht, in vielen Fällen spielt aber auch das Phasenverhalten zwischen Eingangs- und Ausgangsgröße eine wichtige Rolle. Wir beschränken uns zunächst ausschließlich auf die Darstellung des Amplitudenverhaltens.

Frequenzfilter spielen in allen Bereichen der Elektrotechnik, z. B. in der Schaltungstheorie, der Bildverarbeitung und der Regelungstechnik eine herausragende Rolle. In der Nachrichtentechnik werden sie in Sende- und Empfangsanlagen benötigt zur Bandbegrenzung, Kanaltrennung, Selektion, Störunterdrückung, Anpassung, Rauschoptimierung, oder auch zur Laufzeitkorrektur.

In zunehmendem Maße werden Filter in digitaler Technik realisiert. Auf die Darstellung dieses Konzeptes verzichten wir hier vollständig, stattdessen konzentrieren wir uns ausschließlich auf analoge, passive *RLC*-Schaltungen. Da Filter in der Regel verlustarm sein sollen, bestehen sie meist nur aus Spulen und Kondensatoren; sie werden dann Reaktanzfilter genannt.

Solche Schaltungen werden wir in der nächsten Abschnitten an Hand ihrer Übertragungsfunktion analysieren und das Pol-Nullstellen-Diagramm (PN-Plan) zur Darstellung der Transmittanz einfacher Filter nutzen. Die Nützlichkeit des PN-Plans, den wir schon bei den Zweipolen kennen gelernt haben, zeigt sich dann auch bei der Darstellung des Frequenzverhaltens in den Bode-Diagrammen.

Unsere Untersuchungen werden sich auf die Analyse weniger Filterstrukturen beschränken. Auf die eigentliche Aufgabe eines Ingenieurs, nämlich auf der Basis von Systemanforderungen Filter zu synthetisieren, können wir hier nicht näher eingehen.

6.10.1 Grundsätzliche Filterarten

Bezeichnen wir eine Funktion des Amplidudenverhältnisses von Eingangsgröße und Ausgangsgröße mit dem Begriff Dämpfung, also Dämpfung = f(Eingangsgröße/ Ausgangsgröße), so werden üblicherweise vier Filterarten mit folgenden Eigenschaften unterschieden:

Tiefpass	geringe Dämpfung für Frequenzen $f < f_c$, hohe Dämpfung für Frequenzen $f > f_c$ (Grenzfrequenz f_c)
Hochpass	hohe Dämpfung für Frequenzen $f < f_c$, geringe Dämpfung für Frequenzen $f > f_c$
Bandpass	geringe Dämpfung für $f_{c_u} \leq f \leq f_{c_o}$, hohe Dämpfung für Frequenzen $f < f_{c_u}$ und $f > f_{c_o}$ (untere Grenzfrequenz f_{c_u}, obere Grenzfrequenz f_{c_o})
Bandsperre	geringe Dämpfung für $f < f_{c_u}$ und $f > f_{c_o}$, hohe Dämpfung für Frequenzen $f_{c_u} \leq f \leq f_{c_o}$

Die Frequenzbereiche mit geringer Dämpfung werden Durchlassbereiche, die mit hoher Dämpfung Sperrbereiche genannt.

Abbildung 6.50 zeigt qualitativ den Dämpfungsverlauf idealer und realer Filter. Ideales Filterverhalten lässt sich mit Filtern aus realen Bauelementen nicht erreichen. Vielmehr steigt bei einer Annäherung an dieses Verhalten die Zahl der erforderlichen Filterelemente (Spulen, Kondensatoren) und die damit verknüpften, unvermeidlichen Verluste, sowie in der Regel die Empfindlichkeit gegenüber Bauelementetoleranzen.

Die Aufgabe eines Filterentwicklers ist es, (Minimal-)Anforderungen an ein Filter für den vorgesehenen Verwendungszweck zu spezifizieren, um dann eine Filterschaltung zu entwerfen, die das Anforderungsprofil approximiert.

Bezüglich der Dämpfung werden die Anforderungen an ein Filter üblicherweise in einem Toleranzschema niedergelegt, wie es beispielhaft in Abbildung 6.51 für einen Tiefpass gezeigt wird. Als Filterbedingung ist aus dem Toleranzschema ablesbar, dass im Durchlassbereich die Dämpfung $a < a_{max}$, und im Sperrbereich $a > a_{min}$ sein soll. Der Frequenzbereich $f_s > f > f_c$ heißt Übergangsbereich. Abbildung 6.51 zeigt auch die Dämpfungsverläufe dreier gängiger Filterstrukturen, einen mit maximal flachem Dämpfungsverlauf (so genannter Butterworth-Filter, nach S. BUTTERWORTH), einen weiteren mit gleichmäßigen Schwankungen („equal-ripple") im Durchlassbereich (so genannter Tschebyscheff-Filter, nach P. CHEBYSHEV), und zum dritten einen Verlauf mit einer Polstelle der Dämpfung im Sperrbereich (so genannter Cauer-Filter, nach W. CAUER).

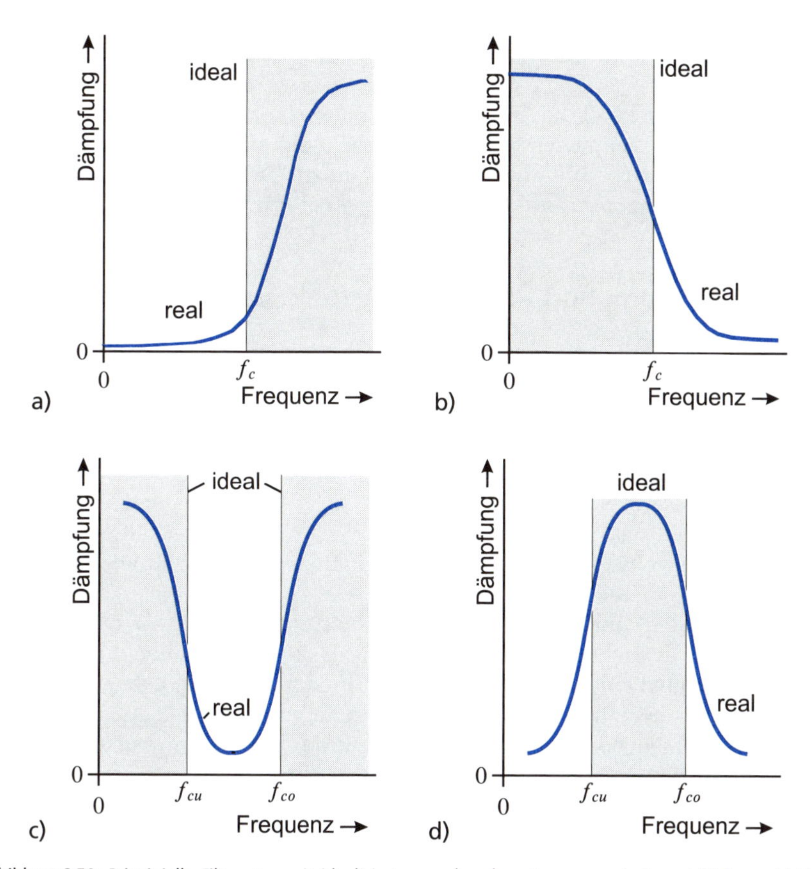

Abbildung 6.50: Prinzipielle Filterarten mit idealisiertem und realem Frequenzverhalten a) Tiefpass, b) Hochpass, c) Bandpass, d) Bandsperre

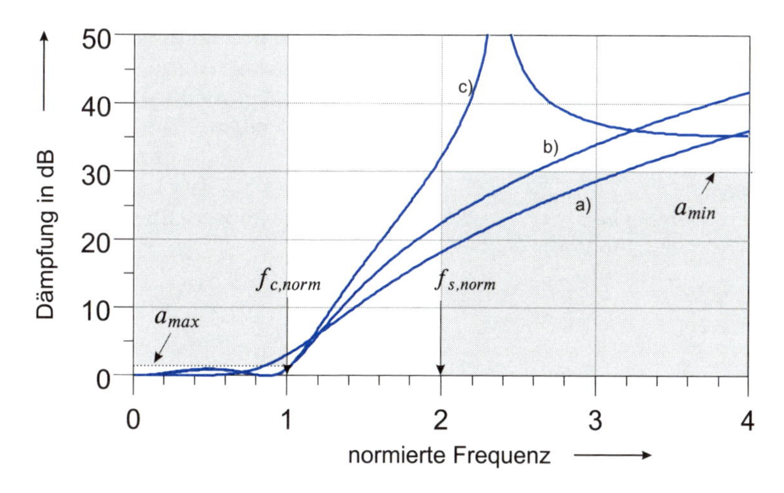

Abbildung 6.51: Toleranzschema eines Tiefpasses, Frequenzgänge von a) Butterworth-Filter, b) Tschebyscheff Filter, c) Cauer-Filter

In dem Beispiel der Abbildung 6.51 erfüllt nur das Cauer-Filter das gewünschte Toleranzschema.

In der Filtertheorie lassen sich Hochpässe, Bandpässe und Bandsperren durch Transformationen aus Tiefpässen berechnen. Basis eines allgemeinen, hier nicht behandelten Filterentwurfs, sind Tabellen über Standard-Tiefpässe unterschiedlichen Grades (unterschiedlicher Anzahl der Blindelemente) mit unterschiedlicher Dämpfung a_{max}.

6.10.2 Frequenzgang und Übertragungsfunktion

Wir betrachten das Verhältnis einer zunächst nicht näher spezifizierten Wirkungsgröße $\underline{W}$ zu einer Ursachengröße $\underline{U}$ und nennen dieses Verhältnis Übertragungsfaktor $\underline{H}$ mit $\underline{H} = \underline{W}/\underline{U}$. Bei einem Zweitor ist die Wirkungsgröße üblicherweise eine Zustandsgröße am Tor 2, also z. B. die Torspannung $\underline{U}_2$, oder der Torstrom $\underline{I}_2$, oder die am Tor 2 abfließende Welle $\underline{b}_2$. Dementsprechend ist dann die Ursachengröße irgendeine Zustandsgröße des Eingangstores. Häufig wird das Frequenzverhalten eines Zweitores durch das Spannungsverhältnis $\underline{U}_2/\underline{U}_1$ charakterisiert; wir werden später die Frequenzabhängigkeit des Betriebsverhaltens eines Zweitores mittels der Transmittanz $\underline{S}_{21}$ untersuchen.

Ist das Zweitor nicht nur aus resistiven Elementen aufgebaut, so sind die Zweitorparameter und damit auch der Übertragungsfaktor $\underline{H}$ frequenzabhängig.

Wenn wir das Signal eines Sinusgenerators der Frequenz ω am Eingang einspeisen, und das bei einem linearen Netzwerk ebenfalls sinusförmige Ausgangssignal der gleichen Frequenz messen, so können wir den komplexen Übertragungsfaktor, d. h. den komplexen Frequenzgang $\underline{H}(j\omega)$ des Zweitores bei einer langsamen Frequenzänderung im quasistationären Zustand messen, mit

$$\underline{H}(j\omega) = \frac{\underline{W}(j\omega)}{\underline{U}(j\omega)} . \tag{6.206}$$

Dieser komplexe Frequenzgang wird dann in Form eines Amplituden- und eines Phasenganges dargestellt. Bei der Beschreibung der Reaktanzfunktionen von Zweipolen haben wir im Kapitel 4 festgestellt, dass es zweckmäßig ist, von der Frequenz $j\omega$ auf die komplexe Frequenz $\underline{s} = \sigma + j\omega$ überzugehen, und die Reaktanzfunktion $\underline{Z}(\underline{s})$ bzw. $\underline{Y}(\underline{s})$ zu bilden. Der aus diesen Funktionen ableitbare PN-Plan gibt nicht nur Aufschluss über das Frequenzverhalten, sondern auch Anweisungen zu Schaltungsrealisierungen.

In gleicher Weise gehen wir bei der Analyse des Frequenzverhaltens eines Zweitores vor, indem wir jetzt die Funktion

$$\underline{H}(\underline{s}) = \frac{\underline{W}(\underline{s})}{\underline{U}(\underline{s})} \tag{6.207}$$

bilden, und diese Funktion Übertragungsfunktion nennen.

Bei den in Kapitel 3 dargestellten Verfahren zur Analyse allgemeiner Netzwerke (Maschenstromverfahren, Knotenpotenzialverfahren) sind die komplexen Zustandsgrößen (Spannungen und Ströme) stets über Matrizenelemente verknüpft, die rationale Funktionen von $\underline{s}$ sind. Da diese Eigenschaft bei der Matrizeninversion erhalten bleibt, können wir schlussfolgern, dass die Übertragungsfunktion $\underline{H}(\underline{s})$ ebenfalls stets eine rationale Funktion der Frequenzvariablen $\underline{s}$ ist. Eine solche Funktion kann als Quotient zweier Polynome, also als gebrochen rationale Funktion, gemäß Gleichung (6.208), mit den konstanten, reellen Koeffizienten a_m und b_n geschrieben werden

$$\underline{H}(\underline{s}) = \frac{a_m \cdot s^m + a_{m-1} \cdot s^{m-1} + \ldots + a_1 \cdot s + a_0}{b_n \cdot s^n + b_{n-1} \cdot s^{n-1} + \ldots + b_1 \cdot s + b_0} \,. \tag{6.208}$$

In einer anderen Darstellung werden die Polynome gemäß Gleichung (6.209) in Linearfaktoren entsprechend

$$\underline{H}(\underline{s}) = K \cdot \frac{(\underline{s} - \underline{s}_{01}) \cdot (\underline{s} - \underline{s}_{02}) \cdot \ldots \cdot (\underline{s} - \underline{s}_{0m})}{(\underline{s} - \underline{s}_{x1}) \cdot (\underline{s} - \underline{s}_{x2}) \cdot \ldots \cdot (\underline{s} - \underline{s}_{xn})} \tag{6.209}$$

zerlegt, mit der reellen Konstanten $K = \frac{a_m}{b_n}$.

Die Funktion $\underline{H}(\underline{s})$ ist also vollständig bestimmt, wenn neben dem Maßstabsfaktor K die Nullstellen des Zählers $\underline{s}_{0\mu}$ $(\mu = 1 \ldots m)$ und die Nullstellen des Nenners $\underline{s}_{x\nu}$ $(\nu = 1 \ldots n)$ bekannt sind. Die $\underline{s}_{0\mu}$ stellen gleichzeitig die Nullstellen der Funktion $\underline{H}(\underline{s})$, und die $\underline{s}_{x\nu}$ deren Pole dar.

Die Übertragungsfunktion besitzt nun eine Reihe von teilweise schon erwähnten Eigenschaften, deren Kenntnis für die weiteren Untersuchungen nützlich ist:

- Die Koeffizienten a_μ, bzw. b_ν der Gleichung (6.208) ergeben sich aus den reellen Kennwerten der verwendeten Bauelemente, sind also ebenfalls reell.
- Auf Grund der reellen Koeffizienten a_μ und b_ν besitzt die Übertragungsfunktion stets reelle und/oder konjugiert komplexe Pole und Nullstellen.
- Die Übertragungsfunktion ist durch den Maßstabsfaktor K, sowie die Pole und Nullstellen vollständig beschrieben.
- Für sehr hohe Frequenzen nähert sich die Übertragungsfunktion dem Wert $\underline{H}(\underline{s}) \longrightarrow K \cdot \underline{s}^{m-n}$. Der geringste Gradunterschied $|m - n|$ zwischen Zähler und Nenner entsteht, wenn das Zweitor bei sehr hohen Frequenzen entsprechend Abbildung 6.52 entweder zu einer Längskapazität oder zu einer Querinduktivität entartet. Für einen Leerlauf ($\underline{I}_2^a = 0$) in Abbildung 6.52a und einen Kurzschluss ($\underline{U}_2^b = 0$) in Abbildung 6.52b ergibt sich:

  $$\frac{\underline{U}_2^a}{\underline{U}_1^a} = 1 \quad \text{und} \quad \frac{-\underline{I}_2^b}{\underline{I}_1^b} = 1 \,. \tag{6.210}$$

  Dagegen findet man für einen Kurzschluss ($\underline{U}_2^a = 0$) in Abbildung 6.52a und einem Leerlauf ($\underline{I}_2^b = 0$) in Abbildung 6.52b

  $$\frac{-\underline{I}_2^a}{\underline{U}_1^a} = C \cdot \underline{s} \quad \text{und} \quad \frac{\underline{U}_2^b}{\underline{I}_1^b} = L \cdot \underline{s} \,. \tag{6.211}$$

  Wird die Übertragungsfunktion also durch ein Spannungs- oder Stromverhältnis dargestellt, so gilt für die Schaltungen nach Abbildung 6.52 die Forderung $m = n$, stellt die Übertragungsfunktion dagegen entweder eine Impedanz- oder eine Admittanzfunktion dar, so muss $m = n + 1$ erfüllt sein. Für allgemeine, passive Zweitore kann der Zählergrad m auch kleiner, nie aber größer sein.

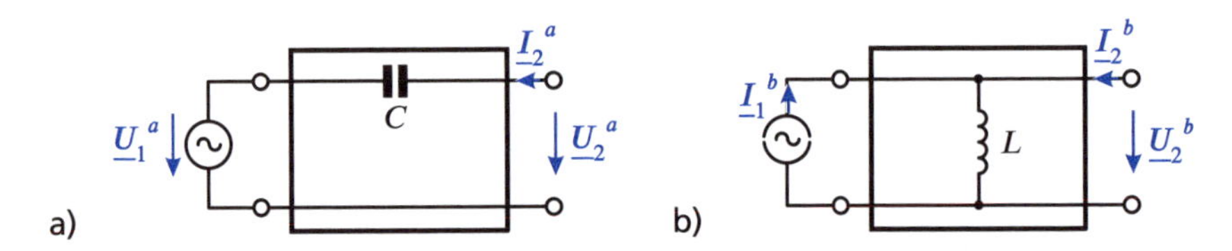

Abbildung 6.52: Grenzfall bei hohen Frequenzen: a) Schaltung mit Längs-C, b) Schaltung mit Quer-L

Also gilt:

$m \leq n$ für Übersetzungsverhältnisse (Spannung, Strom, Wellen),

$m \leq n+1$ für Impedanz- oder Admittanzfunktionen.

- Für die Pole eines passiven Zweitors gilt $\sigma_{x\nu} < 0$. Würden die Pole in der rechten $\underline{s}$-Halbebene liegen, so würden mit zunehmender Zeit t kleinste Rauschspannungen bzw. -ströme mit dem Faktor $e^{\sigma_x t}$ unbegrenzt anwachsen. Den Grenzfall $\sigma_{x\nu} = 0, \omega \neq 0$ wollen wir nicht weiter untersuchen, da er bei den hier behandelten Zweitoren nicht auftaucht. Nullstellen dagegen sind auch für $\sigma_{0\mu} \geq 0$ erlaubt.
- Wegen der reellen Koeffizienten in Gleichung (6.208) gilt auch

$$\underline{H}(\underline{s}^*) = \underline{H}^*(\underline{s}) \,. \tag{6.212}$$

Daraus folgt eine Reihe weiterer Aussagen, nämlich

- $$\underline{H}(\underline{s} = 0) \text{ reell}\,, \tag{6.213}$$
- $$|\underline{H}(\underline{s})| = |\underline{H}(\underline{s}^*)| \quad \text{und} \quad \arg\{\underline{H}(\underline{s})\} = -\arg\{\underline{H}(\underline{s}^*)\}\,. \tag{6.214}$$
- Speziell für $\underline{s} = j\omega$ ergibt sich also

$$|\underline{H}(j\omega)| = |\underline{H}(-j\omega)| \quad \text{und} \quad \arg\{\underline{H}(j\omega)\} = -\arg\{\underline{H}(-j\omega)\}\,. \tag{6.215}$$

Der Betrag des Frequenzganges $\underline{H}(j\omega)$ ist also eine gerade Funktion der Frequenz, während seine Phase eine ungerade Funktion der Frequenz ist. Aus Gleichung (6.214) folgt auch direkt die eingangs getroffene Feststellung, dass $\underline{s}_{0\mu}^*$ eine Nullstelle von $\underline{H}(\underline{s})$ ist, wenn $\underline{s}_{0\mu}$ eine ist; Gleiches gilt für die Polstellen.

Wichtig ist noch die Feststellung, dass die für die Reaktanzfunktion von Zweipolen im Kapitel 4 abgeleitete Forderung nach alternierenden Polen und Nullstellen bei Übertragungsfunktionen nicht auftaucht.

Für eine Filterrealisierung ergeben sich also genügend Freiheitsgrade für die Anordnung der Pole und Nullstellen einer Übertragungsfunktion und damit für die Erzielung eines gewünschten Frequenzganges.

6.10.3 Transmittanz als Übertragungsfunktion

Wir wollen nun die Erkenntnisse des letzten Abschnittes über die Übertragungsfunktion konkretisieren und betrachten dazu das frequenzabhängige Betriebsverhalten

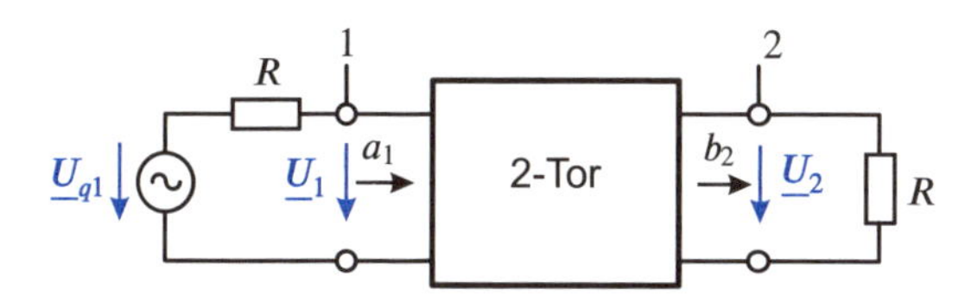

Abbildung 6.53: Zweitor mit reflexionsfreier Beschaltung

eines Zweitores in einer Beschaltung nach Abbildung 6.53. Das Zweitor sei am Tor 1 mit einer Spannungsquelle mit dem Innenwiderstand R und am Tor 2 ebenfalls mit einem Widerstand R abgeschlossen. Bei beiden Toren sollen die Widerstände R gleich den für die Definition der Wellengrößen benötigten Normierungswiderständen sein. Damit ist das Zweitor reflexionsfrei abgeschlossen, und es gilt mit Gleichung (6.131)

$$\underline{S}_{21} = \frac{\underline{b}_2}{\underline{a}_1} = 2\frac{\underline{U}_2}{\underline{U}_{q1}} . \tag{6.216}$$

Um die zweite Übertragungsrichtung, die Transmittanz vom Tor 2 zum Tor 1, brauchen wir uns nicht zu kümmern, da wegen der Reziprozität der Schaltung $\underline{S}_{21} = \underline{S}_{12}$ gilt.

Wir interessieren uns nun für den Zusammenhang zwischen dem Amplituden- bzw. Phasenverlauf und der Lage der Pol- und Nullstellen der Transmittanzfunktion $\underline{S}_{21}(\underline{s})$.

Mit den Beziehungen

$$\begin{aligned} \underline{s} - \underline{s}_{0\mu} &= A_{0\mu} \cdot e^{j\varphi_{0\mu}} \\ \underline{s} - \underline{s}_{x\nu} &= A_{x\nu} \cdot e^{j\varphi_{x\nu}} \end{aligned} \tag{6.217}$$

können wir dann an Stelle von Gleichung (6.209) schreiben

$$\underline{S}_{21}(\underline{s}) = K \cdot \frac{A_{01} \cdot A_{02} \cdot \ldots \cdot A_{0m}}{A_{x1} \cdot A_{x2} \cdot \ldots \cdot A_{xn}} \cdot e^{j(\varphi_{01}+\varphi_{02}+\ldots+\varphi_{0m}-\varphi_{x1}-\varphi_{x2}-\ldots-\varphi_{xn})} . \tag{6.218}$$

Abbildung 6.54 stellt für den konkreten Fall eines konjugiert komplexen Polpaars $\underline{s}_{x1}$ und $\underline{s}_{x2}$, sowie für die Betriebsfrequenz $\underline{s}_1 = j\omega_1$ die in Gleichung (6.217) definierten, komplexen Zeiger dar. Zu beachten ist, dass eine komplexe Größe, z. B. $\underline{s}_{x1}$, in der komplexen Ebene sowohl einen Punkt, also auch einen Zeiger mit dem Ursprung als Nullpunkt bildet.
Wandern wir nun entlang der technisch interessanten Achse $\underline{s} = j\omega$ mit $\omega \geq 0$, so verändern sich im konkreten Fall die Längen der Zeiger $A_{x1} = |j\omega - \underline{s}_{x1}|$ und $A_{x2} = |j\omega - \underline{s}_{x2}|$ und mit deren Produkt auch der Wert $|S_{21}(j\omega)|$.

Liegen die Polstellen nahe der imaginären Achse, so wird mit $\underline{s}_{x1} = \sigma_{x1} + j\omega_{x1}$ in der Nähe der Frequenz $j\omega_{x1}$ die Zeigerlänge $A_{x1} \gtrsim |\sigma_{x_1}|$ relativ klein und damit der Einfluss dieser Polstelle auf $|S_{21}(j\omega)|$ relativ groß. Hat die Übertragungsfunktion mehrere Pole, so wird deswegen der der imaginären Achse nächstgelegene Pol auch dominanter Pol genannt. Ähnliches trifft für das Phasenverhalten zu. Auch hier ist bei einer Frequenzänderung in der Nähe von $j\omega_1$ die Änderung von φ_{x1} relativ groß.

Für das in Abbildung 6.54 gegebene Beispiel mit einem Polpaar können wir außerdem festhalten, dass gilt: $\arg(\underline{S}_{21}(j\omega = 0)) = 0$ und $\arg(\underline{S}_{21}(j\omega \longrightarrow \infty)) \longrightarrow -180°$.

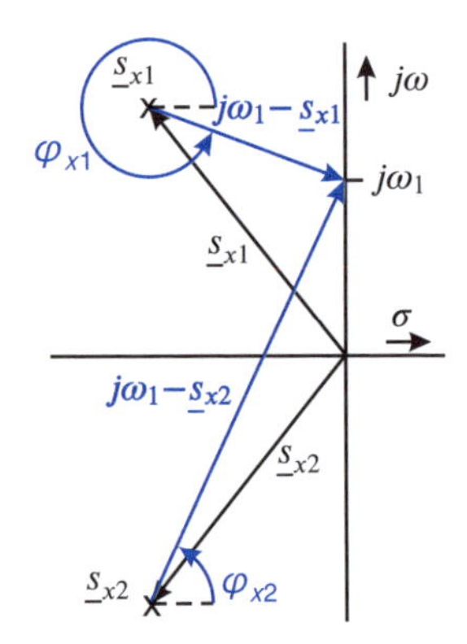

Abbildung 6.54: Polpaar in der $\underline{s}$-Ebene

Bei der Untersuchung des Einflusses von Nullstellen der Übertragungsfunktion können die gleichen Überlegungen angestellt werden, wobei freilich auf das unterschiedliche Vorzeichen der Phasenwinkel im Vergleich zu den Polwinkeln, sowie auf die Position der $A_{0\mu}$ im Zähler der Gleichung (6.218) zu achten ist. Nullstellen können außerdem auch in der rechten $\underline{s}$-Halbebene und auf der imaginären Achse auftreten. Im letzteren Fall springt bei der Frequenz der Nullstelle die Phase um 180°.

Mit den geschilderten Zusammenhängen ist für eine Schaltung mit gegebenem PN-Plan der Frequenzgang sowohl bezüglich seines Amplidudenverhaltens als auch seines Phasenverlaufs herleitbar. Aber auch in umgekehrter Richtung ist bei einem gegebenen Frequenzgang die Zahl und Lage von Polen und Nullstellen einer Übertragungsfunktion grob abzuschätzen.

Für die Transmittanz passiver Zweitore können wir generell $|\underline{S}_{21}(j\omega)| \leq 1$ feststellen; für verlustlose Zweitore gelten die in Abschnitt 6.9 hergeleiteten Beziehungen, u. a. $|\underline{S}_{11}(j\omega)| = \sqrt{1 - |\underline{S}_{21}(j\omega)|^2}$.

Beispiele

Wir wollen das Betriebsverhalten einiger einfacher Schaltungen untersuchen, deren qualitatives Verhalten intuitiv angegeben werden kann. Für diese Schaltungsbeispiele werden wir als Übertragungsfunktion jeweils $\underline{S}_{21}(\underline{s})$ ermitteln und den dazugehörigen PN-Plan sowie den Frequenzgang $\underline{S}_{21}(j\omega)$ angeben.

■ 1. Beispiel:

Wir betrachten die beiden Schaltungen nach Abbildung 6.55a und 6.55b. Bei beiden Schaltungen werden Signale mit tiefen Frequenzen mit einer geringen Dämpfung von Tor 1 nach Tor 2 transmittiert, während hohe Frequenzen, abhängig von den Größenverhältnissen der Bauelemente, sicherlich stärker geschwächt werden. Es handelt sich somit um einfache Tiefpassschaltungen.

Für die Schaltung nach Abbildung 6.55a folgt mit Gleichung (6.177):

$$\underline{S}_{21}(\underline{s}) = \frac{2}{\underline{z} + 2} \quad \text{mit } \underline{z} = \frac{\underline{Z}}{R} = \underline{s} \cdot \frac{L}{R} \,. \tag{6.219}$$

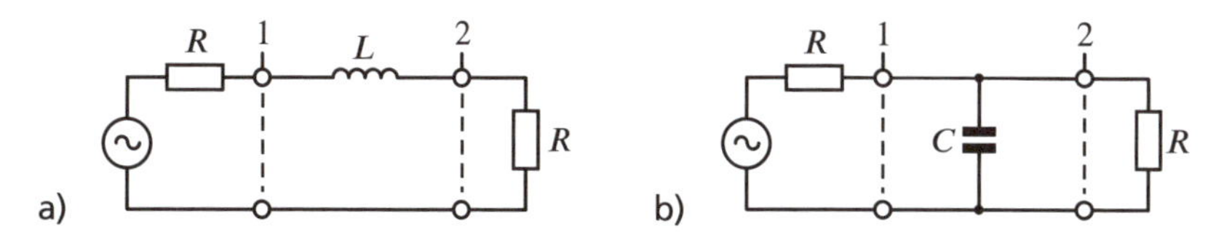

Abbildung 6.55: Tiefpassfilter mit einem Blindelement a) Schaltung mit Längs-L, b) Schaltung mit Quer-C

Etwas umgeformt ergibt sich

$$\underline{S}_{21}(\underline{s}) = \frac{2R}{L} \cdot \frac{1}{\underline{s} + 2 \cdot \frac{R}{L}} . \tag{6.220}$$

Ein Vergleich mit Gleichung (6.209) liefert

$$K = \frac{2R}{L} \quad \text{und} \quad \underline{s}_{x1} = -2\frac{R}{L} . \tag{6.221}$$

Die Transmittanzfunktion $\underline{S}_{21}(\underline{s})$ weist also lediglich eine reelle Polstelle an der Stelle $\underline{s}_{x1} = \sigma_{x1} = -2R/L$ auf.

Für die Schaltung nach Abbildung 6.55b liefert die Gleichung (6.179)

$$\underline{S}_{21}(\underline{s}) = \frac{2}{\underline{y} + 2} \quad \text{mit } \underline{y} = \underline{Y} \cdot R = \underline{s}RC \tag{6.222}$$

und wiederum verglichen mit Gleichung (6.209) die Werte

$$K = \frac{2}{RC} \quad \text{und} \quad \underline{s}_{x1} = -\frac{2}{RC} . \tag{6.223}$$

In Abbildung 6.56 ist für das Beispiel 1 sowohl der PN-Plan als auch der Amplituden- und Phasengang dargestellt. Die Frequenzachse ist dabei normiert gemäß $\Omega = \omega/\omega_E$ auf den Wert $\omega_E = 2R/L = 2/RC$. Für die Frequenzen $\omega = \omega_E = 2R/L$, also für Ω= 1, und für $\omega = 0$ ist aus dem PN-Plan für den Amplitudengang $\frac{|j\omega_E - \underline{s}_{x1}|}{|-\underline{s}_{x1}|} = \frac{A_{x1}(\omega_E)}{A_{x1}(0)} = \sqrt{2}$ und für den Phasengang $\varphi_{x1}(\Omega = 0) = 0°$ und $\varphi_{x1}(\Omega = 1) = 45°$ zu entnehmen. Für die Frequenz $\Omega = 1$ gilt also $|\underline{S}_{21}(\Omega = 1)| = 1/\sqrt{2}$, oder, ausgedrückt als Betriebsdämpfung nach Gleichung (6.137), $a_B^{dB} = 3$ dB.

■ 2. Beispiel:

In einem zweiten Beispiel wollen wir die beiden Schaltungsmöglichkeiten der Abbildung 6.55 kombinieren, um zu einem besseren Tiefpassverhalten zu gelangen. Wir wählen dazu willkürlich eine symmetrische π-Schaltung gemäß Abbildung 6.57. Die Transmittanz dieses Zweitores können wir beispielsweise dadurch ermitteln, dass wir zunächst nach Tabelle 6.9 deren Admittanzmatrix $\underline{\mathbf{Y}}$, und daraus, nach erfolgter Normierung auf die Abschlusswiderstände R, nach Tabelle 6.14 den Koeffizienten $\underline{S}_{21}$ der Streumatrix berechnen.

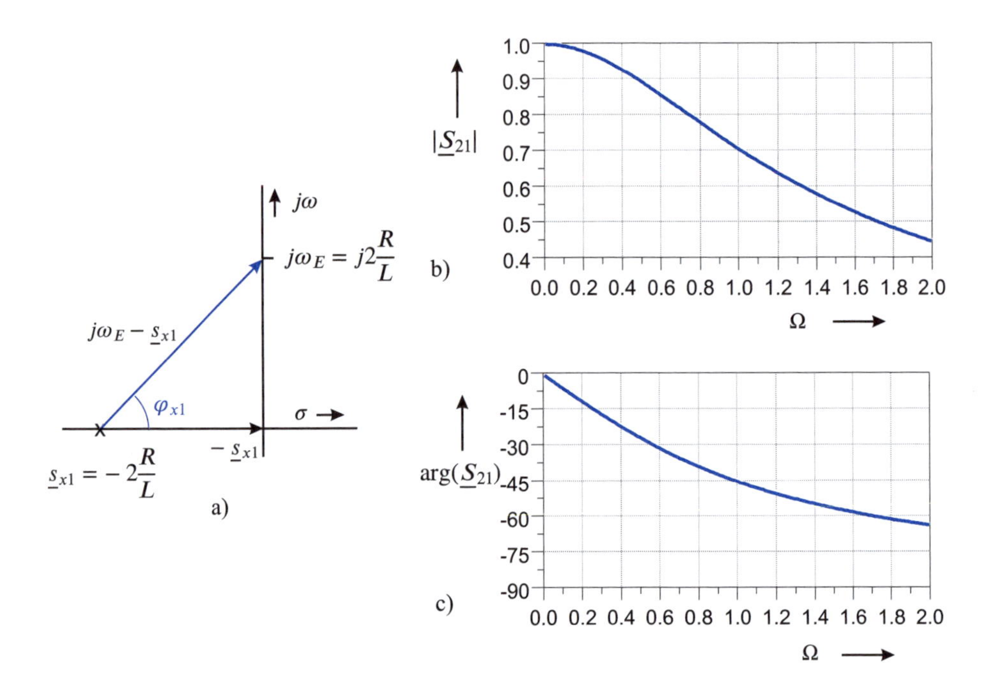

Abbildung 6.56: PN-Plan und Frequenzgang für die Schaltungen nach Abbildung 6.55 a) PN-Plan, b) Amplitudengang, c) Phasengang

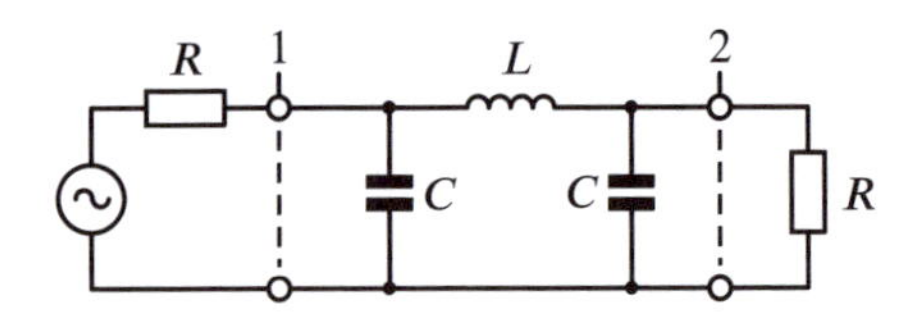

Abbildung 6.57: π-Schaltung als Tiefpassfilter

Nach kurzer Zwischenrechnung ergibt sich dann

$$\underline{S}_{21}(\underline{s}) = 2R \cdot \frac{1}{(\underline{s}RC + 1) \cdot (\underline{s}^2 RCL + \underline{s}L + 2R)} \tag{6.224}$$

oder, etwas umgeformt,

$$\underline{S}_{21}(\underline{s}) = \frac{2}{R \cdot L \cdot C^2} \cdot \frac{1}{\left(\underline{s} + \frac{1}{RC}\right) \cdot \left(\underline{s}^2 + \underline{s} \cdot \frac{1}{RC} + \frac{2}{CL}\right)} \tag{6.225}$$

Wie beim 1. Beispiel gibt es keine Nullstelle im Endlichen; das Nennerpolynom ist hier 3. Grades.

Aus Gleichung (6.225) können folgende Polstellen abgeleitet werden:

- eine reelle Polstelle bei $\underline{s}_{x1} = \sigma_{x1} = -\frac{1}{RC}$,
- zwei Polstellen als Lösung der Gleichung

$$\underline{s}_{x2,3}^2 + \underline{s}_{x2,3}\frac{1}{RC} + \frac{2}{CL} = 0 \tag{6.226}$$

mit den Lösungen

$$\underline{s}_{x2,3} = \frac{1}{2RC} \cdot \left(-1 \pm \sqrt{1 - 8R^2\frac{C}{L}} \right). \tag{6.227}$$

Nach Gleichung (6.227) haben wir offenbar die Möglichkeit, die Schaltung so zu dimensionieren, dass alle Pole reell sind, was die Einhaltung der Bedingung $1 \geq 8R^2\frac{C}{L}$ erfordert. Für den Fall $1 = 8R^2\frac{C}{L}$ ergibt sich ein Doppelpol an der Stelle $\underline{s}_{x2,3} = \sigma_{x2,3} = -1/2RC$. Für den Fall $8R^2\frac{C}{L} > 1$ können wir jedoch auch ein konjugiert komplexes Polpaar erzeugen, gemäß

$$\underline{s}_{x2,3} = \frac{1}{2RC} \cdot \left(-1 \pm j\sqrt{8R^2\frac{C}{L} - 1} \right). \tag{6.228}$$

Wir wissen, dass eine Polstelle in der Nähe der imaginären Achse mit $|\sigma_{x\nu}| < |\omega_{x\nu}|$ in der Umgebung dieser Frequenz $\omega_{x\nu}$ eine stärkere Änderung im Amplitudengang erzeugt als ein Pol, für den gilt $|\sigma_{x\nu}| > |\omega_{x\nu}|$.

Insgesamt wird also eine Schaltungsvariante mit weit von der imaginären Achse entfernten Polen einen flacheren Frequenzgang haben als eine solche mit Polen, die der imaginären Achse näher liegen.

Für die Schaltung nach Abbildung 6.57 zeigt Abbildung 6.58a die Pole für zwei Dimensionierungen mit je einem konjugiert komplexen Polpaar und einem reellen Pol. Es sind jeweils die Poltripel für ein Butterworth-Filter (a_{max} = 3dB) und ein Tschebyscheff-Filter (a_{max} = 1dB) dargestellt.

Die Pole des Butterworth-Filters liegen auf einem Kreis. Die Realteile der Polstellen des Tschebyscheff-Filters sind jeweils etwa halb so groß wie die des Butterworth-Filters.

Für Schaltungen mit den in Abbildung 6.58a gezeigten Polen ergeben sich die in Abbildung 6.58b dargestellten Frequenzgänge.

Entsprechend den drei Polen folgt für die Phase der Grenzwert $\arg(\underline{S}_{21}(j\omega \longrightarrow \infty)) \longrightarrow -270°$.

Die Amplitudengänge der Abbildung 6.58 stellen das in der Praxis wichtigste, der Messtechnik zugängliche Ergebnis unserer Überlegungen dar. Dieser Frequenzverlauf $|\underline{S}_{21}(\underline{s} = j\omega)|$ ist als Teilergebnis in der Darstellung $|\underline{S}_{21}(\underline{s})|$ enthalten, wie für den betrachteten Tschebyscheff-Tiefpass die Abbildung 6.59 zeigt. Deutlich sind die Pole, die nach Abbildung 6.58 bei den normierten Frequenzen $\sigma_{x1}^n = -0,5$; $\underline{s}_{x2,3}^n = -0,25 \pm j0,97$ liegen, zu erkennen.

Zur Verbesserung der Sperrdämpfung eines Tiefpasses ist es zweckmäßig, eine Nullstelle in die Übertragungsfunktion einzubauen. Schaltungsmäßig kann das intuitiv dadurch realisiert werden, dass das Längs-L unserer π-Struktur durch einen Kondensator C_2 zu einem Parallelkreis nach Abbildung 6.60 ergänzt wird.

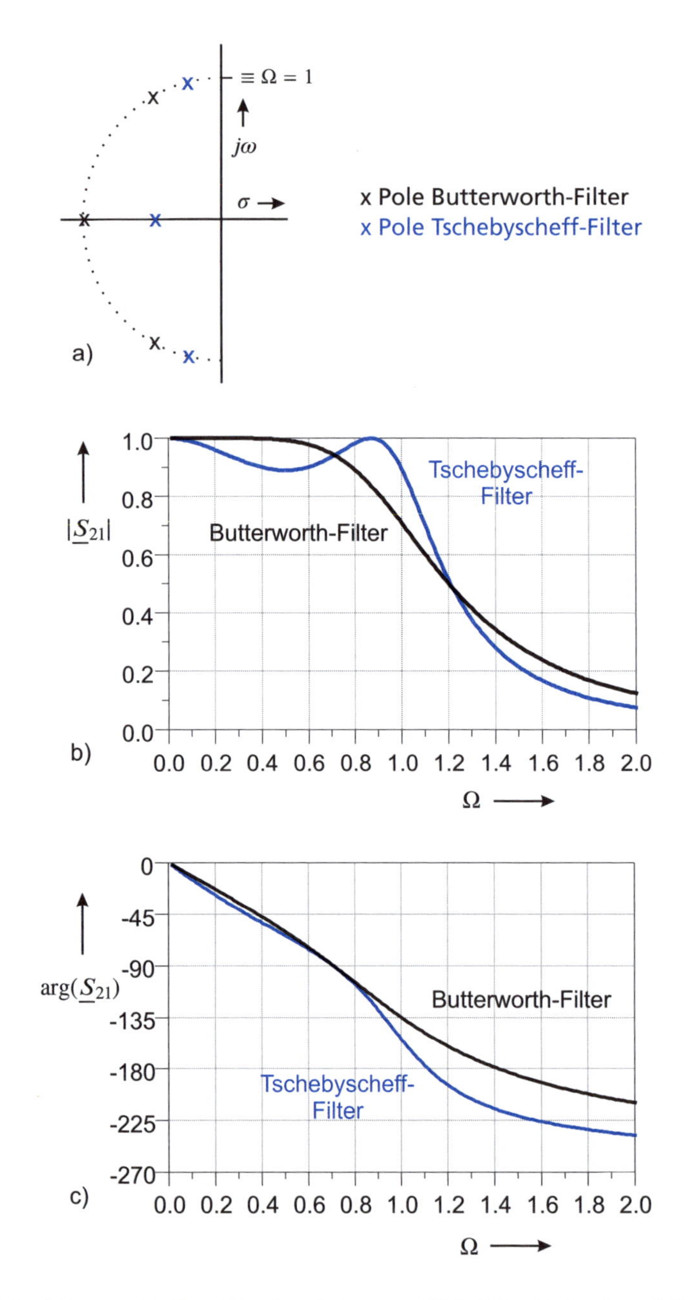

Abbildung 6.58: Vergleich unterschiedlicher Filterdimensionierungen a) Pole, b) Amplitudengänge, c) Phasengänge

Die Übertragungsfunktion lässt sich wiederum über die Admittanzmatrix der π-Schaltung nach Tabelle 6.9 berechnen, wobei jetzt gilt $\underline{Y}_3 = \dfrac{1}{\underline{s}\,L} + \underline{s}\,C_2$. Die Nullstellen der Übertragungsfunktion liegen bei $\underline{s}_{01,2} = \pm j\dfrac{1}{\sqrt{LC_2}}$ und werden in den Sperrbereich

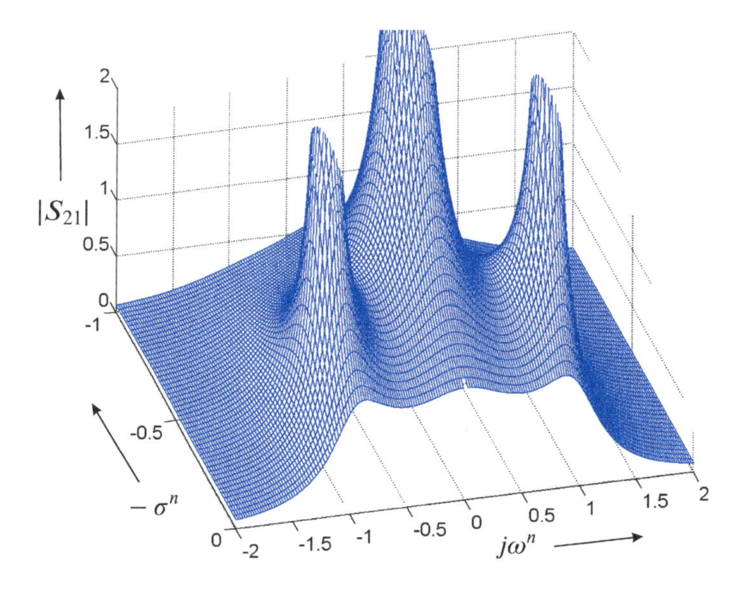

Abbildung 6.59: $|\underline{S}_{21}(\underline{s}^n)|$ für einen Tschebyscheff-Tiefpass; normierte Frequenz $\underline{s}^n = \sigma^n \pm j\omega^n$

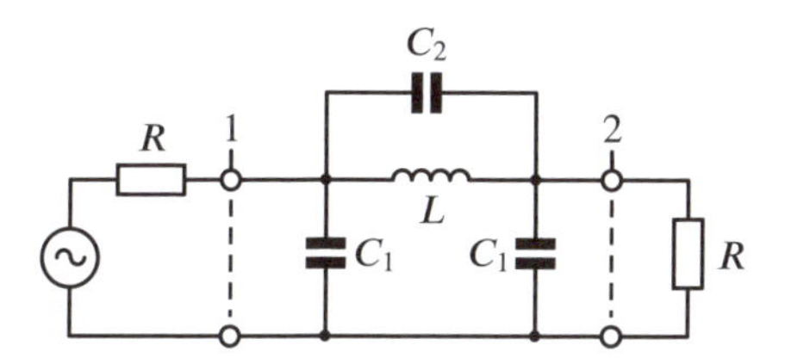

Abbildung 6.60: Tiefpassfilter mit Sperrkreis

des Tiefpasses gelegt; wiederum existiert ein reeller Pol bei $\underline{s}_{x1} = -1/RC_1$, sowie ein komplexes Polpaar. Abbildung 6.61 vergleicht beispielhaft den Frequenzgang eines solchen Filters mit dem Tschebyscheff-Tiefpass der Abbildung 6.58. Der Sperrkreis ist auf eine Resonanz bei der normierten Frequenz $\Omega \approx 2,4$ ausgelegt, was eine deutliche Verbesserung des Filterverhaltens für Frequenzen um $\Omega \approx 2$ bewirkt, wie für die gleichen Tiefpässe auch schon Abbildung 6.51 gezeigt hat.

Für erhöhte Anforderungen an ein Tiefpassfilter können mehrere, unterschiedlich dimensionierte Schaltungen nach Abbildung 6.60 in Kette geschaltet werden.

Wie eingangs erwähnt ist es möglich, durch Transformationen aus Tiefpässen sowohl Hochpässe als auch Bandpässe und Bandsperren abzuleiten. Die schaltungsmäßige Umsetzung ist leicht einsehbar: So werden z. B. für einen Hochpass in der Schaltung nach Abbildung 6.57 Kondensatoren und Spulen vertauscht. Bei einem Bandpass wird die Spule durch einen Serienkreis und die Kondensatoren durch Parallelschwingkreise ersetzt, wie Abbildung 6.62 zeigt. Die Herleitung der Transformationsbeziehungen zur Berechnung der Bauelementgrößen kann hier nicht durchgeführt werden.

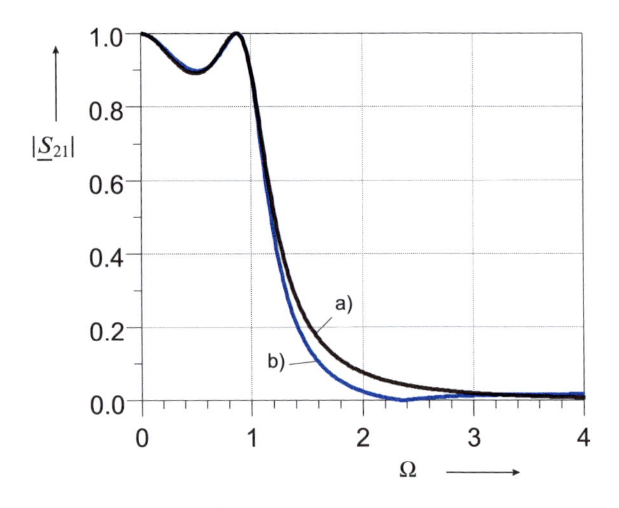

Abbildung 6.61: Frequenzgänge a) eines Tschebyscheff-Tiefpasses nach Abbildung 6.57, b) eines Filters nach Abbildung 6.60

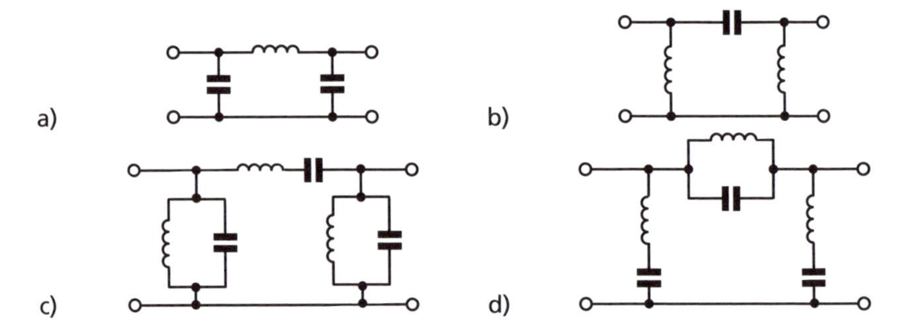

Abbildung 6.62: Filter in π-Schaltung a) Tiefpass, b) Hochpass, c) Bandpass, d) Bandsperre

In vielen Fällen genügt es, das grundsätzliche Verhalten einer Filterschaltung zu kennen, für den speziellen Anwendungsfall geeignete Startwerte für die Größe der Bauelemente zu finden und die genaue Dimensionierung über die rechnerische Optimierung eines Analyseprogramms vorzunehmen.

6.10.4 Bode-Diagramme

In diesem Abschnitt wollen wir den komplexen Frequenzgang $\underline{H}(j\omega)$ in speziellen Darstellungsformen näher untersuchen. Nach einem Vorschlag von Bode (H.W. BODE, 1905–1982) wählen wir dazu die polare Darstellung, und zwar für den Amplitudenverlauf eine doppelt-logarithmische Skalierung und für den Phasenverlauf eine einfach-logarithmische. An Stelle des Amplitudenverlaufs wird oft die daraus abgeleitete Funktion der Dämpfung

$$a(\omega)/\mathrm{dB} = -10\log|\underline{H}(j\omega)|^2 = -20\log|\underline{H}(j\omega)| \tag{6.229}$$

aufgetragen. Die Skalierung der Phasenachse φ ist linear, mit

$$\varphi = \arg\left[\underline{H}(j\omega)\right]. \tag{6.230}$$

Die jeweilige Frequenzachse der beiden, üblicherweise übereinander gezeichneten Diagramme ist dabei auf eine schaltungstypische Bezugskreisfrequenz (Eckkreisfrequenz) ω_E normiert; sie wird nur für die technisch relevanten Frequenzen $\omega \geq 0$ gezeichnet.

Wir leiten zunächst für fiktive, keiner Schaltung zugeordneten Übertragungsfunktionen die Bode-Diagramme her und untersuchen die Auswirkungen von Polen und Nullstellen in der Übertragungsfunktion auf diese Diagramme. Diese Erkenntnisse werden anschließend an einfachen Schaltungsbeispielen konkretisiert.

Es ist sehr empfehlenswert, diese und ähnliche Beispiele nachzuvollziehen und selbst Bode-Diagramme zu zeichnen. Dies vermittelt eine vertiefte Einsicht über den Einfluss von Polen und Nullstellen, deren Lage in der $\underline{s}$-Ebene und ihren Einfluss auf den Frequenzgang. Umgekehrt können bei bekanntem Frequenzgang Rückschlüsse auf die Struktur der erforderlichen Übertragungsfunktion und damit auf mögliche Schaltungsrealisierungen gezogen werden.

Wichtige Vorteile der Bode-Diagramme sind die übersichtliche Darstellung des Einflusses einzelner Pole und Nullstellen und das durch Addition bzw. Subtraktion einfach zu ermittelnde Gesamtverhalten einer Übertragungsfunktion in einem weiten Frequenzbereich. Insbesondere für das Dämpfungsverhalten liefert eine approximative Darstellung durch Asymptoten eine schnelle Übersicht bei guter Genauigkeit.

Herleitung der Diagramme

Zur Herleitung der Bode-Diagramme schreiben wir Gleichung (6.209) etwas um, gemäß

$$\underline{H}(\underline{s}) = K \cdot \frac{\prod_{\mu=1}^{m} (\underline{s} - \underline{s}_{0\mu})}{\prod_{\nu=1}^{n} (\underline{s} - \underline{s}_{x\nu})}. \tag{6.231}$$

Mit einer weiteren Umformung sollen Nullstellen bzw. Pole die Form $(\underline{s}/\underline{s}_{0\mu} - 1)$ bzw. $(\underline{s}/\underline{s}_{x\nu} - 1)$ annehmen.

Wir erhalten

$$\underline{H}(\underline{s}) = K \cdot \frac{\prod_{\mu=1}^{m} (\underline{s}_{0\mu}) \prod_{\mu=1}^{m} (\underline{s}/\underline{s}_{0\mu} - 1)}{\prod_{\nu=1}^{n} (\underline{s}_{x\nu}) \prod_{\nu=1}^{n} (\underline{s}/\underline{s}_{x\nu} - 1)} \tag{6.232}$$

oder

$$\underline{H}(\underline{s}) = K' \cdot \frac{\prod_{\mu=1}^{m} (\underline{s}/\underline{s}_{0\mu} - 1)}{\prod_{\nu=1}^{n} (\underline{s}/\underline{s}_{x\nu} - 1)} \tag{6.233}$$

mit

$$K' = K \cdot \frac{\prod_{\mu=1}^{m} (\underline{s}_{0\mu})}{\prod_{\nu=1}^{n} (\underline{s}_{x\nu})} . \qquad (6.234)$$

Um aus der Übertragungsfunktion den Frequenzgang zu erhalten, wählen wir nun $\underline{s} = j\omega$ und schreiben

$$\underline{H}(j\omega) = |\underline{H}(j\omega)| \cdot e^{j\varphi} . \qquad (6.235)$$

Mit Gleichung (6.233) folgt für den Betrag

$$|\underline{H}(j\omega)| = |K'| \cdot \frac{\prod_{\mu=1}^{m} |(j\omega/\underline{s}_{0\mu} - 1)|}{\prod_{\nu=1}^{n} |(j\omega/\underline{s}_{x\nu} - 1)|} . \qquad (6.236)$$

Um diesen schwer zu handhabenden Quotienten von Produkten in Summen und Differenzen umzuwandeln, logarithmieren wir Gleichung (6.236) gemäß

$$a(\omega)/\mathrm{dB} = 10 \log(1/|H(j\omega)|^2) = -20 \log |H(j\omega)| . \qquad (6.237)$$

Wenn wir später bei den Schaltungsbeispielen $\underline{H}(j\omega) = \underline{S}_{21}(j\omega)$ setzen, stellt also $a(\omega)/\mathrm{dB}$ die Betriebsdämpfung eines Zweitores dar.

Aus Gleichung (6.237) folgt mit Gleichung (6.236)

$$a(\omega)/\mathrm{dB} = -20 \log |\underline{H}(0)| + 20 \sum_{\nu=1}^{n} \log \left| \frac{j\omega}{\underline{s}_{x\nu}} - 1 \right| - 20 \sum_{\mu=1}^{m} \log \left| \frac{j\omega}{\underline{s}_{0\mu}} - 1 \right| , \qquad (6.238)$$

wobei bereits berücksichtigt ist, dass mit Gleichung (6.234) und Gleichung (6.209)

$$|K'| = |\underline{H}(0)| \qquad (6.239)$$

hergeleitet werden kann.

Für die Phase folgt aus Gleichung (6.231)

$$\varphi(\omega) = \arg[\underline{H}(j\omega)]$$
$$\varphi(\omega) = (\pm\pi) + \sum_{\mu=1}^{m} \arg(j\omega - \underline{s}_{0\mu}) - \sum_{\nu=1}^{n} \arg(j\omega - \underline{s}_{x\nu}) \qquad (6.240)$$

$$\varphi(\omega) = (\pm\pi) + \sum_{\mu=1}^{m} \varphi_{0\mu} - \sum_{\nu=1}^{n} \varphi_{x\nu} . \qquad (6.241)$$

Der zusätzliche Phasenterm $(\pm\pi)$ ist für den Fall $K < 0$ einzusetzen.

Reeller Pol

Mit nur einem reellen Pol $s_{x1} = \sigma_{x1} < 0$ in der Übertragungsfunktion ergibt sich aus Gleichung (6.231) mit $K = -\sigma_{x1}$ für den Frequenzgang

$$\underline{H}(j\omega) = -\sigma_{x1}\frac{1}{j\omega - \sigma_{x1}} = \frac{1}{1 - j\omega/\sigma_{x1}} \tag{6.242}$$

Für die Frequenz $\omega = 0$ folgt $|\underline{H}(0)| = 1$ und mit Gleichung (6.238) für die Dämpfung

$$a(\omega)/\text{dB} = 20\log|j\omega/\sigma_{x1} - 1| \tag{6.243}$$

Wir wählen für diesen Fall als Normierungsfrequenz $\omega_E = -\sigma_{x1}$ und erhalten dann mit $\Omega = \dfrac{\omega}{\omega_E}$

$$a(\Omega)/\text{dB} = 20\log|1 + j\Omega| \tag{6.244}$$

Für die Gleichung (6.244) leiten wir die Grenzwerte:

$$\begin{aligned} &\text{für } \Omega \ll 1: \quad a(\Omega) \longrightarrow 20\log 1 = 0 \\ &\text{für } \Omega \gg 1: \quad a(\Omega) \longrightarrow 20\log \Omega \end{aligned} \tag{6.245}$$

ab.

Zeichnen wir also die Funktion $a(\Omega)$ nach Gleichung (6.244) über einer logarithmischen Frequenzachse auf, so nähert sich diese Funktion für kleine Werte von Ω asymptotisch der Nulllinie an, und für große Werte von Ω der Geraden $20\log\Omega$, was einem Anstieg der Dämpfung von 20 dB/Dekade oder 6 dB/Oktave bedeutet. Zusätzlich können wir für die Frequenz $\Omega = 1$ den Wert $a(\Omega = 1) = 3{,}01\text{dB} \approx 3\text{dB}$ berechnen. Abbildung 6.63a zeigt den Funktionsverlauf $a(\Omega)/\text{dB}$, sowie die berechneten Asymptoten.

Zur Bestimmung des Phasenverlaufes der Übertragungsfunktion können wir Gleichung (6.242) mit den Vereinbarungen für ω_E und Ω schreiben

$$\underline{H}(\Omega) = \frac{1}{1 + j\Omega} = \frac{1}{1 + \Omega^2} \cdot (1 - j\Omega) \tag{6.246}$$

was für den Phasenwinkel die Funktion

$$\varphi_{x1}(\Omega) = \arctan(-\Omega) = -\arctan\Omega \tag{6.247}$$

liefert. Für kleine Werte von Ω ($\Omega \ll 1$) nähert sich der Phasenverlauf dem Wert 0°, und für große Werte von Ω ($\Omega \gg 1$) dem Phasenwinkel −90°. Für $\Omega = 1$ erhalten wir den Winkel $\varphi_{x1}(\Omega = 1) = -45°$.

Mit der allgemein gültigen Beziehung

$$\arctan\Omega + \arctan\Omega^{-1} = 90° \tag{6.248}$$

oder

$$\arctan\Omega - 45° = 45° - \arctan\Omega^{-1} \tag{6.249}$$

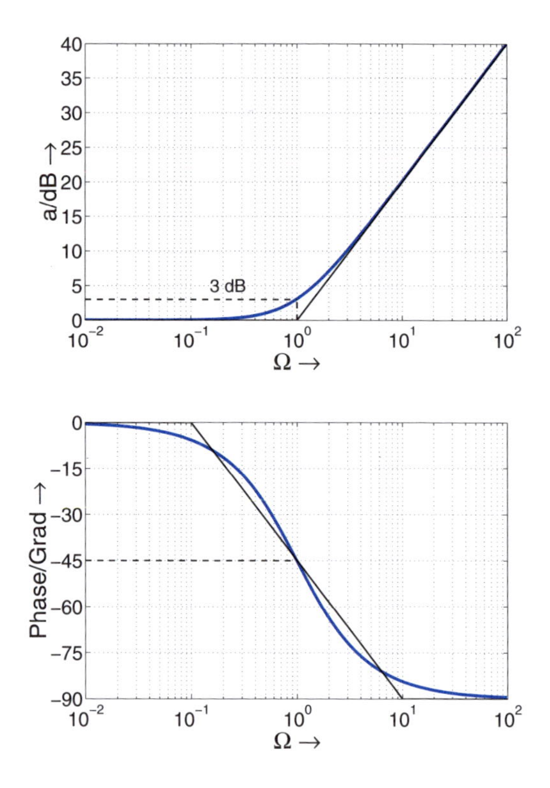

Abbildung 6.63: Bode-Diagramm bei einem reellen Pol a) Dämpfungsverlauf, b) Phasenverlauf

ergibt sich also bei einer logarithmischen Frequenzskala ein zu $\Omega = 1$; $\varphi = -45°$ punktsymmetrischer Phasenverlauf.

Wie der Abbildung 6.63b zu entnehmen ist, stellt die durch den Punkt $\varphi_{x1}(\Omega = 1)$ eingezeichnete Gerade mit der Steigung $-45°$/Dekade im Frequenzbereich $0.1 \geq \Omega \geq 10$ eine brauchbare Näherung des tatsächlichen Phasenverlaufs dar.

Die Vorgehensweise zur Ermittlung des komplexen Frequenzganges und auch die Ergebnisse sind bei einer reellen Nullstelle ähnlich wie bei einem reellen Pol. Allerdings sind die Kurvenverläufe mit umgekehrten Vorzeichen versehen. Der Dämpfungsverlauf nähert sich also für $\Omega \ll 1$ dem Wert 0dB, und für $\Omega \gg 1$ der Geraden -20 dB/Dekade, mit einer Dämpfung von $a(\Omega = 1) = -3$dB ($\hat{=}$ Verstärkung $v(\Omega = 1) = 3$dB).

Für den Phasenverlauf gilt bei einer reellen Nullstelle in der linken $\underline{s}$-Halbebene $\varphi_{01}(\Omega \ll 1) \approx 0$ und $\varphi_{01}(\Omega \gg 1) \approx +90°$.

Konjugiert komplexes Polpaar

Bei komplexen Polen, die ja immer als konjugiert komplexes Polpaar auftreten, fasst man die zueinander gehörenden Terme zusammen gemäß

$$\underline{H}(j\omega) = \frac{1}{(j\omega/\underline{s}_{x1} - 1) \cdot (j\omega\underline{s}_{x1'} - 1)}, \tag{6.250}$$

wobei wiederum $K' = 1$ gesetzt wird und $\underline{s}_{x1'} = \underline{s}^*_{x1}$ gilt. Somit ist

$$\frac{1}{|\underline{H}(j\omega)|} = \left|\left(\frac{j\omega}{\underline{s}_{x1}} - 1\right)\left(\frac{j\omega}{\underline{s}^*_{x1}} - 1\right)\right| = \left|1 - \frac{\omega^2}{|\underline{s}_{x1}|^2} - j\frac{\omega}{|\underline{s}_{x1}|} \cdot \frac{2\sigma_{x1}}{|\underline{s}_{x1}|}\right| . \tag{6.251}$$

Wählen wir hier $\omega_E := |\underline{s}_{x1}|$ und definieren wiederum $\Omega := \omega/\omega_E$, so folgt

$$\frac{1}{|\underline{H}(j\omega)|} = |1 - \Omega^2 + j2\xi\Omega| \tag{6.252}$$

mit der Größe $\xi := -\frac{\sigma_{x1}}{|\underline{s}_{x1}|}$, und $0 < \xi \leq 1$.

Der Ausdruck ξ gibt also Auskunft über die relative Nähe eines Pols zur imaginären Achse und ist ein wichtiger Indikator über den Einfluss des Pols auf den Frequenzgang.

Betrachten wir wiederum die Dämpfung nach Gleichung (6.229), so folgt mit Gleichung (6.252)

$$a(\Omega)/\text{dB} = 20 \log |1 - \Omega^2 + j2\xi\Omega| = 10 \log[1 + \Omega^4 + 2\Omega^2(2\xi^2 - 1)] . \tag{6.253}$$

Für Werte $\Omega \ll 1$ nähert sich diese Funktion der Nulllinie, für Werte $\Omega \gg 1$ der Geraden $40 \log \Omega$. Dies bedeutet also einen Dämpfungsanstieg von 40 dB/Dekade, oder 12 dB/Oktave für hohe Frequenzen.

Deutlich komplizierter als bei einem reellen Pol ist das Verhalten eines konjugiert komplexen Polpaars in der Umgebung der Eckfrequenz, in der der ξ-Term eine dominierende Rolle spielt. Abbildung 6.64 zeigt den Dämpfungsverlauf nach Gleichung (6.253) für verschiedene Werte von ξ.

Diese Funktion hat für Werte $\xi < 1/\sqrt{2} \approx 0,71$ ein Minimum an der Stelle $\Omega_{\min} = \sqrt{1 - 2\xi^2}$ mit dem Wert $a_{\min} = 10 \log [4\xi^2(1 - \xi^2)]$.

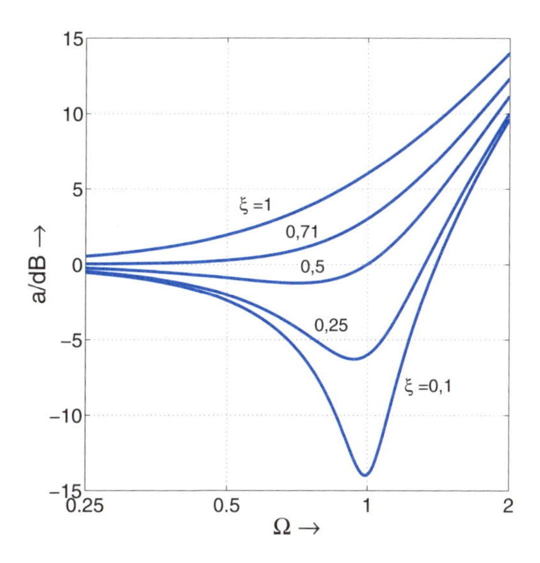

Abbildung 6.64: Dämpfungsverlauf bei einem konjugiert komplexen Polpaar

Für eine Skizze des Dämpfungsverlaufes genügt es in der Regel, neben den asymptotischen Geraden für $\Omega \ll 1$ und $\Omega \gg 1$ den Dämpfungswert $a(\Omega = 1)$ auszurechnen und den Kurvenverlauf entsprechend Abbildung 6.64 zu approximieren.

Der Phasenverlauf der Funktion

$$\underline{H}(j\omega) = \frac{1}{1 - \Omega^2 + j2\xi\Omega} \tag{6.254}$$

ist gegeben durch

$$\arg\{\underline{H}(j\omega)\} = \arctan \frac{-2\xi\Omega}{1 - \Omega^2} . \tag{6.255}$$

Für Frequenzen $\Omega \ll 1$ nähert sich diese Funktion dem Phasenwert 0° für $\Omega \gg 1$ dem Wert −180° und für $\Omega = 1$ ergibt sich eine Phase von −90°. In einem Frequenzbereich $0.1 < \Omega < 10$ liegt ein von ξ abhängiger Übergangsbereich vor, in dem die Phasenänderung um so schneller erfolgt, je kleiner ξ ist. Für $\xi = 0$ ergibt sich ein Phasensprung von −180°, wie Abbildung 6.65 zeigt.

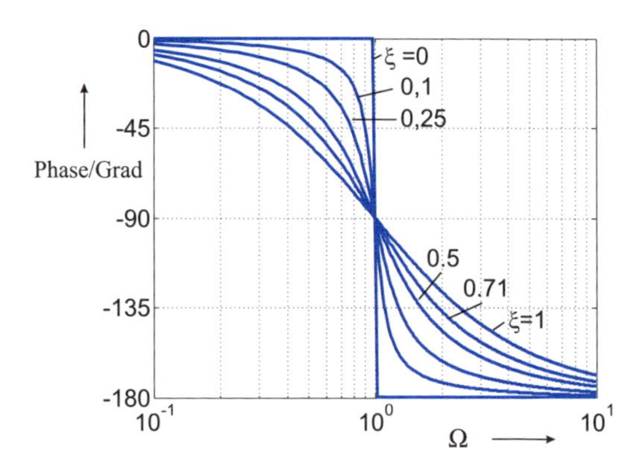

Abbildung 6.65: Phasenverlauf bei einem konjugiert komplexen Polpaar

Wie beim reellen Pol ist auch dieser Phasenverlauf punktsymmetrisch, hier zum Punkt $\Omega = 1$, $\varphi = -90°$. Eine lineare Approximation des Phasenverlaufs im Frequenzbereich $0.1 < \Omega < 10$ ist schwierig und mit relativ großen Phasenfehlern verknüpft. Es ist empfehlenswert, für ein bestimmtes ξ eine zeichnerische Näherung in Anlehnung an Abbildung 6.65 zu versuchen. Soll dennoch eine Geradenapproximation durchgeführt werden, so kann eine Gerade, ausgehend vom Punkt $\varphi_1 = 0°$; $\Omega_1 = 0.5 \log(2/\xi)$, durch den Punkt $\varphi_2 = -90°$; $\Omega_2 = 1$ gehend und im Punkt $\varphi_3 = -180°$; $\Omega_3 = 2/\log(2/\xi)$ endend, nützlich sein.

Liegt an Stelle eines Polpaares ein konjugiert komplexes Paar von Nullstellen in der linken $\underline{s}$-Halbebene vor, so sind Dämpfungs- und Phasenwerte wieder mit umgekehrten Vorzeichen zu versehen. Die Phase eines Nullstellenpaares wird also, ausgehend von $\varphi_0 = 0$ bei tiefen Frequenzen und $\varphi_0 = +90°$ bei $\Omega = 1$, sich bei hohen Frequenzen dem Wert +180° asymptotisch nähern. Liegt das Nullstellenpaar auf der imaginären Achse, so tritt bei $\Omega = 1$ ein Phasensprung von π auf.

■ 1. Beispiel:

Für das erste Beispiel wählen wir wieder die π-Schaltung des Tiefpassfilters nach Abbildung 6.57, bei der die Übertragungsfunktion nach Gleichung (6.225) einen reellen Pol und ein konjugiert komplexes Polpaar aufweist. Diese Gleichung lässt sich für $\underline{s} = j\omega$ und den Abkürzungen

$$\sigma_{X1} = -\frac{1}{RC}\,; \quad \sigma_{X2} = \frac{1}{2}\sigma_{X1} = -\frac{1}{2RC} \quad \text{und} \quad |\underline{s}_{X2}| = \sqrt{\frac{2}{CL}} \tag{6.256}$$

umformen in

$$\underline{S}_{21}(j\omega) = \frac{1}{\left(1 - \frac{j\omega}{\sigma_{X1}}\right) \cdot \left(1 - \frac{\omega^2}{|\underline{s}_{X2}|^2} - j\frac{\omega}{|\underline{s}_{X2}|} \cdot \frac{2\sigma_{X2}}{|\underline{s}_{X2}|}\right)}\,. \tag{6.257}$$

Für eine einheitliche Frequenznormierung beziehen wir uns auf den dominanten Pol, definieren $\omega_E := |\underline{s}_{X2}|$, wählen wiederum für die konjugiert komplexen Pole $\xi := -\frac{\sigma_{X2}}{|\underline{s}_{X2}|}$, setzen $\Omega := \frac{\omega}{\omega_E}$, und erhalten dann an Stelle von Gleichung (6.257)

$$\underline{S}_{21}(\Omega) = \frac{1}{\left(1 + j\frac{1}{2\xi}\Omega\right) \cdot \left(1 - \Omega^2 + j2\xi\Omega\right)}\,. \tag{6.258}$$

Eine Besonderheit dieser Schaltung ist die Verknüpfung der Realteile der Pole gemäß Gleichung (6.256).

Für die Betriebsdämpfung dieser Schaltung folgt also

$$a(\Omega)/\text{dB} = 20\log\left|1 + j\frac{1}{2\xi}\Omega\right| + 20\log|1 - \Omega^2 + j2\xi\Omega| \tag{6.259}$$

und für die Betriebsphase

$$\varphi = -\arctan\left(\frac{1}{2\xi}\Omega\right) - \arctan\left(\frac{2\xi\Omega}{1 - \Omega^2}\right)\,. \tag{6.260}$$

Im Bode-Diagramm der Abbildung 6.66 sind für den Wert $\xi = 0.25$ neben der Gesamtdämpfung und der Gesamtphase der Schaltung auch die jeweiligen Anteile des reellen Pols und der konjugiert komplexen Pole der Übertragungsfunktion aufgeführt. Das Dämpfungsdiagramm zeigt außerdem noch die Asymptoten für hohe Frequenzen, mit einer Steigung von 20 dB/Dekade für den reellen Pol, 40 dB/Dekade für das konjugiert komplexe Polpaar, sowie der resultierenden Asymptote für die Gesamtdämpfung mit der Steigung 60 dB/Dekade. Für eine gute Kurvenapproximation sind neben diesen Asymptoten der Dämpfungswert des Polpaares für $\Omega = 1$ zu berechnen, der für $\xi = 0.25$ den Wert $a = -6$dB liefert.

■ 2. Beispiel:

Im zweiten Beispiel wollen wir die ebenfalls schon bekannte Schaltung der Abbildung 6.60 näher untersuchen. Nach dem dort skizzierten Analyseverfahren lässt sich folgender Ausdruck ableiten:

$$\underline{S}_{21}(\underline{s}) = 2R \cdot \frac{\underline{s}^2 C_2 L + 1}{(\underline{s}RC_1 + 1) \cdot [\underline{s}^2(RC_1L + 2RC_2L) + \underline{s}L + 2R]} \tag{6.261}$$

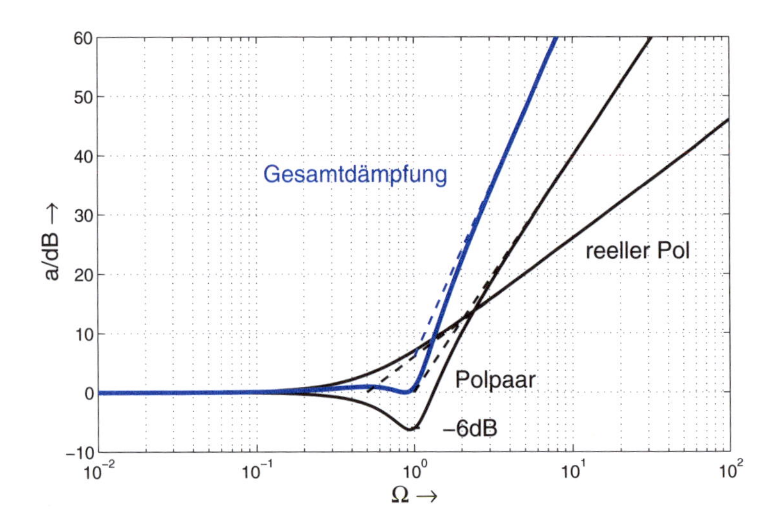

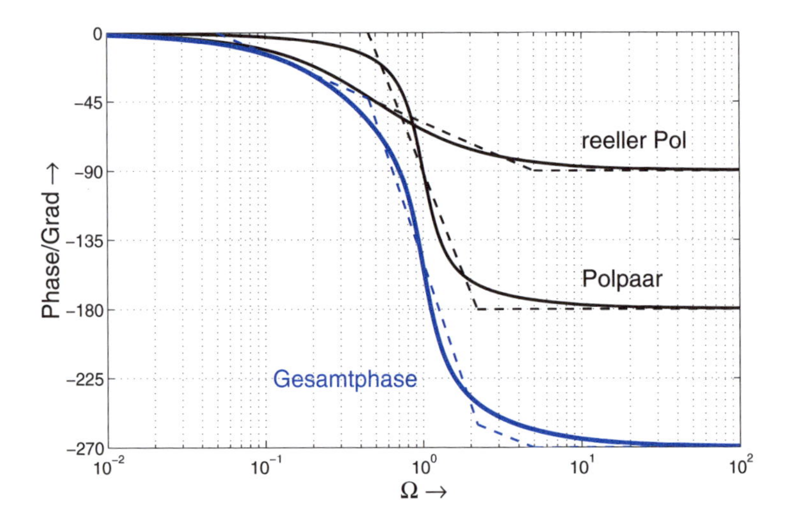

Abbildung 6.66: Bode-Diagramm für ein π-Tiefpassfilter

Wir erkennen ein Nullstellenpaar auf der imaginären Achse (Dämpfungspol) bei $\underline{s}_{01,2} = \pm j\dfrac{1}{\sqrt{LC_2}}$, eine reelle Polstelle der Übertragungsfunktion bei $\sigma_{x1} = -\dfrac{1}{RC_1}$, sowie ein konjugiert komplexes Polpaar. Für hohe Frequenzen wird der Dämpfungsverlauf der Nullstellen mit $-40\,\text{dB/Dekade}$ den des Polpaares mit $+40\,\text{dB/Dekade}$ kompensieren, so dass dann nur noch der Dämpfungsanstieg des reellen Pols mit $+20\,\text{dB/Dekade}$ zum Tragen kommt. Zweckmäßigerweise wird der Dämpfungspol in den Sperrbereich des Tiefpassfilters gelegt, so dass sich ein steiler Dämpfungsanstieg von der Grenzfrequenz des Filters zum Dämpfungspol ergibt.

Mit $\underline{s} = j\omega$ und den Gleichungen

$$\begin{aligned} \sigma_{X1} &= -\frac{1}{RC_1}\,; \qquad \sigma_{X2} = -\frac{1}{2R\cdot(C_1+2C_2)}\,; \\ |\underline{s}_{01}| &= \frac{1}{\sqrt{LC_2}}\,; \qquad |\underline{s}_{X2}| = \sqrt{\frac{2}{L(C_1+2C_2)}}\,; \\ \xi &= -\frac{\sigma_{X2}}{|\underline{s}_{X2}|}\,; \end{aligned} \tag{6.262}$$

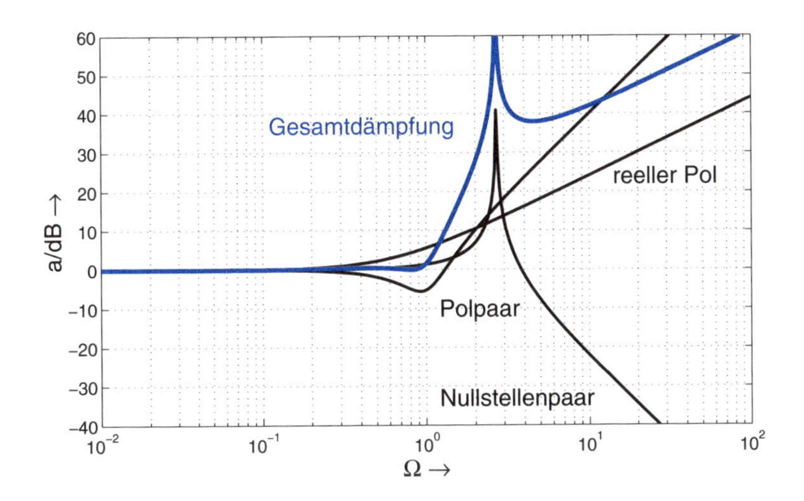

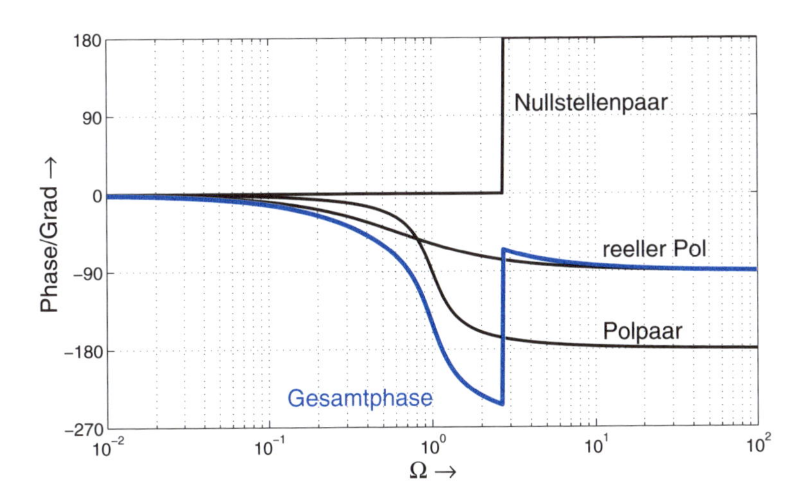

Abbildung 6.67: Bode-Diagramm für eine Schaltung nach Abbildung 6.60 (Dimensionierung gemäß Gleichung (6.267))

lässt sich bei einer einheitlichen Normierung auf $\omega_E := |\underline{s}_{x2}|$ mit $\Omega = \frac{\omega}{\omega_E}$ und den Abkürzungen

$$k_1 = \frac{|\underline{s}_{x2}|}{|\underline{s}_{01}|}\,; \quad k_2 = \frac{|\underline{s}_{x2}|}{|\sigma_{x1}|} \tag{6.263}$$

die Gleichung (6.261) umformen in Gleichung (6.264)

$$\underline{S}_{21}(\Omega) = \frac{1 - k_1^2\Omega^2}{(1 + jk_2\Omega)\cdot(1 - \Omega^2 + j2\xi\Omega)}\,. \tag{6.264}$$

Für die Dämpfung und die Phase ergeben sich also die Gleichungen

$$a(\Omega)/\mathrm{dB} = 20\log|1 + jk_2\Omega| + 20\log|1 - \Omega^2 + j2\xi\Omega| - 20\log|1 - k_1^2\Omega^2| \tag{6.265}$$

$$\varphi = \arctan(-k_2\Omega) + \arctan\left(\frac{-2\xi\Omega}{1-\Omega^2}\right) + \frac{\pi}{2}\cdot[1 - \mathrm{sgn}(1 - k_1^2\Omega^2)]\,. \tag{6.266}$$

Die Nullstelle der Übertragungsfunktion bewirkt also an der Stelle $\Omega = k_1^{-1}$ einen Phasensprung um π. Das Dämpfungsverhalten der Nullstellen wird für höhere Frequenzen durch die Gerade durch den Punkt $\Omega = k_1^{-1}$, $a = 0\,\mathrm{dB}$, mit der Steigung -40 dB/Dekade angenähert. Da die Nullstellen auf der imaginären Achse liegen ($\xi_0 = 0$), ist bei einer Näherung für die Frequenz $\Omega = k_1^{-1}$ ein Dämpfungspol vorzusehen. Desgleichen ergibt sich dann für die konjugiert komplexen Pole entsprechend dem Wert $\xi = 0.27$ für $\Omega = 1$ die Dämpfung $a = -5,3$ dB.

Für den Fall

$$\xi = 0.27\,; \quad k_1 = 0.37\,; \quad k_2 = 1.59 \tag{6.267}$$

zeigt Abbildung 6.67 die Bode-Diagramme. Neben der Gesamtdämpfung und der Gesamtphase sind auch die einzelnen Anteile der Nullstellen und Pole eingezeichnet. Aus Gründen der Übersichtlichkeit sind die asymptotischen Näherungen nicht eingetragen.

Bei einer konkreten Schaltungsdimensionierung ergeben sich für eine Eckfrequenz $\omega_E = 2\pi\cdot 1\mathrm{MHz}$ bei einem Widerstandswert von $R = 50\ \Omega$ die Bauelementwerte $C_1 \approx 5$ nF, $C_2 \approx 400$ pF, $L \approx 8,6\ \mu$H.

Literatur: [5], [11], [17], [19]

Nicht sinusförmige periodische Erregung

7

ÜBERBLICK

Die von uns bisher untersuchten Schaltungen bzw. Netzwerke werden entweder mit zeitlich konstanter Amplitude (Gleichstrom) oder kosinus- bzw. sinusförmiger Zeitabhängigkeit (Wechselstrom) der Spannung oder des Stromes angeregt.

Die Abbildung 7.1 zeigt ein Schaltnetzteil, wie es heute in jedem PC zu finden ist. Auf dem Oszilloskopschirm werden zwei willkürlich ausgewählte Spannungen des Netzteiles dargestellt.

a)

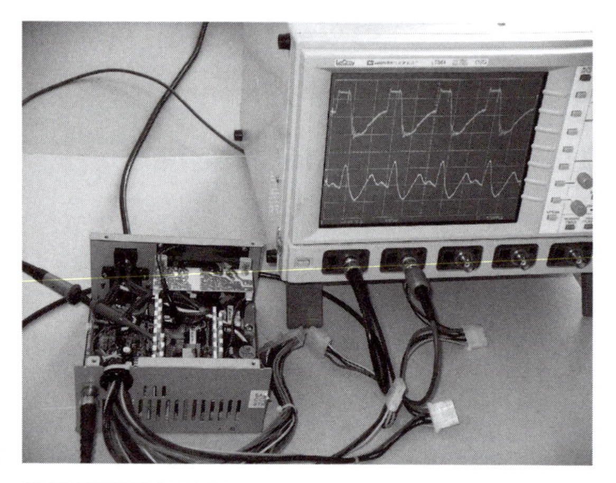

b)

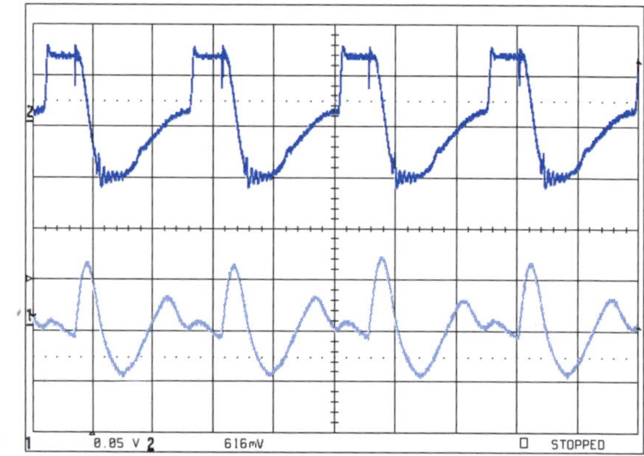

Abbildung 7.1: PC-Schaltnetzteil mit Anzeige von zwei zeitabhängigen Spannungen auf dem Oszilloskop

Wir sehen, dass der Zeitverlauf weder eine konstante noch eine rein sinusförmige Amplitude hat. Das wesentliche Merkmal dieser Zeitabhängigkeit ist ihre Periodizität. Nach Fourier enthalten diese dargestellten Spannungen nicht nur eine, sondern mehrere, wenn nicht sogar viele Frequenzen. In der Praxis finden wir eine große Zahl von Anwendungen, bei denen dieser periodische, nicht sinusförmige Zustand der Anregung von Schaltungen und Netzwerken zutrifft. Aus diesem Grund wollen wir im Folgenden diese Zeitabhängigkeit näher untersuchen.

7.1 Zeitbereichsdarstellung mit Fourier-Reihe

Bisher haben wir bei für die Zeitabhängigkeit der Spannung oder des Stromes als Funktion von mehreren Frequenzen im Rahmen der Fourier-Reihe immer die Summendarstellung gewählt. Im monofrequenten Fall ergibt das z. B. für die Spannung

$$u(t) = \frac{1}{2}\left(\underline{U}\,\mathrm{e}^{j\omega_0 t} + (\underline{U}\,\mathrm{e}^{j\omega_0 t})^*\right) \tag{7.1}$$

Der praktische Umgang mit Fourier-Reihen ist nur für eine begrenzte Anzahl N von Harmonischen und dann auch nur mittels eines programmierbaren Rechners möglich. Die Zahl N werden wir den praktischen Erfordernissen anpassen müssen. Die Mehrzahl der heute zur Verfügung stehenden Mathematikprogramme (MATLAB, O-Matrix u. a.) sind bezüglich der numerischen Algorithmen matrixorientiert. Es ist deshalb auch im Hinblick auf spätere Anwendungen mit begrenzten Fourier-Reihen sinnvoll, den Formalismus der Gleichung (7.1) in Form der Matrix-Algebra zu nutzen.

Zuerst ordnen wir die komplexen Amplituden $\underline{U}_k$ der N Harmonischen als Datenstruktur in Form eines Arrays bzw. einer Matrix mit einer Spalte und $N + 1$ Zeilen, da die Gleichkomponente mit $k = 0$ ebenfalls enthalten sein soll

$$\underline{\boldsymbol{U}}_k = \begin{pmatrix} c_{0U}\underline{U}_0 \\ \underline{U}_1 \\ \underline{U}_2 \\ \vdots \\ \underline{U}_N \end{pmatrix} . \tag{7.2}$$

Analog definieren wir die Matrix der Frequenzen

$$\mathbf{e}^{\boldsymbol{jk\omega_0 t}} = \begin{pmatrix} c_{0e} \\ \mathrm{e}^{j1\omega_0 t} \\ \mathrm{e}^{j2\omega_0 t} \\ \vdots \\ \mathrm{e}^{jN\omega_0 t} \end{pmatrix} . \tag{7.3}$$

Die Gleichkomponente nimmt bei der Fourier-Darstellung immer eine Sonderstellung ein. Mit den noch zu bestimmenden Konstanten c_{0U} und c_{0e} wollen wir unsere Zuordnungen so anpassen, dass im Fall der Schreibweise laut Gleichung (7.1) folgende Beziehung für den allgemeinen mehrfrequenten Fall gilt

$$u(t) = \frac{1}{2}\left(\underline{\boldsymbol{U}}_k^T \cdot \mathbf{e}^{\boldsymbol{jk\omega_0 t}} + \left(\underline{\boldsymbol{U}}_k^T \cdot \mathbf{e}^{\boldsymbol{jk\omega_0 t}}\right)^*\right) . \tag{7.4}$$

Aus der Summe ist damit ein Matrizen-Produkt geworden, das einer numerischen Verarbeitung sehr leicht zugänglich ist. $\underline{\boldsymbol{U}}_k^T$ bedeutet die transponierte Matrix $\underline{\boldsymbol{U}}_k$.

Mit den Konstanten ist die Gleichkomponente

$$u_0(t) = \frac{1}{2}\left(c_{0U}U_0c_{0e} + c_{0U}U_0c_{0e}\right) = U_0 , \tag{7.5}$$

die gleich der Spannung U_0 sein muss. Auf der anderen Seite sollte sich der Effektivwert der Gleichkomponente mit der Beziehung berechnen lassen, die für den zeitabhängigen Teil gilt in der Form

$$U_{keff}^2 = \frac{1}{2}\,|\underline{U}_k|^2 \mathrel{\hat{=}} \frac{1}{2}\,|c_{0U}U_0|^2 = U_0^2\,. \tag{7.6}$$

Daraus folgt

$$c_{0U} = \sqrt{2}\,. \tag{7.7}$$

Wir berücksichtigen diesen Faktor gleich bei der Berechnung von U_0. Die komplexen Amplituden $\underline{U}_k$ erhalten wir wie üblich.

$$U_0 = \frac{\sqrt{2}}{T_0}\int_0^{T_0} u(t)dt\,; \quad \underline{U}_k = \frac{2}{T_0}\int_0^{T_0} u(t)\mathrm{e}^{-jk\omega_0 t}dt \tag{7.8}$$

Damit in Gleichung (7.5) die Bilanz erfüllt wird, muss

$$c_{0e} = \frac{\sqrt{2}}{2} \tag{7.9}$$

sein, und damit können wir schreiben

$$\underline{\boldsymbol{U}}_k = \begin{pmatrix} \underline{U}_0 \\ \underline{U}_1 \\ \underline{U}_2 \\ \vdots \\ \underline{U}_N \end{pmatrix}\,; \qquad \mathbf{e}^{jk\omega_0 t} = \begin{pmatrix} \sqrt{2}/2 \\ \mathrm{e}^{j1\omega_0 t} \\ \mathrm{e}^{j2\omega_0 t} \\ \vdots \\ \mathrm{e}^{jN\omega_0 t} \end{pmatrix}\,. \tag{7.10}$$

Mit dieser Notation ergeben sich wesentliche Kenngrößen der Zeitfunktion wie folgt:

- Zeitfunktion der k-ten Teilspannung

$$u_k(t) = \frac{1}{2}\left(\underline{U}_k\mathrm{e}^{jk\omega_0 t} + (\underline{U}_k\mathrm{e}^{jk\omega_0 t})^*\right) = \hat{U}_k\cos(k\omega_0 t + \varphi_k)\,. \tag{7.11}$$

und insbesondere

$$u_0(t) = \frac{1}{2}\left(U_0\frac{\sqrt{2}}{2} + (U_0\frac{\sqrt{2}}{2})^*\right) = \frac{\sqrt{2}}{2}\,U_0 = \frac{1}{T_0}\int_0^{T_0} u(t)dt\,. \tag{7.12}$$

Im Zusammenhang mit dem linken Teil der Gleichung (7.8) ist damit $u_0(t)$ oder die Gleichspannung der arithmetische (lineare) Mittelwert der Zeitfunktion $u(t)$ bezogen auf die Periode T_0.

- Effektivwert

$$U_{eff} = \frac{\sqrt{2}}{2}\sqrt{\underline{\boldsymbol{U}}_k^T\cdot\underline{\boldsymbol{U}}_k^*} = \frac{\sqrt{2}}{2}\,||\underline{\boldsymbol{U}}_k||_2\,. \tag{7.13}$$

In der Analysis bedeutet ein Ausdruck der obigen Form die Länge eines Vektors im N-dimensionalen Raum, wird mit $||\underline{\boldsymbol{U}}_k||_2$ symbolisch dargestellt und als *Euklidische Norm* bezeichnet. Unser Raum ist kein geometrischer, sondern der mit insgesamt $N+1$ Frequenzen.

- Wirkleistung

$$P_W = \frac{1}{4}\left(\underline{\boldsymbol{U}}_k^T \cdot \underline{\boldsymbol{I}}_k^* + (\underline{\boldsymbol{U}}_k^T \cdot \underline{\boldsymbol{I}}_k^*)^*\right) . \tag{7.14}$$

Dabei gilt für den Zeitverlauf des Stromes $i(t)$ die äquivalente Darstellung zu Gleichung (7.4). Bei nur einer Frequenz entartet diese Beziehung zur bisher bekannten, die nur einfache komplexe Größen (Skalare) verknüpft.

- Blindleistung

$$P_B = \frac{1}{j4}\left(\underline{\boldsymbol{U}}_k^T \cdot \underline{\boldsymbol{I}}_k^* - (\underline{\boldsymbol{U}}_k^T \cdot \underline{\boldsymbol{I}}_k^*)^*\right) . \tag{7.15}$$

- Scheinleistung

$$P_S = \frac{1}{2}\sqrt{\underline{\boldsymbol{U}}_k^T \cdot \underline{\boldsymbol{U}}_k^*}\sqrt{\underline{\boldsymbol{I}}_k^T \cdot \underline{\boldsymbol{I}}_k^*} = U_{eff} I_{eff} . \tag{7.16}$$

Die Gleichungen (7.14), (7.15) und (7.16) sind miteinander verknüpft über

$$P_S = \sqrt{P_W^2 + P_B^2} . \tag{7.17}$$

Der Leser möge selbst mit Hilfe der Matrizen-Algebra diese Identität ableiten.

Literatur: [2]

7.2 Stationäre Reaktion auf eine periodische Erregung

Die Abbildung 7.2 zeigt einen linearen 2-Pol, der durch eine nicht sinusförmige aber periodische Spannung angeregt wird. Entsprechend der Fourier-Darstellung der Spannung durch Harmonische der Grundfrequenz f_0 können wir uns am Eingang die Reihenschaltung harmonischer Generatoren der Frequenzen kf_0 vorstellen. Der 2-Pol ist linear. Deshalb gilt der Überlagerungssatz, so dass sich die Gesamtwirkung aus der Summe der Teilwirkungen ergibt.

Der Strom $i(t)$ wird wie folgt gebildet

$$i(t) = \Phi(u(t)) = \Phi_0(u_0(t)) + \Phi_1(u_1(t)) + \Phi_2(u_2(t)) + \cdots + \Phi_N(u_N(t)) \tag{7.18}$$

oder

$$i(t) = i_0(t) + i_1(t) + i_2(t) + \cdots + i_N(t) \tag{7.19}$$

mit den noch festzulegenden Funktionen Φ_k. Da die Erregung periodisch ist, fordert das lineare System auch eine periodische Wirkung bzw. Reaktion. Der Strom $i(t)$ muss sich deshalb auch durch eine Fourier-Reihe darstellen lassen. Im Folgenden wollen wir für die drei Grund-2-Pole den Weg für die Berechnung des Stromes im *stationären*, also *eingeschwungenen* Zustand darstellen.

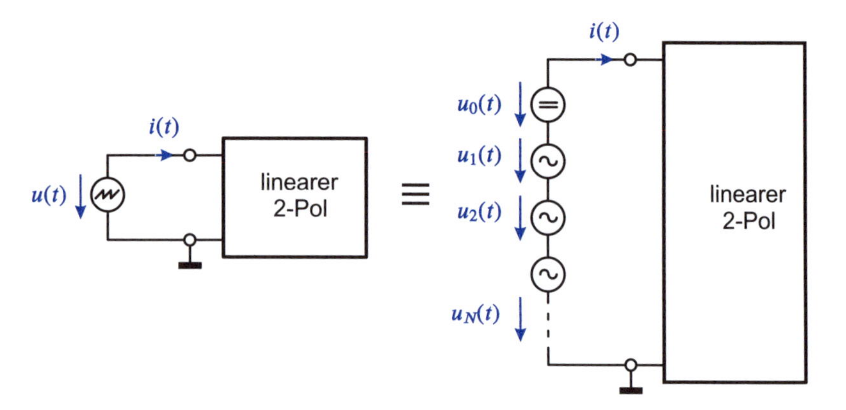

Abbildung 7.2: Erregung eines linearen 2-Pols durch eine nicht sinusförmige periodische Spannung

■ ohmscher Leitwert (Widerstand)

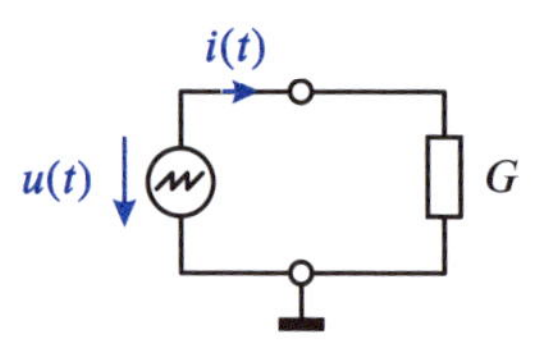

Abbildung 7.3: Erregung eines ohmschen Leitwertes durch eine nicht sinusförmige periodische Spannung

Im Zeitbereich gilt

$$i(t) = Gu(t)\,, \tag{7.20}$$

das heißt, die Zeitfunktion des Stromes $i(t)$ ist die der Spannung $u(t)$ multipliziert mit dem frequenzunabhängigen Wert des Leitwertes G.

Für die Berechnung des Stromes $i(t)$ erinnern wir uns an die komplexe Rechnung, bei der im monofrequenten Fall die komplexe Amplitude des Stromes $\underline{I}$ sich aus dem Produkt $G\underline{U}$ ergibt. Jetzt ist die komplexe Amplitude der Spannung $\underline{\boldsymbol{U}}_k$ eine Matrix mit $N + 1$ Elementen nach Gleichung (7.10). Aus diesem Grund müssen wir zur Berechnung der komplexen Amplitude des Stromes $\underline{\boldsymbol{I}}_k$ folgendes Matrizenprodukt bilden

$$\begin{pmatrix} I_0 \\ \underline{I}_1 \\ \underline{I}_2 \\ \vdots \\ \underline{I}_N \end{pmatrix} = \begin{pmatrix} G & & 0 \\ & \ddots & \\ 0 & & G \end{pmatrix} \begin{pmatrix} U_0 \\ \underline{U}_1 \\ \underline{U}_2 \\ \vdots \\ \underline{U}_N \end{pmatrix} \quad \text{oder} \quad \boldsymbol{I}_k = \boldsymbol{G} \cdot \boldsymbol{U}_k \tag{7.21}$$

$\boldsymbol{G}$ ist offensichtlich eine $N+1$-Diagonalmatrix, und den Zeitverlauf des Stromes erhalten wir mittels Gleichung (7.4) zu

$$i(t) = \frac{1}{2}\left(\left(\boldsymbol{G}\cdot\underline{\boldsymbol{U}}_k\right)^T\cdot\mathbf{e}^{jk\omega_0 t} + \left(\left(\boldsymbol{G}\cdot\underline{\boldsymbol{U}}_k\right)^T\cdot\mathbf{e}^{jk\omega_0 t}\right)^*\right)\,. \tag{7.22}$$

Der Zeitverlauf errechnet sich in vollkommener Analogie zur monofrequenten Anregung. Beim ohmschen Leitwert unterscheiden sich der Zeitverlauf des Stromes und der der Spannung um den Proportionalitätsfaktor G, der für jede Frequenzkomponente $k\omega_0$ gilt.

Spule

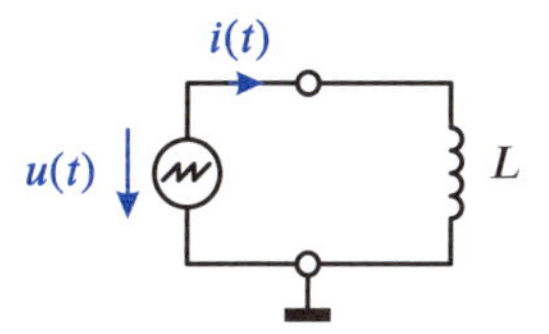

Abbildung 7.4: Erregung einer Spule durch eine nicht sinusförmige periodische Spannung

Für die Spule mit der Induktivität L ist der zeitliche Zusammenhang zwischen Spannung und Strom

$$i(t) = \frac{1}{L}\int u(t)dt\,. \tag{7.23}$$

Aus der Integration im Zeitbereich wird im Frequenzbereich die Division durch den Operator $j\omega$. Dieser Operator hat bei den Frequenzkomponenten $k\omega_0$ die unterschiedlichen Werte $jk\omega_0$. Folglich ist der Zusammenhang zwischen den komplexen Amplituden $\underline{\boldsymbol{I}}_k$ und $\underline{\boldsymbol{U}}_k$

$$\begin{pmatrix} I_0 \\ \underline{I}_1 \\ \underline{I}_2 \\ \vdots \\ \underline{I}_N \end{pmatrix} = \begin{pmatrix} \infty & & & & 0 \\ & 1/(j1\omega_0 L) & & & \\ & & 1/(j2\omega_0 L) & & \\ & & & \ddots & \\ 0 & & & & 1/(jN\omega_0 L) \end{pmatrix} \begin{pmatrix} U_0 \\ \underline{U}_1 \\ \underline{U}_2 \\ \vdots \\ \underline{U}_N \end{pmatrix} \tag{7.24}$$

oder

$$\underline{\boldsymbol{I}}_k = L^{-1}(jk\omega_0)\cdot\underline{\boldsymbol{U}}_k \tag{7.25}$$

Mit steigendem Wert der Harmonischenzahl k werden die Stromanteile dieser Harmonischen immer kleiner. Enthält die Spannung $u(t)$ einen Gleichanteil, wird dieser kurzgeschlossen. Der Wert der Gleichstromkomponente würde gegen ∞ streben. Nur bei zur Zeitachse symmetrischen Spannungsverläufen $u(t)$ (linearer Mittelwert ist null), bleiben die Werte aller Stromkomponenten endlich.

Weiterhin bewirkt das Induktionsgesetz bei der Spule eine Phasenverschiebung von $\pi/2$ zwischen Strom und Spannung, sichtbar durch die imaginäre Einheit j. Der Zeitverlauf des Stromes ist damit folgendes Matrizenprodukt

$$i(t) = \frac{1}{2}\left((L^{-1}(jk\omega_0) \cdot \underline{\mathbf{U}}_k)^T \cdot \mathbf{e}^{jk\omega_0 t} + \left((L^{-1}(jk\omega_0) \cdot \underline{\mathbf{U}}_k)^T \cdot \mathbf{e}^{jk\omega_0 t}\right)^*\right) . \tag{7.26}$$

Am Beispiel einer zur Zeitachse symmetrischen Rechteckspannung wollen wir uns den oben beschriebenen Sachverhalt verdeutlichen.

Die Abbildung 7.5 zeigt den Zeitverlauf der Spannung. Die ideale Rechteckform wird mittels Fourier-Reihe mit fünf Harmonischen approximiert. Das Überschwingen ist deutlich erkennbar. Wir sehen, dass im Spektrum dieser Spannung nur die ungeradzahligen Harmonischen vorkommen. Ihre Amplitude ist proportional $1/k$. Der Winkel der komplexen Amplituden der Harmonischen ist $\varphi_{Uk} = -\pi/2$.

Der Zeitverlauf des Stromes durch die Spule wird in Abbildung 7.6 dargestellt. Die zeitliche Integration der idealen Rechteckspannung muss einen dreieckförmigen

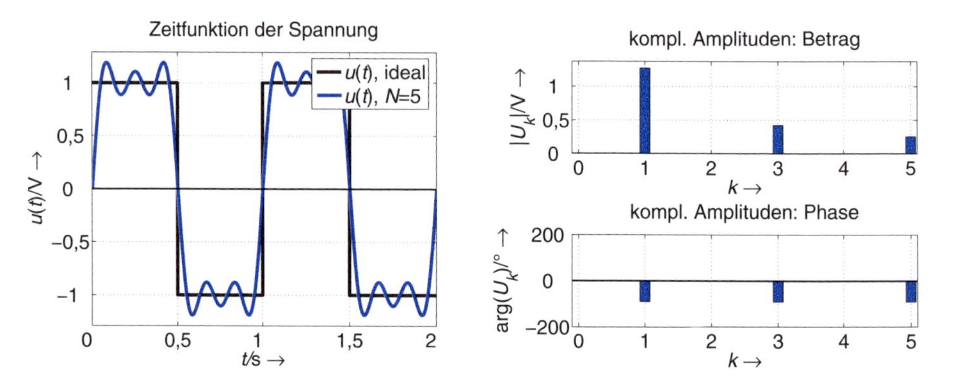

Abbildung 7.5: Näherung einer zur Zeitachse symmetrischen Rechteckspannung durch Fourier-Reihe mit fünf Harmonischen; Zeitabhängigkeit, komplexe Amplituden nach Betrag und Phase

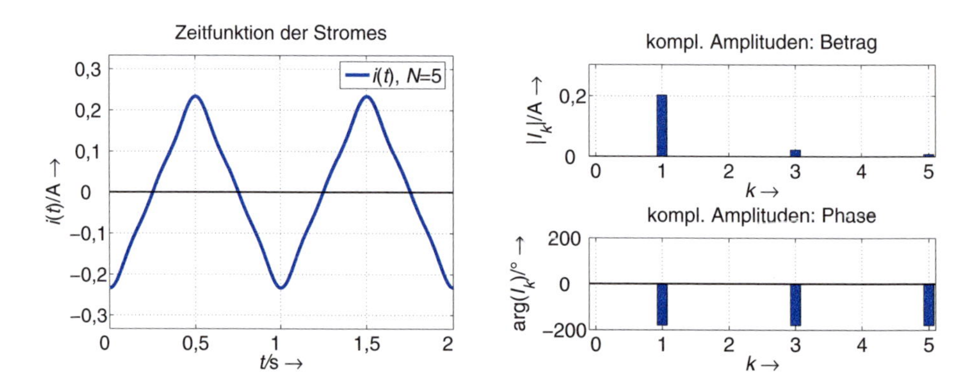

Abbildung 7.6: Strom durch Spule mit $L = 1$ H bei Anregung nach Abbildung 7.5; Zeitabhängigkeit, komplexe Amplituden nach Betrag und Phase

Zeitverlauf ergeben. Obwohl wir mit fünf Harmonischen die Rechteckspannung nur grob genähert haben, ist der Zeitverlauf des Stromes in Dreieckform nahezu ideal. Die Integration hat eine ausgleichende Wirkung. Die Beträge der komplexen Amplituden sind die der Spannung, dividiert durch $jk\omega_0 L$, so dass der Betrag der komplexen Amplituden jetzt mit $1/k^2$ abnimmt. Wegen der Linearität der Schaltung hat der Strom die gleichen Spektrallinien wie die Spannung, aber mit anderen Amplituden und Phasen. Der Phasenwinkel der Harmonischen beim Strom ist jetzt $\varphi_{Ik} = -\pi$, die Spannung eilt dem Strom um $\pi/2$ voraus.

Kondensator

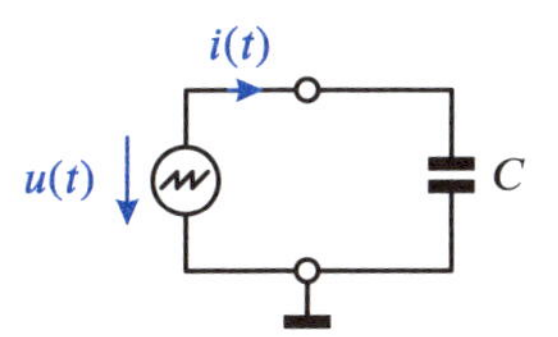

Abbildung 7.7: Erregung eines Kondensators durch eine nicht sinusförmige periodische Spannung

Beim Kondensator gilt

$$i(t) = C\,\frac{d}{dt}\,u(t)\,. \tag{7.27}$$

Der Differenziation im Zeitbereich entspricht im Frequenzbereich die Multiplikation mit dem Operator $j\omega$. In Analogie zur Spule können wir schreiben

$$\begin{pmatrix} I_0 \\ \underline{I}_1 \\ \underline{I}_2 \\ \vdots \\ \underline{I}_N \end{pmatrix} = \begin{pmatrix} 0 & & & & 0 \\ & j1\omega_0 C & & & \\ & & j2\omega_0 C & & \\ & & & \ddots & \\ 0 & & & & jN\omega_0 C \end{pmatrix} \begin{pmatrix} U_0 \\ \underline{U}_1 \\ \underline{U}_2 \\ \vdots \\ \underline{U}_N \end{pmatrix} \tag{7.28}$$

bzw.

$$\underline{\boldsymbol{I}}_k = C(jk\omega_0) \cdot \underline{\boldsymbol{U}}_k \tag{7.29}$$

Da der Kondensator den Gleichstrom sperrt, ist der Wert dieser Stromkomponente null. Nach dem Durchflutungsgesetz ist der Strom $i(t)$ durch den Kondensator ein dielektrischer Verschiebungsstrom, der der anliegenden Spannung $u(t)$ um $\pi/2$ vorauseilt. In Matrizenschreibweise erhalten wir

$$i(t) = \frac{1}{2}\left(\left(C(jk\omega_0)\cdot \underline{\boldsymbol{U}}_k\right)^T \cdot \mathbf{e}^{jk\omega_0 t} + \left(\left(C(jk\omega_0)\cdot \underline{\boldsymbol{U}}_k\right)^T \cdot \mathbf{e}^{jk\omega_0 t}\right)^*\right)\,. \tag{7.30}$$

Für die Anregung des Kondensators mit der Spannung nach Abbildung 7.5 zeigt die Abbildung 7.8 den zeitlichen Verlauf und das Spektrum des Stromes durch den Kondensator.

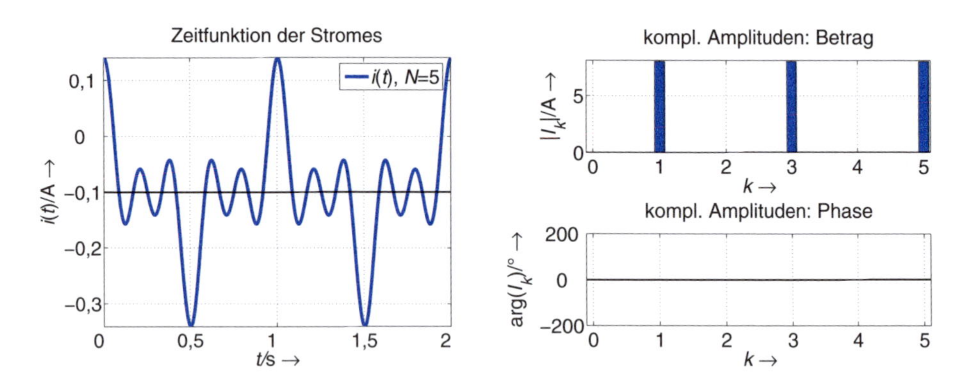

Abbildung 7.8: Strom durch Kondensator mit $C = 1$ F bei Anregung nach Abbildung 7.5; Zeitabhängigkeit, komplexe Amplituden nach Betrag und Phase

Verglichen mit der Spule ergibt sich beim Kondensator ein vollkommen anderes Bild. Die Ableitung einer idealen Rechteckfunktion nach der Zeit ist eine alternierende Folge von Nadelimpulsen gleicher Amplitude. Jede Harmonische wird mit $jk\omega_0 C$ multipliziert. Da die Amplituden der Harmonischen der Rechteckspannung proportional $1/k$ sind, sind die Beträge der komplexen Amplituden des Stromes bei jeder Harmonischen gleich groß. Wegen der Phasenverschiebung von $\pi/2$ gegenüber der Spannung ist ihr Phasenwinkel null. Auch hier verändert der Kondensator als lineares Bauelement nichts an der spektralen Verteilung der Harmonischen, es gibt nur ungeradzahlige Vielfache der Grundfrequenz ω_0. Während die Integration ausgleichend ist, verschärft die Differenziation die bestehenden Abweichungen. Gegenüber den idealen Nadelimpulsen zeigt der Zeitverlauf des Stromes erhebliche Überschwinger, die nur dadurch verschwinden würden, wenn wir die Anzahl der Harmonischen von jetzt mit $N = 5$ drastisch vergrößern würden.

Für die drei Grundbauelemente Widerstand, Spule und Kondensator haben wir damit das Prinzip der Berechnung der Reaktion auf eine nicht sinusförmige periodische Erregung dargestellt. Dieser Rechenweg wird in Abbildung 7.9 beschrieben.

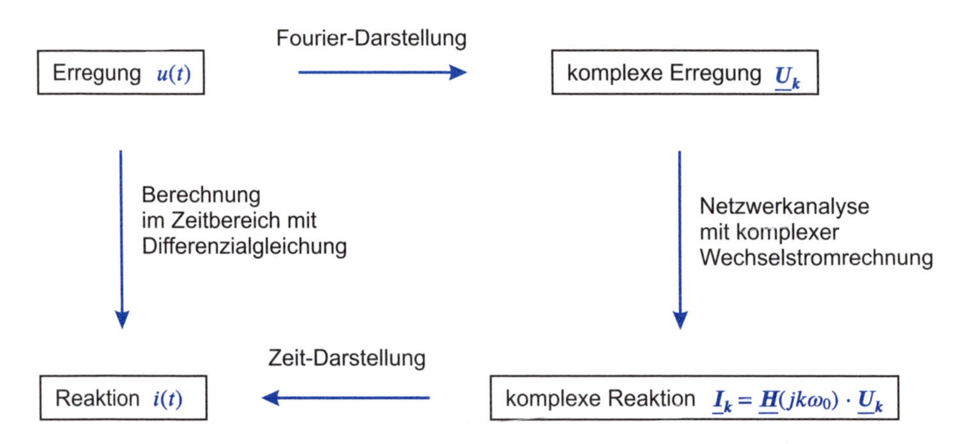

Abbildung 7.9: Wege zur Berechnung der zeitlichen Reaktion auf eine nicht sinusförmige periodische Erregung

Gegenüber der direkten Berechnung der Zeitreaktion mittels Differenzialgleichung und deren Lösung auf diese Anregung wählen wir den Umweg über die komplexe Rechnung. Die Praxis zeigt, dass diese Lösungsmethode einfacher, übersichtlicher und physikalisch leichter interpretierbar ist als der direkte Weg. Diese Methode versagt aber, wenn wir den Einschaltvorgang miterfassen wollten. Dann müssen wir die Differenzialgleichung mit den Anfangs- und Nebenbedingungen für die gegebene Schaltung lösen.

Zum Abschluss wollen wir die Schaltung nach Abbildung 7.10 untersuchen. Die Werte der Bauelemente sind willkürlich gewählt.

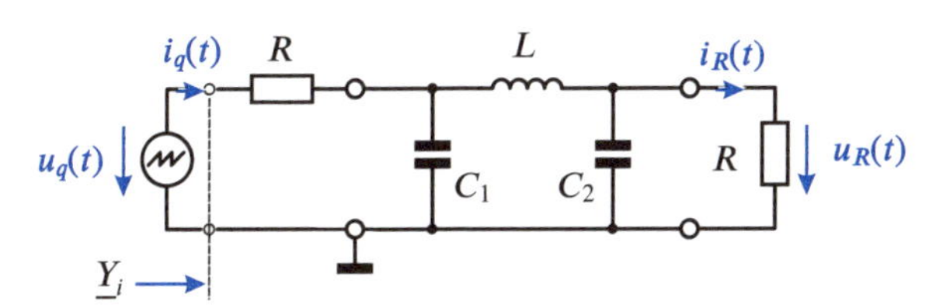

Abbildung 7.10: Quelle–Tiefpass–Lastwiderstand mit nicht harmonischer periodischer Erregung, $R = 1\ \Omega$, $L = 1$ H, $C_1 = C_2 = 1$ F

Der Zeitverlauf der Spannung $u_q(t)$ in einem Doppelweggleichrichter soll nach Abbildung 7.11 mittels einer Dreieckfunktion approximiert werden. Die Anzahl der Harmonischen beschränken wir wieder auf die Zahl Fünf. Damit wird die Dreieckspannung sehr gut angenähert.

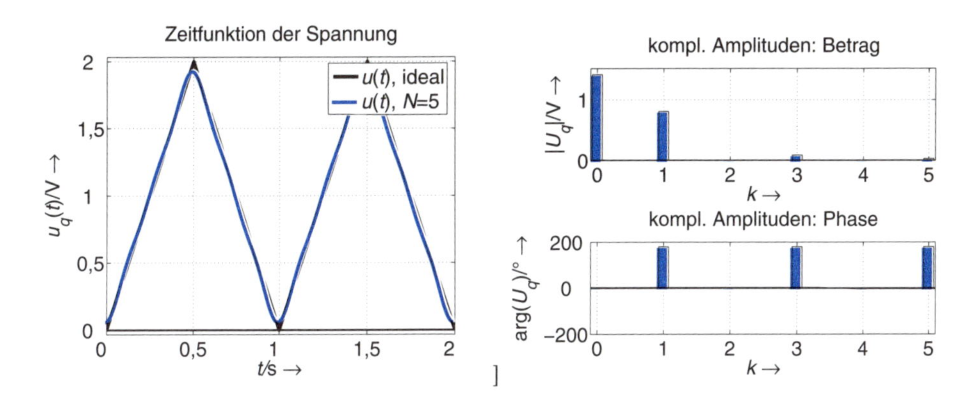

Abbildung 7.11: Zeitfunktion der Quellspannung $u_q(t)$ nach Abbildung 7.10

Das Spektrum des so gewählten Zeitverlaufes der Spannung enthält neben den ungeradzahligen Harmonischen auch einen Gleichanteil. Den Betrag der dazu gehörenden komplexen Amplitude können wir sehr schnell berechnen. Die Fläche unter dem Dreieck bezogen auf die Periode der Zeitfunktion ergibt 1 Vs. Folglich hat die (komplexe) Amplitude U_0 entsprechend Gleichung (7.8) den Wert $\sqrt{2}$ V.

Für uns von Interesse sind der Zeitverlauf des Stromes $i_q(t)$ und der der Spannung $u_R(t)$. Der Tiefpass hat die Aufgabe, dass im Idealfall durch den Lastwiderstand R nur ein Gleichstrom fließt bzw. nur ein Gleichspannungsabfall entsteht.

Wir bestimmen zuerst die Eingangsadmittanz $\underline{Y}_i$ der Gesamtschaltung. Als Abkürzung verwenden wir $k\omega_0 = \omega_k$.

$$\underline{Y}_i(jk\omega_0) = \cfrac{1}{R + \cfrac{1}{j\omega_k C_1 + \cfrac{1}{j\omega_k L + \cfrac{1}{j\omega_k C_2 + 1/R}}}} \,. \tag{7.31}$$

Dabei haben wir von der Kettenbruchdarstellung Gebrauch gemacht. Der Vektor der komplexen Amplituden des Stromes $i_q(t)$ ist damit

$$\underline{\boldsymbol{I}}_q = \underline{\boldsymbol{Y}}_i(jk\omega_0) \cdot \underline{\boldsymbol{U}}_q \tag{7.32}$$

wobei $\underline{\boldsymbol{Y}}_i(jk\omega_0)$ die Diagonalmatrix entsprechend den Gleichungen (7.24) oder (7.28) darstellt. Für den Zeitverlauf des Stromes $i_q(t)$ erhalten wir den Ausdruck

$$i_q(t) = \frac{1}{2}\left((\underline{\boldsymbol{Y}}_i(jk\omega_0) \cdot \underline{\boldsymbol{U}}_q)^T \cdot \mathbf{e}^{jk\omega_0 t} + \left((\underline{\boldsymbol{Y}}_i(jk\omega_0) \cdot \underline{\boldsymbol{U}}_q)^T \cdot \mathbf{e}^{jk\omega_0 t} \right)^* \right) , \tag{7.33}$$

dessen graphische Darstellung die Abbildung 7.12 zeigt.

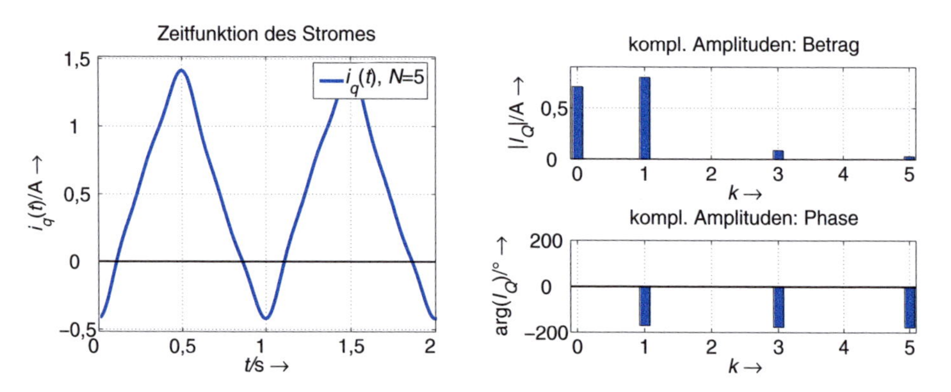

Abbildung 7.12: Zeitfunktion des Stromes $i_q(t)$ nach Abbildung 7.10

Wir bemerken, dass im Gegensatz zum Zeitverlauf der Spannung $u_q(t)$ der Strom $i_q(t)$ zeitweise unterhalb der Zeitachse verläuft. Für $k = 0$ oder besser $k\omega_0 = 0$ liegt der reine Gleichstromfall vor. $\underline{Y}_i(0) = 1/(2R)$ oder mit $R = 1\ \Omega$ ist $\underline{Y}_i(0) = 1/2$ S. Der Wert der Amplitude des Gleichstroms ist damit $I_0 = \sqrt{2}/2$ A. Im anderen Extremfall, bei $k\omega_0 \to \infty$, erhalten wir für die Eingangsadmittanz $\underline{Y}_i = 1/R$. Für hohe Frequenzen stellt der Kondensator C_1 einen Kurzschluss da. Die Quelle sieht nur noch den Widerstand R.

Um die komplexen Amplituden $\underline{\boldsymbol{U}}_R$ als Funktion von $\underline{\boldsymbol{U}}_q$ darzustellen, wenden wir zweimal die Spannungsteilerregel an. Wir definieren eine Art Übertragungsfunktion

$$\underline{H}(jk\omega_0) = \cfrac{1}{1 + R\left(j\omega_k C_1 + \cfrac{1}{j\omega_k L + \cfrac{1}{j\omega_k C_2 + 1/R}} \right)} \left(\frac{1}{1 + j\omega_k L (j\omega_k C_2 + 1/R)} \right) \tag{7.34}$$

mit der wir

$$\underline{\boldsymbol{U}}_R = H(jk\omega_0) \cdot \underline{\boldsymbol{U}}_q \tag{7.35}$$

berechnen können. $H(jk\omega_0)$ bedeutet wieder die Diagonalmatrix mit den Elementen von $\underline{H}(jk\omega_0)$.

Auch hier soll das Frequenzverhalten von $\underline{H}(jk\omega_0)$ diskutiert werden. Für $k\omega_0 = 0$ erhalten wir den Wert 1/2, d. h. die Spannung $u_R(t)$ ist halb so groß wie die Quellspannung $u_q(t)$. Geht $k\omega_0 \to \infty$, strebt der Wert der Übertragungsfunktion $|\underline{H}(jk\omega_0)| \to 0$. Bei hohen Frequenzen ist folglich die Ausgangsspannung $u_R(t) = 0$. Für unsere Schaltung bedeutet das, dass von dem bestehenden Frequenzspektrum nur die tiefen Frequenzen an den Abschlusswiderstand gelangen. Die Abbildung 7.13 verdeutlicht dieses Verhalten. Wegen des starken Abfalls von $|\underline{H}(jk\omega_0)|$ wird eine halblogarithmische Darstellung gewählt.

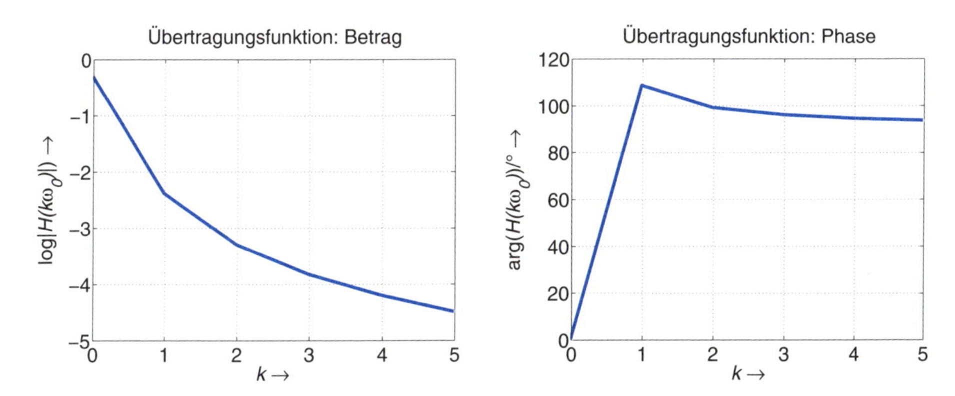

Abbildung 7.13: Übertragungsfunktion $\underline{H}(jk\omega_0)$, Frequenzgang von Betrag und Phase

Für die Zeitfunktion $u_R(t)$ folgt mit der Übertragungsfunktion

$$u_R(t) = \frac{1}{2}\left((H(jk\omega_0) \cdot \underline{\boldsymbol{U}}_q)^T \cdot \mathbf{e}^{jk\omega_0 t} + \left((H(jk\omega_0) \cdot \underline{\boldsymbol{U}}_q)^T \cdot \mathbf{e}^{jk\omega_0 t}\right)^*\right) . \tag{7.36}$$

In der Abbildung 7.14 ist diese Zeitabhängigkeit zu sehen. Aus der Dreieckspannung ist nahezu eine reine Gleichspannung geworden. Wir sehen nur eine geringe *Welligkeit* w, die sich mit der Beziehung

$$w_u = \sqrt{\frac{\underline{\boldsymbol{U}}_R^T \cdot (\underline{\boldsymbol{U}}_R)^*}{U_0^2} - 1} = \sqrt{\frac{U_{eff}^2}{U_0^2} - 1} \tag{7.37}$$

zahlenmäßig angeben lässt. Die Größe der Welligkeit w_u hängt in starkem Maße von den Werten der Spule L und den Kondensatoren C_1, C_2 ab. Je größer diese sind, umso kleiner ist w_u. Von der ersten und allen höheren Harmonischen sind die Beträge der komplexen Amplituden so klein, dass sie in der linearen Darstellung nicht zu sehen sind. Für die höchste Harmonische strebt die Phase des komplexen Amplituden gegen $\pi/2$.

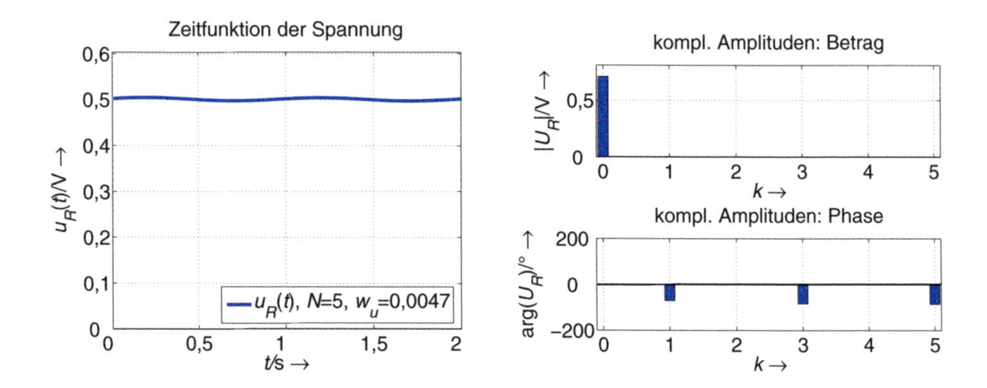

Abbildung 7.14: Zeitfunktion der Spannung $u_R(t)$ nach Abbildung 7.10

Mit diesem Beispiel haben wir deutlich machen können, dass die Anwendung der komplexen Fourier-Darstellung in Verbindung mit der komplexen Matrizen-Rechnung leistungfähige Hilfmittel zur Berechnung der Reaktion linearer Schaltungen auf stationäre nicht sinusförmige periodische Erregungen sind.

Literatur: [2], [11], [12]

7.3 Nichtlineare 2-Pole im Gleichstromkreis

Wird ein lineares Netzwerk mit einer beliebigen Anzahl von Frequenzen erregt, dann bewertet das Netzwerk jeweils den Betrag und die Phase bei der einzelnen Frequenz, verändert aber nicht die Anzahl der Frequenzen. Die nicht sinusförmige periodische Erregung und die Reaktion eines linearen Netzwerkes ist nur eine von mehreren möglichen Anwendungen in der Praxis. In vielen Fällen wird ein Netzwerk sinusförmig erregt, und die Reaktion ist nicht sinusförmig aber periodisch. Genau das ist zum Beispiel bei einem PC-Schaltnetzteil der Fall. Die Eingangsspannung ist 220 V, 50 Hz sinusförmig. Im Netzteil wird diese Spannung gleichgerichtet, dann im Schalterbetrieb bei ca. 100 kHz zerhackt, auf die gewünschten Spannungswerte transformiert und wieder gleich gerichtet. Schon der einfache Netzgleichrichter ist ein Netzwerk, bei dem am Eingang die monofrequente Spannung von 50 Hz angeschlossen wird, am Ausgang zwar im wesentlichen Gleichstrom, aber auch Harmonische von 50 Hz messbar sind. Im Netzwerk wird die Anzahl der Frequenzen verändert.

Diese Frequenzwandlung kann nur durch Bauelemente mit nichtlinearer Strom/Spannungs-Kennlinie erfolgen. Die Abbildung 7.15 zeigt beispielhaft eine rein quadratische Strom/Spannungs-Kennlinie. Die Beziehung zwischen Strom und Spannung am Bauelement ist

$$I_d = A \cdot (U_d)^2 . \qquad (7.38)$$

A hat die Einheit A/V^2. Gleichfalls ist in dieser Abbildung die kosinusförmige Spannungs-Ansteuerung bei $U_d = U_0 = 1\,\text{V}$ mit der Amplitude $\hat{U} = 1\,\text{V}$ eingezeichnet. Der sich ergebende Zeitverlauf des Stromes durch das Bauelement ist rechts zu sehen.

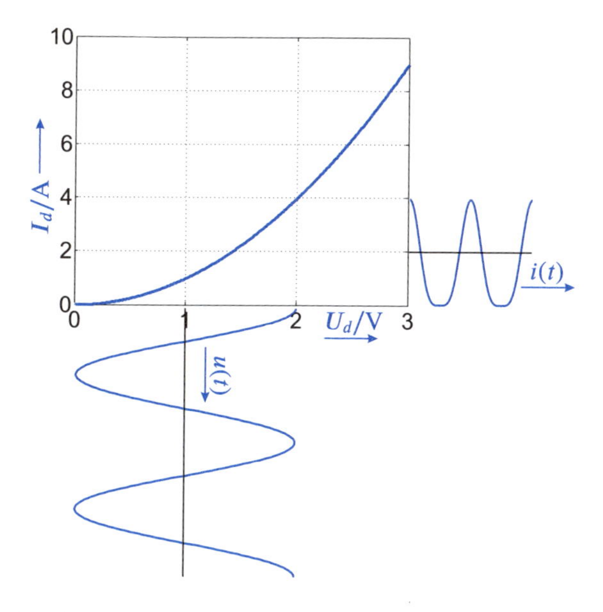

Abbildung 7.15: Quadratische Strom/Spannungs-Kennlinie mit kosinusförmiger Ansteuerung

Wir erkennen die Unsymmetrie und Stauchung der Zeitfunktion. Zur Untersuchung des Spektrums setzen wir den Zeitverlauf der Spannung in Gleichung (7.38) ein. Wir wählen unsere erprobte Schreibweise mit der Exponentialfunktion

$$i_d(t) = A\left(U_0 + \frac{\hat{U}}{2}\left(\mathrm{e}^{j\omega_0 t} + \mathrm{e}^{-j\omega_0 t}\right)\right)^2 . \tag{7.39}$$

Nach einfacher Rechnung erhalten wir

$$i_d(t) = A\left(U_0^2 + \frac{\hat{U}^2}{2} + U_0\hat{U}\left(\mathrm{e}^{j\omega_0 t} + \mathrm{e}^{-j\omega_0 t}\right) + \frac{\hat{U}^2}{4}\left(\mathrm{e}^{j2\omega_0 t} + \mathrm{e}^{-j2\omega_0 t}\right)\right) \tag{7.40}$$

was gleich bedeutend ist mit

$$i_d(t) = A\left(U_0^2 + \frac{\hat{U}^2}{2} + 2U_0\hat{U}\cos(\omega_0 t) + \frac{\hat{U}^2}{2}\cos(2\omega_0 t)\right) . \tag{7.41}$$

Durch die nichtlineare Kennlinie ist der Stromverlauf nicht sinusförmig geworden, aber periodisch mit der Periode $T_0 = 1/\omega_0$ geblieben. Es ist ein zusätzlicher Gleichanteil entstanden, der dem Quadrat der Wechselamplitude proportional ist. Neben der Grundfrequenz ω_0 ist weiterhin ein Spektralanteil mit der doppelten Frequenz $2\omega_0$ vorhanden. Ohne nichtlineare Kennlinie wären diese Anteile nicht im Spektrum zu finden.

Die Rechnung zeigt deutlich, dass bei Verwendung der Zeitdarstellung mittels Exponentialfunktion die explizite Suche nach Additionstheoremen der trigonometrischen Funktionen entfällt.

Nichtlineare Strom/Spannungs-Kennlinien finden wir bei vielen Schaltungen in der Elektrotechnik. Insbesondere Halbleiterbauelemente wie Dioden, Transistoren und Thyristoren sind nichtlineare Bauelemente. Dazu kommen der Magnetkreis mit Eisen- und Ferritfüllung, Heiß- und Kaltleiter, Varistoren und Überspannungsableiter. Die Abbildungen 7.16 und 7.17 zeigen beispielhaft die nichtlinearen Kennlinien verschiedener Halbleiterdioden. Besonders zu erwähnen ist hier die Tunnel-Diode. Bei einer Diodenspannung $0,09\mathrm{V} \leq U_d \leq 0,3\mathrm{V}$ hat diese Diode sogar eine fallende Kennlinie. Das bedeutet, dass in diesem Spannungsbereich der differentielle Widerstand negativ ist.

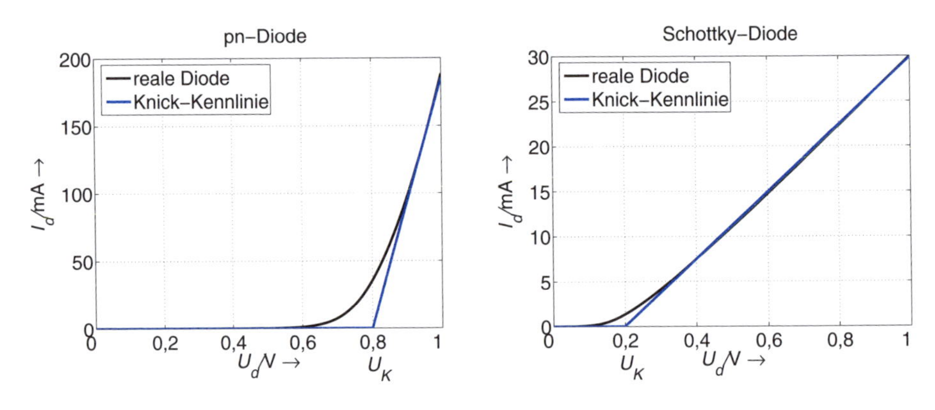

Abbildung 7.16: Strom-Spannungs-Kennlinien einer PN- und einer Schottky-Diode

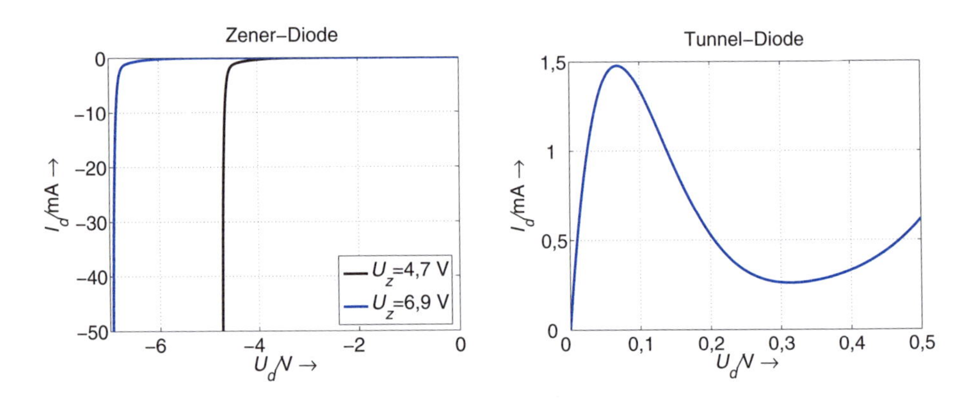

Abbildung 7.17: Strom-Spannungs-Kennlinien einer Zener- und einer Tunnel-Diode

Während die Berechnung der Ströme und Spannungen in linearen Netzwerken mittels linearer Gleichungssysteme elementar möglich ist, ist die Lösung dieser Aufgabe bei Netzwerken mit nichtlinearen Bauelementen mit mehr Aufwand verbunden. Am Beispiel der Halbleiterdiode im Gleichstromkreis wollen wir Methoden zur Berechnung der Strom- und Spannungsverteilung kennen lernen.

Dazu betrachten wir Abbildung 7.18. Die Diode D ist an eine Gleichstrom- bzw. Gleichspannungsquelle angeschlossen. Beide Darstellungen sind äquivalent, das

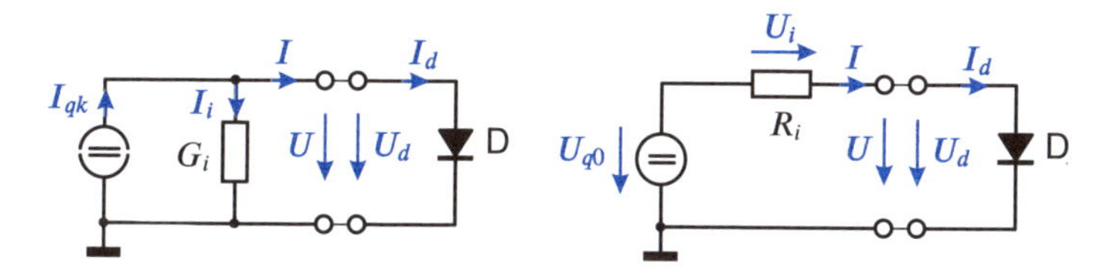

Abbildung 7.18: Gleichstrom- bzw. Gleichspannungsquelle mit Diode, äquivalente Darstellungen

heißt, $G_i = 1/R_i$ und $I_{qk} = G_i U_{q0}$. In dieser Schaltung soll der Diodenstrom I_d bestimmt werden. Die ideale Halbleiterdiode hat folgende Kennliniengleichung

$$I_d = I_s \left(\mathrm{e}^{U_d/(nU_T)} - 1 \right) \quad \text{bzw.} \quad U_d = nU_T \ln\left(\frac{I_d}{I_s} + 1 \right) . \tag{7.42}$$

Es bedeuten: I_s Sättigungsstrom (fA$\leq I_s \leq \mu$A), U_T Temperaturspannung (≈ 26 mV bei $T = 298$ K) und n Idealitätsfaktor ($1 \leq n \leq 2$). Im Fall der idealen Halbleiterdiode sind beide Darstellungen $I_d = \Phi_u\{U_d\}$ und $U_d = \Phi_i\{I_d\}$ möglich. Das ist bei nichtlinearen Bauelementen nicht immer der Fall. Es ist schon ein großer Vorteil, wenn wenigstens eine der beiden Kennlinienbeschreibungen explizit als Funktion existiert. Oft lassen sich die Kennlinien nur über eine Wertetabelle beschreiben.

Die Kennliniengleichungen der Quelle sind

$$I = I_{qk} - G_i U \quad \text{bzw.} \quad U = U_{q0} - R_i I . \tag{7.43}$$

An der Schnittstelle zwischen Quelle und Diode muss gelten: $I_d = I$ und $U_d = U$ oder

$$I_s \left(\mathrm{e}^{U/(nU_T)} - 1 \right) = I_{qk} - G_i U \quad \text{bzw.} \quad nU_T \ln\left(\frac{I}{I_s} + 1 \right) = U_{q0} - R_i I . \tag{7.44}$$

Das sind transzendente Gleichungen, die weder nach I noch nach U explizit umgestellt werden können.

Wenn wir uns das Ersatzschaltbild der realen Diode in Abbildung 4.1b ansehen, dann bedeuten R_j den differenziellen Widerstand der Sperrschicht, d. h. die Tangente der Dioden-I-U-Kennlinie und R_s ist der Bahnwiderstand des Halbleitermaterials. Bezüglich des Gleichstromverhaltens messen wir an den Anschlüssen der Diode die Reihenschaltung von Sperrschicht und ohmschem Widerstand. Die dadurch entstehende Kennlinie ist in Abbildung 7.16 zu sehen. Damit werden die Strom-Spannungsbeziehungen noch etwas komplizierter, wie das die Gleichung (7.45) zeigt. I_d ist nur noch implizit darstellbar.

$$I_d = I_s \left(\mathrm{e}^{(U_d - R_s I_d)/(nU_T)} - 1 \right) \quad \text{bzw.} \quad U_d = nU_T \ln\left(\frac{I_d}{I_s} + 1 \right) + R_s I_d . \tag{7.45}$$

Wir können mit zwei Verfahren das nichtlineare Strom/Spannungs-Problem lösen:

- grafisch,
- numerisch.

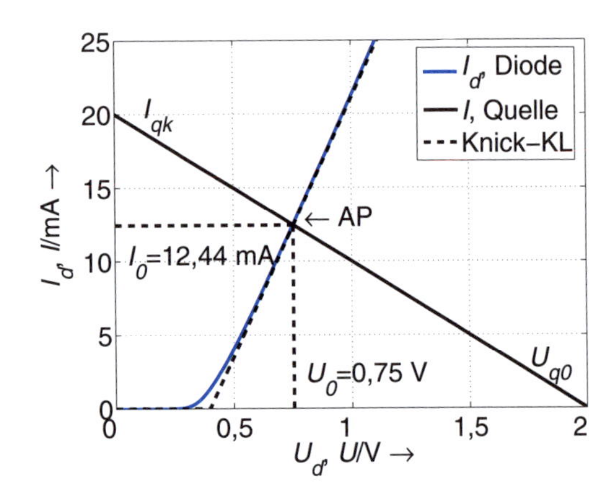

Abbildung 7.19: Grafische Darstellung der Kennlinien von Quelle und Diode

In Abbildung 7.19 sind die I-U-Kennlinien einer Quelle mit $U_{q0} = 2$ V, $R_i = 100\ \Omega$ und einer Schottky-Diode mit $Is = 1{,}2 \cdot 10^{-9}$ A, $n = 1{,}023$, $R_s = 26{,}5\ \Omega$ dargestellt. Der Schnittpunkt beider Kennlinien ergibt den gesuchten Betriebszustand oder Arbeitspunkt AP mit U_0, I_0.

Die grafische Darstellung zeigt bildhaft jede Veränderung der Ausgangsparameter. Erhöht sich z. B. R_i, sinkt die Steigung der Kennlinie der Quelle, der Arbeitspunkt AP wandert nach unten und damit werden auch U_0 und I_0 kleiner.

Eine Zwischenstellung nimmt das Verfahren mit der Kennlinienapproximation ein. Die Annäherung der Diodenkennlinie mittels Knickgeraden ist gleichfalls in der Abbildung 7.19 dargestellt. Außer im Bereich der stärksten Krümmung ergibt sich eine sehr gute Übereinstimmung beider Kennlinien. Wir haben folgende Funktion für diese Knick-Kennlinie gewählt

$$I_d = \frac{1}{2R_k}(U_d - U_k)\left(1 + \text{sign}(U_d - U_k)\right) \quad \text{mit} \quad \text{sign}(x) = \begin{cases} -1: & x < 0 \\ 0: & x = 0 \\ +1: & x > 0 \end{cases} . \tag{7.46}$$

Die Signum-Funktion sign erlaubt diese geschlossene Darstellung. Beim Beispiel sind die Knickspannung $U_k = 0{,}4$ V und der Knickwiderstand $R_k = 28{,}5\ \Omega$. Im Bereich des Arbeitspunktes ist der sign-Anteil gleich Eins, und bei Gleichheit der Ströme durch Diode und Quelle muss mit Gleichung (7.43) gelten

$$\frac{1}{R_k}(U - U_k) = I_{qk} - G_i U\,, \tag{7.47}$$

bzw. umgestellt nach U (im Arbeitspunkt ist $U = U_0$)

$$U_0 = \frac{1}{1 + R_k G_i}(R_k I_{qk} + U_k) \quad \text{bzw.} \quad I_0 = \frac{1}{R_k}(U_0 - U_k)\,. \tag{7.48}$$

Das ist die explizite Lösung für Spannung und Strom im Arbeitspunkt, die trotz Näherung für viele Anwendungen in der Praxis ausreichend genau ist. Mit dem rechten Teil von Gleichung (7.45) können wir schreiben

$$R_j = \frac{dU_d}{dI_d} = \frac{nU_T}{I_d} + Rs \approx \frac{n}{I_d} 26\ \mathrm{mV} + Rs\,, \tag{7.49}$$

das heißt, bei Diodenströmen $I_d > 10$ mA und $R_s > 10\ \Omega$ bestimmt hauptsächlich der Bahnwiderstand (lineares Bauteil) die Steigung der Diodenkennlinie.

Nach Abbildung 7.19 sind die Steigungen der Kennlinien von Quelle und Diode entgegengesetzt. Für beide Kennlinien haben wir gemäß Gleichung (7.45) und (7.43) die wechselseitigen Beziehungen zwischen Spannung und Strom. Aus diesem Grund ist folgendes numerische Verfahren konvergent und möglich.

Wir verwenden wegen der direkten Zuordnung den rechten Teil von Gleichung (7.45) und beginnen mit einem Startwert $0 < I_i < I_{qk}$ für den Strom I. Mit diesem berechnen wir die zugehörige Diodenspannung U_{di}

$$U_{d,i} = nU_T \ln\left(\frac{I_i}{I_s} + 1\right) + R_s I_i \tag{7.50}$$

und damit einen neuen Wert I_{i+1} für den Strom I mit der Gleichung für die Quelle

$$I_{i+1} = I_{qk} - G_i U_{di} \tag{7.51}$$

I_{i+1} setzen wir wieder in Gleichung (7.50) ein, berechnen die zugehörende Spannung $U_{d,i+1}$ und wieder mit Gleichung (7.51) den neuen Strom I_{i+2}. Zusammengefasst gilt:

$$I_{i+1} = I_{qk} - G_i\left(nU_T \ln\left(\frac{I_i}{I_s} + 1\right) + R_s I_i\right)\,. \tag{7.52}$$

Analog gelingt die Iteration mit der Spannungsfolge $0 < U_i < U_{q0}$

$$U_{i+1} = nU_T \ln\left(\frac{I_{qk} - G_i U_i}{I_s} + 1\right) + R_s(I_{gk} - G_i U_i)\,. \tag{7.53}$$

Wir definieren die Fehlerfunktion

$$E_i = (I_i - I_{i+1})^2 \quad \text{bzw.} \quad E_i = (U_i - U_{i+1})^2 \tag{7.54}$$

und wiederholen den oben beschriebenen Iterationszyklus so lange, bis z. B. $E_i < 10^{-8}$ ist. Die Abbildungen 7.20a,b zeigen bei willkürlichen Startwerten des Stromes I und der Spannung U den Verlauf der Iteration. Für $E_i < 10^{-8}$ sind ca. 5–10 Iterationen notwendig.

Eine weitere Möglichkeit der numerischen Lösung für den Arbeitspunkt U_0, I_0 besteht in der Definition der Nullstellen-Funktionen $\Phi_0\{U\} = 0$ und $\Phi_0\{I\} = 0$. Mit der Gleichung (7.44) erhalten wir für unsere Diodenschaltung nach Abbildung 7.18

$$\Phi_0\{U\} = I_s\left(\mathrm{e}^{U/(nU_T)} - 1\right) - I_{qk} + G_i U = 0 \tag{7.55}$$

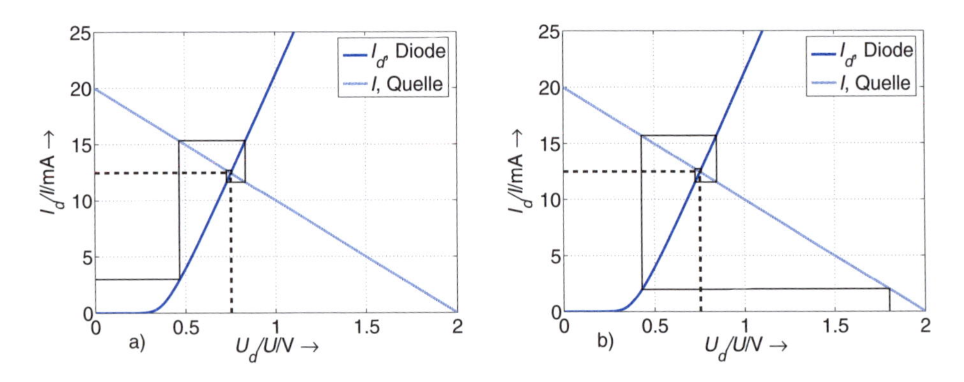

Abbildung 7.20: Iterative Berechnung des Arbeitspunktes für die Zusammenschaltung Gleichstromquelle-Diode

und

$$\Phi_0\{I\} = nU_T \ln\left(\frac{I}{I_s} + 1\right) - U_{q0} + R_i I = 0 \tag{7.56}$$

U_0, I_0 sind die Nullstellen dieser beiden Gleichungen. Die numerische Mathematik stellt viele Verfahren zur Lösung von Nullstellenproblemen bereit. Bisektion und Newton seien hier stellvertretend genannt, auch als Beispiele eines ableitungsfreien und eines differenziellen Verfahrens. Newton führt zwar bei guter Kondition der Nullstellengleichung sehr schnell zum Ziel, bereitet aber bei Gleichungen mit Unstetigkeiten (z. B. Knick-Kennlinie) oder flachen Nullstellen Probleme. Die direkte Iteration nach Gleichung (7.52) und (7.53) ist ebenfalls ableitungsfrei verbunden mit dem Vorteil einer schnellen Konvergenz.

Wie in den Kapiteln 1 und 2 gezeigt, können wir jedes lineare Netzwerk bestehend aus Quellen und Widerständen bezüglich zweier Klemmen als Ersatzquelle darstellen. Folglich ist es möglich, mit den oben angegebenen Verfahren das Zusammenspiel eines größeren Netzwerkes und eines nichtlinearen Bauelementes im Gleichstromfall zu berechnen.

Literatur: [11], [12], [15]

7.4 Nichtlineare 2-Pole im Wechselstromkreis

Die Abbildung 7.21a zeigt eine Gleichrichterschaltung bestehend aus der monofrequenten und damit sinusförmigen Wechselspannungsquelle $\underline{U}_S$ mit dem Innenwiderstand R_i, der realen Gleichrichterdiode (mit Bahnwiderstand aber ohne Reaktanzen, s. a. Abbildung 4.1), dem Tiefpass C_1, L und C_2 sowie dem Ausgangswiderstand R_o.

Im Folgenden wollen wir bei gegebenen Werten der Bauelemente und der harmonischen Zeitfunktion der Spannung $\underline{U}_S$ den Strom $i_o(t)$ für den stationären Zustand berechnen. Die Diode als nichtlineares Bauelement sorgt dafür, dass im Netzwerk die Ströme und Spannungen nicht harmonisch sind aber periodisch bleiben. Es entstehen Harmonische der Frequenz f_0. Entsprechend Abschnitt 7.1 kennzeichnen wir diesen Zustand mit der Matrix der komplexen Amplituden, z. B. $\underline{\boldsymbol{I}}_o$, $\underline{\boldsymbol{I}}_d$ usw.

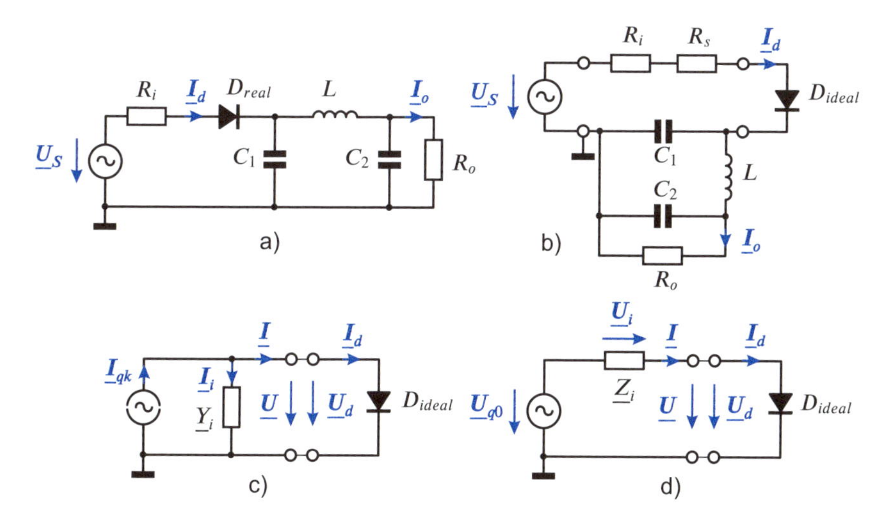

Abbildung 7.21: Monofrequente Spannungsquelle mit Diode und Tiefpass
a) Ausgangsschaltung, b) Quelle, lineares Netzwerk, nichtlineares Bauteil
c), d) Ersatzquellen
Werte: $f_0 = 50$ Hz, $\underline{U}_S = 1$ V, $R_i = R_o = 5\ \Omega$, $C_1 = C_2 = 2,3$ mF,
$L = 34,9$ mH, $I_s = 1,2 \cdot 10^{-9}$ A, $n = 1,023$, $R_s = 26,5\ \Omega$

Bevor wir mit der eigentlichen Rechnung beginnen, sortieren wir die Schaltung nach Abbildung 7.21a in die Teile harmonische Quelle, lineares Netzwerk, nichtlineares Bauelement entsprechend Abbildung 7.21b um. Die Frequenz der Quelle soll so niedrig sein, dass bei der realen Diode nur der Bahnwiderstand R_s berücksichtigt werden muss. Er wird zum linearen Teil der Schaltung gerechnet. Die verbleibende Diode ist dann ideal. Ihre Kennlinie wird durch die Gleichung (7.42) praxisgenau beschrieben.

Entsprechend der Empfehlung am Ende von Abschnitt 7.3 reduzieren wir die Schaltung nach Abbildung 7.21b auf die Darstellung mit den Ersatzquellen in den Abbildungen 7.21c und d. Beide Schaltungen sind äquivalent. Das Berechnungsverfahren wollen wir mit Darstellung der Ersatzstromquelle $\underline{\boldsymbol{I}}_{qk}$ demonstrieren. Alle Rechenschritte sind für Ersatzspannungsquelle $\underline{\boldsymbol{U}}_{q0}$ dual anwendbar.

Von der harmonischen Quelle $\underline{U}_S$ sei die Anregungskreisfrequenz $\omega = \omega_0$. Die Harmonischen $k\omega_0$ mit $k = 0, 1, \ldots, N$ kennzeichnen wir mit ω_k. Ihre Anzahl N passen wir den praktischen Erfordernissen (Genauigkeit, Rechenaufwand) an, wie wir es schon im Abschnitt 7.2 vorgeführt haben.

Abbildung 7.21 entnehmen wir die Zusammenhänge

$$\underline{Y}_i(jk\omega_0) = \cfrac{1}{R_i + R_s + \cfrac{1}{j\omega_k C_1 + \cfrac{1}{j\omega_k L + \cfrac{1}{j\omega_k C_2 + 1/R_o}}}}, \tag{7.57}$$

$$\underline{Z}_i(jk\omega_0) = \frac{1}{\underline{Y}_i(jk\omega_0)} = R_i + R_s + \cfrac{1}{j\omega_k C_1 + \cfrac{1}{j\omega_k L + \cfrac{1}{j\omega_k C_2 + 1/R_o}}} \tag{7.58}$$

und

$$\underline{\boldsymbol{U}}_S = \begin{pmatrix} 0 \\ \underline{U}_S \\ 0 \\ \vdots \\ 0 \end{pmatrix} . \tag{7.59}$$

Damit sind

$$\underline{\boldsymbol{I}}_{qk} = \underline{\boldsymbol{Y}}_i(jk\omega_0) \cdot \underline{\boldsymbol{U}}_S\,, \quad \underline{\boldsymbol{U}}_{q0} = \underline{\boldsymbol{U}}_S\,, \quad \underline{\boldsymbol{Y}}_i(jk\omega_0) = \underline{\boldsymbol{Z}}_i^{-1}(jk\omega_0) \tag{7.60}$$

$\underline{\boldsymbol{Y}}_i(jk\omega_0)$ ist die Diagonalmatrix mit den Elementen $\underline{Y}_i(jk\omega_0)$. Analoges gilt für $\underline{\boldsymbol{Z}}_i(jk\omega_0)$. Schon an dieser Stelle wird deutlich, dass die Rechnung leicht auf eine mehrfrequente Anregung einschließlich einer Gleichkomponente erweitert werden kann.

Am Knoten muss die vorzeichenbehaftete Summe aller Ströme gleich null sein. Das gilt nun auch für alle Harmonischen $k\omega_0$

$$\underline{\boldsymbol{I}}_{qk} - \underline{\boldsymbol{I}}_i - \underline{\boldsymbol{I}}_d = 0\,, \tag{7.61}$$

oder

$$\underline{\boldsymbol{I}}_i = \underline{\boldsymbol{I}}_{qk} - \underline{\boldsymbol{I}}_d \quad \text{bzw.} \quad \underline{\boldsymbol{Y}}_i(jk\omega_0) \cdot \underline{\boldsymbol{U}} = \underline{\boldsymbol{I}}_{qk} - \underline{\boldsymbol{I}}_d\,, \tag{7.62}$$

was gleichbedeutend ist mit (Maschensatz)

$$\underline{\boldsymbol{U}} = \underline{\boldsymbol{U}}_{q0} - \underline{\boldsymbol{Z}}_i(jk\omega_0) \cdot \underline{\boldsymbol{I}}_d \tag{7.63}$$

bzw. für die Rechnung mit der Ersatzstromquelle (Knotensatz)

$$\underline{\boldsymbol{I}} = \underline{\boldsymbol{I}}_{qk} - \underline{\boldsymbol{Y}}_i(jk\omega_0) \cdot \underline{\boldsymbol{U}}_d\,. \tag{7.64}$$

Das sind die beiden wichtigen Analysegleichungen unserer Schaltung. Spannungen, Ströme, Impedanzen und Admittanzen sind Matrizen, deren Ordnung durch die Anzahl N der verwendeten Harmonischen vorgegeben ist. $\underline{\boldsymbol{I}}_d$ und $\underline{\boldsymbol{U}}_d$ werden durch die Diodenkennlinie nichtlinear miteinander verknüpft. Das gilt für alle Harmonischen. Folglich können wir das Problem nur iterativ lösen.

Die Gleichungen (7.63) und (7.64) setzen voraus, dass die Kennliniengleichung $I_d = \Phi_U\{U_d\}$ und $U_d = \Phi_I\{I_d\}$ des nichtlinearen Bauelementes explizit oder als Datensatz bekannt sowie für positive und negative Werte der unabhängigen Variablen definiert sind. Bei der Diode trifft das für die linke Gleichung (7.42) zu, während die rechte Gleichung (7.42) nur für positive Argumente des Logarithmus sinnvoll ist, d. h. $I_d > I_s$. Deshalb lösen wir unser Problem mittels Gleichung (7.63). Alle Werte der Bauelemente einschließlich der Spannungsquelle $\underline{U}_S$ sind gegeben.

- Wir beginnen mit der Annahme eines Startvektors $\underline{\boldsymbol{U}} = \underline{\boldsymbol{U}}_i$ für die Spannung $\underline{\boldsymbol{U}}$ und wählen z. B.

$$\underline{\boldsymbol{U}}_i = \begin{pmatrix} 0 \\ 0,5\,\mathrm{V} \\ 0 \\ \vdots \\ 0 \end{pmatrix} . \tag{7.65}$$

Das bedeutet vorerst einen monofrequenten harmonischen Spannungszustand am nichtlinearen Bauelement. Die Dimension des Vektors entspricht der Anzahl $N+1$ der benutzten Harmonischen. Den Betrag der komplexen Amplitude passen wir dem nichtlinearen Bauelement an. An der Diode wird im Duchlassbereich auf Grund der Kennlinie, s. Abbildung 7.19, ein Wert der Spannung $U_d < 1$ V entstehen. Mit dieser Vorgabe berechnen wir den Zeitverlauf der Spannung $u_i(t)$ gemäß

$$u_i(t) = \frac{1}{2}\left(\underline{\boldsymbol{U}}_i^T \cdot \mathbf{e}^{jk\omega_0 t} + \left(\underline{\boldsymbol{U}}_i^T \cdot \mathbf{e}^{jk\omega_0 t}\right)^*\right) , \tag{7.66}$$

und über die Kennlinengleichung der idealen Diode den Zeitverlauf des Stromes $i_i(t)$

$$i_i(t) = I_s\left(\mathrm{e}^{u_i(t)/(nU_T)} - 1\right) . \tag{7.67}$$

Der Zeitverlauf des Stromes ist damit nicht harmonisch aber periodisch.

- Mit Hilfe einer numerischen Fourier-Transformation müssen wir von diesem Zeitverlauf den Vektor $\underline{\boldsymbol{I}}_i$ der komplexen Amplituden des Stromes bestimmen. Dazu muss die Zeitfunktion des Stromes $i_i(t)$ innerhalb einer Periode an äquidistanten Zeitpunkten t_j berechnet (abgetastet) werden. Die Theorie der Fouriertransformation liefert folgenden Zusammenhang für die Anzahl M_t dieser Zeitpunkte

$$M_t = 2^{\mathrm{ceil}(\log 2(2N+1))} . \tag{7.68}$$

Es bedeuten log2(x) den Logarithmus von x zur Basis zwei und die Funktion ceil(x) die nächste größere ganze Zahl von x. Nehmen wir an, dass die gesamte Rechnung mit $N = 20$ Harmonischen erfolgt. Dann ergibt Gleichung (7.68) $M_t = 64$ Abtastpunkte pro Periode der Zeitfunktionen. Damit ist die numerische Fourier-Transformation, in der Literatur und den Rechenprogrammen als *FFT* (Fast Fourier Transformation) bezeichnet, in der Lage, eine durch eine endliche Fourier-Reihe mit N Harmonischen dargestellte Zeitfunktion ohne Informationsverlust in den Frequenzbereich zurückzutransformieren.
Für uns bedeutet diese Aussage, dass die Zeitfunktionen nach Gleichung (7.66) und (7.67) nur zu diesen Zeitpunkten t_j zu berechnen sind. Unter diesen Bedingungen können wir schreiben

$$\underline{\boldsymbol{I}}_i = \mathrm{FFT}(i_i(t)) . \tag{7.69}$$

- Mit Gleichung (7.63) berechnen wir den neuen Spannungsvektor

$$\underline{\boldsymbol{U}}_{i+1} = \underline{\boldsymbol{U}}_S - \underline{\boldsymbol{Z}}_i(jk\omega_0) \cdot \underline{\boldsymbol{I}}_i . \tag{7.70}$$

- Die Fehlerfunktion E erhalten wir in Analogie zu Abschnitt 7.3

  $$E = (\underline{\boldsymbol{U}}_i - \underline{\boldsymbol{U}}_{i+1})^T \cdot (\underline{\boldsymbol{U}}_i - \underline{\boldsymbol{U}}_{i+1})^* \,. \tag{7.71}$$

  Es zeigt sich, abweichend von Abschnitt 7.3, dass ein direktes Einsetzen von $\underline{\boldsymbol{U}}_{i+1}$ als nächsten Iterationsvektor in die Gleichung (7.66) nur in seltenen Fällen konvergiert.
  Es gibt zwei Wege für den nächsten Iterationschritt. Wir können ein modifiziertes Newton-Verfahren einsetzen, bei dem durch Differenzieren nach jeder Harmonischen die Jacobi-Matrix gebildet wird, die Informationen über den Gradienten der Fehlerfunktion enthält. Daraus wird dann der neue Iterationsvektor gebildet. Diese Methode zeigt bei guter Kondition schnelle Konvergenz. Sie wird numerisch aber sehr aufwändig, wenn wir an die große Anzahl N der Variablen, die gleich der Anzahl der Harmonischen ist, denken. Bei schlechter Kondition der Jacobi-Matrix kommt es zu numerischen Instabilitäten.
  Deshalb wollen wir hier mit dem aus der numerischen Mathematik bekannten ableitungsfreien Relaxiationsverfahren arbeiten. Der neue Iterationsvektor wird wie folgt gebildet

  $$\underline{\boldsymbol{U}}_{i+1} = \underline{\boldsymbol{U}}_i + s(\underline{\boldsymbol{U}}_{i+1} - \underline{\boldsymbol{U}}_i) \,, \tag{7.72}$$

  s wird als Konvergenzfaktor bezeichnet. Sein Wertebereich ist $0 \leq s \leq 1$. $s = 1$ bedeutet direkte Iteration und $s = 0$ keine Änderung, was keine Lösung ist. Aus diesem Grund wird der Wert von s dem konkreten Problem angepasst. Wir haben in Gleichung (7.72) auf beiden Seiten den identischen Index $i+1$ verwendet. Damit wollen wir die Variablenumspeicherung ausdrücken. Der neue Vektor $\underline{\boldsymbol{U}}_{i+1}$ wird in Gleichung (7.66) eingesetzt und der Vorgang so lange wiederholt, bis z. B. $E < 10^{-8}$ ist. Damit ist die Rechnung beendet.

Mit dem Lösungsvektor $\underline{\boldsymbol{U}}$ und den Gleichungen (7.66), (7.67) und (7.69) sind auch $\underline{\boldsymbol{I}}$ bzw. $\underline{\boldsymbol{I}}_d$ bekannt. Für die Berechnung von $\underline{\boldsymbol{I}}_o$ wenden wir zweimal die Stromteilerregel an und erhalten als Übertragungsfunktion

$$\underline{H}(jk\omega_0) = \frac{1}{1 + j\omega_k C_2 R_o} \frac{1}{1 + j\omega_k C_1 \left(j\omega_k L + \dfrac{1}{j\omega_k C_2 + 1/R_o} \right)} \tag{7.73}$$

Damit gilt ($\underline{\boldsymbol{H}}(jk\omega_0)$ ist Diagonalmatrix)

$$\underline{\boldsymbol{I}}_o = \underline{\boldsymbol{H}}(jk\omega_0) \cdot \underline{\boldsymbol{I}}_d \tag{7.74}$$

und für die Zeitfunktion

$$i_o(t) = \frac{1}{2} \left(\underline{\boldsymbol{I}}_o^T \cdot \mathbf{e}^{jk\omega_0 t} + \left(\underline{\boldsymbol{I}}_o^T \cdot \mathbf{e}^{jk\omega_0 t} \right)^* \right) \,. \tag{7.75}$$

Abbildung 7.22 zeigt das Ergebnis der numerischen Rechnung. Die Anzahl der Harmonischen ist $N = 20$, als bester Wert für den Konvergenzfaktor wurde $s \approx 0{,}08$ ermittelt, und dabei beträgt die Anzahl der Iterationen oder Durchläufe $N_{iter} \approx 170$. Obwohl die Beträge der komplexen Amplituden bei der Diodenspannung und dem Diodenstrom in der linearen Darstellung ab der achten Harmonischen kaum zu sehen

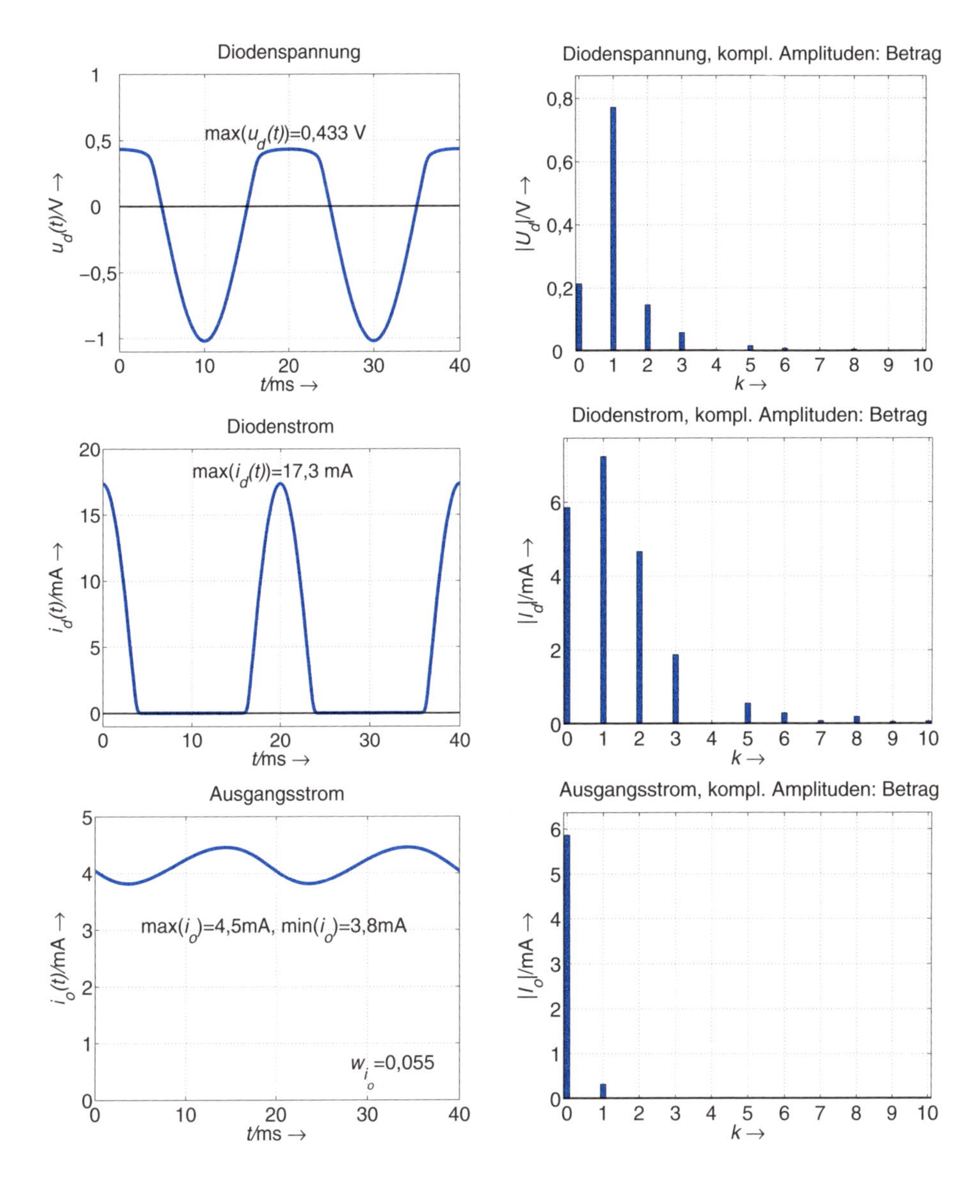

Abbildung 7.22: Spannungen und Ströme im stationären Zustand in der Schaltung nach Abbildung 7.21, Spannungsanregung $u_S(t) = 1\text{V}\cos(2\pi 50\text{Hz}t)$, Anzahl der Harmonischen $N = 20$

sind, ergibt sich erst ab $N > 15$ ein glatter stationärer Zeitverlauf des impulsförmigen Diodenstromes $i_d(t)$. Der Verlauf des Ausgangsstromes $i_o(t)$ ist dagegen schon bei der Wahl von $N > 6 - 10$ Harmonischen stabil.

Die hier vorgestellte Berechnungsmethode von Schaltungen mit einem nichtlinearen Bauelement für stationäre nicht sinusförmige aber periodische Zeitvorgänge wird in der Literatur als *Harmonische Balance* (engl. Harmonic Balance) bezeichnet. Es kann nur eine Lösung für die Strom- und Spannungsverteilung in der Schaltung geben, wenn für jede Harmonische die KIRCHHOFF'schen Gesetze erfüllt werden. Mehrere Anregungen, sowohl mit Spannungs- als auch mit Stromquellen bei sogar unterschiedlichen Frequenzen, erlauben die Berechnung von Frequenzumsetzern (Mischer, Modulator). Gleichfalls können wir Oszillatoren analysieren, wenn wir z. B. eine Tunneldiode (Abbildung 7.17) verwenden, bei der der Arbeitspunkt im fallenden Teil der Kennlinie liegt. Der negative differenzielle Leitwert (Widerstand) entdämpft die Schaltung.

Literatur: [9], [15]

Anhang: Matrizenrechnung

Die kompakte, übersichtliche Darstellung der elektrischen Eigenschaften von Netzwerken ist ohne komplexe Matrizenrechnung undenkbar. Wesentliche Definitionen und Rechenregeln von Matrizen sind in der folgenden Übersicht zusammengestellt.

Literatur: [3]

Bezeichnung	Erklärung, Symbol bzw. Gleichung	Nr.
allgemeine Vereinbarungen und Grundbegriffe		
(m, n)-Matrix	(m, n)-tupel von Elementen, z. B. $\underline{M}_{ij}$, $(i = 1, 2, ..., m)$ und $(j = 1, 2, ..., n)$, geordnet in einem rechteckigen Schema von m waagerechten Reihen (Zeilen) und n senkrechten Reihen (Spalten). Schreibweise: fett, schräg, z. B. $\underline{\boldsymbol{M}} = \begin{pmatrix} \underline{M}_{11} & \underline{M}_{12} & \cdots & \underline{M}_{ij} & \cdots & \underline{M}_{1n} \\ \vdots & \vdots & \vdots & \vdots & \vdots & \vdots \\ \underline{M}_{i1} & \cdots & \cdots & \cdots & \cdots & \underline{M}_{in} \\ \vdots & \vdots & \vdots & \vdots & \vdots & \vdots \\ \underline{M}_{1m} & \cdots & \cdots & \cdots & \cdots & \underline{M}_{mn} \end{pmatrix}$	M 01
Matrixelement	Schreibweise: mager, schräg, z. B. $\underline{M}_{ij}$ mit Doppelindex, erster Index Zeilenzahl, zweiter Index Spaltenzahl	M 02
einzeilige Matrix (Zeilenmatrix, Zeile, Zeilenvektor)	Matrix mit einer Zeile, wird als Transponierte (s. a. M 21) einer einspaltigen Matrix geschrieben, z. B. $x^T = (\underline{x}_1, \underline{x}_2, \cdots, \underline{x}_j, \cdots, \underline{x}_n)$, ein Index kennzeichnet das Element	M 03
einspaltige Matrix	Matrix mit einer Spalte, z. B. $\underline{\boldsymbol{M}} = \begin{pmatrix} \underline{x}_1 \\ \underline{x}_2 \\ \vdots \\ \underline{x}_i \\ \vdots \\ \underline{x}_m \end{pmatrix}$	M 04
quadratische Matrix (Abkürzung: q.M.)	Matrix mit gleicher Anzahl von Zeilen und Spalten $m = n$, Bezeichnung: n-reihige Matrix, (n, n)-Matrix oder Matrix der Ordnung n	M 05
Hauptdiagonale einer q.M.	Anordnung der Diagonalelemente $\underline{M}_{ii}$ $(i = 1, 2, \cdots, n)$ der q.M. von links oben nach rechts unten	M 06
Diagonalmatrix	$D = \mathrm{Diag}(\underline{M}_{ii})$ für $i = j$ und 0 für $i \neq j$, Matrix ist q.M.	M 07

Bezeichnung	Erklärung, Symbol bzw. Gleichung	Nr.
Einheitsmatrix	$\boldsymbol{E} = D$ mit $\underline{D}_{ii} = 1$, Matrix ist q.M.	M 08
skalare Matrix	$\underline{k}\boldsymbol{E} = D$ mit $\underline{D}_{ii} = \underline{k}$, Matrix ist q.M.	M 09
Nullmatrix	$\boldsymbol{O}$, alle Elemente $O_{ij} = 0$	M 10
Spur einer q.M. mit n Zeilen	$\mathrm{sp}\ \underline{\boldsymbol{M}} = \sum_{i=1}^{n} \underline{M}_{ii}$, Summe aller Elemente der Hauptdiagonale	M 11
Determinante einer n-reihigen q.M.	$\det\ \underline{\boldsymbol{M}}$, Summe aus Produkten der Elemente, (s. a. M 15, M 16)	M 12
Unterdeterminante zum Element $\underline{M}_{ij}$	Minor $(\underline{M}_{ij})$, Determinante der um die Zeile i und die Spalte j reduzierten Matrix $\underline{\boldsymbol{M}}$	M 13
algebraisches Komplement (Adjunkte) zum Element M_{ij}	$\underline{A}_{ij} = (-1)^{i+j} \cdot \mathrm{Minor}\ (\underline{M}_{ij})$ (s. a. M 13)	M 14
Entwicklung einer Determinante	$\det\ \underline{\boldsymbol{M}} = \sum_{j=1}^{n} \underline{M}_{ij}\underline{A}_{ij}\Big\vert_{i=const.}$ oder $\sum_{i=1}^{n} \underline{M}_{ij}\underline{A}_{ij}\Big\vert_{j=const.}$	M 15
Determinante 2-reihige Matrix 3-reihige Matrix	$\det\ \underline{\boldsymbol{M}} = \underline{M}_{11}\underline{M}_{22} - \underline{M}_{12}\underline{M}_{21}$ $\det\ \underline{\boldsymbol{M}} = \underline{M}_{11}\underline{M}_{22}\underline{M}_{33} + \underline{M}_{12}\underline{M}_{23}\underline{M}_{31} + \underline{M}_{13}\underline{M}_{21}\underline{M}_{23}$ $-(\underline{M}_{13}\underline{M}_{22}\underline{M}_{31} + \underline{M}_{11}\underline{M}_{23}\underline{M}_{32} + \underline{M}_{12}\underline{M}_{21}ßM_{33})$	M 16
Rang einer Matrix	$r(\underline{\boldsymbol{M}})$; $\underline{\boldsymbol{M}}$ hat den Rang r, wenn in $\underline{\boldsymbol{M}}$ eine r-reihige nicht verschwindende Determinante existiert, während alle Determinanten mit mehr als r Reihen null sind	M 17
reguläre n-reihige q.M.	wenn $r = n$ bzw. $\det \underline{\boldsymbol{M}} \neq 0$	M 18
singuläre n-reihige q.M.	wenn $r < n$ bzw. $\det \underline{\boldsymbol{M}} = 0$	M 19
transponierte Matrix	$\underline{\boldsymbol{N}} = \underline{\boldsymbol{M}}^T$ mit $\underline{N}_{ij} = \underline{M}_{ji}$	M 20
konjugierte Matrix	$\underline{\boldsymbol{N}} = \underline{\boldsymbol{M}}^*$ mit $\underline{N}_{ij} = \underline{M}_{ji}^*$	M 21
transjugierte Matrix	$\underline{\boldsymbol{N}} = (\underline{\boldsymbol{M}}^*)^T$ mit $\underline{N}_{ij} = \underline{M}_{ji}^*$	M 22
adjungierte Matrix	$\hat{\underline{\boldsymbol{M}}} = (\underline{A}_{ij})^T$, transponierte Matrix der algebraischen Komplemente (s. a. M 14)	M 23
inverse Matrix	$\underline{\boldsymbol{M}}^{-1} = (\det\ \underline{\boldsymbol{M}})^{-1} \cdot \hat{\underline{\boldsymbol{M}}}$, gilt für q.M. und $\det\ \underline{\boldsymbol{M}} \neq 0$ oder $\underline{\boldsymbol{M}} \cdot \underline{\boldsymbol{M}}^{-1} = \underline{\boldsymbol{M}}^{-1} \cdot \underline{\boldsymbol{M}} = \boldsymbol{E}$, Definitionsgleichung (s. a. M 44)	M 24
Operatorentausch	$(\underline{\boldsymbol{M}}^*)^T = (\underline{\boldsymbol{M}}^T)^*$; $(\underline{\boldsymbol{M}}^*)^{-1} = (\underline{\boldsymbol{M}}^{-1})^*$ $(\underline{\boldsymbol{M}}^T)^{-1} = (\underline{\boldsymbol{M}}^{-1})^T$	M 25
Operatorenlöschung	$(\underline{\boldsymbol{M}}^T)^T = \underline{\boldsymbol{M}}$; $(\underline{\boldsymbol{M}}^*)^* = \underline{\boldsymbol{M}}$; $(\underline{\boldsymbol{M}}^{-1})^{-1} = \underline{\boldsymbol{M}}$	M 26

Bezeichnung	Erklärung, Symbol bzw. Gleichung	Nr.
Matrizenalgebra		
Identität zweier (m, n)-Matrizen	$\underline{A} = \underline{B}$, wenn für alle Elemente gilt $\underline{A}_{ij} = \underline{B}_{ij}$	M 27
Addition, Subtraktion zweier (m, n)-Matrizen	$\underline{C} = \underline{A} \pm \underline{B}$, $\underline{A}$ muss vom gleichen Typ wie $\underline{B}$ sein Elemente: $\underline{C}_{ij} = \underline{A}_{ij} \pm \underline{B}_{ij}$	M 28
kommutatives Gesetz	$\underline{A} + \underline{B} = \underline{B} + \underline{A}$	M 29
assoziatives Gesetz	$\underline{A} + (\underline{B} + \underline{C}) = (\underline{A} + \underline{B}) + \underline{C}$	M 30
transponierte Matrix einer Summe	$(\underline{A} + \underline{B})^T = \underline{A}^T + \underline{B}^T$	M 31
konjugierte Matrix einer Summe	$(\underline{A} + \underline{B})^* = \underline{A}^* + \underline{B}^*$	M 32
Produkt mit einem Skalar	$\underline{B} = \underline{k}\ \underline{A}$, Elemente: $\underline{B}_{ij} = \underline{k}\ \underline{A}_{ij}$	M 33
distributives Gesetz	$\underline{k}\ (\underline{A} + \underline{B}) = \underline{k}\ \underline{A} + \underline{k}\ \underline{B}$; $(\underline{k}_1 + \underline{k}_2)\underline{A} = \underline{k}_1\underline{A} + \underline{k}_2\underline{A}$	M 34
kommutatives Gesetz	$\underline{k}\ \underline{A} = \underline{A}\ \underline{k}$	M 35
Skalarprodukt (n)-Zeile mit (n)-Spalte	$\underline{p} = \underline{\mathbf{x}}^T \underline{\mathbf{y}} = \sum_{i=1}^{n} \underline{x}_i \underline{y}_i$	M 36
Norm(Betrags-)quadrat einer Spalte	$\underline{\mathbf{x}}^{*T} \underline{\mathbf{x}} = \sum_{i=1}^{n} \lvert \underline{x}_i \rvert^2$	M 37
dyadisches Produkt (m)-Spalte mit (n)-Zeile	$P = \underline{\mathbf{x}} \cdot \underline{\mathbf{y}}^T$, Elemente: $\underline{P}_{ij} = \underline{x}_i \underline{y}_j$ P ist eine (m, n) Matrix	M 38
Produkt einer (m, n)-Matrix mit einer (n, p)-Matrix	$\underline{C} = \underline{A} \cdot \underline{B}$, ist eine (m, p)-Matrix $\underline{A}$ muss mit $\underline{B}$ in der Reihenfolge $\underline{A}\,\underline{B}$ verkettbar sein, d. h. die Zahl der Spalten von $\underline{A}$ muss gleich der Zahl der Zeilen von $\underline{B}$ sein; das Element $\underline{C}_{ij}$ ist gleich dem Skalarprodukt der i-ten Zeile von $\underline{A}$ mit der j-ten Spalte von $\underline{B}$	M 39
assoziatives Gesetz	$(\underline{A}\,\underline{B})\underline{C} = \underline{A}(\underline{B}\,\underline{C})$	M 40
distributives Gesetz	$\underline{C}(\underline{A} + \underline{B}) = \underline{C}\,\underline{A} + \underline{C}\,\underline{B}$, $(\underline{A} + \underline{B})\underline{C} = \underline{A}\,\underline{C} + \underline{B}\,\underline{C}$	M 41
kommutatives Gesetz	i. A. ist $\underline{A}\,\underline{B} \neq \underline{B}\,\underline{A}$, sind $\underline{A}$ und $\underline{B}$ q.M., heißt $\underline{A}\,\underline{B} - \underline{B}\,\underline{A}$ Kommutator	M 42
transponierte Matrix eines Produktes	$(\underline{A}\,\underline{B})^T = \underline{B}^T \underline{A}^T$, Vertauschung!	M 43

Bezeichnung	Erklärung, Symbol bzw. Gleichung	Nr.
inverse Matrix eines Produktes	$(\underline{A}\,\underline{B})^{-1} = \underline{B}^{-1}\underline{A}^{-1}$, Vertauschung!	M 44
konjugierte Matrix eines Produktes	$(\underline{A}\,\underline{B})^* = \underline{A}^*\underline{B}^*$	M 45
Determinante eines Produktes	$\det\,(\underline{A}\,\underline{B}) = \det\,\underline{A}\cdot\det\underline{B}$	M 46
Multiplikation mit der inversen Matrix bzw. mit $\boldsymbol{E}$	$\underline{A}^{-1}\underline{A} = \underline{A}\,\underline{A}^{-1} = \boldsymbol{E}$, $\underline{A}\boldsymbol{E} = \boldsymbol{E}\underline{A} = \underline{A}$	M 47
Multiplikation mit der transjugierten Matrix	$G = \underline{A}^{*T}\underline{A}$ heißt GAUSS'sche Transformation, ist $\underline{A}$ reell bzw. komplex, so ist G symmetrisch bzw. hermitesch (s. a. M 56, M 59), G ist immer eine q.M. und positiv definit (s. a. M 80)	M 48
Multiplikation mit Diagonalmatrix	$\underline{B} = \underline{A}\,D$, Elemente: $\underline{B}_{ij} = \underline{A}_{ij}\underline{D}_k(k=j)$ $\underline{B} = D\underline{A}$, Elemente: $\underline{B}_{ij} = \underline{D}_k(k=i)\underline{A}_{ij}$	M 49
Multiplikation von Diagonalmatrizen	$\underline{D} = \underline{D}^a\underline{D}^b = \underline{D}^b\underline{D}^a$, Elemente: $\underline{D}_{ii} = \underline{D}_{ii}^a\underline{D}_{ii}^b$	M 50
Nullprodukt	wenn $\underline{A}\,\underline{B} = \mathbf{0}$ sind entweder $\underline{A} = \mathbf{0}$ und $\underline{B} = \mathbf{0}$, oder $\underline{A} = \mathbf{0}$ und $\underline{B} \neq \mathbf{0}$, oder $\underline{A} \neq \mathbf{0}$ und $\underline{B} = \mathbf{0}$, oder $\underline{A} \neq \mathbf{0}$ und $\underline{B} \neq \mathbf{0}$, aber $\underline{A}$ und $\underline{B}$ singulär	M 51
p-te Potenz einer q.M.	$\underline{A}^p = \underline{A}\,\underline{A}\cdots\underline{A}$, p-malige Multiplikation	M 52
Potenzregeln für q.M.	$\underline{A}^{p+q} = \underline{A}^p\underline{A}^q = \underline{A}^q\underline{A}^p$, p, q ganzzahlig positiv $\underline{A}^{-p} = (\underline{A}^{-1})^p$ und $\underline{A}^0 = \boldsymbol{E}$ falls $\underline{A}$ regulär $\underline{D}^p = \underline{D}_{ii}^p$, p beliebig, falls $\underline{D}_{ii}$ Skalar	M 53
spezielle Matrizen		
reelle Matrix	wenn $\underline{A}^* = \underline{A}$, Elemente: $\underline{A}_{ij} = \underline{A}_{ij}^*$	M 54
imaginäre Matrix	wenn $\underline{A}^* = -\underline{A}$, Elemente: $\underline{A}_{ij} = -\underline{A}_{ij}^*$	M 55
symmetrische Matrix	wenn $\underline{A}^T = \underline{A}$, Elemente: $\underline{A}_{ij} = \underline{A}_{ji}$	M 56
schiefsymmetrische Matrix	wenn $\underline{A}^T = -\underline{A}$, Elemente: $\underline{A}_{ij} = -\underline{A}_{ji}$, $(\underline{A}_{ii} = 0)$	M 57
orthogonale Matrix	wenn $\underline{A}^T = \underline{A}^{-1}$ oder $\underline{A}^T\underline{A} = \underline{A}\,\underline{A}^T = \boldsymbol{E}$	M 58
hermitesche Matrix	wenn $\underline{A}^{*T} = \underline{A}$, Elemente: $\underline{A}_{ij} = \underline{A}_{ji}^*$, ($\underline{A}_{ii}$ reell)	M 59
schiefhermitesche Matrix	wenn $\underline{A}^{*T} = -\underline{A}$, Elemente: $\underline{A}_{ij} = -\underline{A}_{ji}^*$, ($\underline{A}_{ii}$ imaginär)	M 60
unitäre Matrix	wenn $\underline{A}^{*T} = \underline{A}^{-1}$ oder $\underline{A}^{*T}\underline{A} = \underline{A}\,\underline{A}^{*T} = \boldsymbol{E}$	M 61

Bezeichnung	Erklärung, Symbol bzw. Gleichung	Nr.
normale Matrix	wenn $\underline{A}^{*T}\underline{A} = \underline{A}\underline{A}^{*T}$, alle Matrizen M 56 - M 61	M 62
involutorische Matrix	wenn $\underline{A}^2 = \boldsymbol{E}$, Matrizen, die M 56 und M 58 bzw. M 59 und M 61 erfüllen	M 63
halbinvolutorische Matrix	wenn $\underline{A}^2 = -\boldsymbol{E}$, Matrizen, die M 57 und M 58 bzw. M 60 und M 61 erfüllen	M 64
Zerlegung einer komplexen (m, n)-Matrix	$\underline{A} = \boldsymbol{A}_r + j\boldsymbol{A}_i$ mit $\boldsymbol{A}_r = (\underline{A} + \underline{A}^*)/2$, reell und $j\boldsymbol{A}_i = (\underline{A} - \underline{A}^*)/2$, imaginär	M 65
Zerlegung einer q.M.	$\underline{A} = \underline{A}_{sy} + \underline{A}_{ssy}$ mit $\underline{A}_{sy} = (\underline{A} + \underline{A}^T)/2$, symmetrisch und $\underline{A}_{ssy} = (\underline{A} - \underline{A}^T)/2$, schiefsymmetrisch	M 66
Zerlegung einer komplexen q.M.	$\underline{A} = \underline{A}_{he} + \underline{A}_{she}$ mit $\underline{A}_{he} = (\underline{A} + \underline{A}^{*T})/2$, hermitesch und $\underline{A}_{she} = (\underline{A} - \underline{A}^{*T})/2$, schiefhermitesch	M 67
unitäre (bzw. reell orthogonale) Spalten	wenn $\underline{\mathbf{x}}^{*T}\underline{\boldsymbol{y}} = \underline{\boldsymbol{y}}^{*T}\underline{\mathbf{x}} = 0$	M 68
unitär normiertes (bzw. reell orthonormiertes) Spaltensystem	wenn $\underline{\mathbf{x}}_i^{*T}\underline{\mathbf{x}}_j = \delta_{ij} = \begin{cases} 0 & \text{für } i = j \\ 1 & i \neq j \end{cases}$	M 69
Transformationen und Formen		
lineare Abbildung	$\underline{\boldsymbol{y}} = \underline{A}\,\underline{\mathbf{x}}$, Umkehrung $\underline{\mathbf{x}} = \underline{A}^{-1}\underline{\boldsymbol{y}}$, wenn $\underline{A}$ regulär	M 70
Transformation einer Spalte in eine zu ihr proportionale Spalte	$\underline{\lambda}\underline{\boldsymbol{y}} = \underline{A}\,\underline{\boldsymbol{y}}$ oder $(\underline{\lambda}\boldsymbol{E} - \underline{A})\underline{\boldsymbol{y}} = \mathbf{0}$, Eigenwertaufgabe	M 71
charakteristische Gleichung	$\det\ (\underline{\lambda}\boldsymbol{E} - \underline{A}) = 0$	M 72
charakteristische Wurzeln (Eigenwerte)	$\underline{\lambda}_i (i = 1, 2, \cdots, n)$ erfüllen $\det\ (\underline{\lambda}\boldsymbol{E} - \underline{A}) = 0$	M 73
Eigenspalten (Eigenvektoren)	$\underline{\boldsymbol{y}}_i (i = 1, 2, \cdots, n)$ erfüllen $\underline{\lambda}_i\underline{\boldsymbol{y}}_i = \underline{A}\,\underline{\boldsymbol{y}}_i$	M 74
Summe bzw. Produkt aller Eigenvektoren von $\underline{A}$	$\sum_{i=1}^{n} \underline{\lambda}_i = \mathrm{sp}\,\underline{A}$, $\prod_{i=1}^{n} \underline{\lambda}_i = \det \underline{A}$ — invariant gegenüber Ähnlichkeitstransformationen (s. a. M 81)	M 75
Eigenwerte und Eigenspalten spezieller Matrizen	$\underline{\lambda}_i = \underline{\lambda}_i^*$, wenn $\underline{A}^{*T} = \underline{A}$ (herm. o. reell sym.) $\underline{\lambda}_i = -\underline{\lambda}_i^*$, wenn $\underline{A}^{*T} = -\underline{A}$ (s.herm. o. reell s.sym.) $\lvert\underline{\lambda}_i\rvert = 1$, wenn $\underline{A}^{*T} = \underline{A}^{-1}$ (unitär oder reell ortho.) und $\underline{\boldsymbol{y}}_i^{*T}\underline{\boldsymbol{y}}_j = 0$ für $i \neq j$, wenn $\underline{A}^{*T} = \underline{A}$ oder $= -\underline{A}$ oder $= -\underline{A}^{-1}$	M 76

Bezeichnung	Erklärung, Symbol bzw. Gleichung	Nr.
hermitesche (bzw. reell quadratische) Form (Abk. h.F.)	$Q = \underline{\mathbf{x}}^{*T} H \underline{\mathbf{x}}$ ist Skalar und reell, wenn bei komplexem $\underline{\mathbf{x}}$ die Formmatrix H hermitesch ist	M 77
h.F. heißt positiv, eigentlich definit, bzw. semi-definit	wenn $Q > 0$ für alle $\underline{\mathbf{x}} \neq 0$ wenn $Q \geq 0$ für alle $\underline{\mathbf{x}} \neq 0$	M 78
Bedingungen für Definitheit der h.F.	damit h.F. $\left\{\begin{matrix}\text{positiv eigentlich definit (p.e.d.)} \\ \text{- - - - - - - -} \\ \text{positiv semi-definit (p.s.d.)}\end{matrix}\right\}$ muss H $\left\{\begin{matrix}\text{p.e.d.} \\ \text{- -} \\ \text{p.s.d.}\end{matrix}\right\}$ sein	M 79
Kriterium für Definitheit der n-reihigen Matrix vom Rang r	H ist p.e.d. von $r = n$, wenn alle Eigenwerte $\underline{\lambda}_i > 0$ H ist p.s.d. von $r < n$, wenn $n - r$ Eigenwerte $\underline{\lambda}_i = 0$ und r Eigenwerte $\underline{\lambda}_i > 0$	M 80
Ähnlichkeits-transformation	$\underline{\boldsymbol{B}} = T^{-1} \underline{\boldsymbol{A}}\, T$ mit T regulär $\det \underline{\boldsymbol{B}} = \det \underline{\boldsymbol{A}}$, $\operatorname{sp} \underline{\boldsymbol{B}} = \operatorname{sp} \underline{\boldsymbol{A}}$	M 81
Diagonalisierung (Hauptachsen-Transformation)	$\underline{\boldsymbol{D}} = T^{-1} \underline{\boldsymbol{A}}\, T$, ist $\boldsymbol{A}$ normal (s. a. M 62) und $T = U$ (U =Unitärmatrix der Eigenspalten von $\underline{\boldsymbol{A}}$) so gilt: $\underline{\boldsymbol{D}} = U^{*T} \underline{\boldsymbol{A}}\, U$ mit $\underline{D}_{ii} = \underline{\lambda}_i$	M 82
Regeln für Übermatrizen		
Übermatrix (Abk.: Ü-Matrix)	Matrix, deren Elemente selbst Matrizen (Untermatrizen) sind; die Elemente der Untermatrizen selbst sind Skalare z. B. $\underline{\boldsymbol{M}} = \begin{pmatrix} \underline{\boldsymbol{M}}_{11} & \vdots & \underline{\boldsymbol{M}}_{12} \\ \cdots & \cdots & \cdots \\ \underline{\boldsymbol{M}}_{21} & \vdots & \underline{\boldsymbol{M}}_{22} \end{pmatrix}$ Die Untermatrizen entstehen durch Gruppierung in der Ü-Matrix: sind $\underline{\boldsymbol{M}}_{11}$ eine (m, n)- und $\underline{\boldsymbol{M}}_{12}$ eine (m, p)-Matrix, so sind $\underline{\boldsymbol{M}}_{21}$ eine (q, n)- und $\underline{\boldsymbol{M}}_{12}$ eine (q, p)-Matrix, die Matrix $\underline{\boldsymbol{M}}$ ist eigentlich eine $(m + q, n + p)$-Matrix mit $(m + q)(n + p)$ skalaren Elementen	M 83
Summe zweier Ü-Matrizen vom gleichen Typ und gleicher Gruppierung	$\begin{pmatrix} \underline{\boldsymbol{M}}_{11} & \underline{\boldsymbol{M}}_{12} \\ \underline{\boldsymbol{M}}_{21} & \underline{\boldsymbol{M}}_{22} \end{pmatrix} + \begin{pmatrix} \underline{\boldsymbol{N}}_{11} & \underline{\boldsymbol{N}}_{12} \\ \underline{\boldsymbol{N}}_{21} & \underline{\boldsymbol{N}}_{22} \end{pmatrix}$ $= \begin{pmatrix} \underline{\boldsymbol{M}}_{11} + \underline{\boldsymbol{N}}_{11} & \underline{\boldsymbol{M}}_{11} + \underline{\boldsymbol{N}}_{12} \\ \underline{\boldsymbol{M}}_{11} + \underline{\boldsymbol{N}}_{21} & \underline{\boldsymbol{M}}_{11} + \underline{\boldsymbol{N}}_{22} \end{pmatrix}$	M 84
Produkt zweier verkettbarer Ü-Matrizen mit verkettbaren Untermatrizen	$\begin{pmatrix} \underline{\boldsymbol{M}}_{11} & \underline{\boldsymbol{M}}_{12} \\ \underline{\boldsymbol{M}}_{21} & \underline{\boldsymbol{M}}_{22} \end{pmatrix} \cdot \begin{pmatrix} \underline{\boldsymbol{N}}_{11} & \underline{\boldsymbol{N}}_{12} \\ \underline{\boldsymbol{N}}_{21} & \underline{\boldsymbol{N}}_{22} \end{pmatrix}$ $= \begin{pmatrix} \underline{\boldsymbol{M}}_{11}\underline{\boldsymbol{N}}_{11} + \underline{\boldsymbol{M}}_{12}\underline{\boldsymbol{N}}_{21} & \underline{\boldsymbol{M}}_{11}\underline{\boldsymbol{N}}_{12} + \underline{\boldsymbol{M}}_{12}\underline{\boldsymbol{N}}_{22} \\ \underline{\boldsymbol{M}}_{21}\underline{\boldsymbol{N}}_{11} + \underline{\boldsymbol{M}}_{22}\underline{\boldsymbol{N}}_{21} & \underline{\boldsymbol{M}}_{21}\underline{\boldsymbol{N}}_{12} + \underline{\boldsymbol{M}}_{22}\underline{\boldsymbol{N}}_{22} \end{pmatrix}$	M 85

Bezeichnung	Erklärung, Symbol bzw. Gleichung	Nr.
transponierte Ü-Matrix	$\begin{pmatrix} \underline{M}_{11} & \underline{M}_{12} \\ \underline{M}_{21} & \underline{M}_{22} \end{pmatrix}^T = \begin{pmatrix} \underline{M}_{11}^T & \underline{M}_{21}^T \\ \underline{M}_{12}^T & \underline{M}_{22}^T \end{pmatrix}$	M 86
Inverse $\underline{I}$ einer quadratischen t-reihigen regulären Ü-Matrix $\underline{M}$ (dargestellt durch die Untermatrizen $\underline{M}_{KL}$ und deren Inversen)	Definitionsgleichung: $\underline{I}\,\underline{M} = \underline{M}\,\underline{I} = \boldsymbol{E}$ $\underline{I}$ und $\underline{M}$ sind verkettbar gruppiert, z. B. Gruppierung in vier Untermatrizen $\begin{pmatrix} \underline{I}_{11} & \underline{I}_{12} \\ \underline{I}_{21} & \underline{I}_{22} \end{pmatrix} \cdot \begin{pmatrix} \underline{M}_{11} & \underline{M}_{12} \\ \underline{M}_{21} & \underline{M}_{22} \end{pmatrix} = \begin{pmatrix} \boldsymbol{E} & \boldsymbol{O} \\ \boldsymbol{O} & \boldsymbol{E} \end{pmatrix}$ wenn z. B. $\underline{M}_{22}$ quadratisch und regulär $\underline{I}_{11} = (\underline{M}_{11} - \underline{M}_{12}\underline{M}_{22}^{-1}\underline{M}_{21})^{-1}$ $\underline{I}_{12} = -\underline{I}_{11}\underline{M}_{12}\underline{M}_{22}^{-1}$ $\underline{I}_{21} = -\underline{M}_{22}^{-1}\underline{M}_{21}\underline{I}_{11}$ $\underline{I}_{22} = \underline{M}_{22}^{-1} + \underline{M}_{22}^{-1}\underline{M}_{21}\underline{I}_{11}\underline{M}_{12}\underline{M}_{22}^{-1}$ oder bei symmetrischer Gruppierung (d. h. alle $\boldsymbol{M}_{KL}$ bzw. $\boldsymbol{I}_{KL}$ sind quadratisch $t/2$-reihig) und alle $\boldsymbol{M}_{KL}$ regulär $\underline{I}_{11} = (\underline{M}_{11} - \underline{M}_{12}\underline{M}_{22}^{-1}\underline{M}_{21})^{-1}$ $\underline{I}_{12} = (\underline{M}_{21} - \underline{M}_{22}\underline{M}_{12}^{-1}\underline{M}_{11})^{-1}$ $\underline{I}_{21} = (\underline{M}_{12} - \underline{M}_{11}\underline{M}_{21}^{-1}\underline{M}_{22})^{-1}$ $\underline{I}_{22} = (\underline{M}_{22} - \underline{M}_{21}\underline{M}_{11}^{-1}\underline{M}_{12})^{-1}$	M 87
Determinante einer quadratischen t-reihigen regulären Ü-Matrix $\underline{M}$ (dargestellt durch die Determinanten der Untermatrizen $\underline{M}_{KL}$)	$\det\underline{M} = \det \begin{pmatrix} \underline{M}_{11} & \underline{M}_{12} \\ \underline{M}_{21} & \underline{M}_{22} \end{pmatrix}$ $= +\det\, \underline{M}_{11} \cdot \det\, (\underline{M}_{22} - \underline{M}_{21}\underline{M}_{11}^{-1}\underline{M}_{12})$ $= -\det\, \underline{M}_{12} \cdot \det\, (\underline{M}_{21} - \underline{M}_{22}\underline{M}_{12}^{-1}\underline{M}_{11})$ $= -\det\, \underline{M}_{21} \cdot \det\, (\underline{M}_{12} - \underline{M}_{11}\underline{M}_{21}^{-1}\underline{M}_{22})$ $= +\det\, \underline{M}_{22} \cdot \det\, (\underline{M}_{11} - \underline{M}_{12}\underline{M}_{22}^{-1}\underline{M}_{21})$	M 88

Literaturverzeichnis

[1] Albach, M.:
Grundlagen der Elektrotechnik 1
München: Pearson Studium, 2004

[2] Albach, M.:
Grundlagen der Elektrotechnik 2
München: Pearson Studium, 2005

[3] Brand, H.:
Schaltungslehre linearer Mikrowellennetze
Stuttgart: S. Hirzel Verlag, 1970

[4] Cauer, W.:
Theorie der linearen Wechselstromschaltungen
Berlin: Akademie-Verlag, 1954

[5] DeCarlo, R. A.; Lin, P-M.:
Linear Circuit Analysis, 2. Aufl.
New York: Oxford University Press, 2001

[6] Fettweis, A.; Hemetsberger, G.:
Grundlagen der Theorie elektrischer Schaltungen
Bochum: Universitätsverlag Dr. N. Brockmeyer, 1995

[7] Fritzsche, G.:
Grundlagen und Entwurf passiver Analogzweipole
Braunschweig/Wiesbaden: Friedr. Vieweg & Sohn Verlag, 1979

[8] Klein, W.:
Mehrtortheorie
Berlin: Akademie-Verlag, 1976

[9] Maas, S.:
Nonlinear Microwave Circuits
New York: IEEE Press, 1997

[10] Paul, R.:
Elektrotechnik, Grundlagenlehrbuch, Band I
Berlin: Springer-Verlag, 1985

[11] Paul, R.:
Elektrotechnik, Grundlagenlehrbuch, Band II
Berlin: Springer-Verlag, 1985

[12] Paul, R.:
Elektrotechnik für Informatiker mit MATLAB und Multisim
Stuttgart: B.G. Teubner, 2004

[13] Philippow, E.:
Grundlagen der Elektrotechnik
Leipzig: Akademische Verlagsgesellschaft Geest & Portig K.-G., 1959

[14] Pregla, R.:
Grundlagen der Elektrotechnik
Heidelberg: Hüthig Verlag, 2004

[15] Preuß, W.; Wenisch, G.; (Herausgeber):
Lehr- und Übungsbuch Numerische Mathematik
Leipzig: Fachbuchverlag, 2001

[16] Rupprecht, W.:
Netzwerksynthese
Berlin: Springer-Verlag, 1972

[17] Schüßler, H. W.:
Netzwerke, Signale und Systeme
Berlin: Springer-Verlag, 1991

[18] Tellegen, B. D. H.:
A general network theorem with applications
Philips Research Reports, Vol. 7, 1952, S. 259-269

[19] Ulbricht, G.:
Netzwerkanalyse, Netzwerksynthese und Leitungstheorie
Stuttgart: B. G. Teubner, 1986

[20] Unbehauen, R.:
Grundlagen der Elektrotechnik 1
Berlin: Springer-Verlag, 1999

[21] Unger, H.-G.; Schultz, W.; Weinhausen, G.:
Elektronische Bauelemente und Netzwerke II, 3. Aufl.
Braunschweig: Friedr. Vieweg & Sohn, 1981

[22] Zinke, O.; Brunswig, H.:
Hochfrequenztechnik 1
Berlin: Springer-Verlag, 1995

Sachregister

A

B

C

D

E

F

G

H

I

J

K

L

M

N

O

P

Q

R

S

T

U

V

W

Z